山东财政统计

Shandong Financial Statistics

2001

山东省财政厅　编

中国财政经济出版社

图书在版编目（CIP）数据

山东财政统计.2001/山东省财政厅编.—北京：中国财政经济出版社，2005.12
ISBN 7-5005-8813-5

Ⅰ.山… Ⅱ.山… Ⅲ.地方财政-统计资料-山东省-2001 Ⅳ.F812.752-66

中国版本图书馆CIP数据核字（2005）第142329号

中国财政经济出版社出版
URL：http：//www.cfeph.cn
E-mail：cfeph@cfeph.cn

社址：北京市海淀区阜成路甲28号 邮政编码：100036
发行处电话：88190406 财经书店电话：64033436
山东海扬印刷有限公司印装
787×1092毫米 16开 37印张 997 600字
2005年12月第1版 2005年12月北京第1次印刷
印数：1—3 000 定价：120.00元
ISBN 7-5005-8813-5/F·7669
（图书出现印装问题，本社负责调换）

《山东财政统计》编委会

编　者　说　明

一、《山东财政统计》是一套反映山东省财政发展状况的资料性年刊。《山东财政统计（2001）》收录了 2001 年山东省国民经济主要指标、财政收支主要指标、预算执行报表、政府采购执行情况和重要财政报告，全面反映山东省财政发展状况。

二、全书内容包括六部分：特载部分、山东省国民经济资料部分、山东省财政收支资料部分、山东省地方财政预算执行资料部分、政府采购信息统计部分、全国财政经济资料部分。

三、全省财政收支数字按当年全省相关决算填列；各市、县（市、区）财政收支数字按各级当年财政决算填列。预算执行资料按全省各月财政收支月报填列。

四、本书所涉及的全国性统计资料均未包括中国台湾省、香港特别行政区和澳门特别行政区的数据。

五、本书所使用的度量衡单位均采用国家统一标准计量单位。

六、为避免小数位取舍而产生计算误差，本书部分表格数据保留小数位数不同，未做舍位调整。本书表中“空格”表示无数据。

七、本书属内部资料，仅供财税系统和有关部门研究参考，请注意保存，勿对外引用。

编　　者

2005 年 11 月于济南

总　目　录

目　录

特　载　部　分

山东省国民经济资料部分

山东省财政收支资料部分

山东省地方财政预算执行资料部分

政府采购信息统计部分

全国财政经济资料部分

特载部分

关于山东省2001年预算执行情况和2002年预算草案的报告

——2002年3月21日在山东省第九届人民代表大会第五次会议上

山东省财政厅厅长 张昭立

各位代表：

我受省人民政府委托，向大会报告山东省2001年预算执行情况和2002年预算草案，请予审议，并请省政协委员和其他列席人员提出意见。

一、2001年预算执行情况

2001年，在中共山东省委的正确领导下，全省上下认真贯彻江泽民同志"三个代表"的重要思想和党的十五届五中、六中全会精神，积极落实中央和省委的各项决策，国民经济持续稳定发展。在此基础上，全省财政收支保持了较快增长，完成了省九届人大四次会议确定的预算任务。

全省地方财政收入573.18亿元，完成预算的110.7%，比上年增长23.6%（地方财政收入加上中央税收返还，扣除一次性收入及按规定纳入预算管理的行政性收费等专项收入后，经常性财政收入增长5.94%）。全省财政支出753.78亿元，完成预算的112.4%，比上年增长22.9%。当年地方财政收入，加上中央税收返还和专项补助及上年结转收入等301.77亿元，收入共计874.95亿元。当年财政支出，加上上解中央支出及结转下年支出等117.66亿元，支出共计871.44亿元。全省收入与支出相抵，累计净结余3.51亿元。

省级地方财政收入75.46亿元，完成预算的118.5%，比上年增长22.99%（经常性财政收入增长5.87%）。主要收入项目完成情况是：增值税（25%部分）22.20亿元，完成预算的97.6%，主要是石油价格回落，增值税减收较多；营业税13.11亿元，完成预算的89.8%，主要是金融保险企业改变核算办法，计税收入减少；资源税2.85亿元，完成预算的83.4%，主要是中央石油资源税调整政策没有出台；企业所得税23.15亿元，完成预算的208.5%，除了部分省属重点企业效益提高外，主要是煤炭企业所得税列收列支增加；国有企业计划亏损补贴1.49亿元，完成预算的98.5%，主要是部分补贴改列市以下支出；专项收入2.87亿元，完成预算的124.9%，主要是排污费和矿产资源补偿费增加较多；行政性收费8.79亿元，完成预算的94.4%；其他收入3.98亿元，完成预算的227.1%，主要是工商部门的罚没收入增加较多。

省级财政支出138.66亿元，完成预算的108.4%，增长23.4%。主要支出项目完成情况是：基本建设支出17.95亿元，完成预算的132.1%，主要是中央通过国债补助资金增加了我省的城市基础设施建设支出；企业挖潜改造资金9.09亿元，完成预算的149.1%，主要是按国家规定，对所得税超收较多的煤炭企业实行先征后返政策，使该项支出增加较多；农业支出4.05亿元，完成预算的113.1%；科技支出3.69亿元，完成预算的90.4%，主要是中央科技专项资金比上年减少；文化卫生事业费7.99亿元，完成预算的110.8%；教育事业费18.06亿元，完成预算的104.3%；其他部门事业费22.52亿元，完成预算的102.7%；行政管理费4.67亿元，完成预算的113.8%；公检法司支出6.91亿元，完成预算的116.5%；抚恤救济和社会保障支出9.84亿元，完成预算的139.9%；政策性补贴支出

19.75亿元,完成预算的128.8%;行政事业单位离退休经费6.49亿元,完成预算的108.9%;其他支出7.65亿元,完成预算的58.2%,主要是为了保证工资和其他重点支出需要,用于其他方面的一般性支出相应减少。

省级财政平衡情况是:当年地方财政收入75.46亿元,加上中央税收返还及补助、市地净上解收入和上年结转收入等151.92亿元,收入共计227.38亿元;当年支出138.66亿元,加上上解中央支出及结转下年支出等88.60亿元,支出共计227.26亿元。省级收入与支出相抵,累计净结余0.12亿元。

各位代表,过去的一年,财政收支矛盾尤为突出,特别是中央两次提高工资标准,增资幅度之大前所未有,加之社会保障及法定项目等重点支出增加较多,财政工作难度进一步加大。面对各种困难,各级党委正确领导,人大依法监督,政协关心支持,各行各业团结奋斗,积极发展经济,努力增收节支,全省预算执行总体情况良好。概括起来,主要有以下几个特点:

(一)对经济发展的促进作用进一步增强

全省(不含青岛市)共争取中央国债转贷资金19亿元,支持了一大批重点建设项目,进一步拉动了内需。省财政安排6000万元专项贴息资金,重点扶持了136个高新技术产业化项目,吸附银行贷款31.4亿元,积极引导经济结构调整。全省(不含青岛市)已有13个市开展了国有资产授权经营,授权重点企业454户,支持国有企业不断深化改革。全省当年发放住房公积金贷款11.63亿元,支持职工购买住房176.55万平方米,为解决职工住房困难、扩大消费发挥了积极作用。通过建立科技型中小企业创新发展基金、落实出口贴息政策、治理“三乱”、规范财税政策等措施,大力改善民营经济、第三产业和外向型经济发展的条件和环境,努力培植新的经济增长点。

(二)财政收入保持较快增长

全省财政收入增加较多,主要是经济发展和加强征管的结果。与经济发展速度和效益密切相关的增值税和企业所得税增收77.85亿元,占全部增收额的71.1%。中央决定实行所得税分享改革,进一步调动了各级增收的积极性。为了提高财政的保障能力,落实好中央增资政策,各级依法强化了收入征管措施。在全省范围内开展了税源普查活动,摸清了税源底数,查处了税收漏征漏管户,进一步完善了税源监控体系。同时,积极开发新的税源,依法扩大税收覆盖范围,努力做到应收尽收,保证了财政收入的持续稳定增长。按现行财政体制统计,全省地方财政收入过亿元的县(市、区)达到130个,比上年增加12个,其中超过5亿元的达到10个。

(三)重点支出得到较好保证

新增财政收入主要用于解决事关改革、发展、稳定大局的突出问题,在一定程度上缓解了社会发展中的一些深层次矛盾。省对下转移支付10.3亿元(含中央补助),比上年增加3.18亿元,重点帮助西部地区兑现工资政策。同时,通过调整支出结构、加大资金保障力度,以及规范县乡财政体制、实行财政统一发放工资、将乡镇教师工资上划县级管理等一系列措施,进一步缓解了基层发放工资的压力。全省抚恤救济和社会保障支出达到47.85亿元,比上年增加16.25亿元,占财政支出的比重提高了1.2个百分点。粮食风险基金及补贴资金21.23亿元,达到了中央确定的规模,保证了国家粮食政策的落实。全省农业、教育、科技支出分别增长16.27%、16.64%和22.66%,均达到了法定增长要求。

(四)财政改革迈出新的步伐

预算编制改革力度进一步加大,省直各部门全部试编了部门预算,其中,省农业厅、省教育厅的部门预算提交省人代会审议。国库集中支付在工资发放、政府采购等领域得到较好实施,在提高支付效率、保证资金安全等方面,显示出较大潜力。全省政府采购规模达到34.22亿元,节约资金6.44亿元,节支率达15.84%。中小学布局调整和科研院所转制工作扎实推进,省属各高校的后勤服务社会化改革逐步到位,事业资源配置效率和财政资金使用效益有所提高。社会保障"三线并两线"工作进展顺利,全省已有80个县市区实现了并轨,全年共输送下岗职工出中心13.3万人。聊城、莱州、肥城进行了农村税费改革试点,进一步规范了分配关系,减轻了农民负担,为在全省范围内推行农村税费改革积累了经验。

(五)依法理财取得明显成效

认真贯彻落实《预算法》、《山东省省级预算审查监督条例》、《山东省财政监督办法》等财经法律法规,对重大财政收支活动开展了专项检查,全省共查出各类违规资金28亿元,已收缴国库4.98亿元。进一步巩固预算外资金管理的成果,将工商等部门的行政性收费纳入了预算管理,省、市、县三级都推行了"票款分离"办法,进展情况良好。大力改革行政审批制度,省级共削减财政审批事项21项。切实转变财政监督管理方式,组织和委托社会中介机构对会计信息质量、企业财务和基本建设预决算情况进行了抽查。认真组织实施新《会计法》和《实施办法》,并在全省5078个单位进行了会计委派制试点,进一步规范了财政、财务活动,努力维护正常的财经秩序。

各位代表,去年我省预算执行总体情况是好的,但一些矛盾和问题仍然较为突出。一是财政增收的基础尚不稳固。一些地方传统产业比重大,新兴财源亮点较少,财政增收基础不稳、后劲不足,同时也暴露出经济结构和经济运行质量等方面的深层次矛盾和问题。二是财政支出压力越来越大。主要是受调整工资等因素的影响,财政支出需求大、刚性强,预算安排难度增加。三是基层财政相当困难。尽管各级在努力帮促基层财政摆脱困境,但长期积累的一些问题难以在短期内完全解决,目前仍有一些县乡财政窘迫,有的地方保证不了工资正常发放。四是财经秩序尚不规范。各种形式的偷、逃、骗税等违法现象屡禁不止;财务会计信息失真、做假账等问题时有发生;财政对社会分配的调节能力不足;财政资金低效使用甚至被挤占挪用问题依然存在。上述问题表明,财政深化改革的任务还相当艰巨,监督管理的职能也有待于进一步强化。对此,要积极采取措施,认真加以解决。

二、2002年预算草案

新的一年,财政工作既有良好的发展机遇,也面临新的压力。从收入方面看,经济运行中的不确定因素增多,加大了组织收入工作的难度。从支出方面看,落实中央增资政策今年新增支出数额较大,扩大农村税费改革试点也将增加开支,还要保证法定支出的增长,收支矛盾更加尖锐。在这种情况下,财政预算必须精心安排,做到收支稳妥、方法科学、结构合理、重点突出、讲求实效。财政工作总体要求是:坚持以邓小平理论和江泽民同志"三个代表"重要思想为指导,认真落实积极财政政策,扩大内需,鼓励出口,培植财源,促进经济发展;积极拓宽财政增收渠道,依法加强收入征管,确保财政收入稳定增长;继续深化财政改革,加快制度创新,优化支出结构,规范财政分配,强化财政管理,坚持依法理财,进一步提高财政保障水平,促进全省经济和社会发展宏观调控目标的实现。根据上述要求,2002年财政预算初步安排如下:

(一)全省及省级收支预算

全省地方财政收入安排581.67亿元,按所得税分享改革后的新口径,同比增长12%,加上预计中央税收返还、专项补助和上年结转收入354.61亿元,收入共计936.28亿元;全省预算支出安排829.16亿元,比上年增长10%,加上预计上解中央支出及结转下年支出107.12亿元,支出共计936.28亿元。按现行财政体制计算,全省收支相抵,预算是平衡的。

省级地方财政收入安排88.80亿元,比上年增长17.7%(按所得税、营业税分享改革后的收入口径,同比增长2.66%)。其中,增值税(25%部分)20亿元,下降9.9%,主要是考虑国际石油价格比上年有不同程度的下降,收入将相应减少;资源税4.6亿元,增长61.3%,主要是石油资源税征收标准提高;营业税14.7亿元,增长12.1%;企业所得税24.65亿元,增长6.5%;个人所得税8.3亿元,主要是所得税分享改革后省级新增储蓄存款利息个人所得税收入;国有企业计划亏损补贴1.47亿元,下降1.5%;专项收入2.6亿元,下降9.5%;行政性收费收入11.5亿元,增长30.9%,主要是公安、法院等行政性收费纳入预算管理,收入将相应增加;其他收入3.92亿元,下降1.6%。

省级财政支出安排145.04亿元(含预计中央专款),增长4.6%。其中,基本建设支出18.17亿元,增长1.2%;企业挖潜改造资金6.28亿元,下降31%;地质勘探费2.33亿元,增长39.6%;农业支出4.14亿元,增长2.2%;科技支出4.12亿元,增长11.6%;工业交通流通部门事业费4.35亿元,增长1.2%;文体广播事业费3.31亿元,下降5.7%;卫生事业费4.93亿元,增长10.1%;教育事业费20.70亿元,增长14.6%;税务等部门事业费21.34亿元,增长17.2%;行政管理费4.73亿元,增长1.5%;公检法司支出7.72亿元,增长11.8%;抚恤和社会福利救济费1.32亿元,增长25.6%;社会保障补助支出5.97亿元,下降32%,主要是去年中央对煤炭等破产企业给予一次性补助较多,今年无此因素;政策性补贴支出19.08亿元,下降3.4%;专项支出0.85亿元,增长2.9%;行政事业单位离退休经费7.54亿元,增长16%;其他支出5.25亿元,增长1.7%;预备费2.91亿元,比上年增加0.34亿元。

根据省级预算安排,当年收入88.80亿元,加上预计中央税收返还、市地净上解收入及上年结转收入等126.77亿元,收入共计215.57亿元;当年支出145.04亿元,加上预计上解中央支出及结转下年支出等70.53亿元,支出共计215.57亿元。省级收支相抵,预算是平衡的。

(二)省级财政支出重点

在各方面资金需求量大而财力有限的情况下,省级财力既要统筹兼顾,更要突出重点,集中财力,着力解决制约全省经济和社会发展的关键性问题,除了保证基本支出外,重点用于以下几个方面:

1. 转移支付、粮食风险基金补助16.6亿元。其中,工资和农村税费改革转移支付15亿元(含中央补助),帮助财政困难地区解决工资发放问题,弥补农村税费改革后县乡出现的收支缺口;粮食风险基金1.6亿元,对财政较困难的粮食主产区进行配套补助。

2. 社会保障方面1.77亿元。其中,省属企业的城市居民最低生活保障、下岗职工基本生活保障和养老保险金征管补助1.18亿元;"视觉第一行动"和传染病防治经费2605万元;疫苗经费和药检机构经费3315万元。

3. 农业和水利建设方面4.15亿元。其中,全省农业产业化体系建设5000万元;农业标准化体系建设2000万元;推广农牧良种产业化和畜牧疫苗补助经费4815万元;省级农业科技示范园建设1500万元;封山育林和平原绿化2250万元;农业综合开发1亿元;黄河三角洲世行贷款项目配套1000万元;解决人畜吃水问题1800万元;海洋事业发展和远洋渔业贴息1200万元;骨干河道治理、灌溉二期项目配套、水土保持等水利项目1.19亿元。

4. 科学、教育、体育事业方面4.4亿元。其中,重点实验室和信息化建设3800万元;山东大学、海洋大学建设以及我省与清华大学、中国工程院合作经费1.14亿元;省科学院中白科技园建设1600万元;增加科学研究和人才智力引进经费1400万元;驻鲁两院院士津贴和医疗单位设施建设2800万元;增加省属高等教育经费2.07亿元;省体育场改造和第20届省运会等经费2300万元。

5. 高新技术产业、外贸和旅游建设方面2.72亿元。其中,高新技术产业项目贴息6000万元;国债项目配套5000万元;增加外贸发展基金4000万元;对有创新能力的科技型中小企业贷款项目贴息1500万元;旅游资源开发和旅游宣传促销经费1.07亿元。

6. 扶贫和公益事业方面2.07亿元。其中,国家级贫困县扶贫开发3000万元;地震"十五"规划工程及抗震加固经费1237万元;城市污水处理和南水北调沿途的水污染治理6500万元;城市建设补助1亿元。

7. 其他方面3.02亿元。其中,省直单位兑现中央增资政策1.2亿元;中央政法补助配套、"严打"和干警换装补助经费4500万元;省级专项业务经费4300万元;计划生育经费补助1767万元;干部培训、军地共建等经费4234万元;增加预备费3400万元。

(三)需要说明的几个问题

1. 今年是实施所得税分享改革的第一

年，收入范围和分享比例都发生了很大变化。今年的收入预算是按照所得税分享改革要求安排的，某些收入项目的口径与往年有所不同，一些数据也不完全具有可比性。

2. 在所得税分享改革过程中，财政收入会出现一些新的情况，加上中央补助资金目前尚未确定等因素，年初预算与实际执行数可能会发生变化。如果变化较大，预算还需做相应调整，届时我们将通过法定程序，报请省人大常委会批准。

3. 按照《山东省省级预算审查监督条例》要求，今年选择了省农业厅、省教育厅、省旅游局、省环保局等4个部门的预算提请本次大会审议。同时，对科技、社会保障等其他重点支出的预算也进行了细化和完善，编报了1000万元以上的重大建设项目预算表，一并报请省人大常委会审查。

三、深化财政改革，严格依法理财，努力完成全年财政预算任务

2002年，将召开党的十六大和省第八次党代会，做好今年的财政工作十分重要。我们要以"三个代表"重要思想为指导，始终坚持以经济建设为中心，正确处理改革、发展、稳定的关系，进一步解放思想，真抓实干，确保完成各项预算任务，促进经济发展和社会全面进步。

（一）发挥职能作用，进一步支持发展、培植财源

继续贯彻实施积极财政政策，充分利用好中央国债转贷资金，增强对经济增长的拉动力。认真落实好收入分配政策，特别是要提高低收入群体的社会保障水平，培育和扩大内需。适应加入世贸组织需要，进一步加大对农业的支持力度，改善农业生产条件，提高市场竞争力，促进农村经济发展，增加农民收入。加强国有企业资产和财务管理，推进国有经济调整重组，不断提高国有资产的运营质量和效益。完善财税政策措施，大力支持外向型经济、高新技术产业、第三产业和民营经济发展，增强经济发展后劲，培植新的经济增长点。进一步整顿和规范市场经济秩序，大力压减行政审批事项，全面清理省内收费项目，坚决制止各种乱收费行为，切实减轻企业和农民负担，为经济发展创造良好环境。

（二）依法加强收入征管，增强财政保障能力

严格依法治税、依率计征，进一步加大稽查力度，严厉打击各种偷、逃、骗税行为，堵塞税收跑、冒、滴、漏。适应农村税费改革后的新要求，强化农税征管工作，为乡村组织提供可靠的收入来源。改进征管方式，充分利用科技手段为税收管理服务，进一步提高征管效率。对已经到期的税收优惠政策，要按规定及时恢复征税，坚决制止随意出台新的税收优惠和减免政策，确保税收政策的统一性和严肃性。要根据经济和社会发展变化，进一步拓宽聚财渠道，增强政府调控能力。重点是做好国有股股利和国有资产转让收入，城市公用设施产权转让、特许经营权拍卖收入，土地招标拍卖、出售收入，以及海域使用费和采矿权使用费的收缴工作。

（三）加快支出结构调整步伐，集中资金保证重点支出

认真贯彻"一要吃饭、二要建设"的方针，大力调整财政支出结构，科学运筹资金，保证重点支出需要。严格按照"保工资、保稳定、保法定支出"的顺序安排支出，优先保证工资按时发放。在严格定编定员的基础上，对发放工资确有困难的县、乡，省财政通过转移支付予以帮助，各市也要安排一定的资金予以配套。足额安排社会保障资金，切实搞好"两个确保"和"一个低保"。继续加大对农业、科技、教育等重点支出的投入，保证各项事业发展的基本需要。进一步规范财政资金供给范围，逐步将财政资金退出一般竞争性领域，切实解决财政供给范围过宽、包揽过多的问题。大力压减"人、车、会、话"等一般性支出，加快支出货币化改革进程，提高资金使用效益。积极推进事业布局调整和内部管理体制改革，优化事业资源配置，减轻财政支出压力。

（四）深化财税改革，进一步理顺分配关系

为了进一步规范各级政府间的分配关系，促进地区间经济协调发展，结合所得税收

入分享改革,进一步调整和完善省以下财政体制,调动各级增收节支的积极性。要在总结改革试点经验的基础上,认真搞好农村税费改革的扩大试点工作,完善改革方案,妥善处理好改革中的矛盾和问题,确保改革成功。进一步深化"收支两条线"改革,从今年起,全省所有行政事业性收费和政府性基金的征收全部实行"票款分离"制度,并将公安、法院、工商、环保、计划生育等方面的收入全部纳入预算管理,实行收支脱钩。扩大部门预算、国库集中支付和政府采购范围,完善相关的法规制度,从根本上解决财政资金的损失浪费问题,提高财政管理水平。

(五)严格依法理财,进一步强化财政监督管理

认真贯彻执行《预算法》和《山东省省级预算审查监督条例》,预算一经人大批准,必须严格执行,执行中一般不再追加。建立追踪问效和反馈机制,对财政资金使用情况开展专项检查,及时发现和解决问题,确保财政资金的高效、安全运行。强化预算外资金监督管理,重点是加强对资金收缴和使用的管理,防止违规收取、乱花乱用。继续清理整顿经济鉴证类社会中介机构,进一步加强《会计法》执法监督,积极稳妥地推行会计委派制,解决会计信息失真和会计市场秩序混乱问题。加强对企业财务的监督管理,帮助企业提高管理水平。强化内部监督制约,进一步提高依法行政、依法理财水平。

(六)加强自身建设,切实转变工作作风

全省广大财政、财会人员要与时俱进,进一步解放思想,更新理财观念。要加强对马克思主义基本理论、邓小平理论和"三个代表"重要思想的学习,增强执行党的路线、方针、政策的自觉性,提高驾驭复杂局势的能力,切实为人民当好家、理好财。适应加入世贸组织的需要,进一步加大培训力度,提高干部职工的综合素质,推进财政职能转变。强化服务意识,增强群众观念,扎扎实实为基层、为群众办好事、办实事。坚持求真务实,深入调查研究,着力解决财政经济发展中的难点、热点问题,全面提高工作效率和质量。坚持艰苦奋斗、勤俭建国方针,厉行节约、反对浪费,廉政勤政、严守法纪,全心全意为人民服务。

各位代表,新的一年,财政工作任务光荣而艰巨。我们要在中共山东省委的领导下,认清形势,坚定信心,抓住机遇,开拓进取,确保圆满完成全年财政预算任务,为促进全省经济和社会各项事业发展做出更大贡献。

关于山东省2001年财政决算的报告(摘要)

——2002年7月25日在山东省第九届人民代表大会常务委员会第三十次会议上

山东省财政厅厅长 张昭立

主任、各位副主任、秘书长、各位委员：

在今年省第九届人民代表大会第五次会议上，我报告了山东省2001年财政预算执行情况。现在，2001年财政决算编审工作已经完成。受省政府委托，我向本次常委会报告财政决算情况，请予审议。

一、2001年财政决算情况

2001年，全省财政完成了省九届人大四次会议确定的预算任务，预算执行情况良好。

(一) 财政收入决算

2001年，全省地方财政收入573.18亿元，完成预算的110.7%，比上年增长23.62%（地方财政收入加上中央税收返还，扣除一次性收入及按规定纳入预算管理的行政性收费等专项收入后，经常性财政收入增长5.94%）。

2001年，省级收入75.46亿元，完成预算的118.5%，比上年增长22.99%（经常性收入增长5.87%）。主要收入项目的决算情况是：增值税(25%部分)22.20亿元，完成预算的97.6%，主要是石油价格回落，增值税减收较多；营业税13.11亿元，完成预算的89.8%，主要是金融保险企业改变核算办法，计税收入减少；资源税2.85亿元，完成预算的83.4%，主要是中央关于石油资源税调整政策没有出台；企业所得税23.15亿元，完成预算的208.5%，除了部分省属重点企业效益提高外，主要是煤炭企业所得税列收列支增加；国有企业计划亏损补贴1.49亿元，完成预算的98.5%，主要是部分补贴改列市以下支出；专项收入2.87亿元，完成预算的124.9%，主要是排污费和矿产资源费增加较多；行政性收费8.78亿元，完成预算的94.4%，其他收入3.98亿元，完成预算的227.2%，主要是工商部门的罚没收入增加较多。

(二) 财政支出决算

2001年，全省财政支出753.78亿元，完成预算的112.4%，比上年增长22.95%。

2001年，省级支出138.66亿元，完成预算的108.4%，同比增长23.4%。主要支出项目的决算情况是：基本建设支出17.95亿元，完成预算的132.1%，主要是中央通过国债补助资金增加了我省的城市基础设施建设支出，省级对千万元以上重大建设项目没有追加支出；企业挖潜改造资金9.09亿元，完成预算的149.1%，主要是按国家规定，对所得税超收较多的煤炭企业实行先征后返政策；农业支出4.05亿元，完成预算的113.1%；科技支出3.69亿元，完成预算的90.4%，主要是中央科技专项资金比上年减少；文化卫生事业费7.99亿元，完成预算的110.8%；教育事业费18.06亿元，完成预算的104.3%；农业、科技、教育支出分别比2000年完成数增长21.4%、6.86%、5.88%，均高于经常性财政收入的增长，达到了法定增长要求；其他部门事业费22.52亿元，完成预算的102.7%；行政管理费4.67亿元，完成预算的113.8%；公检法司支出6.91亿元，完成预算的116.5%；抚恤救济和社会保障补助支出9.84亿元，完成预算的139.9%；政策性补贴支出19.75亿元，完成预算的128.8%；行政事业单位离退休经费6.49亿元，完成预算的108.9%；其他支出7.65亿元,完成预算的58.2%,主要是由于保证工资和其他重点支出需要,用于其他方面的一般性支出相应减少。

2001年,省级收入比预算超收11.76亿元,扣除煤炭企业所得税先征后返因素后,超收财力7亿元。其中,用于省级落实增资政策1.4亿元,安排对市地转移支付2.3亿元,其余部分计入2002年总财力统筹安排了支出。2001年省级安排预备费2.57亿元,实际动用25662.1万元,节余37.9万元。按照规定,预备费主要用于支农救灾、社会保障补助、科技教育重点项目以及突发事件等方面。

(三)财政平衡情况

全省财政平衡情况是:当年全省地方财政收入573.18亿元,加上中央税收返还和专项补助及上年结转收入等313.21亿元,收入共计886.39亿元;当年全省财政支出753.78亿元,加上上解中央支出及结转下年支出等129.10亿元,支出共计882.88亿元。全省收入与支出相抵,累计净结余3.51亿元。全省结转下年支出102.01亿元,主要是部分基本建设、国债转贷、城市维护等项目工程进展较慢,当年未能全部实现支出;还有一些地方预留了部分资金用于今年增加工资,致使结转支出较多。

省级财政平衡情况是:当年省级地方财政收入75.46亿元,加上中央税收返还及补助、市地净上解收入和上年结转收入等162.63亿元,收入共计238.09亿元;当年支出138.66亿元,加上上解中央支出及结转下年支出等99.31亿元,支出共计237.97亿元。省级收入与支出相抵,累计净结余1200万元。

需要说明的是,上述平衡情况,没有考虑中央扣减我省拖欠的用于清理农村合作基金会、城市信用社等专项借款36781万元这一因素。对此已请示中央暂缓办理,还有待财政部最后核准。如中央最终扣减我省借款,收支数字将作相应调减。

二、2001年预算外资金收支情况

2001年,各级深入贯彻中央和省关于加强预算外资金管理的规定,全面落实"票款分离"办法,加大"收支两条线"管理力度,全省预算外资金收支情况比较正常。

(一)全省预算外资金收支情况

2001年,全省预算外资金收入290.96亿元,比上年增加13.90亿元,增长5.02%。其中:行政事业性收费收入197.63亿元,增长12.27%,主要是车辆通行费、学费收入等项目增收较多;政府性基金收入35.30亿元,下降9.53%,主要是电力基金的征收期限已满,停止了该项基金的征收所致;主管部门集中收入3.08亿元,增长27.27%,主要是公检法部门收入有较大增加;乡镇自筹、统筹资金47.68亿元,下降10.31%,主要是部分市进行农村税费改革试点,取消了原征收的"三提五统",以及各级对乡镇统筹资金项目进行了清理规范,收入相应减少。

2001年,全省预算外资金支出265.19亿元,比上年增加1.89亿元,增长0.72%。其中:行政事业费支出150.07亿元,增长18.71%,主要是落实中央增资政策,工资性支出增加较多;基本建设支出12.53亿元,下降75.39%,主要原因是由于电力基金等一部分政府性基金收入来源减少,支出相应下降,同时随着公路里程的逐步增加,我省公路方面的投资由基本建设投入逐步转向公路维护和改造;城市维护支出8.50亿元,下降34.36%;乡镇自筹、统筹资金支出47.59亿元,下降7.41%。

2001年,全省预算外资金收支相抵,当年结余25.77亿元。

(二)省级预算外资金收支情况

2001年,省级预算外资金收入96.16亿元,比上年增加15.68亿元,增长19.48%。其中:行政事业性收费收入65.33亿元,增长35.98%;政府性基金收入29.03亿元,下降6.33%;主管部门集中收入1.43亿元,增长38.90%。

2001年,省级预算外资金支出82.25亿元,比上年增加3.80亿元,增长4.84%。其中:行政事业费支出39.55亿元,增长17.70%;基本建设支出3.30亿元,下降91.13%。

2001年,省级预算外资金收支相抵,当年结余13.91亿元。

三、2001年财政运行的主要特点及问题

在财政决算编审过程中,我们对2001年财政运行情况进行了认真分析。从决算反映的情况看,2001年全省财政运行主要有以下几个特点:

(一)财政收入增长较快

2001年,全省地方财政收入比上年超收109.5亿元,增长23.62%。这是各级认真贯彻实施积极财政政策等一系列宏观调控措施,深化改革,加快经济发展,加大结构调整力度,努力提高经济运行质量和效益,在财政收入上的积极反映。同时也是各级坚持依法治税,加强税源监控,严肃税收政策,强化税收征管的结果。从收入项目看,与经济发展速度与效益密切相关的增值税、营业税和企业所得税共增收82.88亿元,占全部增收额的75.69%。其中,增值税增收10.6亿元,增长11.82%,与全省工业和商品流通增长基本同步。企业所得税增收67.24亿元,增长82.14%,除了企业效益提高因素外,主要是各级适应所得税分享改革的要求,加大了挖潜和清欠力度,加之一些外商投资企业税收优惠政策到期,也增加了部分收入。扣除政策调整和清理历年欠税等不可比因素,去年我省财政收入增长与经济增长基本相适应。

(二)重点支出得到较好保障

2001年,各级按照"保工资、保稳定、保法定支出"的要求,进一步调整支出结构,科学运筹资金,努力保证重点支出需要。一是工资性支出增加较多,工资发放情况进一步改善。2001年全省以工资为主体的行政事业费支出465.96亿元,增长22.35%。为帮助困难地区发放工资,省安排对下工资性转移支付10.3亿元,比上年增加3.18亿元。省财政还加强了资金调度,帮助部分受季节性收入影响较大的地方,按时发放工资。二是社会保障支出大幅增加,保证了下岗职工基本生活费和企业离退休人员养老金及时发放。全省抚恤救济和社会保障支出47.85亿元,完成预算的139.95%,增长51.43%,占财政支出的比重提高了1.2个百分点。三是农业、科技、教育投入继续增加,均达到了法定增长要求。全省农业、教育、科技支出分别完成预算的110.5%、106.8%、111.6%,增长16.27%、16.64%、22.66%,大大高于经常性财政收入的增长,促进了农业结构调整和重点事业的发展。

(三)财政管理进一步加强

2001年,省直各部门全部试编了部门预算,其中,省农业厅、省教育厅的部门预算提交省人代会审议,预算管理的规范化程度有了进一步提高。在对工资实行集中统一发放的基础上,将国库集中支付方式扩大到了政府采购等领域。2001年全省政府采购规模达到34.22亿元,节约资金6.44亿元,节支率达15.84%。认真总结聊城、莱州、肥城农村税费改革试点经验,进一步规范了农村税费制度和征收方式,减轻了农民负担,为在全省范围内推进改革创造了条件。加大财政监督检查力度,认真执行《预算法》、《省级预算审查监督条例》、《山东省财政监督办法》等法律法规,开展了对收入征管质量、国债资金、转移支付、支农等重点资金的专项检查,全省共查出各类违规资金28亿元,收缴国库4.98亿元。积极组织实施新《会计法》,开展了对会计信息质量、企业财务和基本建设预决算的执法检查工作,纠正了财经领域中的一些违法违规问题,改善了财政管理,严肃了财经法纪。

各位委员,通过2001年财政决算,也反映出经济运行和财政管理中的一些矛盾和问题。一是财政增收的基础还不稳固。由于一些地方传统产业比重大,产业结构调整的步伐较慢,新兴财源和新的税收增长点较少,制约了财政增收,也影响了财政收入结构的改善和可用财力的增加。二是财政支出压力越来越大。受中央调整工资政策、下放事权及社会保障性需求增多等因素影响,财政支出大幅增加,收支矛盾更加突出。特别是随着农村税费改革的实施,农民负担明显减轻,但基层财政面临不少困难,一些县乡仍存在拖欠工资问题,乡(镇)、村债务较重。三是预算

改革仍需进一步深化。由于与部门预算改革相关的法规制度不够完善,部门预算编制还需要进一步规范,加上执行中政策变化和其他一些因素影响,预算的法律约束力还有待进一步提高。四是财政管理还存在一些薄弱环节。税收流失现象仍然比较突出,偷、逃、骗税等问题时有发生,受利益驱动,一些地方存在滞缴税款、混征混库等问题。据审计发现,一些部门单位违反财经纪律,截留、挪用财政专项资金用于购建宿舍、购置车辆等方面的开支;个别部门和单位不能严格落实"收支两条线"规定,违规收费,私设"账外账"和"小金库",将应缴财政专户的预算外资金不缴入专户等。这些问题,一方面反映出一些部门单位法制观念还不强,财经纪律松弛,另一方面也表明,当前依法规范和加强财政管理的任务仍很艰巨。

各位委员,针对财政运行中存在的问题和财政工作担负的任务,省政府已从机制、体制、政策等方面进一步制定和完善了有关政策措施,对全面做好增收节支工作,改进和加强财政管理,提出了明确要求。我们将以"三个代表"重要思想为指导,积极落实省人大及常委会的各项决议,立足加快发展,大力培植和壮大财源,为财政增收奠定坚实基础。坚持依法组织收入,确保财政收入均衡入库,稳定增长。加强财政支出管理,优化支出结构,切实保证重点支出需要。大力推进财政改革和制度创新,强化预算约束和财政监管,严肃财经法纪,规范财政行为,不断提高依法理财水平,为全省改革、发展和稳定做出新的更大贡献。

2001年山东财政运行分析

2001年,在省委、省政府的正确领导下,全省上下认真贯彻党的十五中、六中全会和江泽民同志“七一”讲话重要精神,进一步落实中央积极的财政政策,加快对外开放步伐,深化体制改革,加大产业结构调整力度,实现了国民经济的持续稳定增长。在此基础上,全省财政收支保持了较快增长,圆满完成了年度预算任务,连续15年实现了全省财政收支平衡。

一、2001年我省财政运行的主要特点

根据财政月报统计,全省一般预算收入573.18亿元,完成预算的110.74%,比上年增收109.5亿元,增长23.62%。是我省历史上财政增收最多的一年。国内增值税(100%)、消费税收入完成450.72亿元,增长12%。按分税制改革前的老口径统计(地方财政收入+上划中央“两税”收入),全省财政总收入达到922.66亿元,比上年增长19.01%。一般预算支出完成753.81亿元,占预算的112.45%,比上年增长22.96%。全省基金预算收入57.85亿元,增长11.80%;基金预算支出54.42亿元,增长21.02%。总结2001年全省财政运行情况,主要有以下几个特点:

(一)主体税种拉动作用增强,财政收入占GDP比重进一步提高

2001年,增值税增收10.6亿元,企业所得税增收67.25亿元,个人所得税增收12.24亿元,以上3项共计增收90.09亿元,占一般预算收入增加额的82.27%,拉动收入增长19.43个百分点(2000年以上3个税种仅增收36.04亿元,占全部增收额的54.38%)。主体税种增值税(25%部分)增长11.82%,与全省工业和商品流通增长基本同步。营业税增长5.74%,主要是金融保险营业税减收造成的。企业所得税大幅度增加,除了效益提高因素外,主要是清理历年欠税较多,加之一些外商投资企业税收优惠政策到期,也增加了部分税收。2001年,全省工业企业产品销售率达到97.77%,比上年提高0.03个百分点;产品销售收入8197亿元,增长14.95%。地方小税增幅几年征管力度大,增收潜力基本得到挖掘。其中,房产税增长6.25%,城镇土地使用税增长1.01%,资源税增长3.60%,车船税增长14.20%,增幅均明显低于往年。2001年我省财政收入增长较快,是经济发展、效益提高、加强征管的结果,情况是基本正常的。财政收入的持续增长,使我省财政收入占国内生产总值的比重逐年提高。1994年—2001年,全省地方财政收入年均增长22.99%。高于GDP增长。全省地方财政收入占GDP的比重,1994年为3.48%,1997年提高到4.58%,到2001年进一步提高到6.07%,比1994年升高2.59个百分点。这表明,我省财政与经济发展日益步入良性循环的轨道。

(二)重点行业和骨干企业的财政贡献上升,非公有制经济提供的税收大幅度增加

近几年,我省加大产业结构调整力度,积极发展非公有制经济,加快企业改革、改组、改造步伐,财政收入来源结构发生很大变化。一是农业提供的收入稳中有升。2001年,第一产业提供的税收占全部税收(包括国税局、地税局征收的税收和农业类

税收)的比重为3.11%,比上年提高0.16个百分点,第二、三产业提供的税收比上年略有下降。二是重点行业提供的税收增加较多。增值税增长11.84%,分部门看,卷烟增长78.02%、纺织增长23.63%、煤炭增长20.90%、电力增长22.04%、化工增长19.94%、机器机械增长35.31%,均高于增值税平均增长。三是重点企业对财政的贡献加大。盈利5000万元以上的51户地方国有重点工业企业实现利润63.38亿元,占全部盈利企业实现利润的63.44%,比上年提高2.28个百分点。四是非公有制经济的财政贡献明显增加。随着企业改革的深入和多种经济成分的进一步发展,国有和集体经济提供的税收下降,个体私营、股份制、外资等非公有经济提供的税收增长较快。2001年,全省国有经济提供的税收为284.66亿元,比上年下降4.68%,占全部税收的30.64%,比上年下降8.1个百分点,主要是受企业改制因素的影响,实际下降幅度在2%左右。集体经济提供的税收为97.98亿元,下降4.65%,占全部税收的10.55%,下降2.28个百分点。非公有制经济提供的税收546.29亿元,占58.81%,比上年提高10.38个百分点。如果不考虑国有、集体企业改制等因素,非公有制经济提供的税收大约在50%左右。其中:个体私营经济提供的税收为120.12亿元,增长69.3%,占全部税收的12.93%,比上年上升3.73个百分点。股份制经济提供的税收为293.35亿元,增长51.8%,占全部税收的31.58%,提高6.52个百分点,主要是股份制企业效益不断提高以及股份制企业户数增加。港澳台和外商投资经济提供的税收为123.45亿元,增长40.72%,占全部税收的13.29%,提高11.91个百分点。

(三)各市财政收入普遍增长较快,全省绝大多数县跨入亿元县行列

2001年,全省17市财政收入平均增长23.71%,17个市增幅全部在15%以上,其中,超过30%的有2个,其中:聊城市增长40.10%,威海市增长32.42%。收入总量较大的几个市,收入增幅也比较高。其中:济南市增长21.52%、青岛市增长25.74%、烟台市增长23.65%。西部欠发达地区,由于加强财源建设,加强收入征管,财政收入保持了较高增长,其中,德州、滨州分别增长28.06%、26.97%。按现行财政体制,全省地方财政收入亿元县达到130个,比上年增加12个,其中:超过4亿元的有18个,比上年增加8个;超过5亿元的有10个,收入最高的荣成市为7.86亿元。按分税制改革前的老口径统计,全省141个县(市、区)中,财政收入亿元县达到136个,占96%。

(四)保工资的力度明显加大,工资发放情况逐步好转

2001年,中央连续两次出台增资政策,给我省财政支出带来了很大的压力。由于我省财力分布不平衡、省级调控能力较弱、一些地方对工资发放工作重视程度不够等主客观因素的综合影响,上半年我省部分工资发放困难的问题比较突出。为此,各级财政把确保工资正常发放作为支出工作的头等大事来抓,采取了许多切实有效的措施。一是掌握情况,摸清全省工资底数。在明确工资必保标准的基础上,对全省2000多个乡镇的工资发放情况和执行标准进行了全面统计,初步掌握了全省中央、省和市三级出台的工资项目执行情况,为有针对性地解决工资问题打下了良好基础。二是积极筹措资金,努力缓解基层财政难。通过争取中央补助、调整支出结构、集中预算外资金等措施,分两次共安排10.3亿元省对下转移支付资金,并要求各市尽快拨付到县、落实到乡,直接进入工资专户,实现了封闭运行。改革了转移支付方式,由过去直接下达到县改为下达到市,增强了市、县的责任感和压力。同时要求市县两级也要加大对下转移支付力度,按一定比例与省里的资金配套,各市配套资金达1.33亿元,对不享受省转移支付的地方,也要求对下安排适当的转移支付资金,把发达地区财政困难县的工资问题解决好。三是督促各地调整县乡财政体制,提高乡镇财政保工资的能力,加快工资专户建设。进一步做好乡镇教师定编、定岗和定员工作,加快教育内部改革步伐,在此基础上,抓紧贯彻落实农村中小学教职员工工资上划县级统管的办法,实行乡镇底,农村教师上划县级管理的县(市、区)达到55个。通过采取以上措施,2001年中央两次

出台的工资政策,大部分县市得到落实,我省工资发放情况逐步好转。2001 年,全省以工资为主体的行政事业费支出比上年增加 85 亿元,占全部新增地方财政收入的 78%,表明各级保工资的力度进一步加大。

(五)重点支出完成较好,财政对经济和事业发展的支持力度有所增强

2001 年,各级按照市场经济和建立公共财政的要求,从改革与发展的大局出发,既算经济账,也算政治账和社会账,对该保证的重点支出和重点项目,千方百计予以保证。为贯彻落实国家积极的财政政策,各级加大了基础设施投资力度,努力培植财源,改善经济发展环境。去年,我省基本建设、企业挖潜改造、城市维护费分别增长 38.82%、32.52%、24.94%。省财政安排了 6000 万元贴息资金,重点扶持了 136 个高新技术产业化项目,则银行贷款 31.3 亿元。截止去年底,我省共争取中央国债转贷资金 69 亿元,有力地拉动了内需,对于实现我省经济增长目标发挥了重要作用。各级加大了社会保障投入,全省抚恤救济和社会保障支出达到 47.85 亿元,比上年增长 16.25 亿元,占财政总支出的 6.35%,比上年提高了 1.2 个百分点。粮食风险基金及补贴资金 21.23 亿元,达到了中央确定的规模,较好地保证了国家粮食政策的落实。全省农业、教育、科技三项支出完成 201.75 亿元,分别增长 16.27%、16.67% 和 22.66%,均达到了法定增长要求。这些必保重点支出的增加,对于维护我省改革、发展和稳定的大局,发挥了重要作用。各级加大了财政改革步伐。省对下财政体制调整、农村税费改革、部门预算改革等各项改革取得了新进展,支出改革成效明显,其中省级政府采购规模达到 8.21 亿元,节约资金 1.63 亿元,节支率达到 16.6%。省、市、县本级基本上实现了财政统一发放工资,国库集中支付范围进一步扩大。

二、财政运行中存在的主要问题

2001 年,我省财政运行情况总体上是好的,但也要清醒地看到,当前财政运行中仍然存在突出的矛盾和问题。归纳起来,主要有以下几个:

(一)经济运行质量和产业素质不高,财政收入增长后劲不足

2001 年,我省国民经济继续保持了良好的增长势头,国内生产总值完成 9438 亿元,比上年增 10.1%,总额居全国第 3 位。但同其他沿海发达省市相比,我省主要税种的收入水平较低,单位 GDP 财政贡献率较低的状况仍然没有根本改观。其中,增值税(25% 部分)收入分别比广东、上海、江苏、浙江少 72.19 亿元、11.64 亿元、31.68 亿元、2.1 亿元,营业税少 225.07 亿元、98.44 亿元、16.81 亿元、32.21 亿元,所得税少 199.25 亿元、42.21 亿元、1.8 亿元、41.28 亿元。增值税、营业税和所得税等主体税种提供的财政收入,是衡量一个地区经济运行质量、产业整体素质的一个重要指标,主体税种收入规模的差距反映出我省整个经济运行质量的不高。从 2001 年我省 9167 户地方国有企业及外商投资企业财务指标来看,全年共实现销售收入 3883.17 亿元,实现利润 114.08 亿元,平均销售利润率为 2.94%,仅比上年提高 0.65 个百分点,企业的整体盈利能力仍然偏低,说明我省财政收入增长的基础尚不稳固。尤其是当前我省高新技术产业比重偏低,产品的科技含量不高,外向型经济不发达,国民经济中新的增长点还不够突出等,这些问题会影响今后我省经济发展,制约财政收入的进一步增长。

(二)收入结构不尽合理,可用财力增长缓慢

2001 年,全省 573.18 亿元地方财政收入中,非税收入为 84.84 亿元,占 14.8%,比全国高 4.65 个百分点,比上海、浙江等省市高十多个百分点。由于非税收入大部分都有专门用途,其增长对于增加各级财政可用财力,提高财政调控能力,作用十分有限。加上地方财政收入中还包括一些先征后返、列收列支以及具有专项用途的收入,如煤炭、文教企业所得税,上市公司所得税,以及城建税、耕地占用税等,扣除这些收入目以及一次性增收的特殊因素,加之中央税收返还增长缓慢,

2001年我省实际可用财力仅增长10%左右。由于可用财力增长缓慢,加上我省人口众多,人均支出和人均可用财力水平在全国列第20位以后。这也是由近年来我省地方财政收入较高增长,而财政收支矛盾仍得不到有效解决的重要因素。也就是说,2001年我省地方财政收入总量和增幅都较高,但可用财力增加并不多,财政收入的质量还有待于进一步提高。

(三)财政支出的结构性矛盾依然存在,支出方向和范围尚不适应构建公共财政体制的要求

加快退出竞争性领域,进一步规范财政供给范围,严格财政支出管理,是构建公共财政体制的基本要求。从2001年全省的预算执行情况看,财政支出结构不尽合理的问题仍然存在,财政资金分配和财政管理尚不适应市场经济要求,政府预算的完整性和权威性不够,"越位"和"缺位"的问题仍然没有得到根本解决。一是财政支出范围不够合理。一方面,许多市场经济条件下应自我发展、自谋生路的单位和一些竞争性领域,财政仍投入较多。而另一方面,按照公共财政要求应由财政负担的义务教育、社会保障、基础设施建设等方面,财政投入严重不足。二是财政支出效益不高。随着改革的逐步深入,原有的行政事业单位有了根本转变,各单位承担的职能和工作任务也发生了较大变化,这就要求财政对所属资源要适时进行调整,在资金分配上,彻底打破原有基数。但有些地方在预算安排上仍沿袭原有的"基数加增长"模式,财政资金的使用与实际需要不尽一致。如政府机关机构改革后,有些单位职能、人员都大大减少,但原有的办公房等资源却仍掌握在改革后的机构手中,不可避免地造成一定的闲置、浪费等。三是财政部门统筹安排支出的财力越来越少。除了过去的农业、教育、科技支外,对社会保障、公检法、计划生育、宣传文化等方面的支出增长也有许多硬性要求,再加上上级财政要的一些专项配套支出,使地方各级政府可统筹安排出的财力越来越小,在很大程度上削弱了地方政府理财自主权。

(四)省级财力增长缓慢,调控能力进一步下降

2001年省级一般预算收入完成75.46亿元,比上年增长22.99%,其中,增值税(25%部分)完成22.2亿元,比上年下降8.4%;营业税完成13.11亿元,同比下降7.12%;资源税完成2.85亿元,下降6.24%;企业所得税完成23.15亿元,增长61.12%亿元。省级增值税、资源税收入下降,主要原因是今年石油价较上年大幅下滑及相关政策因素的影响;营业税收下降,主要原因是今年石油价格较上年大幅下滑及相关政策因素的影响;营业税收入下降,主要是国家金融营业税政策进行了调整,核算办法发生变化;企业所得税收入增幅较大,主要原因是兖矿上市后,上市公司与非上市公司所得税由合并计算改为分别计算纳税,2001年上市公司补缴了往年的欠交税款。剔除收入增长的一次性因素以及先征后返、有专项用途的收入外,2001年省级可统筹安排支出的收入增加不多,总的看,受经济发展大环境和结构调整因素影响,省级税源底盘缩小,在全省收入中的比重不断下降。2001年,省级收入占全省的13.17%,比1994年下降1.15个百分点;省级财力比重为17%,比1994年下降6个百分点。由于省级可用收入增长慢,加上中央单位下划,工商、质量技术监督等部门按照中央要求由省垂直管理,省级财政供养人员不断增加,以及粮食风险基金等需要省级配套的一些支出项目,省级财政负担进一步加重,调控能力越来越弱。

(五)县乡财政困难问题比较突出,拖欠工资现象仍未得到根本解决

分税制改革后,虽然省级没有集中县乡财力,但由于中央集中收入较过去明显增多,在一定程度上造成县乡财政统筹调度的能力减弱。另外,由于我省东西部发展不平衡,地区间差距逐步加大,已成为影响山东经济发展的一个重大问题。2001年,全省人均财力1万元以上的县(市、区)主要分布在经济较发达的青岛、烟台、威海、济南、潍坊等市。西部经济欠发达的菏泽、德州、聊城、滨州4个市

地的所属县市，人均可用财力多数在万元以下，有的甚至还不到6000元。财力水平低，发展不平衡是当前我省县乡财政困难的主要原因。此外，工资标准提高过快，超出一些地方的财力正常增长，也是加剧县乡财政困难、出现工资拖欠的重要因素之一。为确保工资正常发放，各级采取了大力增收，加大转移支付力度，调整优化支出结构，统筹安排预算内外财力，实行工资专户管理，调整县乡财政体制等措施，在保工资方面尽了很大努力，但由于种种原因，执行中央工资政策不到位和拖欠工资问题，始终没有得到彻底解决，确保工资正常发放，依然是各级面临的一项十分艰巨的任务。

三、若干建议及措施

2002年，国际、国内经济发展的形势更为复杂，财政形势不容乐观。收入方面，受经济增长速度减缓的制约，加上一次性增收政策的减少，以及所得税、农村税费等改革因素的影响，在上年收入较高增长的基础上，2002年我省财政收入增幅将出现回落。从支出方面看，硬性必保支出继续增多，仅去年增加工资今年“翘尾巴”和兑现今年将要出台的增资政策，全省就需增加支出约50亿元，同时，还要确保农业、科技、教育、社会保障等重点支出的增长，收支矛盾异常尖锐。在这种情况下，财政工作必须勇于创新，积极推进各项改革，努力增收节支，通过加快发展和提高管理水平来解决财政运行中的矛盾和问题，全面完成全年预算任务。

（一）促进经济结构调整，提高产业素质和经济运行质量

发展是解决经济和社会问题的关键，要充分发挥财政的职能作用，综合运用财政投入和财税政策手段。最大限度地发挥财政资金和政策的“乘数”效应，促进经济结构调整和经济效益提高，加快我省经济发展步伐。一是要认真贯彻中央积极财政政策，加快国债转贷项目建设进程，落实好国家税收政策和收入分配政策，继续清理并取消不合理的收费项目，进一步促进消费、扩大内需。二是要适应加入WTO后经济全球化进程逐步加快的新形势，进一步转变观念，把握好支持经济发展的方向和重点。进一步扩充外贸发展基金规模，认真落实国家促进出口的“免、抵、退”政策，鼓励企业扩大出口；运用好外商投资企业环境配套建设资金，积极引进外资，发展壮大我省的外向型经济。三是要充分运用财政贴息、建立投资风险基金等多种手段，充分发挥财政资金的导向作用，支持信息、高新技术、旅游等新兴产业发展，以及新材料、新工艺、新技术的开发应用，依靠科技进步和创新，实现经济结构优化升级。同时，充分运用技术改造资金，支持企业技术开发中心建设，提高企业的技术研生能力。四是要大力推进国有资产合理流动和优化重组，改造传统产业，壮大优势产业，巩固和扩大国有企业改革与发展成果，促进国有经济战略布局调整和多种经济成份共同发展。五是要从财政、财务等方面，完善相关政策，积极支持和鼓励股份制经济、民营经济以及第三产业发展。同时，要抓住所得税收入分享改革的机遇，积极发挥财政政策的作用，支持、促进中央企业嫁接、改造地方企业，实现优势互补、共同发展。

（二）加强收入征管，广开聚财渠道

改革和发展要求财政收入必须始终保持一定的增长速度。2001年全省开展的税源普查为把握税源、加强监控、强化征管、查漏补收提供了有利条件。各级要充分利用税源普查成果，适时调整收入征管重点，全面改进组织收入工作，完善工作机制，强化措施，挖掘潜力，寻找新的收入增长点。要坚持依法治税、依率计征，努力做到按政策规定足额征收、及时上缴、均衡入库，切实把经济发展的成果反映到财政增收上来。要进一步加大稽查力度，堵塞征管漏洞，大力清缴欠税，严厉打击各种偷、逃、骗税行为。改进征管方式，充分利用高科技手段为税收管理服务，进一步提高征管进一步清理整顿各类税收优惠政策，严肃税政管理。对已明确取消或违反规定地方自行出台的各种形式的税收减免政策，一律停止执行、依法恢复征税。坚决制止随意出台新的税收优惠和减免政策，确保税收政策的统一性和严肃性，更好地发挥税收调节经济和增加收入的功能。要加强农业税

收的征管。今年我省将要全面实行农村税费改革试点,新的政策将使农业税成为增收的主要方面,各级要按照改革的有关要求,改进征管制度和手段,积极做好农业税收的征管工作。要广开聚财渠道,为发展经济,提高人民的生活水平提供资金支撑。一是要从国有资产经营收益中要收入。要加快构建国有资产运营机制,落实资产保值增值考核责任,及时收缴国有股股利及国有资产转让收入,使国有资产优势体现到财政增收上来。二是要向行政事业单位非经营性资产要收入。积极支持各部门利用现有闲置资产对外出租或提供有偿服务,收取的租金和服务收入,统一纳入各级财政专户,实行"收支两条线"管理。三是要向城市资产经营要收入。树立"以城生财、以城聚财"的思想,加快城市经营步伐。四是要向土地要收入。各级要会同有关部门全面落实土地使用制度改革,引入市场化机制,加大土地招标、拍卖、出售、租赁、入股的力度,充分显示土地资产价值,通过加强管理,将土地增值反映到财政增收上来。五是要向海域使用要收入。要抓紧研究制定相关的配套措施,理顺征管体制,确保全省海域使用金有较大增加。六是要向矿产资源要收入。要在提高原油资源税的同时,加快探矿权和采矿权使用费的征管。要会同有关部门对矿业权许可证进行清理。已到期的,原则上不再延续;对符合招标拍卖条件的,一律实行招标拍卖,努力增加财政收入。

(三)加大支出结构调整力度,增强财政保障能力

按照"巩固发展,扩大范围、突破重点、提高效果"的思路,不断加快支出结构调整步伐。一是要进一步规范支出范围,加快财政从竞争性领域退出的速度,以退保进,优化结构,切实解决好"越位"和"缺位"的问题。今后,各级对各类社团组织如学会、协会、研究会,以及经营服务单位,如宾馆、培训中心、活动中心、杂志社、幼儿园等,一般不再安排支出。二是大力调整支出结构,逐步将财政资金转向满足社会公共需要上来,重点保障政权建设、基础设施建设、社会保障制度建设、农业科技教育事业发展、生态环境保护等公共支出,提高财政支出的社会效益。三是集中资金保工资、保稳定、保法定支出。支出安排要坚持"一要吃饭,二要建设"的原则,首先要保证工资性支出,凡是工资不能保证的地方,其他方面的支出一律压减,工资性支出不能留有缺口。要进一步加大转移支付规模,改革转移支付方式,实行"按县算账、以市下达、分级负担"的转移支付制度,享受转移支付的市根据财力情况要按一定比例进行配套,进一步增强市级财政的责任感和工作压力,建立起省、市、县级共同负担的新机制,层层建立转移支付制度,调动各级的积极性。转移支付资金要直接进入国库工资专户,实行封闭运行。加强对转移支付资金使用情况的监督检查,切实杜绝截留、挪用现象。对农业、教育、科技、社会保障等重点支出要给予优先保证,确保资金足额及时到位。

(四)大力推进体制改革和管理创新,不断提高理财水平

1994年我省实行的分税制财政体制,对促进经济发展、增加财政收入起到了非常重要的作用。经过7年的运行,体制设计的基础条件发生了很大变化,社会、经济发展状况有了很大改变,财政自身运行也出现了许多新情况、新问题,因此,必须对现行财政体制进一步完善。中央决定,自2002年1月1日起,所得税收入分享改革。各级要以此为契机,针对实施这项改革引起的财力变化,对省以下财政体制进行适当调整和完善。体制调整要在维持现行分税制财政体制总体框架基本不变的前提下,保证各级既得利益、建立科学、规模统一的收入分享机制,体现公平与效率。通过体制调整,为全省财政、经济持续快速发展创造基础性条件,进一步规范政府与企业、省与市、市与县乡之间的财政分配关系。改革后的财政体制,一方面有利于建立省级收入稳定增长的机制,能适当提高省级的调控能力,促进我省东西部地区协调发展和经济结构的合理调整,逐步解决地区经济发展不平衡以及部分县乡财政困难的问题;另一方面,要有针对性地提高县乡特别是经济欠发达地区县乡两级的财力水平,不断提高其自我保障能力。体制调整过程中,要大

胆改革，勇于创新，着力提高我省财政管理水平和财政运行效率。财政管理创新的重点是支出管理改革。在确定合理定额和标准的基础上，试行部门预算、零基预算、综合预算。进一步扩大编制范围，争取将部门预算改革试点扩大到市级。进一步加大政府采购力度，编制政府采购预算，规范政府采购行为，充分发挥政府采购在节约开支、引导生产和消费、促进廉政建设等方面的积极作用。按照"先易后难、稳定推进"的原则，除工资、政府采购资金外，对基本建设、国债、转移支付、专项支出等资金，也要逐步实行国库集中支付。同时，要强化预算约束，堵塞管理漏洞，规范分配行为，节约资金保重点。要积极支持事业改革，优化社会资源配置，努力做到财尽其用、物尽其用，促进各项事业更快、更好地发展。

（五）加强财政监督管理，促进财经秩序的进一步好转

各级要认真贯彻执行《山东省省级预算审查监督条件》、《山东省财政监督办法》等有关法律法规的规定，全面改进和强化财政监管。一是要加强对各收入征管部门征管质量的监督，督促其严格执行各项财税法规，进一步提高执法质量。二是要加强对重点财政资金的管理，建立追踪问效和反馈机制。要重点加强对国债资金、粮食风险基金、转移支付资金等专项资金拨付、使用全过程的监管，及时纠正使用中存在的问题，避免各种损失和浪费。三是要认真落实"收支两条线"规定，强化预算外资金监督管理，重点是加强对资金收缴和使用的管理，坚决制止"三乱"行为，树立政府、部门良好的社会形象。四是要加强财务会计监督，加大会计信息质量监督抽查力度，扩大抽查范围，严肃查处造假行为。同时，要落实企业全面预算管理制度，指导督促企事业单位加强财务会计基础工作，健全内部控制和约束制度，力争使财务会计信息质量有新的提高。五是要进一步整顿和规范社会审计工作，及时查处各种违规行为，进一步提高执业质量。六是要强化内部监督制约，加强财政干部队伍建设，进一步提高依法行政、依法理财水平。

简 要 说 明

一、预算科目变化情况

2001 年政府预算收支科目在上年科目的基础上，根据预算管理实际需要，作了以下修改和调整。

1. 在“一般预算收入科目”中增设了第16类“船舶吨税”，并相应设置了第1601款“船舶吨税”、1620款“船舶吨税税款滞纳金、罚款收入”科目。在第31类“农业特产税”下的第3101款“农业特产税”下分设了310101“烟叶”、310102“茶叶”、310103“原木(竹)”、310104“水果”、310105“养殖”、310106“捕捞”、310109“其他”等7个项级科目。(财预[2000]129号)

2. 在“一般预算收入科目”第42类“行政性收费收入”中增设了第4227款“外交行政性收费收入”、第4228款“计划生育行政性收费收入”、第4229款“知识产权行政性收费收入”、第4230款“林业行政性收费收入”等科目。(财预[2000]129号)

3. 在“一般预算收入科目”第72类“一般预算调拨收入”第7201款“一般预算补助收入”下增设“农村税费改革补助收入”，反映地方财政收到的农村税费改革补助。

4. 在“一般预算支出科目”01类“基本建设支出”的所有款级科目下增设“国债专项基建拨款”项级科目，反映用国债资金安排的专项基建支出。(财预[2002]250号)

5. 在“一般预算支出科目”02类“企业挖潜改造资金”的所有款级科目下增设“国债专项挖潜改造拨款”项级科目，反映用国债资金安排的企业挖潜改造支出。(财预[2002]250号)

6. 在“一般预算支出科目”第66类“一般预算调拨支出”第6601款“一般预算补助支出”下增设“农村税费改革补助支出”科目。

7. 在“基金预算收入科目”第80类“工业交通部门基金收入”中增设了第8019款“墙体材料专项基金收入”、第8020款“铁路建设附加费收入”、第8021款“适航基金收入”；第82类“文教部门基金收入”中增设了第8203款“地方教育附加收入”、第8204款“地方教育基金收入”科目。

在“基金预算支出科目”第80类“工业交通部门基金支出”中增设了第8019款“墙体材料专项基金支出”、第8020款“铁路建设附加费支出”、第8021款“适航基金支出”；第82类“文教部门基金支出”中增设了第8203款“地方教育附加支出”、第8204款“地方教育基金支出”科目。(财预[2000]129号)

二、财税政策调整变化情况

1. 为了促进社会主义市场经济的健康发展，进一步规范中央和地方政府之间的分配关系，建立合理的分配机制，防止重复建设，减缓地区间财力差距的扩大，支持西部大开发，逐步实现共同富裕，国务院决定从2002年1月1日起实施所得税收入分享改革。改革的主要内容是，除少数特殊行业或企业外，对其他企业所得税和个人所得税收入实行中央与地方按比例分享。中央保证各地区2001年地方实际的所得税收入基数，实施增量分成。(1) 分享范围。除铁路运输、国家邮政、中国工商银行、中国农业银行、中国银行、中国建设银行、国家开发银行、中国农业发展银行、中国进出口银行以及海洋石油天然气企业缴纳的所得税继续作为中央收入外，其他企业所得税和个人所得税收入由中央与地方按比例分享。(2) 分享比例。2002年所得税收入中央分享50%，地方分享50%；2003年所得税收入中央分享60%，地方分享40%；2003年以后年份的分享比例根据实际收入情况再行考虑。(3) 基数计算。以2001年为基期，按改革方案确定的分享范围和比例计算，地方分享的所得税收入，如果小于地方实际所得税收入，差额部分由中央作为基数返还地方；如果大于地方实际所得税收入，差额部分由地方作为基数上解中央。具体计算办法由财政部另行通知。(4) 跨地区经营、集中缴库的中央企业所得税等收入，按相关因素在有关地区之间进行分配。（国发［2001］37号）

2. 为深化国有企业改革，保持股市相对稳定，经国务院批准，财政部对地方实行的对上市公司企业所得税先按33%的法定税率征收再返还18%（实征15%）的优惠政策，明确允许保留到2001年底。（财税［2001］128号）

3. 为缓解农村信用社的困难，支持农村信用社发展，经国务院批准，财政部、国家税务总局规定自2001年10月1日起，对农村信用社减按5%的税率计征营业税，营业税收入全部归属地方。

山东省国民经济资料部分

2001 年山东省行政区划、人口基本情况

单位：万人

地　区	街道办事处（个）	乡（个）	镇（个）	总人口（万人）	非农业 人数（万人）	非农业 占总人口%	农业人口 人数（万人）	农业人口 占总人口%	总面积（平方公里）	年末实有耕地面积（千公顷）
全省合计	**356**	**329**	**1225**	**9024.3**	**2517.0**	**27.9**	**6507.3**	**72.1**		
青岛市	**91**	**3**	**83**	**710.5**	**302.2**	**42.5**	**408.3**	**57.5**	**10654**	**467**
即墨市	3		19	106.9	13.2	12.3	93.8	87.7	1780	83
胶州市	5	2	11	76.0	14.5	19.1	61.5	80.9	1313	62
胶南市	2	1	15	83.7	13.4	16.0	70.3	84.0	1894	65
平度市	4		26	133.8	15.7	11.7	118.1	88.3	3166	171
莱西市	4		12	72.5	62.2	85.8	10.2	14.1	1522	72
崂山区	4			19.2					389	2
城阳区	8			43.2	5.5	12.8	37.7	87.3	553	10
黄岛区	5			20.2	9.2	45.5	11.0	54.5	217	3
开发区										
市南区	14			44.3	44.3	100.0			30	
市北区	16			46.7	46.0	98.5	0.7	1.4	29	0
四方区	15			36.3	36.3	100.0			35	
李沧区	11			28.1	24.6	87.4	3.2	11.5	98	0
济南市	**54**	**28**	**64**	**569.0**	**251.1**	**44.1**	**317.9**	**55.9**	**8177**	**331**
历下区	11		1	54.6	54.6	100.0			101	1
市中区	10		3	51.2	51.2	100.0			280	6
天桥区	13		2	47.7	39.6	83.0	8.1	17.0	249	8
槐荫区	12		2	34.0	24.2	71.2	9.8	28.8	151	4
历城区	4	3	11	82.0	24.9	30.3	57.2	69.8	1298	38
章丘市	2	4	16	98.7	13.9	14.1	84.8	85.9	1855	76
长清县		2	9	53.0	7.4	14.0	45.6	86.0	1178	40
平阴县		4	7	36.2	7.1	19.6	29.1	80.4	827	28
济阳县			8	52.5	10.2	19.5	42.3	80.5	1075	65
商河县		14	7	59.1	6.0	10.2	53.1	89.8	1163	66
淄博市	**22**	**12**	**74**	**410.5**	**179.6**	**43.7**	**230.9**	**56.3**	**5938**	**189.1**
博山区	2		11	47.3	28.0	59.1	19.4	40.9	682	9.4
淄川区	3	3	16	67.2	31.6	47.0	35.6	53.0	999	20.0
张店区	8		8	65.8	48.7	74.1	17.1	25.9	349	13.2
周村区	5		4	31.4	17.7	56.5	13.7	43.5	263	12.6
临淄区	4	2	9	58.8	25.4	43.2	33.4	56.8	668	35.0
桓台县			11	48.8	12.4	25.3	36.4	74.7	510	29.3
高青县			9	35.8	5.5	15.5	30.3	84.5	830	43.1
沂源县		7	6	55.4	10.3	18.6	45.2	81.5	1637	26.5
枣庄市	**16**	**2**	**44**	**360.3**	**110.6**	**30.7**	**249.8**	**69.3**	**4550**	**183**
市中区	6	2	3	48.5	30.9	63.6	17.6	36.4	375	10.2
薛城区	2		6	45.7	19.3	42.3	26.4	57.7	507	21.1
峄城区	2	2	3	35.5	8.7	24.4	26.9	75.6	627	28.3
山亭区	1		8	46.4	5.1	11.0	41.3	89.0	1018	23.4

续表1

地　　区	街道办事处(个)	乡(个)	镇(个)	总人口(万人)	非农业		农业人口		总面积(平方公里)	年末实有耕地面积(千公顷)
					人数(万人)	占总人口%	人数(万人)	占总人口%		
台儿庄区	1		5	28.4	7.2	25.2	21.2	74.8	538	26
滕州市	4		17	155.8	39.5	25.3	116.4	74.7	1485	74
烟台市	**42**		**96**	**646.0**	**207.6**	**32.1**	**438.4**	**67.9**	**13746**	
芝罘区	12			63.9	56.9	89.0	7.1	11.0	169	1
福山区	2		5	34.5	9.5	27.4	19.7	57.0	628	14
龙口市	3		10	62.5	23.6	37.8	38.9	62.2	893	30
莱阳市	4		14	89.1	18.7	21.0	70.3	79.0	1732	77
蓬莱市	3		9	48.4	11.6	24.0	36.8	76.0	1207	44
招远市	3		10	57.5	15.6	27.1	41.9	72.9	1433	43
莱州市	5		11	86.9	21.0	24.2	65.9	75.8	1878	71
栖霞市	2		13	65.4	11.4	17.4	54.1	82.6	2016	55
海阳市	2		12	68.5	11.8	17.2	56.7	82.8	1887	60
牟平区	3		10	48.4	14.6	30.2	33.7	69.8	1589	40
长岛县		6	2	4.6	2.2	47.8	2.4	52.2	56	0
开发区				5.4	4.3	80.9	1.0	19.1		
莱山区	3		2	16.4	6.5	39.6	9.9	60.4	258	8
潍坊市	**34**	**10**	**147**	**845.9**	**204.7**	**24.2**	**641.3**	**75.8**	**15859**	**687**
潍城区	4		4	36.6	21.1	57.7	15.5	42.3	290	14
坊子区	3		5	25.1	7.6	30.3	17.5	69.7	355	19
寒亭区	2	2	6	35.5	7.4	20.9	28.1	79.1	786	35
昌邑市	2	2	11	68.3	12.4	18.2	55.9	81.8	1810	69
昌乐县			15	60.2	11.4	19.0	48.8	81.0	1101	54
安丘市	2		22	109.9	17.2	15.6	92.7	84.4	2011	99
寿光市	3	2	17	106.1	20.8	19.6	85.3	80.4	2200	92
青州市	3	1	17	89.9	18.8	20.9	71.1	79.1	1569	62
高密市	3		17	85.1	18.9	22.2	66.2	77.8	1603	90
诸城市	3	2	18	105.8	19.3	18.2	86.5	81.8	2183	104
临朐县		1	16	86.5	17.5	20.2	69.0	79.8	1833	49
奎文区	9			37.0	32.2	87.1	4.8	12.9	88	2
济宁市	**18**	**40**	**95**	**794.0**	**199.9**	**25.2**	**594.0**	**74.8**	**11246**	**508**
市中区	8			40.1	39.2	97.8	0.9	2.2		0
任城区	3		9	62.8	11.6	18.5	51.2	81.5	881	49
兖州市		1	9	60.2	21.3	35.3	38.9	64.7	648	19
曲阜市	2	4	6	63.6	16.7	26.2	47.0	73.8	896	44
泗水县		3	9	59.4	10.2	17.1	49.2	82.9	1070	42
邹城市	3		14	111.6	32.9	29.5	78.7	70.5	1619	64
微山县		7	7	68.3	14.8	21.6	53.6	78.4	1780	26
鱼台县		3	7	45.0	6.8	15.2	38.2	84.8	654	38
金乡县		4	9	60.5	14.4	23.8	46.1	76.2	885	55
嘉祥县		7	8	77.6	9.3	11.9	68.3	88.1	973	60

续表2

地区	街道办事处（个）	乡（个）	镇（个）	总人口（万人）	非农业		农业人口		总面积（平方公里）	年末实有耕地面积（千公顷）
					人数（万人）	占总人口%	人数（万人）	占总人口%		
汶上县		6	8	73.3	12.6	17.2	60.7	82.8	877	56
梁山县		5	9	71.2	10.4	14.6	60.8	85.4	963	55
临沂市	**8**	**37**	**135**	**1005.3**	**184.5**	**18.4**	**820.7**	**81.6**	**17184**	**632**
郯城县		6	11	96.9	15.3	15.8	81.6	84.2	1307	62
苍山县		7	14	117.0	11.9	10.2	105.1	89.8	1800	83
莒南县		2	16	99.1	16.6	16.7	82.5	83.3	1752	69
沂水县		6	13	111.5	23.0	20.6	88.5	79.4	2435	78
蒙阴县		2	9	52.9	12.7	23.9	40.2	76.1	1602	34
平邑县		2	14	98.0	12.4	12.7	85.6	87.3	1825	56
费　县		6	12	92.1	13.3	14.4	78.8	85.6	1904	59
沂南县		2	15	90.3	10.5	11.7	79.8	88.3	1774	68
临沭县		1	11	62.1	9.1	14.6	53.0	85.4	1038	49
兰山区	3	2	6	84.1	38.7	46.0	45.4	54.0	650	25
罗庄区	5	1	2	41.8	15.6	37.2	26.2	62.8	371	14
河东区		2	10	59.3	5.5	9.2	53.8	90.8	728	36
泰安市	**8**	**17**	**59**	**543.3**	**165.2**	**30.4**	**378.1**	**69.6**	**7761**	**326**
新泰市	2	1	17	134.2	31.9	23.7	102.3	76.3	1933	69
宁阳县		4	8	80.4	11.5	14.2	69.0	85.8	1124	59
东平县		7	7	76.8	10.6	13.8	66.2	86.2	1340	62
肥城市	1	1	12	96.4	33.0	34.2	63.4	65.8	1277	60
泰山区	3	3	2	60.3	41.0	68.0	19.3	32.0	337	9
岱岳区	2	2	14	94.9	8.5	9.0	86.4	91.0	1750	66
聊城市	**9**	**47**	**70**	**557.7**	**106.2**	**19.0**	**451.5**	**81.0**	**8715**	**553**
东昌府区	5	4	11	97.3	33.7	34.6	63.6	65.4	1254	82
临清市	3	3	10	71.8	16.7	23.3	55.1	76.7	950	65
阳谷县		5	11	74.6	11.2	15.1	63.3	84.9	1065	67
莘　县		11	11	95.7	11.6	12.1	84.1	87.9	1416	85
茌平县		9	6	56.3	7.6	13.4	48.7	86.6	1120	71
东阿县		5	5	41.8	6.3	15.1	35.5	84.8	799	48
冠　县		10	7	73.4	6.8	9.3	66.6	90.7	1161	75
高唐县		3	7	46.6	12.2	26.2	34.4	73.8	949	61
菏泽市	**8**	**51**	**99**	**856.8**	**131.5**	**15.3**	**725.3**	**84.7**		
牡丹区	8	3	13	131.5	34.4	26.2	97.1	73.8	1415	83
曹　县		9	16	140.8	19.0	13.5	121.9	86.5	1969	104
定陶县		4	7	59.6	10.3	17.3	49.3	82.7	846	51
成武县		3	9	62.6	9.5	15.1	53.1	84.9	949	48
单　县		5	15	114.9	14.2	12.3	100.7	87.7	1702	98
巨野县		3	13	91.4	11.2	12.2	80.2	87.8	1303	76
郓城县		10	11	108.0	12.2	11.3	95.8	88.7	1643	103
鄄城县		8	8	76.7	9.9	12.9	66.8	87.1	1041	64

续表3

地区	街道办事处(个)	乡(个)	镇(个)	总人口(万人)	非农业		农业人口		总面积(平方公里)	年末实有耕地面积(千公顷)
					人数(万人)	占总人口%	人数(万人)	占总人口%		
东明县		6	7	71.0	10.87	15.3	60.13	84.7	1370	67
德州市	**10**	**36**	**78**	**540.4**	**115.0**	**21.3**	**425.3**	**78.7**	**10356**	**562**
德城区	5	2	4	54.2	34.23	63.2	20.0	36.8	539	23
陵　县		3	9	55.1	9.43	17.1	45.7	82.9	1213	62
平原县		3	8	44.5	7.58	17.0	36.9	83.0	1047	49
夏津县		4	8	48.4	10.04	20.7	38.4	79.3	882	55
武城县		3	5	37.2	7.52	20.2	29.7	79.8	751	43
齐河县		5	9	60.5	8.55	14.1	52.0	85.9	1411	72
禹城市	2	3	7	50.1	8.83	17.6	41.3	82.4	990	53
乐陵市	4	4	8	63.9	8.85	13.8	55.1	86.2	1172	66
临邑县		3	7	51.0	7.98	15.6	43.0	84.4	1016	56
宁津县		2	9	45.8	7.85	17.1	38.0	82.9	833	51
庆云县		4	4	29.7	4.22	14.2	25.5	85.8	502	31
滨州市	**6**	**22**	**55**	**363.0**	**79.6**	**21.9**	**283.4**	**78.1**	**9445**	**385718**
惠民县		4	10	62.0	8.5	13.7	53.5	86.3	1364	73
阳信县		3	6	42.9	8.0	18.7	34.9	81.3	798	44
无棣县		5	6	43.2	9.9	23.0	33.3	77.0	1979	55
沾化县		5	5	38.2	4.7	12.3	33.5	87.7	2114	57
博兴县		1	9	46.8	9.4	20.2	37.4	79.8	901	44
邹平县		1	13	69.3	15.6	22.6	53.7	77.4	1250	68
滨城区	6	3	6	60.4	23.4	38.7	37.0	61.3	1041	44
东营市	**6**	**13**	**23**	**173.6**	**73.8**	**42.5**	**99.8**	**57.5**	**7923**	**162**
东营区	5	1	3	56.2	38.8	69.0	17.4	31.0	1155	18
河口区	1	3	3	19.6	11.2	56.9	8.4	43.0	2139	17
广饶县		4	6	47.4	5.9	12.4	41.6	87.6	1138	52
垦利县		2	5	21.2	4.5	21.4	16.7	78.6	2204	31
利津县		4	5	29.2	4.5	15.4	24.7	84.5	1287	44
威海市	**14**		**52**	**247.3**	**97.6**	**39.5**	**149.7**	**60.5**	**5436**	**172**
环翠区	10		9	53.3	36.8	69.0	16.5	31.0	731	17
乳山市	1		14	60.0	14.8	24.7	45.2	75.3	1668	47
文登市	4		14	66.0	20.6	31.3	45.4	68.7	1645	55
荣成市			15	67.9	25.3	37.3	42.6	62.7	1392	53
日照市	**6**	**10**	**37**	**277.2**	**67.8**	**24.4**	**209.5**	**75.6**	**5310**	**172**
莒　县		6	15	110.0	9.6	8.7	100.4	91.3	1952	70
五莲县		3	9	50.9	10.1	19.8	40.8	80.2	1443	41
东港区	6	1	13	116.3	20.5	17.6	72.8	62.6	1915	60
莱芜市	**4**	**1**	**14**	**123.6**	**40.2**	**32.5**	**83.5**	**67.5**	**2246**	**60.7**
莱城区	3	1	11	100.2	29.5	29.4	70.8	70.6	1907	53
钢城区	1		3	23.4	10.7	45.8	12.7	54.2	339	8

注:人口数采用的为户籍统计数字。

2001年山东省各县(市、区)国内生产总值构成

单位：亿元

地区	国内生产总值	增长速度%	第一产业	第二产业	工业	建筑业	第三产业	人均国内生产总值(元)	按人均排序
全省合计	**9438.3**		**1359.5**	**4654.5**	**4092.2**	**562.3**	**3424**	**10465**	
青岛市	**1316.1**	**13.7**	**143.2**	**648.7**	**578.2**		**524.1**	**17581**	
即墨市	133.0	20.9	23.3	60.8	53.3	7.5	48.8	12433	6
胶州市	124.9	20.9	19.1	66.3	60.0	6.3	39.5	16438	3
胶南市	132.2	21.1	24.6	69.7	62.9	6.8	38.0	15811	4
平度市	134.6	13.3	35.5	53.5	47.7	5.8	45.7	9980	7
莱西市	90.5	12.1	18.9	40.8	36.5	4.3	30.8	12488	5
崂山区	103.5	24.5	4.2	73.5	67.6	5.9	25.8		
城阳区	131.4	25.5	13.7	82.8	84.2	9.2	34.9	35210	2
黄岛区	128.9	35.9	3.5	85.6	75.0	10.6	39.8	63812	1
开发区									
市南区	19.2	25.4		3.8			15.4	4373	8
市北区	19.4	18.2		4.9	3.9	1.0	14.4	4149	9
四方区	9.6	12.4		2.5	2.3	0.2	7.1	2645	10
李沧区	23.8	19.8	0.1	14.6	13.5	1.2	9.0		
济南市	**1066.2**		**97.2**	**443.2**			**525.8**	**18842**	
历下区	27.1	13.7	0.4	9.5	8.7	0.8	17.3	4972	10
市中区	25.7	12.8	1.7	8.0	6.6	1.4	16.1	14084	3
天桥区	35.5	12.6	1.8	12.8	12.1	0.7	20.9	17183	2
槐荫区	28.8	13.9	1.4	11.3	10.2	1.1	16.1	19075	1
历城区	89.4	11.0	13.6	44.3	37.0	7.3	31.5	10892	6
章丘市	113.0	1.8	23.8	55.2	48.2	7.0	34.0	11458	5
长清县	60.2	12.1	13.6	28.1	23.1	5.0	18.5	10820	7
平阴县	48.0	10.3	9.7	23.6	20.1	3.5	14.7	13275	4
济阳县	45.1	11.1	15.8	16.4	13.2	3.2	12.9	8515	8
商河县	39.9	14.3	15.4	13.5	10.9	2.6	11.0	6785	9
淄博市	**702.1**	**12.0**	**47.4**	**406.1**	**369.2**	**36.9**	**248.5**	**17156**	
博山区	76.0	10.9	3.3	44.5	39.7	4.8	28.2	16064	4
淄川区	98.3	12.5	3.6	59.5	55.8	3.7	35.2	14634	5
张店区	132.7	12.5	3.2	77.8	70.2	7.6	51.7	20176	3
周村区	66.9	12.1	3.7	34.7	31.7	3.0	28.5	21292	2
临淄区	161.5	11.0	11.3	115.2	109.9	5.3	35.1	27466	1
桓台县	69.9	13.6	7.2	40.3	30.5	9.8	22.5	14330	6
高青县	21.1	12.8	7.9	7.7	6.6	1.1	5.6	5894	7
沂源县	28.4	13.5	6.4	12.6	11.7	0.9	9.4	5124	8
枣庄市	**276.8**	**11.0**	**43.8**	**138.2**	**120.5**	**17.7**	**94.8**	**7708**	
市中区	24.6	12.4	2.4	11.4	9.4	2.0	10.9	4540	5
薛城区	24.4	9.4	4.2	12.5	12.0	0.5	7.8	4980	4
峄城区	23.3	11.0	6.0	10.9	9.8	1.1	6.5	6013	3
山亭区	22.3	9.0	5.4	8.5	7.5	1.0	8.4	4432	6

续表 1

地区	国内生产总值	增长速度%	第一产业	第二产业	工业	建筑业	第三产业	人均国内生产总值(元)	按人均排序
台儿庄区	27.8	12.0	5.3	12.4	11.8	0.6	10.1	8867	1
滕州市	123.8	12.0	21.0	56.8	50.1	6.4	46.0	7127	2
烟台市	**979.5**		**132.2**	**503.2**	**463.6**	**39.6**	**344.1**	**15060**	
芝罘区	46.2	12.9	1.3	21.4	17.4	4.0	23.4	22251	4
福山区	49.1	12.5	6.7	29.3	24.1	5.2	13.2	16795	6
龙口市	141.0	12.9	16.5	80.0	75.4	4.6	44.5	22597	3
莱阳市	80.0	13.3	15.9	37.8	33.9	3.9	26.4	8987	11
蓬莱市	81.9	13.0	16.2	37.5	35.7	1.8	28.3	16897	5
招远市	95.0	12.6	6.7	57.2	53.7	3.5	31.1	16494	7
莱州市	125.3	3.1	21.1	59.9	55.5	4.4	44.3	14390	9
栖霞市	53.3	1.4	17.0	17.8	16.4	1.4	18.5	8149	12
海阳市	50.0	11.7	16.0	22.0	19.9	2.1	12.1	7278	13
牟平区	70.4	8.0	7.3	40.1	36.4	3.7	23.1	14515	8
长岛县	10.5	0.9	5.8	0.7	0.5	0.2	3.9	22967	2
开发区	58.6	34.8	-	46.7	41.2	5.5	11.9	111423	1
莱山区	22.6	17.5	1.9	12.5	10.4	2.1	8.2	13952	10
潍坊市	**802.0**	**11.2**	**149.3**	**368.8**	**329.8**	**84.0**	**283.9**	**9488**	
潍城区	30.5	12.0	3.8	15.5	13.4	2.8	11.2	8328	6
坊子区	28.8	11.4	2.4	17.3	15.0	1.3	9.1	11458	1
寒亭区	27.1	10.2	5.9	11.5	9.3	2.3	9.7	7639	8
昌邑市	62.8	10.2	13.4	28.6	25.6	3.0	20.9	9198	4
昌乐县	35.8	11.6	9.9	14.4	12.5	3.9	11.5	5953	10
安丘市	73.0	10.2	22.4	21.5	18.7	8.2	29.0	6642	9
寿光市	116.1	11.2	28.6	47.7	42.0	13.7	39.9	10938	2
青州市	77.7	10.2	15.7	34.1	31.4	6.2	27.9	8637	5
高密市	65.5	11.3	14.7	28.2	25.1	7.4	22.6	7697	7
诸城市	100.0	12.0	21.2	48.4	44.0	13.4	30.4	9454	3
临朐县	47.9	8.5	12.8	20.7	18.6	5.2	14.4	5536	11
奎文区	19.2	12.0	0.6	11.7	11.1	2.0	6.9	5184	12
济宁市	**650.0**	**11.5**	**118.5**	**288.0**	**214.9**	**41.1**	**243.5**	**8240**	
市中区	11.3	14.8	*	4.4	3.6	0.8	6.9	2915	12
任城区	41.0	12.3	9.6	17.1	14.8	2.3	14.3	6619	5
兖州市	88.1	11.6	13.7	42.3	33.7	8.6	32.1	14642	1
曲阜市	73.0	13.0	8.3	35.0	29.0	6.0	29.8	11512	3
泗水县	38.6	11.0	9.6	17.5	11.5	6.0	11.5	6513	6
邹城市	138.8	14.0	14.3	77.8	72.4	5.4	46.7	12433	2
微山县	41.9	12.0	11.4	15.6	13.1	2.5	14.9	6155	8
鱼台县	27.7	12.0	8.9	8.1	7.0	1.1	10.8	6170	7
金乡县	41.2	3.0	15.1	9.5	6.9	2.5	16.7	6830	4
嘉祥县	29.2	12.5	8.8	10.4	8.9	1.4	10.0	3804	11

续表2

地　　区	国内生产总值	增长速度%	第一产业	第二产业	工业	建筑业	第三产业	人均国内生产总值(元)	按人均排序
汶上县	29.9	11.6	9.7	8.6	6.7	1.9	11.5	4099	10
梁山县	32.9	11.9	12.8	9.8	7.3	2.5	10.3	4627	9
临沂市	**623.2**	**11.6**	**116.8**	**297.3**	**252.8**	**44.5**	**209.1**	**6211**	
郯城县	55.0	12.5	12.5	23.2	20.2	2.9	19.4	5671	6
苍山县	52.2	11.1	16.8	15.6	13.6	2.0	19.8	4500	11
莒南县	48.6	11.6	11.6	19.8	17.1	2.7	17.2	4906	10
沂水县	63.6	14.0	12.2	28.3	26.1	2.2	23.0	5696	5
蒙阴县	31.6	11.6	7.7	12.4	10.7	1.7	11.6	5981	3
平邑县	54.2	13.6	11.5	25.5	22.1	3.4	17.2	5575	7
费　县	49.6	6.3	13.0	20.6	18.0	2.6	16.0	5386	9
沂南县	39.5	7.9	9.2	19.7	15.8	3.9	10.6	4379	12
临沭县	33.9	12.1	7.3	14.4	12.5	1.9	12.2	5468	8
兰山区	55.6	13.5	5.7	29.4	26.8	2.6	20.5	6684	2
罗庄区	36.5	13.1	3.0	22.9	18.9	4.0	10.7	8759	1
河东区	34.6	12.3	6.4	16.4	13.3	3.1	11.8	5845	4
泰安市	**448.0**	**13.0**	**74.1**	**201.9**	**171.9**	**30.0**	**172.0**	**8267**	
新泰市	98.2	13.1	12.9	53.5	49.2	4.3	31.8	7324	
宁阳县	42.9	12.2	12.9	16.1	13.9	2.2	14.0	5342	
东平县	38.3	12.5	11.7	14.0	12.4	1.6	12.6	4992	
肥城市	90.1	14.8	14.9	42.7	37.5	5.2	32.5	9356	
泰山区	35.9	14.3	2.7	19.5	15.8	3.7	13.7	10470	
岱岳区	56.2	12.0	19.0	24.3	20.9	3.4	12.9	5935	
聊城市	**318.5**	**12.0**	**93.7**	**138.4**	**115.8**	**117.7**	**86.5**	**5734**	
东昌府区	55.3	6.8	13.6	24.5	20.7	3.8	17.2	5725	2
临清市	39.8	17.7	10.2	21.5	19.8	1.7	8.1	5560	4
阳谷县	37.7	12.3	13.3	15.9	14.2	1.8	8.4	5629	3
莘　县	41.0	8.2	18.6	11.5	9.1	2.4	10.8	4284	7
茌平县	30.1	12.8	12.1	12.4	10.7	0.3	5.6	5346	5
东阿县	20.1	13.0	6.7	8.1	6.7	1.4	5.3	4821	6
冠　县	30.6	12.0	13.3	7.9	6.8	0.9	9.5	3736	8
高唐县	40.2	20.4	9.4	23.9	22.7	1.2	6.8	8655	1
菏泽市	**225.7**	**9.1**	**107.9**	**62.9**	**54.0**	**8.9**	**55.0**	**2647**	
牡丹区	42.8	8.9	12.8	14.8	12.5	2.3	15.3	3294	1
曹　县	29.9	11.5	14.6	9.3	8.2	1.1	6.1	2129	8
定陶县	17.5	3.7	9.2	5.2	4.7	0.5	3.2	2953	3
成武县	19.1	10.1	9.7	6.5	5.4	1.1	2.9	3052	2
单　县	30.9	9.3	15.4	8.3	7.3	1.0	7.1	2698	5
巨野县	19.5	10.3	11.5	4.1	3.4	0.7	3.9	2152	7
郓城县	27.7	10.7	15.8	7.0	6.0	1.0	4.9	2577	6
鄄城县	15.2	8.0	9.0	2.6	1.9	0.6	3.5	1995	9

续表 3

地　区	国内生产总值	增长速度%	第一产业	第二产业	工业	建筑业	第三产业	人均国内生产总值(元)	按人均排序
东明县	20.6	6.2	9.9	6.1	4.7	1.4	4.6	2902	4
德州市	**407.4**	**12.3**	**90.6**	**187.8**	**163.3**	**24.5**	**129.0**	**7572**	
德城区	33.5	13.8	5.1	14.1	11.9	2.3	14.4	11602	1
陵　县	33.7	14.0	10.6	14.6	11.8	2.7	8.5	6128	7
平原县	32.1	12.8	9.2	12.7	10.8	1.9	10.2	7254	6
夏津县	25.7	13.0	6.7	10.3	9.4	0.9	8.7	5336	10
武城县	29.8	12.9	5.7	16.0	13.9	2.1	8.1	8055	2
齐河县	36.5	13.2	11.8	14.6	12.4	2.1	10.1	6047	8
禹城市	38.0	11.0	9.5	18.6	15.3	3.3	10.0	7598	4
乐陵市	36.9	13.6	10.7	16.4	14.5	1.9	9.8	5805	9
临邑县	37.3	14.4	8.6	16.5	14.4	2.1	12.2	7281	5
宁津县	36.3	12.7	8.7	17.0	14.9	2.1	10.5	7988	3
庆云县	12.3	9.2	3.6	4.6	3.9	0.6	4.2	4167	11
滨州市	**306.5**	**13.1**	**62.9**	**152.1**	**130.1**	**22.0**	**91.5**	**8466**	
惠民县	36.5	11.8	11.8	13.0	11.2	1.8	11.8	5895	6
阳信县	21.3	-9.7	6.6	8.7	7.2	1.5	6.0	4970	7
无棣县	35.1	13.6	7.8	18.7	14.9	3.8	8.6	8137	4
沾化县	28.6	21.6	7.8	10.6	7.9	2.7	10.1	7516	5
博兴县	41.6	13.3	7.6	21.6	17.4	4.2	12.4	8910	3
邹平县	70.0	16.1	13.5	36.6	32.6	4.1	19.9	10133	2
滨城区	67.6	10.4	7.8	32.2	28.4	3.8	27.6	11238	1
东营市	**501.5**	**9.2**	**32.0**	**405.0**	**367.0**	**38.0**	**64.5**	**29015**	
东营区	23.5	15.2	4.5	7.0	322.7	24.2	12.0	11819	1
河口区	22.3	11.1	3.1	12.5	4.6	7.9	6.7	11398	2
广饶县	52.8	15.7	11.5	23.3	20.6	2.7	18.0	11152	3
垦利县	21.3	15.3	5.0	11.3	10.4	0.9	5.0	10075	4
利津县	25.4	11.7	7.7	11.0	8.7	2.3	6.7	8737	5
威海市	**627.1**	**12.0**	**87.0**	**330.2**	**309.1**	**21.1**	**209.9**	**25380**	
环翠区	84.3	13.3	11.6	40.1	76.0	9.8	32.7	31883	1
乳山市	95.0	11.8	17.7	42.8	39.9	2.9	34.6	15770	4
文登市	167.0	11.9	21.0	97.9	94.7	3.2	48.2	25248	3
荣成市	196.8	12.0	35.5	103.7	98.6	5.2	57.6	28950	2
日照市	**234.3**	**11.8**	**52.1**	**94.0**	**79.1**	**14.6**	**88.2**	**8476**	
莒　县	66.4	11.9	18.0	24.1	21.2	3.0	24.3	6036	2
五莲县	40.7	9.94	8.7	19.3	17.5		12.7	7984	1
东港区	47.3	12.5	17.1	14.0	12.0	2.0	16.2	5090	3
莱芜市	**125.4**	**12.0**	**14.0**	**64.0**	**53.9**	**10.1**	**47.4**	**10158**	
莱城区	87.0	11.6	12.1	37.9	30.5	7.4	37.0	8695	2
钢城区	37.6	11.8	1.8	25.4	22.6	2.8	10.4	16117	1

2001 年山东省各县(市、区)主要经济指标

单位：亿元

地　　区	规模以上工业总产值	农林牧渔业总产值	固定资产投资额	社会消费品零售总额	外贸进出口总值(亿美元)	其中：出口总值(亿美元)	各项存款余额	其中：居民储蓄	各项贷款余额	农民人均纯收入(元)	粮食(万吨)
全省合计	**9377.4**	**2454.0**	**1952.1**	**2834.9**	**289.6**	**181.3**	**8501.7**	**5063.8**	**7017.7**	**2804.5**	
青岛市	**1671.8**	**261.5**	**293.5**	**352.9**	**154.2**	**95.0**	**1232.4**	**618.7**	**1079.9**	**3901.1**	**253.9**
即墨市	87.7	31.5	18.1	36.3		4.6	63.1	51.2	45.9	3656	42.7
胶州市	137.2	35.7	15.2	40.0	10.0	7.5	58.3	40.7	38.9	3904	35.6
胶南市	139.8	43.7	13.7	26.1	6.0	4.1	46.7	34.7	40.2	3853	35.9
平度市	91.4	40.1	10.9	45.2	2.3	1.4	61.1	51.8	45.9	3690	91.0
莱西市	66.4	34.0	10.1	22.4	7.5	4.9	40.1	33.3	37.7	3622	41.4
崂山区	275.1	9.4	27.0	11.1	7.0	7.0	101.8	30.7	77.0	4490	0.4
城阳区	172.2	20.6	15.1	15.6	37.6	13.2	54.2	31.7	36.0	4147	4.9
黄岛区	245.9	8.1	35.4	8.7	12.2	7.3	57.5	22.8	60.1	4357	2.1
开发区											
市南区	5.3		3.9	16.8		0.7					
市北区	8.2		1.4	22.4		0.8					
四方区	5.1		1.0	12.4	0.4	0.4					
李沧区	31.0	0.3	5.3	21.4		3.0	32.5	32.5		4950	0.1
济南市	**786.7**	**162.3**	**263.5**	**397.5**	**15.0**	**5.9**				**3215.7**	
历下区	16.6	0.6	2.6	37.3	0.2	0.2	263.3	84.5	240.8	3950	1.0
市中区	466.3	2.6	137.6	35.3	0.2	4.0	250.1	80.2	228.8	3442	3.6
天桥区	11.6	3.2	2.7	47.0	0.1	0.1	237.0	76.0	216.7	3396	5.4
槐荫区	21.0	2.2	3.9	36.5	0.1	0.1	171.2	54.9	156.5	3692	2.8
历城区	51.6	24.0	10.5	35.2	0.4	0.4	395.0	126.7	361.2	3082	23.6
章丘市	83.4	38.4	8.7	45.2	0.3	0.2	61.4	49.8	28.0	3439	52.0
长清县	49.9	21.8	7.5	20.7	0.2	0.2	31.2	25.2	17.8	3005	29.6
平阴县	35.8	16.6	3.2	15.6	0.6	0.6	20.0	14.8	15.2	2938	23.0
济阳县	26.6	27.3	3.6	14.8	0.1	0.1	13.5	10.8	12.8	2502	47.6
商河县	23.9	13.7	3.2	12.2		0.0	14.8	11.9	14.2	2486	50.4
淄博市	**888.2**	**78.5**	**103.4**	**205.6**	**9.2**	**5.8**	**549.5**	**364.6**	**393.4**	**3444.2**	**122.4**
博山区	81.0	5.3	4.4	31.3	1.1	0.6	49.0	36.5	39.3	3597	3.6
淄川区	122.6	6.7	6.3	39.4	1.4	0.9	81.7	56.5	40.9	3777	10.3
张店区	199.2	6.5	49.0	58.3	4.3	2.7	169.6	89.7	143.4	4148	7.7
周村区	63.7	6.2	4.9	23.1	0.9	0.6	45.7	35.3	35.9	3891	8.9
临淄区	311.6	18.2	16.8	25.1	0.6	0.5	122.2	82.7	63.3	3951	28.6
桓台县	67.9	12.3	3.8	13.7	0.6	0.3	44.8	35.8	38.0	3708	32.3
高青县	15.3	13.0	2.8	5.7	0.1	0.1	15.6	11.3	13.4	2671	25.5
沂源县	27.1	10.4	2.2	9.0	0.2	0.1	21.1	16.8	19.2	2418	5.5
枣庄市	**260.1**	**75.4**	**49.3**	**94.6**	**1.7**	**1.2**	**173.8**	**120.3**	**161.5**	**2947.1**	**121.7**
市中区	52.7	4.1	33.3	12.0	0.1	0.7	62.5	35.2	66.5	3285	5.8
薛城区	63.4	8.8	6.0	9.9	0.0	0.1	26.0	18.7	23.9	3056	15.6
峄城区	20.4	11.2	4.8	5.9	0.1	0.1	7.4	6.1	7.2	2927	17.1
山亭区	12.8	9.0	4.9	6.5	0.0	0.0	6.0	5.1	7.3	2292	12.5

续表1

地　　区	规模以上工业总产值	农林牧渔业总产值	固定资产投资额	社会消费品零售总额	外贸进出口总值(亿美元)	其中:出口总值(亿美元)	各项存款余额	其中:居民储蓄	各项贷款余额	农民人均纯收入(元)	粮食(万吨)
台儿庄区	30.4	8.8	3.5	7.6	0.0	0.0	8.5	6.5	12.6	2973	17.7
滕州市	80.5	33.5	19.8	43.9	0.1	0.2	63.1	48.8	44.0	3062	53.1
烟台市	**1125.3**	**237.5**	**188.0**	**283.0**	**34.2**	**21.6**				**3635.5**	
芝罘区	130.4	2.3	45.4	21.1	2.3	7.7	302.6	141.8	230.8	4521	
福山区	81.1	11.3	31.4	10.1	0.8	2.6	66.1	37.1	53.5	3437	5.2
龙口市	287.5	27.9	10.2	29.4	2.2	1.4	116.0	90.6	69.0	4291	24.6
莱阳市	85.6	25.2	9.8	32.0	2.6	2.3	56.6	44.5	41.6	3309	29.3
蓬莱市	107.9	28.2	10.7	22.4	1.2	0.8	61.4	48.8	36.5	3765	20.0
招远市	181.6	12.5	12.9	27.8	1.8	1.3	78.7	59.0	46.1	4108	23.0
莱州市	80.3	38.9	10.5	32.9	1.6	1.3	104.3	81.0	43.4	3720	37.0
栖霞市	49.0	32.6	4.4	21.8	0.6	0.5	42.7	35.9	21.4	3450	26.9
海阳市	32.8	30.3	5.7	19.5	0.7	0.5	41.7	33.5	18.9	3036	30.7
牟平区	67.8	14.8	6.4	21.6	2.8	1.9	58.6	44.6	35.3	3651	16.6
长岛县	1.9	9.9	0.5	4.6	0.2	0.2	10.4	8.4	6.4	3581	0.1
开发区											
莱山区	19.5	3.3	13.4	7.4	1.8	1.1	24.2	14.4	13.9	3780	2.6
潍坊市	**742.4**	**288.4**	**108.8**	**282.1**	**15.4**	**11.3**	**646.5**	**477.9**	**476.5**	**3592.6**	**349.6**
潍城区	35.2	5.8	1.8	17.2		0.2	34.3	23.8	18.0	3870	8.2
坊子区	17.4	4.2	2.2	10.2		0.3	17.5	14.7	16.6	3618	11.8
寒亭区	15.9	13.2	1.2	9.9		0.1	19.2	17.3	20.7	3696	24.4
昌邑市	77.1	29.9	6.1	24.9		0.3	54.4	44.9	29.7	3737	38.8
昌乐县	31.5	17.4	4.6	17.2		0.6	27.6	22.5	19.5	3335	17.7
安丘市	39.6	43.0	6.3	30.0		0.7	44.2	36.2	31.4	3650	38.5
寿光市	132.9	52.5	18.2	29.7		1.0	100.1	75.6	63.8	4256	44.6
青州市	64.1	31.4	6.8	31.7		0.4	72.6	58.9	37.9	3407	42.3
高密市	57.6	33.3	5.9	26.8		1.5	38.2	33.0	31.8	3302	41.6
诸城市	131.8	40.7	9.8	31.5		2.4	59.2	45.4	45.2	3738	56.1
临朐县	26.9	20.0	4.4	18.1		0.4	36.8	29.7	21.5	2885	24.5
奎文区	112.4	1.2	25.5	14.7		3.3	142.7	75.9	140.4	3786	1.2
济宁市	**426.8**	**209.6**	**113.8**	**185.9**	**4.6**	**2.5**	**385.5**	**291.5**	**277.4**	**2824.2**	**379.5**
市中区			1.2	29.0	0.1						
任城区	29.3	19.3	4.1	8.4	0.1	0.3	32.1	24.6	23.4	3112	48.3
兖州市	44.1	20.5	7.0	23.6	0.8	0.1	43.0	34.6	31.4	3448	34.2
曲阜市	21.8	17.6	4.0	24.1	0.2	0.1	42.1	28.3	22.5	3036	31.9
泗水县	18.8	15.7	1.7	5.9	0.5	0.4	13.1	10.9	15.2	2344	21.1
邹城市	152.6	25.1	38.0	31.6	0.1	3.9	78.3	55.4	64.1	3148	50.1
微山县	12.8	20.3	3.2	8.0	0.1	0.0	27.7	19.6	17.0	2730	28.4
鱼台县	8.1	17.0	3.0	7.0	0.0		14.9	12.7	12.9	2800	32.4
金乡县	8.7	25.8	1.6	8.0	0.3	0.3	22.4	19.7	20.6	2788	22.1
嘉祥县	15.6	17.0	2.3	7.0	0.1	0.1	22.9	20.9	18.1	2499	39.0

续表2

地　　区	规模以上工业总产值	农林牧渔业总产值	固定资产投资额	社会消费品零售总额	外贸进出口总值(亿美元)	其中：出口总值(亿美元)	各项存款余额	其中：居民储蓄	各项贷款余额	农民人均纯收入(元)	粮食(万吨)
汶上县	8.8	17.1	2.2	7.7	0.1	0.1	17.9	11.4	14.9	2598	34.9
梁山县	10.6	20.4	2.7	7.6	0.1	0.1	25.9	22.2	16.8	2487	37.2
临沂市	**383.4**	**206.6**	**99.4**	**194.0**	**5.3**	**3.2**	**385.1**	**290.6**	**276.5**	**2485.0**	**374.3**
郯城县	17.4	22.3	5.4	14.7	0.2	0.1	26.7	22.2	16.2	2627	43.4
苍山县	14.3	28.7	3.7	15.0		0.1	24.8	20.1	20.1	2387	50.6
莒南县	19.9	20.5	2.7	11.4	0.6	0.5	31.5	25.4	23.5	2499	35.5
沂水县	35.8	21.8	5.1	16.0	0.2	0.2	36.6	29.9	24.3	2406	44.2
蒙阴县	14.1	13.7	3.2	8.7	0.0	0.2	17.9	14.3	13.4	2452	22.1
平邑县	20.3	19.6	5.7	12.7		0.1	22.2	17.1	16.4	2396	31.4
费　县	15.5	23.2	4.7	11.3	0.2	0.2	23.0	18.7	14.4	2323	33.3
沂南县	14.6	16.4	2.9	10.2		0.1	23.9	20.1	20.8	2406	34.0
临沭县	23.6	12.8	6.0	7.6	0.4	1.3	21.4	16.3	14.5	2413	24.5
兰山区	80.9	10.0	8.0	47.2		0.4	102.0	67.5	68.0	2872	18.4
罗庄区	43.3	5.6	7.9	8.5		0.3	29.1	19.0	28.2	2736	11.1
河东区	11.9	12.2	9.0	6.8	0.1	0.9	26.0	20.0	16.6	2480	25.9
泰安市	**290.4**	**127.5**	**68.3**	**145.7**	**2.8**	**1.8**	**300.1**	**218.4**	**212.9**	**2955.9**	**221.5**
新泰市	90.9	22.7	12.6	31.0	0.2	0.1	64.0	51.0	42.9	3028	44.7
宁阳县	16.5	21.7	6.1	18.4	0.1	0.1	23.3	17.6	17.5	2869	42.7
东平县	14.6	19.9	4.3	12.6	0.1	0.1	18.8	16.2	13.6	2411	35.6
肥城市	70.5	25.9	14.4	30.9	0.6	0.4	59.8	46.6	44.6	3055	50.7
泰山区	77.6	4.5	31.2	12.9	0.3	0.9	106.2	62.1	77.7	3359	8.9
岱岳区	20.3	32.7	5.3	20.7	0.1	0.1	28.0	25.0	16.8	3201	38.8
聊城市	**273.6**	**163.1**	**49.8**	**56.7**	**1.7**	**1.3**	**285.0**	**222.4**	**225.8**	**2352.6**	**339.1**
东昌府区	59.6	23.9	19.5	15.3	0.1	0.1	100.6	68.8	75.9	2468	48.6
临清市	43.6	17.6	6.0	7.9	0.1	0.1	42.0	36.6	31.1	2095	32.2
阳谷县	31.7	25.3	8.1	7.1	0.5	0.5	30.8	27.4	25.9	2385	43.1
莘　县	14.4	26.0	7.2	7.1		0.0	22.6	21.2	18.7	2190	52.2
茌平县	22.3	21.4	7.7	4.4	0.1	0.0	21.8	17.6	20.7	2380	46.9
东阿县	18.7	11.7	2.0	5.9			21.0	15.2	11.5	2103	32.1
冠　县	13.9	22.7	2.1	4.3		0.0	23.6	20.6	19.7	2117	45.4
高唐县	69.6	16.6	7.1	4.4	0.2	0.1	22.5	15.3	18.3	2591	38.6
菏泽市	**96.4**	**184.1**	**34.7**	**84.2**	**1.1**	**1.0**	**237.5**	**193.5**	**207.3**	**2184.5**	**335.0**
牡丹区	25.8	22.2	15.9	17.8	0.5	0.5	82.4	57.5	57.3	2298	46.9
曹　县	10.9	24.2	2.1	12.9	0.3	0.3	20.0	18.1	25.3	2188	46.4
定陶县	7.7	15.9	1.7	7.0	0.0	0.0	14.1	11.9	16.3	2201	29.7
成武县	12.4	16.9	2.8	6.9	0.1	0.0	14.3	12.3	16.0	2195	24.2
单　县	7.6	26.4	1.8	10.1	0.0	0.0	19.5	17.1	18.8	2190	36.3
巨野县	7.6	19.1	2.5	7.6	0.0	0.0	21.2	18.9	24.1	2193	31.8
郓城县	8.7	27.2	1.5	9.4	0.1	0.1	31.4	27.7	20.3	2212	48.3
鄄城县	3.5	15.2	0.7	6.6	0.0	0.0	15.6	13.7	13.3	1970	36.3

续表3

地　区	规模以上工业总产值	农林牧渔业总产值	固定资产投资额	社会消费品零售总额	外贸进出口总值(亿美元)	其中:出口总值(亿美元)	各项存款余额	其中:居民储蓄	各项贷款余额	农民人均纯收入(元)	粮食(万吨)
东明县	12.1		3.4				19.2	16.3	15.8	2156	35.2
德州市	**304.4**	**167.5**	**101.2**	**136.6**	**2.4**	**1.7**	**296.2**	**230.7**	**248.7**	**2602.4**	**344.5**
德城区	92.0	9.6	46.5	32.8	0.1	0.1	107.6	70.7	76.1	2927	12.3
陵　县	22.1	20.4	5.9	12.5	0.0	0.0	20.9	18.2	20.5	2584	40.1
平原县	19.4	16.5	4.3	9.3	0.0	0.0	20.7	14.8	18.3	2533	33.0
夏津县	20.5	12.7	1.8	8.9	0.0	0.0	16.7	15.0	18.7	2541	23.6
武城县	22.7	11.3	5.5	8.5	0.0	0.0	19.0	17.0	17.8	2450	19.7
齐河县	20.0	19.5	4.4	12.5	0.5	0.1	18.5	16.0	18.6	2603	46.0
禹城市	30.2	19.1	6.0	11.5	0.3	0.2	18.1	14.4	23.3	2662	36.3
乐陵市	24.1	20.4	5.3	12.7	0.2	0.2	20.2	18.2	18.8	2609	49.5
临邑县	25.4	15.4	5.8	12.5	0.0	0.0	20.5	16.5	12.2	2577	34.9
宁津县	24.3	16.5	5.3	12.1	0.0	0.0	26.3	23.5	18.7	2619	31.9
庆云县	3.8	6.1	1.3	3.7	0.0	0.0	7.7	6.5	5.7	2093	17.3
滨州市	**267.3**	**113.2**	**56.5**	**55.4**	**4.8**	**3.4**	**204.9**	**151.4**	**159.3**	**2594.2**	**217.9**
惠民县	13.7	22.1	2.2	6.8	0.0	0.0	18.4	15.7	12.1	2550	39.7
阳信县	9.8	11.2	1.7	4.0	0.3	0.3	11.1	9.8	10.2	2301	26.9
无棣县	33.3	14.4	6.0	6.1	0.4	0.2	19.1	14.1	15.2	2351	23.0
沾化县	10.6	13.8	4.2	5.2	0.1	0.0	13.4	10.1	11.1	2480	20.8
博兴县	40.3	13.5	5.6	7.1	0.6	0.1	31.5	24.5	21.6	2880	31.4
邹平县	85.0	23.8	21.7	11.4	2.1	1.7	39.8	30.2	38.8	3041	48.1
滨城区	74.7	14.3	13.1	14.8	1.3	1.2	72.3	47.6	51.0	2620	28.0
东营市	**551.2**	**55.7**	**175.8**	**75.6**	**3.6**	**1.8**	**324.5**	**206.9**	**166.4**	**2981.3**	**84.0**
东营区	427.5	8.0	151.2	34.4	2.7	1.0	197.1	113.9	89.2	2993	9.0
河口区	4.9	5.7	3.5	6.1			40.8	31.8	6.2	2664	4.6
广饶县	63.0	19.2	6.5	15.1	0.7	0.7	40.3	26.8	45.8	3043	38.1
垦利县	30.4	8.7	4.1	6.4	0.0	0.0	34.1	25.5	14.3	2777	14.1
利津县	25.4	13.4	4.8	8.4	0.2	0.1	12.2	9.0	10.9	2783	18.3
威海市	**1056.2**	**148.2**	**79.0**	**168.3**	**23.7**	**15.9**	**379.9**	**284.2**	**272.0**	**4173.3**	**87.7**
环翠区	278.2	22.1	31.2	55.4	14.5	9.5	159.9	98.9	121.1	4550	7.2
乳山市	131.2	30.2	6.5	27.5	2.2	1.5	44.2	39.0	27.7	3550	26.3
文登市	326.3	36.9	8.6	35.1	3.6	2.3	79.9	67.4	51.7	4120	28.1
荣成市	320.6	59.0	13.4	50.3	3.4	2.6	95.9	78.9	71.5	4398	26.1
日照市	**114.1**	**86.5**	**54.1**	**66.0**	**7.7**	**6.2**	**148.6**	**96.7**	**113.4**	**2982.4**	**92.5**
莒　县	20.0	29.0	5.0	15.1	0.2	0.1	29.9	22.9	21.2	2879	34.2
五莲县	27.8	14.0	4.1	10.5	0.2	0.2	22.9	17.0	15.1	2829	20.9
东港区	66.4	30.6	57.6	13.9	0.3	0.3	95.8	56.8	77.0	3003	37.4
莱芜市	**141.9**	**24.5**	**28.9**	**50.9**	**2.3**	**1.5**	**95.9**	**63.0**	**90.7**	**3452.4**	**29.0**
莱城区	104.7	21.5	19.5	39.5	0.8	0.6	61.4	47.6	70.6	3444	26.4
钢城区	37.2	3.0	4.8	12.2			24.5	8.4	18.1	3369	2.6

山东省财政
收支资料部分

2001 年山东省财政收入情况

单位：万元

地　　区	合　计	一、增值税	二、营业税	三、企业所得税	四、企业所得税退　税	五、个人所得税
全省合计	**5731793**	**1002918**	**926921**	**1491110**		**369925**
地(市)合计	4977177	780901	795784	1259648		369925
地(市)本级	1706862	268365	329369	413538		145406
县级合计	3270315	512536	466415	846110		224519
省内合计	**4788900**	**822148**	**689740**	**1249977**		**297505**
地(市)合计	4034284	600131	558603	1018515		297505
地(市)本级	1261280	192166	209654	309852		106516
县级合计	2773004	407965	348949	708663		190989
青岛市	**942893**	**180770**	**237181**	**241133**		**72420**
本级	445582	76199	119715	103686		38890
县级小计	497311	104571	117466	137447		33530
即墨市	48295	10739	10965	9450		3231
胶州市	41357	10867	9245	7687		3742
胶南市	47997	8822	12355	11473		2569
平度市	39071	8115	6335	5941		3844
莱西市	28167	5948	5162	4909		1857
崂山区	68328	12889	10490	32825		2435
城阳区	62052	16007	9051	15439		6622
黄岛区	17841	1652	5297	2432		1233
开发区	55245	10256	6414	26944		4406
市南区	26969	3406	16395	5056		1544
市北区	27115	6355	12794	5462		1252
四方区	13442	4151	5053	3239		264
李沧区	21432	5366	7910	6590		530
济南市	**596061**	**93454**	**135789**	**86288**		**63792**
本级	321704	54252	74219	41394		45245
县级小计	274357	39202	61570	44894		18547
历下区	26357	3894	9444	1802		2518
市中区	23304	2922	8284	3061		2161
天桥区	25871	3629	10792	1919		2249
槐荫区	23656	3687	8918	1523		2785
历城区	51083	8962	8898	6549		2629
章丘市	57287	8622	4946	12400		2898
长青县	18026	1661	4344	1483		1160

续表 1

地　区	合　计	一、增值税	二、营业税	三、企业所得税	四、企业所得税退　税	五、个人所得税
平阴县	15191	2859	1621	2684		1251
济阳县	20380	1817	3177	10592		259
商河县	13202	1149	1146	2881		637
淄博市	**313326**	**60611**	**39191**	**70534**		**22177**
本级	140636	19711	12524	23436		10328
县级小计	172690	40900	26667	47098		11849
博山区	18582	5631	2135	5218		1762
淄川区	26975	7440	3312	8319		1648
张店区	30217	7129	7116	4093		1444
周村区	15776	4700	2673	2689		1514
临淄区	32421	6942	6181	9372		3020
桓台县	23953	3926	2855	10394		1475
高青县	8738	1665	1192	901		421
沂源县	16028	3467	1203	6112		565
枣庄市	**130898**	**19361**	**13508**	**27348**		**9384**
本级	35138	8279	4620	3126		1432
县级小计	95760	11082	8888	24222		7952
市中区	15466	1653	992	4092		1915
薛城区	16750	2101	1895	4583		747
峄城区	10198	530	559	5504		343
山亭区	8196	566	341	2075		596
台儿庄区	10062	773	1039	2682		314
滕州市	35088	5459	4062	5286		4037
烟台市	**466063**	**81315**	**73695**	**157787**		**29516**
本级	115956	15115	18740	53311		7902
县级小计	350107	66200	54955	104476		21614
芝罘区	28118	4783	9338	5798		2511
福山区	17000	2658	2598	5338		668
龙口市	51016	7934	7754	16737		2924
莱阳市	30019	7143	4552	5593		1909
蓬莱市	31810	4769	4015	14744		1434
招远市	34582	5694	3921	13356		2496
莱州市	41006	7074	6532	11099		2729
栖霞市	18237	2842	2079	2708		858

续表2

地　　区	合　计	一、增值税	二、营业税	三、企业所得税	四、企业所得税退　税	五、个人所得税
海阳市	18290	4356	1569	3733		1090
牟平区	26121	5252	3474	7329		1313
长岛县	4439	401	609	935		218
开发区	38049	10790	6805	12836		2805
莱山区	11420	2504	1709	4270		659
潍坊市	**408091**	**70545**	**44076**	**111007**		**27964**
本级	90338	16449	13308	28401		4097
县级小计	317753	54096	30768	82606		23867
潍城区	15369	2937	2096	5495		2303
坊子区	12619	2043	1419	4173		743
寒亭区	12916	1836	1534	2201		929
昌邑市	24869	4104	2233	5297		2605
昌乐县	21650	2885	1506	3332		1706
安丘市	36327	5476	2599	8276		1560
寿光市	52958	8153	4110	14992		3655
青州市	31004	4673	4414	5343		3003
高密市	30867	6365	2527	7330		2013
诸城市	46388	9628	4530	18379		2023
临朐县	20210	3197	1635	5241		1557
奎文区	12576	2799	2166	2546		1770
济宁市	**340622**	**57577**	**43533**	**67436**		**19049**
本级	77601	15014	9734	23702		2978
县级小计	263021	42563	33799	43734		16071
市中区	10381	1463	4321	1156		800
任城区	16348	3385	3880	1705		1024
兖州市	44987	7875	4930	9573		2904
曲阜市	31778	3796	3276	6873		1313
泗水县	16294	1937	1175	2981		429
邹城市	59356	15266	7218	3042		4080
微山县	19505	3278	3334	3767		1027
鱼台县	10126	1208	1009	1549		416
金乡县	15228	955	1255	4647		720
嘉祥县	13990	1006	1281	2511		1329
汶上县	12563	1405	1108	3232		847

续表3

地　区	合 计	一、增值税	二、营业税	三、企业所得税	四、企业所得税退 税	五、个人所得税
梁山县	12465	990	1010	2697		1184
临沂市	**278456**	**32914**	**33111**	**78499**		**24728**
本级	53936	6168	8374	22188		2176
县级小计	224520	26746	24737	56311		22552
郯城县	23136	2162	1879	5922		2280
苍山县	15605	1109	1654	3975		987
莒南县	18327	2551	2127	4120		1848
沂水县	30943	3816	2347	5425		2782
蒙阴县	15480	2294	1541	4039		1712
平邑县	19372	1531	2146	4737		1222
费　县	16730	1650	1769	4706		1603
沂南县	16779	1547	2311	4110		1873
临沭县	14366	1816	1521	4193		1226
兰山区	28160	4035	4960	4826		5249
罗庄区	15975	2811	1221	7381		926
河东区	9647	1421	1261	2877		843
泰安市	**230197**	**29627**	**21247**	**46415**		**13053**
本级	50255	6544	7324	13750		2497
县级小计	179942	23083	13923	32665		10556
新泰市	44738	8751	2516	10024		2020
宁阳县	23316	3191	1855	5714		1422
东平县	18986	1294	1274	2931		2106
肥城市	43186	6270	3872	7043		2032
泰山区	20558	2253	2163	3328		1702
郊　区	29158	1324	2243	3625		1274
聊城市	**174112**	**22772**	**18293**	**78281**		**13982**
本级	33687	5132	5513	17620		2824
县级小计	140425	17640	12780	60661		11158
东昌府区	19762	2022	3153	5898		1714
临清市	23724	3158	2923	7608		2157
阳谷县	15725	1835	1262	5440		1164
莘　县	15626	992	977	2438		867
茌平县	17016	2138	1331	12063		1981
东阿县	10528	890	1138	5572		610

续表 4

地　区	合　计	一、增值税	二、营业税	三、企业所得税	四、企业所得税退　税	五、个人所得税
冠　县	10017	973	717	1840		665
高唐县	28027	5632	1279	19802		2000
菏泽市	**118439**	**13880**	**13063**	**30954**		**8369**
本级	23154	3542	2801	6911		1992
县级小计	95285	10338	10262	24043		6377
牡丹区	14712	1620	3188	2894		951
曹　县	12104	1875	901	2934		882
定陶县	8818	832	647	1880		468
成武县	10381	1274	730	3060		917
单　县	10742	876	897	2416		708
巨野县	9358	908	1174	2161		784
郓城县	11819	802	1196	2774		725
鄄城县	6722	717	719	1392		329
东明县	10629	1434	810	4532		613
德州市	**210804**	**17063**	**20508**	**69482**		**16371**
本级	45224	5095	6210	19689		1953
县级小计	165580	11968	14298	49793		14418
德城区	18266	1548	3535	5781		1512
陵　县	15328	802	1383	5530		988
平原县	14503	1110	1058	5840		2695
夏津县	9430	899	1245	3126		1164
武城县	12537	813	579	3652		1011
齐河县	18605	1120	1854	5801		1544
禹城市	20018	1704	1292	6345		1443
乐陵市	19816	983	822	4254		1153
临邑县	14404	1753	932	4907		1085
宁津县	17565	960	884	3760		1272
庆云县	5108	276	714	797		551
滨州市	**140509**	**23472**	**14542**	**45991**		**8945**
本级	24524	4209	2875	8539		1638
县级小计	115985	19263	11667	37452		7307
惠民县	12002	1131	1194	1889		624
阳信县	8288	1122	612	921		619
无棣县	15042	1678	1263	5377		1191

续表5

地　　区	合　计	一、增值税	二、营业税	三、企业所得税	四、企业所得税退　税	五、个人所得税
沾化县	13096	3596	964	2166		1108
博兴县	18089	2793	2083	6163		1055
邹平县	34628	6220	2599	17740		1875
滨州市	14840	2723	2952	3195		834
东营市	**178727**	**17008**	**31970**	**37963**		**16247**
本级	92523	3424	15112	10772		9328
县级小计	86204	13584	16858	27191		6919
东营区	24601	5569	5299	5769		1000
河口区	13466	1656	3894	2198		2265
广饶县	25463	3221	3906	11501		1959
垦利县	11788	2250	2069	3727		989
利津县	10886	888	1690	3996		706
威海市	**300116**	**34562**	**32887**	**85595**		**15151**
本级	79947	13414	12873	23949		7204
县级小计	220169	21148	20014	61646		7947
环翠区	33006	3409	5112	7803		1404
乳山市	38536	3010	1938	10339		1316
文登市	70027	7259	5230	20294		2363
荣成市	78600	7470	7734	23210		2864
日照市	**97027**	**13809**	**16614**	**15971**		**5288**
本级	43214	6410	11354	8121		2335
县级小计	53813	7399	5260	7850		2953
莒县	23659	2973	1537	2883		1800
五莲县	15947	3018	1068	2777		689
东港区	14207	1408	2655	2190		464
莱芜市	**50836**	**12161**	**6576**	**8964**		**3489**
本级	33443	9408	4073	4943		2587
县级小计	17393	2753	2503	4021		902
莱城区	12652	2061	1715	2620		696
钢城区	4741	692	788	1401		206
省级	**754616**	**222017**	**131137**	**231462**		

续表 6

地 区	六、资源税	七、固定资产投资方向调节税	八、城市维护建设税	九、房产税	十、印花税	十一、城镇土地使用税	十二、土地增值税
全省合计	**64405**	**36530**	**290458**	**165321**	**26963**	**89095**	**10656**
地(市)合计	35882	36530	288807	165321	26963	89095	10656
地(市)本级	8051	13171	158261	74917	13860	40872	3658
县级合计	27831	23359	130546	90404	13103	48223	6998
省内合计	**62663**	**29725**	**238775**	**127472**	**18968**	**74101**	**6282**
地(市)合计	34140	29725	237124	127472	18968	74101	6282
地(市)本级	8034	9164	124215	50188	9597	32494	1169
县级合计	26106	20561	112909	77284	9371	41607	5113
青岛市	**1742**	**6805**	**51683**	**37849**	**7995**	**14994**	**4374**
本级	17	4007	34046	24729	4263	8378	2489
县级小计	1725	2798	17637	13120	3732	6616	1885
即墨市	75	125	2639	1813	381	855	405
胶州市	124	20	1754	1745	550	692	173
胶南市	136	198	2363	1423	435	1360	88
平度市	503	21	1681	1593	343	1009	81
莱西市	403	343	1010	1053	230	672	93
崂山区	24	64	1788	862	414	315	519
城阳区	460	1706	3112	2560	863	666	121
黄岛区			1704	594	159	1231	85
开发区		321	1585	1477	357	－184	320
市南区							
市北区							
四方区							
李沧区							
济南市	**1616**	**4184**	**42872**	**22134**	**5760**	**12007**	**2847**
本级	266	2989	30841	14862	4509	8283	907
县级小计	1350	1195	12031	7272	1251	3724	1940
历下区		368	1138	1264	329	223	738
市中区	61	55	1007	721	89	247	350
天桥区		267	1246	1162	175	724	363
槐荫区	10	49	1369	1043	335	353	316
历城区	397		2714	983	155	693	170
章丘市	661	25	2456	768	68	534	
长青县	41		429	418	55	158	

续表 7

地　区	六、资源税	七、固定资产投资方向调节税	八、城市维护建设税	九、房产税	十、印花税	十一、城镇土地使用税	十二、土地增值税
平阴县	152	34	504	436	22	241	3
济阳县	9	250	326	118	10	55	
商河县	19	147	842	359	13	496	
淄博市	**1727**	**1932**	**30284**	**11826**	**1661**	**9134**	**294**
本级	353	1441	19882	5559	1002	5921	30
县级小计	1374	491	10402	6267	659	3213	264
博山区	102	4	1433	711	57	427	21
淄川区	544	13	1622	1147	91	723	75
张店区	196	266	2280	1616	132	649	101
周村区	32	23	1040	655	119	477	14
临淄区	189	184	2056	982	108	435	20
桓台县	12	1	828	717	88	246	26
高青县	1		442	193	39	128	5
沂源县	298		701	246	25	128	2
枣庄市	**3422**	**2179**	**9023**	**5518**	**461**	**4146**	**285**
本级	2123	182	3888	1038	245	1216	23
县级小计	1299	1997	5135	4480	216	2930	285
市中区	65	91	265	1444	8	1292	
薛城区	154	224	713	555	59	146	
峄城区	206	29	205	206	16	89	
山亭区	190	12	92	261	26	123	
台儿庄区	76	88	241	183	17	159	
滕州市	608	1553	3619	1831	90	1121	285
烟台市	**1286**	**1369**	**20719**	**18461**	**2117**	**6020**	**440**
本级	643	14	5874	3568	316	1108	16
县级小计	643	1355	14845	14893	1801	4912	424
芝罘区	3	42	1327	883	89	263	5
福山区	4	282	764	568	52	266	98
龙口市	96	48	3555	3177	101	1208	29
莱阳市	43	287	1375	1290	155	556	105
蓬莱市	50	48	1283	1049	147	360	
招远市	180	102	1006	1286	315	581	63
莱州市	204	35	1760	1205	144	363	54
栖霞市	31		839	1127	79	216	7

续表 8

地区	六、资源税	七、固定资产投资方向调节税	八、城市维护建设税	九、房产税	十、印花税	十一、城镇土地使用税	十二、土地增值税
海阳市	3	4	454	1634	305	504	
牟平区	28	503	1010	915	142	432	10
长岛县		1	97	165	13	31	1
开发区			1016	1396	215	82	3
莱山区	1	3	359	198	44	50	49
潍坊市	**12145**	**3202**	**20676**	**11670**	**1215**	**6234**	**90**
本级	3357	2175	7361	4169	358	1873	
县级小计	8788	1027	13315	7501	857	4361	90
潍城区	4		450	329	24	153	
坊子区	167	336	588	362	28	363	
寒亭区	2624		548	200	33	159	
昌邑市	1787	391	1323	575	41	339	
昌乐县	61	4	660	376	21	201	
安丘市	326	117	1842	920	109	452	
寿光市	3422	49	2027	1261	172	365	
青州市	226	12	1333	678	91	432	57
高密市	18		1395	631	113	396	1
诸城市	7	42	2254	1099	157	770	32
临朐县	144	67	466	625	46	315	
奎文区		8	430	445	23	417	
济宁市	**5500**	**2690**	**20299**	**8297**	**1585**	**4031**	**414**
本级	282	585	3946	1728	255	745	109
县级小计	5218	2105	16353	6569	1330	3286	305
市中区		2	601	376	32	106	107
任城区	684	298	1151	394	120	401	4
兖州市	1007	54	1918	964	221	619	17
曲阜市	338	4	1520	593	39	291	17
泗水县	526	192	320	244	33	161	60
邹城市	2086	1348	8671	2394	703	918	
微山县	350	181	1061	468	69	228	82
鱼台县	105	16	221	247	22	118	
金乡县	17	5	172	260	19	110	1
嘉祥县	76	6	211	184	23	93	
汶上县	9		291	256	32	109	

续表 9

地　区	六、资源税	七、固定资产投资方向调节税	八、城市维护建设税	九、房产税	十、印花税	十一、城镇土地使用税	十二、土地增值税
梁山县	19		217	190	17	131	16
临沂市	**527**	**264**	**9203**	**6135**	**625**	**3443**	**181**
本级	25	13	3069	1717	129	640	14
县级小计	502	251	6134	4418	496	2803	167
郯城县	43	2	471	354	83	218	
苍山县	66	32	227	233	9	120	
莒南县	26		464	365	53	226	
沂水县	73	21	1093	647	49	357	11
蒙阴县	3		448	243	47	105	1
平邑县	140	1	368	274	11	166	
费　县	32	7	433	336	68	219	148
沂南县	15	19	331	287	34	198	8
临沭县	53	90	438	330	39	182	
兰山区	19	3	744	663	51	521	
罗庄区	29		784	405	15	236	
河东区	2	74	333	283	37	256	
泰安市	**2870**	**1485**	**8910**	**6867**	**579**	**3536**	**1402**
本级		566	2899	1747	166	838	
县级小计	2870	919	6011	5120	413	2698	1402
新泰市	604	68	1559	1325	77	998	
宁阳县	405	234	759	373	41	297	3
东平县	322	16	366	260	13	125	
肥城市	1090	40	2623	1885	94	680	1291
泰山区	21	379	109	991	108	337	84
郊　区	428	182	595	286	80	261	24
聊城市	**181**	**267**	**6382**	**3858**	**834**	**2443**	**7**
本级		24	2118	1367	187	781	4
县级小计	181	243	4264	2491	647	1662	3
东昌府区	37	46	518	511	66	330	2
临清市	43	175	1276	363	147	348	
阳谷县	13	8	315	334	157	281	1
莘　县			306	175	88	147	
茌平县	61		591	322	49	178	
东阿县	9	14	233	171	57	120	

续表 10

地　　区	六、资源税	七、固定资产投资方向调节税	八、城市维护建设税	九、房产税	十、印花税	十一、城镇土地使用税	十二、土地增值税
冠　县	7		158	156	29	119	
高唐县	11		867	459	54	139	
菏泽市	**286**	**119**	**3880**	**2309**	**187**	**1023**	**138**
本级		33	1763	848	40	276	
县级小计	286	86	2117	1461	147	747	138
牡丹区	1	27	567	376	22	71	51
曹　县	35		223	149	30	75	
定陶县	37	4	183	134	27	68	
成武县	66		212	87	20	52	
单　县	12		255	136	5	65	5
巨野县	50	1	197	123	13	83	
郓城县	71	54	210	161	13	70	82
鄄城县	10		70	92	8	41	
东明县	4		200	203	9	222	
德州市	**1064**	**100**	**8445**	**7405**	**390**	**6482**	**21**
本级	3	30	4398	1518	111	710	
县级小计	1061	70	4047	5887	279	5772	21
德城区	83	12	644	727	64	794	21
陵　县	45		440	385	5	357	
平原县	138	3	376	547	21	320	
夏津县	19		158	88	13	103	
武城县	16	1	389	202	8	167	
齐河县	236	54	380	556	33	472	
禹城市	91		634	520	35	445	
乐陵市	280		435	438	33	553	
临邑县	98		357	1128	40	1346	
宁津县	50		174	1282	23	1198	
庆云县	5		60	14	4	17	
滨州市	**1350**	**77**	**7145**	**3157**	**376**	**1395**	
本级	4	10	2989	690	57	236	
县级小计	1346	67	4156	2467	319	1159	
惠民县	92	4	221	204	15	123	
阳信县	74		144	160	58	114	
无棣县	1107	4	278	164	28	95	

续表 11

地　区	六、资源税	七、固定资产投资方向调节税	八、城市维护建设税	九、房产税	十、印花税	十一、城镇土地使用税	十二、土地增值税
沾化县	16		505	150	16	94	
博兴县	29	30	665	432	82	173	
邹平县	18	1	1124	657	92	264	
滨州市	11	29	1219	699	28	296	
东营市	**103**	**358**	**28143**	**6302**	**1908**	**6153**	
本级		327	24308	4568	1618	5379	
县级小计	103	31	3835	1734	290	774	
东营区	2		1831	233	70	61	
河口区	2	-14	643	768	115	252	
广饶县	72	3	632	301	63	201	
垦利县			537	291	22	179	
利津县	27	42	192	141	20	81	
威海市	**624**	**10801**	**12594**	**8544**	**810**	**3378**	**92**
本级	15	111	4844	3230	271	908	59
县级小计	609	10690	7750	5314	539	2470	33
环翠区	22	4805	1379	1143	93	441	
乳山市	153	3093	601	565	142	339	4
文登市	248	2779	2741	1993	95	1148	1
荣成市	186	13	3029	1613	209	542	28
日照市	**233**	**524**	**4020**	**3144**	**290**	**1829**	**71**
本级	27	522	2396	2079	208	1130	30
县级小计	206	2	1624	1065	82	699	41
莒县	20	2	655	445	29	247	
五莲县	45		532	394	18	229	13
东港区	141		437	226	35	223	28
莱芜市	**1206**	**174**	**4529**	**1845**	**170**	**2847**	
本级	936	142	3639	1500	125	2450	
县级小计	270	32	890	345	45	397	
莱城区	194	31	692	258	36	276	
钢城区	76	1	198	87	9	121	
省级	**28523**		**1651**				

续表 12

地　区	十三、车船使用和牌照税	十四、屠宰税	十五、筵席税	十六、农业税	十七、农业特产税	十八、牧业税	十九、耕地占用税	二十、契税
全省合计	**36376**	**12189**		**97073**	**181590**		**30469**	**51423**
地(市)合计	36376	12189		97073	181590		30469	51423
地(市)本级	3227	53		313	2486		2564	19493
县级合计	33149	12136		96760	179104		27905	31930
省内合计	**32446**	**11557**		**91502**	**176451**		**24561**	**35893**
地(市)合计	32446	11557		91502	176451		24561	35893
地(市)本级	1995	53		313	2486		2564	12862
县级合计	30451	11504		91189	173965		21997	23031
青岛市	**3930**	**632**		**5571**	**5139**		**5908**	**15530**
本级	1232							6631
县级小计	2698	632		5571	5139		5908	8899
即墨市	243	46		809	427		1052	1019
胶州市	214	34		814	165		603	441
胶南市	185	212		579	1343		921	666
平度市	714	182		2236	1411		573	908
莱西市	306	122		809	696		341	339
崂山区	98			41	64		1646	2210
城阳区	830	1		205	693		400	1149
黄岛区	107	37		33	315		113	804
开发区	1	-2		7			52	1363
市南区				1	1			
市北区				6			129	
四方区				3	20			
李沧区				28	4		78	
济南市	**2975**	**155**		**3120**	**2545**		**2004**	**8141**
本级	341							3467
县级小计	2634	155		3120	2545		2004	4674
历下区	172			24	2		8	904
市中区	310	1		75	24			1304
天桥区	281			71	18		144	664
槐荫区	332			56	16		182	393
历城区	128	7		586	222		492	594
章丘市	314	49		621	287		187	389
长青县	277	33		329	401		371	333

续表 13

地区	十三、车船使用和牌照税	十四、屠宰税	十五、筵席税	十六、农业税	十七、农业特产税	十八、牧业税	十九、耕地占用税	二十、契税
平阴县	183	19		343	393		519	72
济阳县	289	15		397	531		32	18
商河县	348	31		618	651		69	3
淄博市	**1376**	**143**		**2406**	**4087**		**1084**	**2886**
本级	157			40	6		52	1184
县级小计	1219	143		2366	4081		1032	1702
博山区	92	3		101	93		41	90
淄川区	169	8		305	356		90	204
张店区	293	23		135	26		306	528
周村区	177	18		205	25		17	166
临淄区	225	47		611	482		13	457
桓台县	145	15		439	126		407	187
高青县	51	4		357	1577		155	30
沂源县	67	25		213	1396		3	40
枣庄市	**824**	**272**		**2001**	**2709**		**502**	**558**
本级	99							
县级小计	725	272		2001	2709		502	558
市中区	127	108		117	199		119	191
薛城区	87	31		221	467		324	138
峄城区	68	13		206	259		4	7
山亭区	36	34		133	872			11
台儿庄区	73	7		156	222		9	31
滕州市	334	79		1168	690		46	180
烟台市	**3243**	**344**		**7861**	**20346**		**850**	**6317**
本级	167	2		13	73			1686
县级小计	3076	342		7861	20273		850	4631
芝罘区	564	1		57	221			173
福山区	175	1		261	855		120	300
龙口市	430	37		570	1030		200	800
莱阳市	312	141		905	1583		28	273
蓬莱市	128	51		465	1103		150	460
招远市	169	16		503	933		70	150
莱州市	408	24		3208	4247		10	503
栖霞市	482	7		656	4735		131	82

续表 14

地 区	十三、车船使用和牌照税	十四、屠宰税	十五、筵席税	十六、农业税	十七、农业特产税	十八、牧业税	十九、耕地占用税	二十、契税
海阳市	198	42		747	1624		39	136
牟平区	95	12		367	2282		81	232
长岛县	34	9			1511			21
开发区	27	1					21	719
莱山区	54			122	149			782
潍坊市	**4033**	**261**		**8837**	**28891**		**2686**	**3683**
本级	194	2		7	58		265	433
县级小计	3839	259		8830	28833		2421	3250
潍城区	258			234	23		59	120
坊子区	35	4		274	205		472	60
寒亭区	29	5		529	930		45	20
昌邑市	280	24		829	756		161	253
昌乐县	371	8		768	5199		329	78
安丘市	199	73		1235	7654		32	56
寿光市	812	2		981	5190		140	567
青州市	603	29		922	2366		355	194
高密市	331	54		1225	3377		208	245
诸城市	320	14		1350	1740		424	790
临朐县	496	45		444	1346		102	124
奎文区	106			38	46		93	743
济宁市	**1591**	**354**		**5990**	**7125**		**9639**	**3670**
本级	56			42			1486	2158
县级小计	1535	354		5948	7125		8153	1512
市中区	12			10			320	14
任城区	24	2		584	305		574	26
兖州市	35	55		534	222		2022	493
曲阜市	84	25		525	116		518	125
泗水县	23	106		460	564		710	
邹城市	128	20		1119	856		546	743
微山县	150	37		416	1026		772	32
鱼台县	238	2		362	392		300	18
金乡县	271	3		450	3181		185	11
嘉祥县	194	6		663	17		178	2
汶上县	82	52		576	369		357	47

续表 15

地　　区	十三、车船使用和牌照税	十四、屠宰税	十五、筵席税	十六、农业税	十七、农业特产　税	十八、牧业税	十九、耕地占用　税	二十、契　税
梁山县	291	46		249	76		1671	
临沂市	**2611**	**4277**		**6900**	**17169**		**2235**	**1354**
本级	61				658			480
县级小计	2550	4277		6900	16511		2235	874
郯城县	99	34		937	639		195	19
苍山县	102	630		973	3098		120	92
莒南县	297	1032		706	3017		154	53
沂水县	347	449		715	2615		15	48
蒙阴县	92	375		240	1086			105
平邑县	114	307		480	2313		117	234
费　县	125	216		586	1153		716	73
沂南县	142	119		620	1101		40	125
临沭县	180	259		499	914		123	31
兰山区	942	795		389	291		397	11
罗庄区	51	6		242	47		191	21
河东区	61	54		513	235		168	63
泰安市	**1173**	**597**		**7060**	**13873**		**1053**	**1017**
本级	117							250
县级小计	1056	597		7060	13873		1053	767
新泰市	159	47		637	2755		427	34
宁阳县	235	439		639	1017			10
东平县	132	21		908	925		64	45
肥城市	98	8		3984	5814		223	81
泰山区	166	46		131	97		180	496
郊　区	266	36		761	3265		159	101
聊城市	**3582**	**189**		**28146**	**3309**		**429**	**1138**
本级	26							
县级小计	3556	189		28146	3309		429	1138
东昌府区	681	22		3958	635		323	907
临清市	382			3660	106			10
阳谷县	360	100		3489	527		16	12
莘　县	549	20		4596	882		26	64
茌平县	345	3		3124	588		15	10
东阿县	185	8		2334	431		17	20

续表 16

地 区	十三、车船使用和牌照税	十四、屠宰税	十五、筵席税	十六、农业税	十七、农业特产税	十八、牧业税	十九、耕地占用税	二十、契税
冠 县	621	5		4159	140		22	10
高唐县	433	31		2826			10	105
菏泽市	**3274**	**1104**		**5939**	**12693**		**1318**	**474**
本级	24						157	166
县级小计	3250	1104		5939	12693		1161	308
牡丹区	370	68		807	1430		401	231
曹 县	607	34		860	1200		9	5
定陶县	252	22		505	1373		44	5
成武县	286	301		497	1600		87	47
单 县	406	112		859	1693		13	10
巨野县	424	246		731	1021		164	1
郓城县	518	47		903	1724		298	3
鄄城县	192	147		543	1285		52	1
东明县	195	127		234	1367		93	5
德州市	**2961**	**675**		**3913**	**8032**		**723**	**221**
本级	70	11		46	14		360	
县级小计	2891	664		3867	8018		363	221
德城区	197	5		110	315			108
陵 县	221	108		420	441		1	
平原县	207	31		267	820		50	10
夏津县	250	11		515	218		17	10
武城县	204	1		342	112		1	
齐河县	518	144		479	1371		51	
禹城市	269	12		239	403		59	9
乐陵市	333	1		598	2254		34	77
临邑县	367	104		435	781		50	3
宁津县	310	243		418	782			4
庆云县	15	4		44	521		100	
滨州市	**1572**	**964**		**3328**	**4639**		**511**	**392**
本级	20	7		47				54
县级小计	1552	957		3281	4639		511	338
惠民县	296	126		625	715		112	19
阳信县	141	189		327	321		27	17
无棣县	205	21		227	1329		12	63

续表 17

地　区	十三、车船使用和牌照税	十四、屠宰税	十五、筵席税	十六、农业税	十七、农业特产税	十八、牧业税	十九、耕地占用税	二十、契税
沾化县	136	167		195	1358		62	18
博兴县	39	26		489	418		58	69
邹平县	587	80		1070	119		200	78
滨州市	148	349		350	378		40	74
东营市	**838**	**143**		**1353**	**3048**		**233**	**1081**
本级	365							170
县级小计	473	143		1353	3048		233	911
东营区	91	1		163	167		76	626
河口区	121	4		148	224			90
广饶县	74	15		655	541		65	53
垦利县	56	6		127	465			79
利津县	131	117		260	1651		92	63
威海市	**658**	**82**		**2318**	**32953**		**482**	**3204**
本级	122			16	190		1	2348
县级小计	536	82		2302	32763		481	856
环翠区	35	1		203	2655		109	109
乳山市	201	51		595	1807		252	191
文登市	132	7		802	8488		63	276
荣成市	168	23		702	19813		57	280
日照市	**1333**	**1969**		**1658**	**12536**		**302**	**1515**
本级	106	31		114	1484		20	466
县级小计	1227	1938		1544	11052		282	1049
莒县	758	1611		826	6596		67	796
五莲县	172	154		219	1285		5	51
东港区	297	173		499	3171		210	202
莱芜市	**402**	**28**		**672**	**2496**		**510**	**242**
本级	70			1	3		223	
县级小计	332	28		671	2493		287	242
莱城区	263	20		614	2388		158	185
钢城区	69	8		57	105		129	57
省级								

续表 18

地　区	二十一、国有资产经营收益	二十二、国有企业计划亏损补贴	二十三、行政性收费收入	二十四、罚没收入	二十五、海域场地矿区使用费收入	二十六、专项收入	二十七、其他收入
全省合计	**54847**	**-88303**	**403697**	**200800**	**4493**	**216762**	**56075**
地(市)合计	54652	-73406	315859	165078	4325	188025	54012
地(市)本级	15328	-40143	79006	46894	992	97847	9334
县级合计	39324	-33263	236853	118184	3333	90178	44678
省内合计	**49270**	**-76336**	**399258**	**178627**	**3268**	**189916**	**55131**
地(市)合计	49075	-61439	311420	142905	3100	161179	53068
地(市)本级	11447	-28718	76667	35049	383	84069	9061
县级合计	37628	-32721	234753	107856	2717	77110	44007
青岛市	**5577**	**-11967**	**4439**	**22173**	**1225**	**26846**	**944**
本级	3881	-11425	2339	11845	609	13778	273
县级小计	1696	-542	2100	10328	616	13068	671
即墨市				2281	62	1667	11
胶州市		-542		1079	340	1470	140
胶南市				1088	22	1753	6
平度市			554	1200	77	1746	4
莱西市	395		1500	957		966	56
崂山区				660		984	
城阳区				535	74	1558	
黄岛区	1298		1	2		744	
开发区			34	778	41	957	118
市南区				296		253	17
市北区				689		428	
四方区	3		8	497		194	10
李沧区			3	265		349	309
济南市	**2538**	**-7335**	**48503**	**20385**	**15**	**26220**	**16052**
本级	2237	-7335	13212	9970	2	19968	2075
县级小计	301		35291	10415	13	6252	13977
历下区			867	1383	7	405	867
市中区			735	1372		289	236
天桥区			658	911		368	230
槐荫区			865	801		243	380
历城区	56		10571	1259		1384	3634
章丘市	25		16136	837		1739	3325
长青县			2376	1488		415	2254

续表 19

地区	二十一、国有资产经营收益	二十二、国有企业计划亏损补贴	二十三、行政性收费收入	二十四、罚没收入	二十五、海域场地矿区使用费收入	二十六、专项收入	二十七、其他收入
平阴县	220		1194	1192	6	693	550
济阳县			1329	739		291	126
商河县			560	433		425	2375
淄博市	**1899**		**14058**	**6981**	**206**	**28030**	**799**
本级	1351		10795	4364	96	22247	157
县级小计	548		3263	2617	110	5783	642
博山区			50	73	7	527	4
淄川区	1		2	364		494	48
张店区	547		1609	680		938	110
周村区			146	448	62	547	29
临淄区				273		824	
桓台县			600	344	41	1081	
高青县			856	193		528	
沂源县				242		844	451
枣庄市	**1612**	**-854**	**16558**	**6937**	**3**	**5101**	**40**
本级		-800	7140	647		1903	
县级小计	1612	-54	9418	6290	3	3198	40
市中区	150		1150	1271		217	
薛城区			2492	894		919	
峄城区	988		540	239		147	40
山亭区	300		1744	648		136	
台儿庄区			3363	542		87	
滕州市	174	-54	129	2696	3	1692	
烟台市	**2622**	**-3513**	**10562**	**8233**	**137**	**13473**	**2863**
本级	301	-3443	5588	1409	19	3547	
县级小计	2321	-70	4974	6824	118	9926	2863
芝罘区	1000		315	303		431	11
福山区	555		200	597		640	
龙口市	116		865	1310	12	2083	
莱阳市			842	706	23	873	1325
蓬莱市			222	453		879	
招远市	500		351	1100		986	804
莱州市				150	15	1237	5
栖霞市	150			733		474	1

续表 20

地　区	二十一、国有资产经营收益	二十二、国有企业计划亏损补贴	二十三、行政性收费收入	二十四、罚没收入	二十五、海域场地矿区使用费收入	二十六、专项收入	二十七、其他收入
海阳市		-70	550	606		493	273
牟平区			1166	484	46	920	28
长岛县			218	34		73	68
开发区			245	172		568	348
莱山区				176	22	269	
潍坊市	**4892**	**-3343**	**15201**	**10713**	**44**	**13982**	**9387**
本级		-3340	4000	1642	26	4483	1020
县级小计	4892	-3	11201	9071	18	9499	8367
潍城区	80	-3	127	231		155	294
坊子区			426	597	3	271	50
寒亭区			214	746		301	33
昌邑市			450	963		1237	1221
昌乐县			1884	981		473	807
安丘市	520		3029	679		1173	
寿光市	3500		205	735		2316	304
青州市	793		2000	880	15	962	1623
高密市			1344	626		1008	1660
诸城市				895		1120	814
临朐县			1402	1236		301	1421
奎文区			120	505		181	140
济宁市	**2599**		**39375**	**16972**	**2179**	**13997**	**6720**
本级	209		4288	2569	86	2778	4851
县级小计	2390		35087	14403	2093	11219	1869
市中区			492	301		268	
任城区	4		569	431	1	782	
兖州市			4621	5144		1779	
曲阜市	1834		8464	1246	39	742	
泗水县	420		1203	816	2050	358	1526
邹城市			3924	1004		5290	
微山县	22		555	1717	1	932	
鱼台县			2827	864		192	20
金乡县	110		2097	540		219	
嘉祥县			4980	789		117	324
汶上县			2931	539	2	319	

续表21

地　区	二十一、国有资产经营收益	二十二、国有企业计划亏损补贴	二十三、行政性收费收入	二十四、罚没收入	二十五、海域场地矿区使用费收入	二十六、专项收入	二十七、其他收入
梁山县			2426	1014		221	
临沂市	**955**	**-2990**	**27914**	**20712**	**124**	**7452**	**113**
本级		-1230	6639	1065		1750	
县级小计	955	-1760	21275	19647	124	5702	113
郯城县			5089	2188		522	
苍山县	149		91	1780		158	
莒南县		-1760	914	1689	5	426	14
沂水县	69		7517	1809		738	
蒙阴县			1142	1464	102	437	4
平邑县	272		2778	1682		479	
费　县			984	1527		379	
沂南县	313		1009	2203	1	350	23
临沭县			631	1331	4	506	
兰山区	150		622	2181		1311	
罗庄区			269	1081		259	
河东区	2		229	713	12	138	72
泰安市	**5390**	**-34**	**37750**	**4541**	**30**	**8245**	**13511**
本级	3327	-34	7088	1021	20	2135	
县级小计	2063		30662	3520	10	6110	13511
新泰市	233		4218	609		1700	5977
宁阳县	80		3585	544		653	1820
东平县			6022	459		790	913
肥城市	100		2177	1179	10	2123	469
泰山区			2767	509		359	4332
郊　区	1650		11893	220		485	
聊城市	**1729**	**-40114**	**13896**	**9611**	**47**	**4665**	**185**
本级		-9694	3541	2664	47	1533	
县级小计	1729	-30420	10355	6947		3132	185
东昌府区	400	-4057	365	1873		358	
临清市		-285	412	552		689	
阳谷县		-2475	1406	1190		290	
莘　县		-576	3360	510		205	
茌平县		-8886	2045	457		501	100
东阿县	29	-4337	1740	1019		268	

续表 22

地　区	二十一、国有资产经营收益	二十二、国有企业计划亏损补贴	二十三、行政性收费收入	二十四、罚没收入	二十五、海域场地矿区使用费收入	二十六、专项收入	二十七、其他收入
冠　县		-918	514	576		139	85
高唐县	1300	-8886	513	770		682	
菏泽市	**83**	**-762**	**5626**	**11908**		**2539**	**35**
本级	80	-423	2901	1142		881	20
县级小计	3	-339	2725	10766		1658	15
牡丹区			31	1364		227	15
曹　县				2123		162	
定陶县			1009	1213		115	
成武县	3	-320	246	991		225	
单　县			566	1502		206	
巨野县		-19	40	1084		172	
郓城县			123	1867		178	
鄄城县			662	361		101	
东明县			48	261		272	
德州市		**-98**	**35685**	**6629**	**1**	**4731**	
本级		-73	453	2188	1	2437	
县级小计		-25	35232	4441		2294	
德城区			2023	571		216	
陵　县			3963	189		50	
平原县			407	256		347	
夏津县			440	1037		117	
武城县			4510	230		299	
齐河县		-25	3161	570		286	
禹城市			5810	342		366	
乐陵市			6796	663		109	
临邑县			568	168		282	
宁津县			5690	366		149	
庆云县			1864	49		73	
滨州市	**38**		**13224**	**4842**	**12**	**3932**	**605**
本级			695	887		1565	2
县级小计	38		12529	3955	12	2367	603
惠民县			4014	225		160	213
阳信县			3130	274		38	
无棣县	38		1058	414	12	279	199

续表23

地区	二十一、国有资产经营收益	二十二、国有企业计划亏损补贴	二十三、行政性收费收入	二十四、罚没收入	二十五、海域场地矿区使用费收入	二十六、专项收入	二十七、其他收入
沾化县			1549	549		255	192
博兴县			1412	1556		517	
邹平县			813	301		790	
滨州市			553	635		327	
东营市	**37**	**-384**	**4811**	**4491**	**108**	**15273**	**1540**
本级	37	-384	2646	1366	39	13327	121
县级小计			2165	3125	69	1946	1419
东营区			661	948	14	651	1369
河口区			490	291	37	282	
广饶县			625	956	6	584	30
垦利县			158	429	8	376	20
利津县			231	501	4	53	
威海市	**24333**	**-1530**	**19595**	**4778**	**175**	**7885**	**145**
本级	3905	-1480	4676	1743	28	1485	35
县级小计	20428	-50	14919	3035	147	6400	110
环翠区	634	-50	1062	789	6	1789	53
乳山市	8746		4296	326	7	564	
文登市	6500		6695	994	104	1758	57
荣成市	4548		2866	926	30	2289	
日照市	**348**		**7447**	**3521**	**19**	**3515**	**1071**
本级			2351	977	19	2254	780
县级小计	348		5096	2544		1261	291
莒县	348		796	852		418	
五莲县			3840	547		652	239
东港区			460	1145		191	52
莱芜市		**-482**	**1215**	**1651**		**2139**	**2**
本级		-482	654	1395		1776	
县级小计			561	256		363	2
莱城区			38	161		245	1
钢城区			523	95		118	1
省级	**195**	**-14897**	**87838**	**35722**	**168**	**28737**	**2063**

2001年山东省财政收入分市地明细表

单位：万元

地区	总计	一、增值税					
		小计	国有企业增值税	集体企业增值税	股份制企业增值税	联营企业增值税	港澳台和外商投资企业增值税
全省合计	**5731793**	**1002918**	**280206**	**94858**	**350115**	**7957**	**194659**
青岛市	942893	180770	41313	14430	46028	562	63647
济南市	596061	93454	31110	9715	31416	583	13095
淄博市	313326	60611	11590	11979	18415	383	13252
枣庄市	130898	19361	8634	2221	5085	34	1449
烟台市	466063	81315	13721	10108	18051	640	29876
潍坊市	408091	70545	14263	9681	20200	124	14575
济宁市	340622	57577	27608	5584	11237	492	10730
临沂市	278456	32914	8730	3946	8931	125	6641
泰安市	230197	29627	9851	4098	10820	62	2618
聊城市	174112	22772	6156	1583	10450	22	2039
菏泽市	118439	13880	5289	1034	3164	52	890
德州市	210804	17063	4366	2217	4359	27	1522
滨州市	140509	23472	4811	1661	12107		2678
东营市	178727	17008	2657	5210	5689	40	2079
威海市	300116	34562	4347	7509	10988	277	10175
日照市	97027	13809	4433	1430	3997		2763
莱芜市	50836	12161	2595	2127	6986	58	348
省级	754616	222017	78732	325	122192	4476	16282

续表 1

地　区	一、增值税							
	私营企业增值税	其　他增值税	增值税税款滞纳金、罚款收入	福利企业增值税退税	软件集成电路增值税退税	废旧物资回收增值税退税	三线搬迁增值退税	民贸企业增值税退税
全省合计	**70579**	**29198**	**4036**	**-17719**	**-3571**	**-2309**	**-29**	
青岛市	13091	3320	614	-2498	-89	-403		
济南市	6341	3006	818	-646	-931	-325		
淄博市	6154	1491	221	-2405	-7	-10		
枣庄市	1697	836	118	-33		-84		
烟台市	8837	2830	339	-1645	-1980	-37		
潍坊市	10656	3404	298	-1436	-472	-334		
济宁市	3240	1521	201	-710		-153		
临沂市	2524	3863	157	-1292		-258		
泰安市	2227	876	214	-730	-92	-48	-29	
聊城市	1912	1439	190	-129		-187		
菏泽市	2506	1297	40	-156		-24		
德州市	3455	1357	179	-31		-9		
滨州市	1958	1004	215	-735		-136		
东营市	2360	739	77	-1466		-89		
威海市	2115	1311	101	-2699		-61		
日照市	798	655	201	-316				
莱芜市	708	249	40	-789		-151		
省级			13	-3				

续表2

地　区	一、增值税				二、营业税			
	宣传文化单位增值税退税	森工综合利用增值税退税	其他增值税退税	免抵调增增值税	小　计	金融保险业营业税（地方）	一　般营业税	营业税税款滞纳金、罚款收入
全省合计	**-1107**	**-1315**	**-6236**	**3596**	**926921**	**202023**	**722352**	**2669**
青岛市	-167		-995	1917	237181	35049	201468	786
济南市	-256		-486	14	135789	9491	125880	418
淄博市	-18	-419	-15		39191	6537	32564	90
枣庄市	-14		-582		13508	1142	12319	47
烟台市	-20	-56	-100	751	73695	7169	66315	211
潍坊市	-28	-206	-506	326	44076	6533	37480	63
济宁市	-83		-2090		43533	3944	39462	127
临沂市	-224		-229		33111	5444	27620	47
泰安市	-14	-19	-207		21247	2634	18381	232
聊城市		-65	-638		18293	2982	15129	183
菏泽市	-97	-75	-40		13063	1817	11139	107
德州市	-76	-229	-74		20508	2358	18061	89
滨州市	-66		-25		14542	1833	12644	65
东营市	-41	-246	-1		31970	2538	29402	30
威海市	-3		-40	542	32887	4328	28464	95
日照市			-198	46	16614	1718	14891	5
莱芜市			-10		6576	890	5658	28
省级					131137	105616	25475	46

续表3

地　区	二、营业税				三、企业所得税	四、企业所得税退税	五、个人所得税
	校办企业营业税退税	福利企业营业税退税	港澳台和外商投资企业营业税退税	其他营业税退税			
全省合计	**-85**	**-38**			**1491110**		**369925**
青岛市	-85	-37			241133		72420
济南市					86288		63792
淄博市					70534		22177
枣庄市					27348		9384
烟台市					157787		29516
潍坊市					111007		27964
济宁市					67436		19049
临沂市					78499		24728
泰安市					46415		13053
聊城市		-1			78281		13982
菏泽市					30954		8369
德州市					69482		16371
滨州市					45991		8945
东营市					37963		16247
威海市					85595		15151
日照市					15971		5288
莱芜市					8964		3489
省级					231462		

续表 4

地 区	六、资源税	七、固定资产投资方向调节税	八、城市维护建设税	九、房产税	十、印花税			
					小 计	证券交易印花税	其他印花税	印花税税款滞纳金、罚款收入
全省合计	**64405**	**36530**	**290458**	**165321**	**26963**		**25822**	**1141**
青岛市	1742	6805	51683	37849	7995		7857	138
济南市	1616	4184	42872	22134	5760		5410	350
淄博市	1727	1932	30284	11826	1661		1618	43
枣庄市	3422	2179	9023	5518	461		414	47
烟台市	1286	1369	20719	18461	2117		2075	42
潍坊市	12145	3202	20676	11670	1215		1183	32
济宁市	5500	2690	20299	8297	1585		1313	272
临沂市	527	264	9203	6135	625		613	12
泰安市	2870	1485	8910	6867	579		560	19
聊城市	181	267	6382	3858	834		757	77
菏泽市	286	119	3880	2309	187		185	2
德州市	1064	100	8445	7405	390		372	18
滨州市	1350	77	7145	3157	376		357	19
东营市	103	358	28143	6302	1908		1862	46
威海市	624	10801	12594	8544	810		806	4
日照市	233	524	4020	3144	290		289	1
莱芜市	1206	174	4529	1845	170		151	19
省级	28523		1651					

续表5

地区	十一、城镇土地使用税	十二、土地增值税	十三、车船使用和牌照税	十四、屠宰税	十五、筵席税	十六、农业税	十七、农业特产税	十八、牧业税
全省合计	**89095**	**10656**	**36376**	**12189**		**97073**	**181590**	
青岛市	14994	4374	3930	632		5571	5139	
济南市	12007	2847	2975	155		3120	2545	
淄博市	9134	294	1376	143		2406	4087	
枣庄市	4146	285	824	272		2001	2709	
烟台市	6020	440	3243	344		7861	20346	
潍坊市	6234	90	4033	261		8837	28891	
济宁市	4031	414	1591	354		5990	7125	
临沂市	3443	181	2611	4277		6900	17169	
泰安市	3536	1402	1173	597		7060	13873	
聊城市	2443	7	3582	189		28146	3309	
菏泽市	1023	138	3274	1104		5939	12693	
德州市	6482	21	2961	675		3913	8032	
滨州市	1395		1572	964		3328	4639	
东营市	6153		838	143		1353	3048	
威海市	3378	92	658	82		2318	32953	
日照市	1829	71	1333	1969		1658	12536	
莱芜市	2847		402	28		672	2496	
省级								

续表6

地区	十九、耕地占用税	二十、契税	二十一、国有资产经营收益	二十二、国有企业计划亏损补贴	二十三、行政性收费收入 小计	对外贸经行政性收费收入	公安行政性收费收入	民政行政性收费收入
全省合计	**30469**	**51423**	**54847**	**-88303**	**403697**	**10**	**51004**	**1038**
青岛市	5908	15530	5577	-11967	4439		1077	14
济南市	2004	8141	2538	-7335	48503		4752	12
淄博市	1084	2886	1899		14058		2636	7
枣庄市	502	558	1612	-854	16558		1670	6
烟台市	850	6317	2622	-3513	10562		3735	3
潍坊市	2686	3683	4892	-3343	15201		1399	43
济宁市	9639	3670	2599		39375		3482	11
临沂市	2235	1354	955	-2990	27914		5547	64
泰安市	1053	1017	5390	-34	37750		5271	360
聊城市	429	1138	1729	-40114	13896		3154	14
菏泽市	1318	474	83	-762	5626		2725	37
德州市	723	221		-98	35685		787	45
滨州市	511	392	38		13224		643	4
东营市	233	1081	37	-384	4811		1250	30
威海市	482	3204	24333	-1530	19595		2264	30
日照市	302	1515	348		7447		1975	53
莱芜市	510	242		-482	1215		596	2
省级			195	-14897	87838	10	8041	303

续表 7

地　区	二十三、行政性收费收入				二十四、罚没收入			
	海关行政性收费收入	劳动保障行政性收费收入	工商行政性收费收入	其他行政性收费收入	小　计	铁道罚没收入	交通罚没收入	质量技术监督罚没收入
全省合计		**1623**	**63183**	**286839**	**200800**		**20783**	**9953**
青岛市		20		3328	22173		4267	599
济南市		357	3015	40367	20385		1372	333
淄博市		22		11393	6981		973	
枣庄市		6		14876	6937		427	
烟台市				6824	8233		1205	
潍坊市		125		13634	10713		1469	
济宁市				35882	16972		1243	
临沂市		139		22164	20712		2717	
泰安市		88		32031	4541		300	
聊城市		140		10588	9611		2017	
菏泽市		18		2846	11908		1646	
德州市				34853	6629		422	
滨州市		49		12528	4842		516	
东营市		31		3500	4491		431	
威海市		117		17184	4778		551	
日照市		340		5079	3521		595	
莱芜市		20		597	1651		626	
省级		151	60168	19165	35722		6	9021

续表 8

地　区	二十四、罚没收入							
	物价罚没收入	公安罚没收入	检察院罚没收入	法院罚没收入	卫生罚没收入	工商罚没收入	海关罚没收入	烟草罚没收入
全省合计	**6177**	**64527**	**12319**	**3788**	**424**	**29499**	**2178**	**693**
青岛市	344	5032	223	382	95	3381	1551	68
济南市	1145	8130	1474	698	128	2097	101	145
淄博市	659	1212	491	215	7			
枣庄市	73	2709	1133		9		4	4
烟台市	314	2954	1218	477	32		74	57
潍坊市	322	5460	1340	303	8			80
济宁市	595	6224	477	412	13		12	88
临沂市	375	11182	1024	287	23		9	89
泰安市	111	1835	819	277	11		19	48
聊城市	210	4474	575	69	20		2	
菏泽市	526	3700	1125	97	53			43
德州市	1	2040	763	76	1			5
滨州市	33	2095	194	121				24
东营市	113	2706	356	51	3			19
威海市	332	1901	396	186	14		135	11
日照市	107	1532	260	95	7		92	2
莱芜市	17	249	451	42				2
省级	900	1092				24021	179	8

续表 9

地区	二十四、罚没收入				二十五、海域场地矿区使用费收入	二十六、专项收入		
	新疆棉罚没收入	税务部门其他罚没收入	其他罚没收入	罚没收入退库		小计	排污费收入	城市水资源费收入
全省合计		**372**	**50087**		**4493**	**216762**	**51910**	**32148**
青岛市		237	5994		1225	26846	8242	970
济南市			4762		15	26220	3572	4856
淄博市			3424		206	28030	4023	12701
枣庄市			2578		3	5101	935	901
烟台市			1902		137	13473	3560	1482
潍坊市			1731		44	13982	3654	2547
济宁市			7908		2179	13997	2383	3618
临沂市			5006		124	7452	1947	1022
泰安市			1121		30	8245	1559	2440
聊城市			2244		47	4665	733	572
菏泽市			4718			2539	645	48
德州市			3321		1	4731	937	287
滨州市			1859		12	3932	1135	
东营市			812		108	15273	1369	
威海市			1252		175	7885	1556	557
日照市			831		19	3515	1341	24
莱芜市			264			2139	329	123
省级		135	360		168	28737	13990	

续表 10

地 区	二十六、专项收入		二十七、其他收入				
	教育费附加收入	矿产资源补偿费收入	小 计	利息收入	基本建设贷款归还收 入	基本建设收入	港澳台和外商投资企业中方职工补贴收 入
全省合计	**118660**	**14044**	**56075**	**389**			**615**
青岛市	17587	47	944				463
济南市	17792		16052				12
淄博市	11306		799				57
枣庄市	3265		40				
烟台市	8431		2863	348			35
潍坊市	7781		9387				6
济宁市	7996		6720				8
临沂市	4483		113				29
泰安市	4246		13511				
聊城市	3360		185				
菏泽市	1846		35				
德州市	3507						
滨州市	2797		605				
东营市	13904		1540				
威海市	5772		145	41			5
日照市	2150		1071				
莱芜市	1687		2				
省级	750	13997	2063				

续表 11

地　区	二十七、其他收入				
	捐赠收入	外事服务收入	“两金”清欠收入	动用国家储备粮油上交差价收入	其他收入
全省合计					**55071**
青岛市					481
济南市					16040
淄博市					742
枣庄市					40
烟台市					2480
潍坊市					9381
济宁市					6712
临沂市					84
泰安市					13511
聊城市					185
菏泽市					35
德州市					
滨州市					605
东营市					1540
威海市					99
日照市					1071
莱芜市					2
省级					2063

2001年山东省财政收入分级情况

单位：万元

项目	全省							
	合计	省级	地级	地级直属乡	地级直属镇	县级	乡镇级	镇
合计	**5731793**	**754616**	**1706862**		**3406**	**2049533**	**1220782**	**1053972**
一、增值税	1002918	222017	268364		292	342514	170023	145712
二、营业税	926921	131137	329370		491	295818	170596	149920
三、企业所得税	1491110	231462	413540		622	599770	246338	217673
四、企业所得税退税								
五、个人所得税	369925		145404		275	114117	110404	95984
六、资源税	64405	28523	8052		8	15722	12108	10362
七、固定资产投资方向调节税	36530		13170		22	17366	5994	4236
八、城市维护建设税	290458	1651	158259		104	94613	35935	34317
九、房产税	165321		74916		46	64219	26186	22960
十、印花税	26963		13860		5	8618	4485	3865
十一、城镇土地使用税	89095		40873		54	30020	18202	16291
十二、土地增值税	10656		3659			5472	1525	1415
十三、车船使用和牌照税	36376		3230		43	7832	25314	20156
十四、屠宰税	12189		53		33	1158	10978	9152
十五、筵席税								
十六、农业税	97073		314		156	2106	94653	75352
十七、农业特产税	181590		2487		1205	8309	170794	149199
十八、牧业税								
十九、耕地占用税	30469		2564			15551	12354	11077
二十、契税	51423		19494		34	22750	9179	8280
二十一、国有资产经营收益	54847	195	15328			36886	2438	2438
二十二、国有企业计划亏损补贴	－88303	－14897	－40143			－32188	－1075	－672
二十三、行政性收费收入	403697	87838	79004			180756	56099	43780
二十四、罚没收入	200800	35722	46892			109453	8733	7349
二十五、土地和海域有偿使用收入	4493	168	992			3300	33	33
二十六、专项收入	216762	28737	97847		16	82215	7963	6952
二十七、其他收入	56075	2063	9333			23156	21523	18141

续表1

项目	青岛市						
	合计	地级	地级直属乡	地级直属镇	县级	乡镇级	镇
合　计	**942893**	**445582**			**299469**	**197842**	**145641**
一、增值税	180770	76199			52217	52354	36235
二、营业税	237181	119715			71814	45652	36733
三、企业所得税	241133	103686			97777	39670	24208
四、企业所得税退税							
五、个人所得税	72420	38890			17696	15834	11939
六、资源税	1742	17			94	1631	1171
七、固定资产投资方向调节税	6805	4007			926	1872	280
八、城市维护建设税	51683	34046			11655	5982	5935
九、房产税	37849	24729			5871	7249	5311
十、印花税	7995	4263			1866	1866	1451
十一、城镇土地使用税	14994	8378			3068	3548	2881
十二、土地增值税	4374	2489			948	937	830
十三、车船使用和牌照税	3930	1232			378	2320	1489
十四、屠宰税	632				128	504	490
十五、筵席税							
十六、农业税	5571				45	5526	5221
十七、农业特产税	5139				71	5068	4283
十八、牧业税							
十九、耕地占用税	5908				3040	2868	2845
二十、契税	15530	6631			5961	2938	2893
二十一、国有资产经营收益	5577	3881			1696		
二十二、国有企业计划亏损补贴	-11967	-11425			-542		
二十三、行政性收费收入	4439	2339			2046	54	54
二十四、罚没收入	22173	11845			10297	31	31
二十五、土地和海域有偿使用收入	1225	609			616		
二十六、专项收入	26846	13778			11130	1938	1361
二十七、其他收入	944	273			671		

续表 2

项目	济南市						
	合计	地级	地级直属乡	地级直属镇	县级	乡镇级	镇
合　计	**596061**	**321704**			**192954**	**81403**	**73403**
一、增值税	93454	54252			25291	13911	12959
二、营业税	135789	74219			40936	20634	19521
三、企业所得税	86288	41394			32145	12749	11529
四、企业所得税退税							
五、个人所得税	63792	45245			13927	4620	4265
六、资源税	1616	266			424	926	706
七、固定资产投资方向调节税	4184	2989			1029	166	161
八、城市维护建设税	42872	30841			7993	4038	3833
九、房产税	22134	14862			5875	1397	1348
十、印花税	5760	4509			992	259	249
十一、城镇土地使用税	12007	8283			2373	1351	1303
十二、土地增值税	2847	907			1641	299	299
十三、车船使用和牌照税	2975	341			826	1808	1482
十四、屠宰税	155				26	129	118
十五、筵席税							
十六、农业税	3120				26	3094	2424
十七、农业特产税	2545				1	2544	1907
十八、牧业税							
十九、耕地占用税	2004				716	1288	1144
二十、契税	8141	3467			3771	903	842
二十一、国有资产经营收益	2538	2237			301		
二十二、国有企业计划亏损补贴	-7335	-7335					
二十三、行政性收费收入	48503	13212			34296	995	995
二十四、罚没收入	20385	9970			10415		
二十五、土地和海域有偿使用收入	15	2			13		
二十六、专项收入	26220	19968			5657	595	572
二十七、其他收入	16052	2075			4280	9697	7746

续表 3

项目	淄博市 合计	地级	地级直属乡	地级直属镇	县级	乡镇级	镇
合　计	**313326**	**140636**			**107083**	**65607**	**62925**
一、增值税	60611	19711			23042	17858	17526
二、营业税	39191	12524			18710	7957	7638
三、企业所得税	70534	23436			27587	19511	18941
四、企业所得税退税							
五、个人所得税	22177	10328			6676	5173	5000
六、资源税	1727	353			330	1044	912
七、固定资产投资方向调节税	1932	1441			400	91	91
八、城市维护建设税	30284	19882			7150	3252	3098
九、房产税	11826	5559			4208	2059	2027
十、印花税	1661	1002			428	231	228
十一、城镇土地使用税	9134	5921			1897	1316	1311
十二、土地增值税	294	30			254	10	10
十三、车船使用和牌照税	1376	157			753	466	418
十四、屠宰税	143				113	30	21
十五、筵席税							
十六、农业税	2406	40			111	2255	2075
十七、农业特产税	4087	6			299	3782	3073
十八、牧业税							
十九、耕地占用税	1084	52			1019	13	10
二十、契税	2886	1184			1666	36	32
二十一、国有资产经营收益	1899	1351			548		
二十二、国有企业计划亏损补贴							
二十三、行政性收费收入	14058	10795			3263		
二十四、罚没收入	6981	4364			2616	1	
二十五、土地和海域有偿使用收入	206	96			110		
二十六、专项收入	28030	22247			5262	521	513
二十七、其他收入	799	157			641	1	1

续表 4

项目	枣庄市						
	合计	地级	地级直属乡	地级直属镇	县级	乡镇级	镇
合　计	**130898**	**35138**			**60644**	**35116**	**32465**
一、增值税	19361	8279			7563	3519	3018
二、营业税	13508	4620			6531	2357	2243
三、企业所得税	27348	3126			17168	7054	6542
四、企业所得税退税							
五、个人所得税	9384	1432			3038	4914	4473
六、资源税	3422	2123			772	527	510
七、固定资产投资方向调节税	2179	182			506	1491	1450
八、城市维护建设税	9023	3888			2754	2381	2324
九、房产税	5518	1038			2286	2194	1814
十、印花税	461	245			125	91	88
十一、城镇土地使用税	4146	1216			938	1992	1600
十二、土地增值税	285				205	80	80
十三、车船使用和牌照税	824	99			371	354	333
十四、屠宰税	272				154	118	113
十五、筵席税							
十六、农业税	2001				129	1872	1805
十七、农业特产税	2709				178	2531	2493
十八、牧业税							
十九、耕地占用税	502				396	106	89
二十、契税	558				448	110	100
二十一、国有资产经营收益	1612				1337	275	275
二十二、国有企业计划亏损补贴	-854	-800			-54		
二十三、行政性收费收入	16558	7140			7559	1859	1859
二十四、罚没收入	6937	647			5106	1184	1181
二十五、土地和海域有偿使用收入	3				1	2	2
二十六、专项收入	5101	1903			3093	105	73
二十七、其他收入	40				40		

续表 5

项　目	烟台市						
	合计	地级	地级直属乡	地级直属镇	县级	乡镇级	镇
合　计	**466063**	**115956**			**276686**	**73421**	**72606**
一、增值税	81315	15115			52711	13489	13476
二、营业税	73695	18740			49701	5254	5199
三、企业所得税	157787	53311			84082	20394	20391
四、企业所得税退税							
五、个人所得税	29516	7902			15851	5763	5753
六、资源税	1286	643			583	60	60
七、固定资产投资方向调节税	1369	14			1281	74	74
八、城市维护建设税	20719	5874			12976	1869	1866
九、房产税	18461	3568			13125	1768	1766
十、印花税	2117	316			1487	314	313
十一、城镇土地使用税	6020	1108			4144	768	768
十二、土地增值税	440	16			386	38	38
十三、车船使用和牌照税	3243	167			2117	959	958
十四、屠宰税	344	2			222	120	120
十五、筵席税							
十六、农业税	7861				813	7048	7048
十七、农业特产税	20346	73			5415	14858	14131
十八、牧业税							
十九、耕地占用税	850				840	10	10
二十、契税	6317	1686			4412	219	219
二十一、国有资产经营收益	2622	301			2321		
二十二、国有企业计划亏损补贴	-3513	-3443			-70		
二十三、行政性收费收入	10562	5588			4974		
二十四、罚没收入	8233	1409			6823	1	1
二十五、土地和海域有偿使用收入	137	19			118		
二十六、专项收入	13473	3547			9926		
二十七、其他收入	2863				2448	415	415

续表 6

项　目	潍坊市						
	合计	地级	地级直属乡	地级直属镇	县级	乡镇级	镇
合　计	**408091**	**90338**			**206790**	**110963**	**105775**
一、增值税	70545	16449			40243	13853	12838
二、营业税	44076	13307			21172	9597	9017
三、企业所得税	111007	28402			62727	19878	19017
四、企业所得税退税							
五、个人所得税	27964	4097			12856	11011	10741
六、资源税	12145	3357			5598	3190	2852
七、固定资产投资方向调节税	3202	2175			302	725	673
八、城市维护建设税	20676	7360			9349	3967	3823
九、房产税	11670	4169			6291	1210	1188
十、印花税	1215	358			704	153	150
十一、城镇土地使用税	6234	1873			3554	807	732
十二、土地增值税	90				40	50	50
十三、车船使用和牌照税	4033	194			664	3175	2950
十四、屠宰税	261	2			26	233	225
十五、筵席税							
十六、农业税	8837	8			268	8561	8172
十七、农业特产税	28891	58			548	28285	27387
十八、牧业税							
十九、耕地占用税	2686	265			1337	1084	1002
二十、契税	3683	433			2987	263	240
二十一、国有资产经营收益	4892				4700	192	192
二十二、国有企业计划亏损补贴	－3343	－3340			－3		
二十三、行政性收费收入	15201	4000			9989	1212	1198
二十四、罚没收入	10713	1642			9038	33	33
二十五、土地和海域有偿使用收入	44	26			11	7	7
二十六、专项收入	13982	4483			8395	1104	1038
二十七、其他收入	9387	1020			5994	2373	2250

续表 7

项　　目	济宁市						
	合计	地级	地级直属乡	地级直属镇	县级	乡镇级	镇
合　计	**340622**	**77601**			**173106**	**89915**	**78588**
一、增值税	57577	15013			31252	11312	10675
二、营业税	43533	9736			16303	17494	15971
三、企业所得税	67436	23703			24585	19148	18073
四、企业所得税退税							
五、个人所得税	19049	2976			8589	7484	6549
六、资源税	5500	283			4826	391	291
七、固定资产投资方向调节税	2690	584			2093	13	11
八、城市维护建设税	20299	3945			14333	2021	1992
九、房产税	8297	1727			5446	1124	1107
十、印花税	1585	255			1086	244	230
十一、城镇土地使用税	4031	746			2782	503	486
十二、土地增值税	414	110			269	35	35
十三、车船使用和牌照税	1591	59			337	1195	877
十四、屠宰税	354				43	311	242
十五、筵席税							
十六、农业税	5990	42			398	5550	4314
十七、农业特产税	7125	1			370	6754	5002
十八、牧业税							
十九、耕地占用税	9639	1486			4250	3903	3244
二十、契税	3670	2159			1076	435	414
二十一、国有资产经营收益	2599	209			2390		
二十二、国有企业计划亏损补贴							
二十三、行政性收费收入	39375	4286			27171	7918	5539
二十四、罚没收入	16972	2567			10331	4074	3530
二十五、土地和海域有偿使用收入	2179	86			2093		
二十六、专项收入	13997	2778			11219		
二十七、其他收入	6720	4850			1864	6	6

续表 8

项目	临沂市						
	合计	地级	地级直属乡	地级直属镇	县级	乡镇级	镇
合　计	**278456**	**53936**			**131438**	**93082**	**81777**
一、增值税	32914	6168			17709	9037	8406
二、营业税	33111	8374			15357	9380	8455
三、企业所得税	78499	22188			37625	18686	17653
四、企业所得税退税							
五、个人所得税	24728	2176			9744	12808	11032
六、资源税	527	25			197	305	285
七、固定资产投资方向调节税	264	13			67	184	170
八、城市维护建设税	9203	3069			4633	1501	1357
九、房产税	6135	1717			3230	1188	1170
十、印花税	625	129			234	262	238
十一、城镇土地使用税	3443	640			1754	1049	851
十二、土地增值税	181	14			153	14	14
十三、车船使用和牌照税	2611	61			996	1554	1369
十四、屠宰税	4277				68	4209	3739
十五、筵席税							
十六、农业税	6900				175	6725	5594
十七、农业特产税	17169	658			268	16243	13084
十八、牧业税							
十九、耕地占用税	2235				1237	998	902
二十、契税	1354	480			346	528	494
二十一、国有资产经营收益	955				955		
二十二、国有企业计划亏损补贴	－2990	－1230			－1760		
二十三、行政性收费收入	27914	6639			13722	7553	6192
二十四、罚没收入	20712	1065			19571	76	76
二十五、土地和海域有偿使用收入	124				124		
二十六、专项收入	7452	1750			4931	771	685
二十七、其他收入	113				102	11	11

续表 9

项　　目	泰安市						
	合计	地级	地级直属乡	地级直属镇	县级	乡镇级	镇
合　　计	**230197**	**50255**			**93391**	**86551**	**77321**
一、增值税	29627	6544			20644	2439	2075
二、营业税	21247	7324			5050	8873	8229
三、企业所得税	46415	13750			18429	14236	13720
四、企业所得税退税							
五、个人所得税	13053	2497			4019	6537	5879
六、资源税	2870				1129	1741	1664
七、固定资产投资方向调节税	1485	566			533	386	380
八、城市维护建设税	8910	2899			3298	2713	2653
九、房产税	6867	1747			3028	2092	1684
十、印花税	579	166			237	176	167
十一、城镇土地使用税	3536	838			1340	1358	1312
十二、土地增值税	1402				1384	18	17
十三、车船使用和牌照税	1173	117			167	889	756
十四、屠宰税	597				1	596	460
十五、筵席税							
十六、农业税	7060					7060	6095
十七、农业特产税	13873					13873	12459
十八、牧业税							
十九、耕地占用税	1053				714	339	248
二十、契税	1017	250			125	642	544
二十一、国有资产经营收益	5390	3327			2063		
二十二、国有企业计划亏损补贴	-34	-34					
二十三、行政性收费收入	37750	7088			17060	13602	11089
二十四、罚没收入	4541	1021			3453	67	67
二十五、土地和海域有偿使用收入	30	20			10		
二十六、专项收入	8245	2135			5792	318	305
二十七、其他收入	13511				4915	8596	7518

续表 10

项　　目	聊城市						
	合计	地级	地级直属乡	地级直属镇	县级	乡镇级	镇
合　　计	**174112**	**33687**			**77453**	**62972**	**46075**
一、增值税	22772	5132			12672	4968	4152
二、营业税	18293	5513			5948	6832	5761
三、企业所得税	78281	17620			54708	5953	5381
四、企业所得税退税							
五、个人所得税	13982	2824			4040	7118	5656
六、资源税	181				27	154	113
七、固定资产投资方向调节税	267	24			186	57	49
八、城市维护建设税	6382	2118			3172	1092	979
九、房产税	3858	1367			1804	687	662
十、印花税	834	187			394	253	170
十一、城镇土地使用税	2443	781			1239	423	405
十二、土地增值税	7	4			1	2	
十三、车船使用和牌照税	3582	26			126	3430	2257
十四、屠宰税	189				40	149	80
十五、筵席税							
十六、农业税	28146					28146	17696
十七、农业特产税	3309					3309	2026
十八、牧业税							
十九、耕地占用税	429				187	242	220
二十、契税	1138				177	961	906
二十一、国有资产经营收益	1729				1729		
二十二、国有企业计划亏损补贴	-40114	-9694			-29345	-1075	-672
二十三、行政性收费收入	13896	3541			10355		
二十四、罚没收入	9611	2664			6947		
二十五、土地和海域有偿使用收入	47	47					
二十六、专项收入	4665	1533			2861	271	234
二十七、其他收入	185				185		

续表 11

项　　目	菏泽市						
	合计	地级	地级直属乡	地级直属镇	县级	乡镇级	镇
合　　计	**118439**	**23154**			**49954**	**45331**	**34048**
一、增值税	13880	3542			5346	4992	4089
二、营业税	13063	2801			5883	4379	3483
三、企业所得税	30954	6911			17830	6213	5013
四、企业所得税退税							
五、个人所得税	8369	1992			2237	4140	3358
六、资源税	286				3	283	212
七、固定资产投资方向调节税	119	33			85	1	1
八、城市维护建设税	3880	1763			1528	589	535
九、房产税	2309	848			1186	275	270
十、印花税	187	40			96	51	45
十一、城镇土地使用税	1023	276			608	139	137
十二、土地增值税	138				138		
十三、车船使用和牌照税	3274	24			262	2988	2141
十四、屠宰税	1104				131	973	818
十五、筵席税							
十六、农业税	5939				122	5817	4114
十七、农业特产税	12693				309	12384	8366
十八、牧业税							
十九、耕地占用税	1318	157			835	326	298
二十、契税	474	166			249	59	58
二十一、国有资产经营收益	83	80			3		
二十二、国有企业计划亏损补贴	-762	-423			-339		
二十三、行政性收费收入	5626	2901			2647	78	77
二十四、罚没收入	11908	1142			9307	1459	877
二十五、土地和海域有偿使用收入							
二十六、专项收入	2539	881			1473	185	156
二十七、其他收入	35	20			15		

续表 12

项目	德州市 合计	地级	地级直属乡	地级直属镇	县级	乡镇级	镇
合计	**210804**	**45224**			**88160**	**77420**	**63352**
一、增值税	17063	5095			7883	4085	3274
二、营业税	20508	6210			8762	5536	4728
三、企业所得税	69482	19689			29028	20765	17483
四、企业所得税退税							
五、个人所得税	16371	1953			4582	9836	7804
六、资源税	1064	3			212	849	663
七、固定资产投资方向调节税	100	30			60	10	9
八、城市维护建设税	8445	4398			2998	1049	951
九、房产税	7405	1518			3791	2096	1981
十、印花税	390	111			150	129	114
十一、城镇土地使用税	6482	710			2762	3010	2736
十二、土地增值税	21				21		
十三、车船使用和牌照税	2961	70			344	2547	2103
十四、屠宰税	675	11			58	606	409
十五、筵席税							
十六、农业税	3913	46			105	3762	3036
十七、农业特产税	8032	14			693	7325	5912
十八、牧业税							
十九、耕地占用税	723	360			20	343	274
二十、契税	221				133	88	70
二十一、国有资产经营收益							
二十二、国有企业计划亏损补贴	-98	-73			-25		
二十三、行政性收费收入	35685	453			21154	14078	10654
二十四、罚没收入	6629	2188			3577	864	770
二十五、土地和海域有偿使用收入	1	1					
二十六、专项收入	4731	2437			1852	442	381
二十七、其他收入							

续表 13

项目	滨州市						
	合计	地级	地级直属乡	地级直属镇	县级	乡镇级	镇
合计	**140509**	**24524**			**69673**	**46312**	**36314**
一、增值税	23472	4209		50	13035	6228	5467
二、营业税	14542	2875		201	5406	6261	4737
三、企业所得税	45991	8539		145	32395	5057	4416
四、企业所得税退税							
五、个人所得税	8945	1638		23	2224	5083	4166
六、资源税	1350	4		4	990	356	332
七、固定资产投资方向调节税	77	10		10	26	41	10
八、城市维护建设税	7145	2989		20	2865	1291	1019
九、房产税	3157	690		8	1920	547	444
十、印花税	376	57		1	181	138	128
十一、城镇土地使用税	1395	236		12	879	280	231
十二、土地增值税							
十三、车船使用和牌照税	1572	20			88	1464	1127
十四、屠宰税	964	7		7	131	826	547
十五、筵席税							
十六、农业税	3328	47		47	-108	3389	2564
十七、农业特产税	4639				4	4635	3410
十八、牧业税							
十九、耕地占用税	511				102	409	377
二十、契税	392	54			68	270	196
二十一、国有资产经营收益	38				38		
二十二、国有企业计划亏损补贴							
二十三、行政性收费收入	13224	695			4271	8258	5772
二十四、罚没收入	4842	887			3068	887	745
二十五、土地和海域有偿使用收入	12				12		
二十六、专项收入	3932	1565			1898	469	433
二十七、其他收入	605	2			180	423	193

续表 14

项目	东营市						
	合计	地级	地级直属乡	地级直属镇	县级	乡镇级	镇
合计	**178727**	**92523**			**55671**	**30533**	**27155**
一、增值税	17008	3424			13307	277	231
二、营业税	31970	15112			9763	7095	6166
三、企业所得税	37963	10772			14450	12741	11969
四、企业所得税退税							
五、个人所得税	16247	9328			3442	3477	3210
六、资源税	103				45	58	44
七、固定资产投资方向调节税	358	327			12	19	15
八、城市维护建设税	28143	24308			3353	482	478
九、房产税	6302	4568			1331	403	399
十、印花税	1908	1618			200	90	82
十一、城镇土地使用税	6153	5379			529	245	241
十二、土地增值税							
十三、车船使用和牌照税	838	365			209	264	223
十四、屠宰税	143				2	141	138
十五、筵席税							
十六、农业税	1353				21	1332	1044
十七、农业特产税	3048				91	2957	2100
十八、牧业税							
十九、耕地占用税	233				233		
二十、契税	1081	170			525	386	289
二十一、国有资产经营收益	37	37					
二十二、国有企业计划亏损补贴	-384	-384					
二十三、行政性收费收入	4811	2646			2165		
二十四、罚没收入	4491	1366			3081	44	38
二十五、土地和海域有偿使用收入	108	39			69		
二十六、专项收入	15273	13327			1424	522	488
二十七、其他收入	1540	121			1419		

续表 15

项　目	威海市						
	合计	地级	地级直属乡	地级直属镇	县级	乡镇级	镇
合　计	**300116**	**79947**			**137103**	**83066**	**83066**
一、增值税	34562	13414			13284	7864	7864
二、营业税	32887	12873			11550	8464	8464
三、企业所得税	85595	23949			43621	18025	18025
四、企业所得税退税							
五、个人所得税	15151	7204			3866	4081	4081
六、资源税	624	15			346	263	263
七、固定资产投资方向调节税	10801	111			9828	862	862
八、城市维护建设税	12594	4844			5113	2637	2637
九、房产税	8544	3230			3918	1396	1396
十、印花税	810	271			379	160	160
十一、城镇土地使用税	3378	908			1638	832	832
十二、土地增值税	92	59			1	32	32
十三、车船使用和牌照税	658	122			178	358	358
十四、屠宰税	82				15	67	67
十五、筵席税							
十六、农业税	2318	16			1	2301	2301
十七、农业特产税	32953	190			241	32522	32522
十八、牧业税							
十九、耕地占用税	482	1			120	361	361
二十、契税	3204	2348			667	189	189
二十一、国有资产经营收益	24333	3905			18457	1971	1971
二十二、国有企业计划亏损补贴	-1530	-1480			-50		
二十三、行政性收费收入	19595	4676			14904	15	15
二十四、罚没收入	4778	1743			3035		
二十五、土地和海域有偿使用收入	175	28			123	24	24
二十六、专项收入	7885	1485			5758	642	642
二十七、其他收入	145	35			110		

续表 16

项　目	日照市						
	合计	地级	地级直属乡	地级直属镇	县级	乡镇级	镇
合　计	**97027**	**43214**		**2878**	**23708**	**30105**	**26337**
一、增值税	13809	6410		242	3938	3461	3222
二、营业税	16614	11354		290	2278	2982	2907
三、企业所得税	15971	8121		477	3904	3946	3844
四、企业所得税退税							
五、个人所得税	5288	2335		252	1153	1800	1635
六、资源税	233	27		4	119	87	86
七、固定资产投资方向调节税	524	522		12	2		
八、城市维护建设税	4020	2396		84	1251	373	368
九、房产税	3144	2079		38	803	262	260
十、印花税	290	208		4	41	41	39
十一、城镇土地使用税	1829	1130		42	420	279	277
十二、土地增值税	71	30			31	10	10
十三、车船使用和牌照税	1333	106		43	9	1218	1103
十四、屠宰税	1969	31		26		1938	1541
十五、筵席税							
十六、农业税	1658	114		109		1544	1338
十七、农业特产税	12536	1484		1205		11052	8808
十八、牧业税							
十九、耕地占用税	302	20			218	64	53
二十、契税	1515	466		34	81	968	775
二十一、国有资产经营收益	348				348		
二十二、国有企业计划亏损补贴							
二十三、行政性收费收入	7447	2351			5096		
二十四、罚没收入	3521	977			2544		
二十五、土地和海域有偿使用收入	19	19					
二十六、专项收入	3515	2254		16	1181	80	71
二十七、其他收入	1071	780			291		

续表 17

项　　目	莱芜市						
	合计	地级	地级直属乡	地级直属镇	县级	乡镇级	镇
合　　计	**50836**	**33443**			**6250**	**11143**	**7124**
一、增值税	12161	9408			2377	376	205
二、营业税	6576	4073			654	1849	668
三、企业所得税	8964	4943			1709	2312	1468
四、企业所得税退税							
五、个人所得税	3489	2587			177	725	443
六、资源税	1206	936			27	243	198
七、固定资产投资方向调节税	174	142			30	2	
八、城市维护建设税	4529	3639			192	698	469
九、房产税	1845	1500			106	239	133
十、印花税	170	125			18	27	13
十一、城镇土地使用税	2847	2450			95	302	188
十二、土地增值税							
十三、车船使用和牌照税	402	70			7	325	212
十四、屠宰税	28					28	24
十五、筵席税							
十六、农业税	672	1				671	511
十七、农业特产税	2496	3			-179	2672	2236
十八、牧业税							
十九、耕地占用税	510	223			287		
二十、契税	242				58	184	19
二十一、国有资产经营收益							
二十二、国有企业计划亏损补贴	-482	-482					
二十三、行政性收费收入	1215	654			84	477	336
二十四、罚没收入	1651	1395			244	12	
二十五、土地和海域有偿使用收入							
二十六、专项收入	2139	1776			363		
二十七、其他收入	2				1	1	1

2001 年山东省企业所得税收入分部门明细表

单位：万元

地 区	合 计	一、工业部门						
		小计	冶金工业	有色金融工业	煤炭工业	电力工业	石油化学工业	机械工业
全省合计	**1491110**	**204388**	**13333**	**1029**	**98827**	**34335**	**16756**	**8835**
青岛市	241133	6329	1635			552	-268	1366
济南市	86288	6542			793	3537	295	43
淄博市	70534	4727	298	12	1884	326	160	989
枣庄市	27348	2477			1427	296		18
烟台市	157787	8598	175	1	1	5720	163	165
潍坊市	111007	10544	1	5	6	4826	6	826
济宁市	67436	12963			7970	956	337	1495
临沂市	78499	6556	1	240	358	1246	929	261
泰安市	46415	10967			4250	838	3981	1245
聊城市	78281	8647				4884	1	1273
菏泽市	30954	6139				3255	2865	
德州市	69482	10554				2810	4526	130
滨州市	45991	5437		46		3662	63	71
东营市	37963	4366					3546	1
威海市	85595	6466	4773			300	68	148
日照市	15971	453		134		316		
莱芜市	8964	469	242		1			
省级	231462	92154	6208	591	82137	811	84	804

续表 1

地　　区	一、工业部门							
	汽车工业	核工业	航空工业	航天工业	电子工业	兵器工业	船舶工业	建筑材料工业
全省合计	**22**				**1395**		**12**	**2953**
青岛市					370		5	78
济南市	2				55			1120
淄博市								5
枣庄市								186
烟台市					131			20
潍坊市								88
济宁市					1			
临沂市					2			25
泰安市								237
聊城市								755
菏泽市								2
德州市								295
滨州市								
东营市								41
威海市								
日照市							3	
莱芜市								
省级	20				836		4	101

续表 2

地区	一、工业部门					二、建筑工程企业	三、交通、邮电部门	
	轻工业	纺织企业	医药企业	国土资源企业	包装企业		小计	铁道企业
全省合计	**11928**	**9868**	**5058**	**2**	**35**	**5028**	**11719**	**31**
青岛市	138	234	2219			215	5287	
济南市	111	15	571			416	68	
淄博市	1035	12	6			536	6	
枣庄市	550					9	1	
烟台市	356	1763	103			528	81	
潍坊市	3373	1409	4			215	26	
济宁市	489	1522	193			62		
临沂市	507	1456	1531			1433	11	
泰安市	201	202	13			309		
聊城市	1341	37	323	2	31	431	1	
菏泽市	1	16				3	416	
德州市	2275	508	10			18	280	
滨州市	10	1557	24		4	2	137	
东营市	12	766				607		
威海市	1175		2			210	1080	
日照市						31	42	
莱芜市	26	200				1		
省级	328	171	59			2	4283	31

续表 3

地区	三、交通、邮电部门			四、商业企业	五、粮食企业	六、外贸企业	七、文教企业	
	交通企业	邮电企业	民航企业				小计	电影企业
全省合计	**11688**			**9170**	**4998**	**4317**	**21954**	
青岛市	5287			2340	355	13	1590	
济南市	68			171	5		149	
淄博市	6			51	16			
枣庄市	1			14	12			
烟台市	81			568	377			
潍坊市	26			245	226			
济宁市				1849	992		2	
临沂市	11			1540	175	60	9	
泰安市				680	144			
聊城市	1			185	601			
菏泽市	416			20	507		7	
德州市	280			304	904			
滨州市	137				393			
东营市				248				
威海市	1080			76	3	133		
日照市	42			408	78			
莱芜市				2	8			
省级	4252			469	202	4111	20197	

续表 4

地　　区	七、文教企业		八、农林水等部门					
	出版企业	其他文教企业	小计	农垦企业	农机企业	水利企业	水产企业	气象企业
全省合计	**9**	**21945**	**2539**		**1662**	**1**	**851**	
青岛市		1590	8				8	
济南市		149						
淄博市								
枣庄市								
烟台市			23				23	
潍坊市								
济宁市		2	17		17			
临沂市	9		1635		1635			
泰安市								
聊城市								
菏泽市		7						
德州市			10		10			
滨州市			25					
东营市								
威海市			277				277	
日照市								
莱芜市								
省级		20197	544			1	543	

续表5

地区	八、农林水等部门		九、港澳台和外商投资企业				
	农牧企业	森工企业	小计	一般地方合资合作企业	一般中央和地方合资合作企业	港澳台和外商独资企业	一般外国企业
全省合计	**25**		**152774**	**74816**	**7324**	**66257**	**4377**
青岛市			38737	11239		27420	78
济南市			10577	7774	27	2599	177
淄博市			7442	7442			
枣庄市			202	103		99	
烟台市			20892	11688	3280	4472	1452
潍坊市			10339	4529		5786	24
济宁市			13267	13267			
临沂市			7353	7353			
泰安市			1354	1338		16	
聊城市			2716	141		2575	
菏泽市			225	225			
德州市			840	735		105	
滨州市	25		1149	1149			
东营市			2779	2708		71	
威海市			10011	3239	4017	1701	1054
日照市			2920	1220		108	1592
莱芜市			103	103			
省级			21868	563		21305	

续表 6

地　区	十、其他部门								
	小计	房地产开发企业	政策性投资公司	物资管理企业	城市公用企业	华侨企业	旅游企业	对外经济合作企业	事业单位
全省合计	**1074223**	**4194**		**234**	**3318**		**1325**	**4**	**2318**
青岛市	186259	2392			61				59
济南市	68360	66		19	89		2	4	649
淄博市	57756	6							358
枣庄市	24633	334		1	170				380
烟台市	126720	104		14	712		41		120
潍坊市	89412	332		4	45				2
济宁市	38284	173		1	460		1		37
临沂市	59727	19		9	11				90
泰安市	32961	287		145	236		200		418
聊城市	65700	3		4					152
菏泽市	23637				1307				3
德州市	56572			1	121				
滨州市	38848	2			39				23
东营市	29963	290					7		
威海市	67339	59		10	37		1002		1
日照市	12039	75			29				
莱芜市	8381						1		6
省级	87632	52		26	1		71		20

续表 7

地　区	十、其他部门							
	集体企业	股份制企　业	联营企业	私营企业	合资合作企业	国有资产出售、转让收入	其他企业	滞纳金、罚款收入小计
全省合计	**264669**	**586636**	**7219**	**67692**			**123186**	**13428**
青岛市	26058	118078	2280	11891			22939	2501
济南市	12551	26871	468	3914			21821	1906
淄博市	20254	28883	379	2707			4903	266
枣庄市	13924	7501		894			1288	141
烟台市	38215	74707	62	5701			6080	964
潍坊市	22780	49489	577	8717			6961	505
济宁市	11251	20111	138	3052			2573	487
临沂市	20270	30598		4478			4132	120
泰安市	18235	3763		8254			1202	221
聊城市	8756	42267	15	3381			8919	2203
菏泽市	9170	6253		2798			3932	174
德州市	20327	22477	88	6820			6382	356
滨州市	6690	22419	23	1547			8060	45
东营市	10390	15002	1	1822			2286	165
威海市	19085	33483	1933	899			7648	3182
日照市	4416	3670		321			3507	21
莱芜市	2284	4965	34	496			429	166
省级	13	76099	1221				10124	5

2001 年山东省国有资产经营收益收入分部门明细表

单位：万元

地　　区	合　计	一、工业部门						
		小计	冶金工业	有色金融工业	煤炭工业	电力工业	石油化学工业	机械工业
全省合计	**54847**	**9152**	**8748**		**400**		**4**	
青岛市	5577							
济南市	2538	200			200			
淄博市	1899							
枣庄市	1612							
烟台市	2622							
潍坊市	4892							
济宁市	2599							
临沂市	955	2	2					
泰安市	5390	200			200			
聊城市	1729	4					4	
菏泽市	83							
德州市								
滨州市	38							
东营市	37							
威海市	24333	8746	8746					
日照市	348							
莱芜市								
省级	195							

续表 1

地　　区	一、工业部门							
	汽车工业	核工业	航空工业	航天工业	电子工业	兵器工业	船舶工业	建筑材料工业
全省合计								
青岛市								
济南市								
淄博市								
枣庄市								
烟台市								
潍坊市								
济宁市								
临沂市								
泰安市								
聊城市								
菏泽市								
德州市								
滨州市								
东营市								
威海市								
日照市								
莱芜市								
省级								

续表 2

地区	一、工业部门					二、建筑工程企业	三、交通、邮电部门	
	轻工业	纺织企业	医药企业	国土资源企业	包装企业		小计	铁道企业
全省合计								
青岛市								
济南市								
淄博市								
枣庄市								
烟台市								
潍坊市								
济宁市								
临沂市								
泰安市								
聊城市								
菏泽市								
德州市								
滨州市								
东营市								
威海市								
日照市								
莱芜市								
省级								

续表3

地区	三、交通、邮电部门			四、商业企业	五、粮食企业	六、外贸企业	七、文教企业	
	交通企业	邮电企业	民航企业				小计	电影企业
全省合计				**15**	**174**			
青岛市								
济南市								
淄博市								
枣庄市								
烟台市								
潍坊市								
济宁市								
临沂市					174			
泰安市								
聊城市				15				
菏泽市								
德州市								
滨州市								
东营市								
威海市								
日照市								
莱芜市								
省级								

续表 4

地区	七、文教企业		八、农林水等部门					
	出版企业	其他文教企业	小计	农垦企业	农机企业	水利企业	水产企业	气象企业
全省合计								
青岛市								
济南市								
淄博市								
枣庄市								
烟台市								
潍坊市								
济宁市								
临沂市								
泰安市								
聊城市								
菏泽市								
德州市								
滨州市								
东营市								
威海市								
日照市								
莱芜市								
省级								

续表 5

地　区	八、农林水等部门		九、港澳台和外商投资企业				
	农牧企业	森工企业	小计	一般地方合资合作企　业	一般中央和地方合资合作企业	港澳台和外商独资企　业	一般外国企业
全省合计							
青岛市							
济南市							
淄博市							
枣庄市							
烟台市							
潍坊市							
济宁市							
临沂市							
泰安市							
聊城市							
菏泽市							
德州市							
滨州市							
东营市							
威海市							
日照市							
莱芜市							
省级							

续表 6

地 区	十、其他部门								
	小计	房地产开发企业	政策性投资公司	物资管理企业	城市公用企业	华侨企业	旅游企业	对外经济合作企业	事业单位
全省合计	**45506**								
青岛市	5577								
济南市	2338								
淄博市	1899								
枣庄市	1612								
烟台市	2622								
潍坊市	4892								
济宁市	2599								
临沂市	779								
泰安市	5190								
聊城市	1710								
菏泽市	83								
德州市									
滨州市	38								
东营市	37								
威海市	15587								
日照市	348								
莱芜市									
省级	195								

续表 7

地　区	十、其他部门							
	集体企业	股份制企业	联营企业	私营企业	合资合作企业	国有资产出售、转让收入	其他企业	滞纳金、罚款收入小计
全省合计		**7403**				**8851**	**29252**	
青岛市		1761					3816	
济南市							2338	
淄博市						679	1220	
枣庄市						139	1473	
烟台市		83				2122	417	
潍坊市		3580				1244	68	
济宁市						1452	1147	
临沂市						186	593	
泰安市		131				1033	4026	
聊城市		1300				400	10	
菏泽市							83	
德州市								
滨州市		38						
东营市							37	
威海市		510				1595	13482	
日照市							348	
莱芜市								
省级						1	194	

2001 年山东省国有企业计划亏损补贴分部门明细表

单位：万元

地　区	合　计	一、工业部门						
		小计	冶金工业	有色金融工业	煤炭工业	电力工业	石油化学工业	机械工业
全省合计	**-88303**	**-33847**	**-45**	**-9**	**-15020**	**-1059**	**-40**	**-7082**
青岛市	-11967							
济南市	-7335	-170			-90			
淄博市								
枣庄市	-854	-92	-45					-9
烟台市	-3513	-506		-9	-33		-40	-83
潍坊市	-3343							
济宁市								
临沂市	-2990	-2437						-1193
泰安市	-34							
聊城市	-40114	-15685				-1059		-5797
菏泽市	-762	-60						
德州市	-98							
滨州市								
东营市	-384							
威海市	-1530							
日照市								
莱芜市	-482							
省级	-14897	-14897			-14897			

续表1

地区	一、工业部门							
	汽车工业	核工业	航空工业	航天工业	电子工业	兵器工业	船舶工业	建筑材料工业
全省合计					**-14**			**-279**
青岛市								
济南市								-80
淄博市								
枣庄市								-12
烟台市					-14			-30
潍坊市								
济宁市								
临沂市								-157
泰安市								
聊城市								
菏泽市								
德州市								
滨州市								
东营市								
威海市								
日照市								
莱芜市								
省级								

续表2

地区	一、工业部门					二、建筑工程企业	三、交通、邮电部门	
	轻工业	纺织企业	医药企业	国土资源企业	包装企业		小计	铁道企业
全省合计	**-10031**	**-43**	**-225**			**-669**	**-15**	
青岛市								
济南市								
淄博市								
枣庄市	-11	-15						
烟台市	-267	-28	-2				-15	
潍坊市								
济宁市								
临沂市	-1087							
泰安市								
聊城市	-8606		-223			-669		
菏泽市	-60							
德州市								
滨州市								
东营市								
威海市								
日照市								
莱芜市								
省级								

续表3

地区	三、交通、邮电部门			四、商业企业	五、粮食企业	六、外贸企业	七、文教企业	
	交通企业	邮电企业	民航企业				小计	电影企业
全省合计	**-15**			**-3091**	**-5687**	**-28**	**-90**	
青岛市					-504		-38	
济南市				-1200	-3065			
淄博市								
枣庄市				-6				
烟台市	-15			-643	-263	-2		
潍坊市				-3	-8	-15		
济宁市								
临沂市				-517				
泰安市					-34			
聊城市				-495	-1300		-33	
菏泽市				-227	-328	-11	-19	
德州市					-48			
滨州市								
东营市								
威海市								
日照市								
莱芜市					-137			
省级								

续表4

地区	七、文教企业		八、农林水等部门					
	出版企业	其他文教企业	小计	农垦企业	农机企业	水利企业	水产企业	气象企业
全省合计		**-90**						
青岛市		-38						
济南市								
淄博市								
枣庄市								
烟台市								
潍坊市								
济宁市								
临沂市								
泰安市								
聊城市		-33						
菏泽市		-19						
德州市								
滨州市								
东营市								
威海市								
日照市								
莱芜市								
省级								

续表 5

地　区	八、农林水等部门		九、港澳台和外商投资企业				
	农牧企业	森工企业	小计	一般地方合资合作企业	一般中央和地方合资合作企业	港澳台和外商独资企业	一般外国企业
全省合计							
青岛市							
济南市							
淄博市							
枣庄市							
烟台市							
潍坊市							
济宁市							
临沂市							
泰安市							
聊城市							
菏泽市							
德州市							
滨州市							
东营市							
威海市							
日照市							
莱芜市							
省级							

续表 6

地区	十、其他部门								
	小计	房地产开发企业	政策性投资公司	物资管理企业	城市公用企业	华侨企业	旅游企业	对外经济合作企业	事业单位
全省合计	**-44876**			**-150**					
青岛市	-11425								
济南市	-2900								
淄博市									
枣庄市	-756								
烟台市	-2084			-40					
潍坊市	-3317								
济宁市									
临沂市	-36								
泰安市									
聊城市	-21932			-3					
菏泽市	-117			-107					
德州市	-50								
滨州市									
东营市	-384								
威海市	-1530								
日照市									
莱芜市	-345								
省级									

续表 7

地　　区	十、其他部门							
	集体企业	股份制企业	联营企业	私营企业	合资合作企业	国有资产出售、转让收入	其他企业	滞纳金、罚款收入小计
全省合计							**-44726**	
青岛市							-11425	
济南市							-2900	
淄博市								
枣庄市							-756	
烟台市							-2044	
潍坊市							-3317	
济宁市								
临沂市							-36	
泰安市								
聊城市							-21929	
菏泽市							-10	
德州市							-50	
滨州市								
东营市							-384	
威海市							-1530	
日照市								
莱芜市							-345	
省级								

2001年山东省财政基金预算收入明细表

单位：万元

地区	合计	一、工业交通部门基金收入					
		小计	电力建设基金收入	养路费收入	公路建设基金收入	邮电附加费收入	民航机场管理建设费收入
全省合计	**578487**	**261091**	**1762**	**236315**		**1059**	
地(市)合计	254786	24906	1762	18356			
地(市)本级	128563	22397	1762	18356			
县级合计	126223	2509					
省内合计	**534300**	**258493**		**236315**		**1059**	
地(市)合计	210599	22308		18356			
地(市)本级	111150	19875		18356			
县级合计	99449	2433					
青岛市	**44187**	**2598**	**1762**				
本级	17413	2522	1762				
县级小计	26774	76					
即墨市	2743						
胶州市	2021						
胶南市	2200						
平度市	6097						
莱西市	2351						
崂山区	8849						
城阳区	1626						
黄岛区	6						
开发区	876	76					
市南区							
市北区	1						
四方区							
李沧区	4						
济南市	**50908**	**2223**		**1966**			
本级	44390	2223		1966			
县级小计	6518						
历下区	4						
市中区	11						
天桥区	11						
槐荫区	9						
历城区	4005						
长青区	334						
章丘市	514						

续表 1

地区	合计	一、工业交通部门基金收入					
		小计	电力建设基金收入	养路费收入	公路建设基金收入	邮电附加费收入	民航机场管理建设费收入
平阴县	1450						
济阳县	48						
商河县	132						
淄博市	**5922**	**2030**		**1700**			
本级	4168	2030		1700			
县级小计	1754						
博山区	20						
淄川区	626						
张店区	23						
周村区	378						
临淄区	84						
桓台县	68						
高青县	61						
沂源县	494						
枣庄市	**2684**						
本级	68						
县级小计	2616						
市中区							
薛城区	629						
峄城区	1625						
山亭区	19						
台儿庄区							
滕州市	343						
烟台市	**20762**	**1018**					
本级	2858	32					
县级小计	17904	986					
芝罘区	441						
福山区	1040	556					
龙口市	4188						
莱阳市	1276	222					
蓬莱市	393						
招远市	2256	208					
莱州市	952						
栖霞市	3102						

续表 2

地区	合计	一、工业交通部门基金收入					
		小计	电力建设基金收入	养路费收入	公路建设基金收入	邮电附加费收入	民航机场管理建设费收入
海阳市	2302						
牟平区	1139						
长岛县	797						
开发区							
莱山区	18						
潍坊市	**21048**	**675**					
本级	12084						
县级小计	8964	675					
潍城区							
坊子区	22						
寒亭区	79						
昌邑市	471						
昌乐县	140						
安丘市	301						
寿光市	1141						
青州市	948						
高密市	184						
诸城市	5118	675					
临朐县	555						
奎文区	5						
济宁市	**3732**						
本级	473						
县级小计	3259						
市中区							
任城区	180						
兖州市	666						
曲阜市	1227						
泗水县	14						
邹城市	714						
微山县	67						
鱼台县	154						
金乡县	76						
嘉祥县	147						
汶上县							

续表3

地　区	合　计	一、工业交通部门基金收入					
		小　计	电力建设基金收　入	养路费收　入	公路建设基金收　入	邮电附加　费收　入	民航机场管理建设费收　入
梁山县	14						
临沂市	**23064**	**463**					
本级	2533						
县级小计	20531	463					
郯城县	2554						
苍山县	686						
莒南县	5956	46					
沂水县	1626						
蒙阴县	1250						
平邑县	904	96					
费　县	3400						
沂南县	2123	59					
临沭县	1150	262					
兰山区	58						
罗庄区	41						
河东区	783						
泰安市	**21424**	**5177**		**4844**			
本级	7740	5046		4844			
县级小计	13684	131					
新泰市	2834						
宁阳县	2513						
东平县	3316						
肥城市	4233	131					
泰山区	175						
郊　区	613						
聊城市	**5860**	**2518**		**2383**			
本级	4420	2518		2383			
县级小计	1440						
东昌府区							
临清市	819						
阳谷县	224						
莘　县							
茌平县	8						
东阿县	285						

续表4

地区	合计	一、工业交通部门基金收入					
		小计	电力建设基金收入	养路费收入	公路建设基金收入	邮电附加费收入	民航机场管理建设费收入
冠县	93						
高唐县	11						
菏泽市	**8784**	**4657**		**4502**			
本级	4772	4653		4502			
县级小计	4012	4					
牡丹区	1338						
曹县	189						
定陶县	1453						
成武县	251	2					
单县	255						
巨野县	91						
郓城县	233	2					
鄄城县	73						
东明县	129						
德州市	**1236**						
本级							
县级小计	1236						
德城区							
陵县							
平原县	32						
夏津县	331						
武城县	452						
齐河县	94						
禹城市	97						
乐陵市	152						
临邑县	71						
宁津县							
庆云县	7						
滨州市	**2784**	**56**					
本级	687	56					
县级小计	2097						
惠民县	35						
阳信县	171						
无棣县	616						

续表 5

地　区	合　计	一、工业交通部门基金收入					
		小　计	电力建设基金收　入	养路费收　入	公路建设基金收　入	邮电附加　费收　入	民航机场管理建设费收　入
沾化县							
博兴县	315						
邹平县	178						
滨州市	782						
东营市	**15171**	**2054**		**1749**			
本级	10014	2054		1749			
县级小计	5157						
东营区	32						
河口区	1762						
广饶县	1465						
垦利县	1209						
利津县	689						
威海市	**12816**	**1324**		**1212**			
本级	9622	1212		1212			
县级小计	3194	112					
环翠区	272						
乳山市	1754	112					
文登市	1048						
荣成市	120						
日照市	**8319**	**99**					
本级	3256	37					
县级小计	5063	62					
莒县	420	8					
五莲县	1836	54					
东港区	2806						
莱芜市	**6085**	**14**					
本级	4065	14					
县级小计	2020						
莱城区	1718						
钢城区	302						
省级	**323701**	**236185**		**217959**		**1059**	

续表 6

地　区	一、工业交通部门基金收入					二、文教部门基金收入		
	下放港口以港养港收　入	散装水泥专项资金收　入	贴费收入	墙体材料专项基金收　入	铁路建设附加费收入	小　计	农村教育附加费收入	文化事业建设费收入
全省合计		**1564**	**2155**	**1920**	**16316**	**61876**	**54608**	**3888**
地(市)合计		898	2155	1735		59293	54608	1305
地(市)本级		811		1468		5532	848	1304
县级合计		87	2155	267		53761	53760	1
省内合计		**1328**	**2155**	**1320**	**16316**	**52775**	**50191**	**2584**
地(市)合计		662	2155	1135		50192	50191	1
地(市)本级		651		868		848	848	
县级合计		11	2155	267		49344	49343	1
青岛市		**236**		**600**		**9101**	**4417**	**1304**
本级		160		600		4684		1304
县级小计		76				4417	4417	
即墨市								
胶州市								
胶南市								
平度市						4417	4417	
莱西市								
崂山区								
城阳区								
黄岛区								
开发区		76						
市南区								
市北区								
四方区								
李沧区								
济南市				**257**		**379**	**379**	
本级				257				
县级小计						379	379	
历下区								
市中区								
天桥区								
槐荫区								
历城区								
长青区								
章丘市								

续表 7

地区	一、工业交通部门基金收入					二、文教部门基金收入		
	下放港口以港养港收入	散装水泥专项资金收入	贴费收入	墙体材料专项基金收入	铁路建设附加费收入	小计	农村教育附加费收入	文化事业建设费收入
平阴县						379	379	
济阳县								
商河县								
淄博市		**330**				**240**	**240**	
本级		330				130	130	
县级小计						110	110	
博山区								
淄川区								
张店区								
周村区						110	110	
临淄区								
桓台县								
高青县								
沂源县								
枣庄市						**2225**	**2225**	
本级								
县级小计						2225	2225	
市中区								
薛城区						600	600	
峄城区						1625	1625	
山亭区								
台儿庄区								
滕州市								
烟台市		**32**	**986**			**10808**	**10808**	
本级		32						
县级小计			986			10808	10808	
芝罘区						433	433	
福山区			556			274	274	
龙口市						1479	1479	
莱阳市			222			803	803	
蓬莱市						66	66	
招远市			208			1543	1543	
莱州市						752	752	
栖霞市						2426	2426	

续表 8

地　区	一、工业交通部门基金收入					二、文教部门基金收入		
	下放港口以港养港收　入	散装水泥专项资金收　入	贴费收入	墙体材料专项基金收　入	铁路建设附加费收入	小　计	农村教育附加费收入	文化事业建设费收入
海阳市						1914	1914	
牟平区						1084	1084	
长岛县						34	34	
开发区								
莱山区								
潍坊市			**675**			**3341**	**3341**	
本级								
县级小计			675			3341	3341	
潍城区								
坊子区								
寒亭区								
昌邑市								
昌乐县								
安丘市								
寿光市								
青州市								
高密市								
诸城市			675			3341	3341	
临朐县								
奎文区								
济宁市						**952**	**952**	
本级								
县级小计						952	952	
市中区								
任城区								
兖州市								
曲阜市						952	952	
泗水县								
邹城市								
微山县								
鱼台县								
金乡县								
嘉祥县								
汶上县								

续表 9

地　区	一、工业交通部门基金收入					二、文教部门基金收入		
	下放港口以港养港收入	散装水泥专项资金收入	贴费收入	墙体材料专项基金收入	铁路建设附加费收入	小　计	农村教育附加费收入	文化事业建设费收入
梁山县								
临沂市			**401**	**62**		**14778**	**14778**	
本级								
县级小计			401	62		14778	14778	
郯城县						2086	2086	
苍山县						172	172	
莒南县			46			5037	5037	
沂水县						1162	1162	
蒙阴县						799	799	
平邑县			96			192	192	
费　县						2602	2602	
沂南县			59			1590	1590	
临沭县			200	62		432	432	
兰山区								
罗庄区								
河东区						706	706	
泰安市		**73**	**40**	**220**		**4933**	**4933**	
本级		73		129				
县级小计			40	91		4933	4933	
新泰市						1948	1948	
宁阳县						2191	2191	
东平县						774	774	
肥城市			40	91				
泰山区						20	20	
郊　区								
聊城市		**39**		**96**		**24**	**24**	
本级		39		96		1	1	
县级小计						23	23	
东昌府区								
临清市						23	23	
阳谷县								
莘　县								
茌平县								
东阿县								

续表 10

地区	一、工业交通部门基金收入					二、文教部门基金收入		
	下放港口以港养港收入	散装水泥专项资金收入	贴费收入	墙体材料专项基金收入	铁路建设附加费收入	小计	农村教育附加费收入	文化事业建设费收入
冠县								
高唐县								
菏泽市		**13**		**142**		**2530**	**2530**	
本级		11		140				
县级小计		2		2		2530	2530	
牡丹区						1224	1224	
曹县								
定陶县						1165	1165	
成武县				2		138	138	
单县								
巨野县								
郓城县		2				3	3	
鄄城县								
东明县								
德州市						**390**	**390**	
本级								
县级小计						390	390	
德城区								
陵县								
平原县								
夏津县								
武城县						390	390	
齐河县								
禹城市								
乐陵市								
临邑县								
宁津县								
庆云县								
滨州市		**56**						
本级		56						
县级小计								
惠民县								
阳信县								
无棣县								

续表 11

地　区	一、工业交通部门基金收入					二、文教部门基金收入		
	下放港口以港养港收入	散装水泥专项资金收入	贴费收入	墙体材料专项基金收入	铁路建设附加费收入	小　计	农村教育附加费收入	文化事业建设费收入
沾化县								
博兴县								
邹平县								
滨州市								
东营市		**59**		**246**		**2041**	**2041**	
本级		59		246				
县级小计						2041	2041	
东营区								
河口区						161	161	
广饶县						1160	1160	
垦利县						160	160	
利津县						560	560	
威海市				**112**		**1702**	**1702**	
本级						370	370	
县级小计				112		1332	1332	
环翠区						74	74	
乳山市				112		1258	1258	
文登市								
荣成市								
日照市		**45**	**54**			**4370**	**4370**	
本级		37				325	325	
县级小计		8	54			4045	4045	
莒县		8						
五莲县			54			1425	1425	
东港区						2618	2618	
莱芜市		**14**				**1479**	**1479**	
本级		14				22	22	
县级小计						1457	1457	
莱城区						1227	1227	
钢城区						230	230	
省级		**666**		**185**	**16316**	**2583**		**2583**

续表 12

地　区	二、文教部门基金收入		三、社会保险基金收入					
	地方教育附加收入	地方教育基金收入	小　计	基本养老保险基金收入	失业保险基金收入	基本医疗保险基金收入	工伤保险基金收入	生育保险基金收入
全省合计		**3380**						
地(市)合计		3380						
地(市)本级		3380						
县级合计								
省内合计								
地(市)合计								
地(市)本级								
县级合计								
青岛市		**3380**						
本级		3380						
县级小计								
即墨市								
胶州市								
胶南市								
平度市								
莱西市								
崂山区								
城阳区								
黄岛区								
开发区								
市南区								
市北区								
四方区								
李沧区								
济南市								
本级								
县级小计								
历下区								
市中区								
天桥区								
槐荫区								
历城区								
长青区								
章丘市								

续表13

地　区	二、文教部门基金收入		三、社会保险基金收入					
	地方教育附加收　入	地方教育基金收　入	小　计	基本养老保险基金收　入	失业保险基金收　入	基本医疗保险基金收　入	工伤保险基金收　入	生育保险基金收　入
平阴县								
济阳县								
商河县								
淄博市								
本级								
县级小计								
博山区								
淄川区								
张店区								
周村区								
临淄区								
桓台县								
高青县								
沂源县								
枣庄市								
本级								
县级小计								
市中区								
薛城区								
峄城区								
山亭区								
台儿庄区								
滕州市								
烟台市								
本级								
县级小计								
芝罘区								
福山区								
龙口市								
莱阳市								
蓬莱市								
招远市								
莱州市								
栖霞市								

续表 14

地　区	二、文教部门基金收入		三、社会保险基金收入					
	地方教育附加收　入	地方教育基金收　入	小　计	基本养老保险基金收　入	失业保险基金收　入	基本医疗保险基金收　入	工伤保险基金收　入	生育保险基金收　入
海阳市								
牟平区								
长岛县								
开发区								
莱山区								
潍坊市								
本级								
县级小计								
潍城区								
坊子区								
寒亭区								
昌邑市								
昌乐县								
安丘市								
寿光市								
青州市								
高密市								
诸城市								
临朐县								
奎文区								
济宁市								
本级								
县级小计								
市中区								
任城区								
兖州市								
曲阜市								
泗水县								
邹城市								
微山县								
鱼台县								
金乡县								
嘉祥县								
汶上县								

续表 15

地　区	二、文教部门基金收入		三、社会保险基金收入					
	地方教育附加收　入	地方教育基金收　入	小　计	基本养老保险基金收　入	失业保险基金收　入	基本医疗保险基金收　入	工伤保险基金收　入	生育保险基金收　入
梁山县								
临沂市								
本级								
县级小计								
郯城县								
苍山县								
莒南县								
沂水县								
蒙阴县								
平邑县								
费　县								
沂南县								
临沭县								
兰山区								
罗庄区								
河东区								
泰安市								
本级								
县级小计								
新泰市								
宁阳县								
东平县								
肥城市								
泰山区								
郊　区								
聊城市								
本级								
县级小计								
东昌府区								
临清市								
阳谷县								
莘　县								
茌平县								
东阿县								

续表16

地　区	二、文教部门基金收入		三、社会保险基金收入					
	地方教育附加收　入	地方教育基金收　入	小　计	基本养老保险基金收　入	失业保险基金收　入	基本医疗保险基金收　入	工伤保险基金收　入	生育保险基金收　入
冠　县								
高唐县								
菏泽市								
本级								
县级小计								
牡丹区								
曹　县								
定陶县								
成武县								
单　县								
巨野县								
郓城县								
鄄城县								
东明县								
德州市								
本级								
县级小计								
德城区								
陵　县								
平原县								
夏津县								
武城县								
齐河县								
禹城市								
乐陵市								
临邑县								
宁津县								
庆云县								
滨州市								
本级								
县级小计								
惠民县								
阳信县								
无棣县								

续表 17

地区	二、文教部门基金收入		三、社会保险基金收入					
	地方教育附加收入	地方教育基金收入	小计	基本养老保险基金收入	失业保险基金收入	基本医疗保险基金收入	工伤保险基金收入	生育保险基金收入
沾化县								
博兴县								
邹平县								
滨州市								
东营市								
本级								
县级小计								
东营区								
河口区								
广饶县								
垦利县								
利津县								
威海市								
本级								
县级小计								
环翠区								
乳山市								
文登市								
荣成市								
日照市								
本级								
县级小计								
莒县								
五莲县								
东港区								
莱芜市								
本级								
县级小计								
莱城区								
钢城区								
省级								

续表 18

地　区	四、农业部门基金收入					五、土地有偿使用收入		
	小计	新菜地开发基金收入	育林基金收入	灌溉水源灌排工程补偿费收入	地方水利建设基金收入	小计	国有土地使用权有偿使用收入	新增建设用地土地有偿使用费收入
全省合计	**25869**		**64**		**25805**	**189088**	**125476**	**63612**
地(市)合计	5989		64		5925	124142	124130	12
地(市)本级	5921		4		5917	76874	76874	
县级合计	68		60		8	47268	47256	12
省内合计	**20199**		**64**		**20135**	**167348**	**103736**	**63612**
地(市)合计	319		64		255	102402	102390	12
地(市)本级	251		4		247	73906	73906	
县级合计	68		60		8	28496	28484	12
青岛市	**5670**				**5670**	**21740**	**21740**	
本级	5670				5670	2968	2968	
县级小计						18772	18772	
即墨市						2014	2014	
胶州市						1902	1902	
胶南市						1361	1361	
平度市						704	704	
莱西市						1554	1554	
崂山区						8843	8843	
城阳区						1594	1594	
黄岛区								
开发区						800	800	
市南区								
市北区								
四方区								
李沧区								
济南市						**42052**	**42052**	
本级						36580	36580	
县级小计						5472	5472	
历下区								
市中区								
天桥区								
槐荫区						1	1	
历城区						3917	3917	
长青区						241	241	
章丘市						465	465	

续表 19

地区	四、农业部门基金收入					五、土地有偿使用收入		
	小计	新菜地开发基金收入	育林基金收入	灌溉水源灌排工程补偿费收入	地方水利建设基金收入	小计	国有土地使用权有偿使用收入	新增建设用地土地有偿使用费收入
平阴县						800	800	
济阳县								
商河县						48	48	
淄博市						**1402**	**1402**	
本级						500	500	
县级小计						902	902	
博山区								
淄川区						580	580	
张店区								
周村区						240	240	
临淄区								
桓台县								
高青县								
沂源县						82	82	
枣庄市						**411**	**411**	
本级						68	68	
县级小计						343	343	
市中区								
薛城区								
峄城区								
山亭区								
台儿庄区								
滕州市						343	343	
烟台市						**4110**	**4110**	
本级						1864	1864	
县级小计						2246	2246	
芝罘区								
福山区								
龙口市						1792	1792	
莱阳市								
蓬莱市						126	126	
招远市								
莱州市								
栖霞市						297	297	

续表 20

地区	四、农业部门基金收入					五、土地有偿使用收入		
	小计	新菜地开发基金收入	育林基金收入	灌溉水源灌排工程补偿费收入	地方水利建设基金收入	小计	国有土地使用权有偿使用收入	新增建设用地土地有偿使用费收入
海阳市								
牟平区								
长岛县						31	31	
开发区								
莱山区								
潍坊市						**12219**	**12219**	
本级						10137	10137	
县级小计						2082	2082	
潍城区								
坊子区								
寒亭区								
昌邑市						250	250	
昌乐县								
安丘市						301	301	
寿光市						1000	1000	
青州市						272	272	
高密市								
诸城市								
临朐县						259	259	
奎文区								
济宁市	**22**		**22**			**1529**	**1516**	**13**
本级						473	473	
县级小计	22		22			1056	1043	13
市中区								
任城区						99	99	
兖州市						666	666	
曲阜市	22		22			111	111	
泗水县						14	14	
邹城市								
微山县						67	67	
鱼台县						32	32	
金乡县						13		13
嘉祥县						40	40	
汶上县								

续表 21

地区	四、农业部门基金收入					五、土地有偿使用收入		
	小计	新菜地开发基金收入	育林基金收入	灌溉水源灌排工程补偿费收入	地方水利建设基金收入	小计	国有土地使用权有偿使用收入	新增建设用地土地有偿使用费收入
梁山县						14	14	
临沂市						**4547**	**4547**	
本级						1910	1910	
县级小计						2637	2637	
郯城县						128	128	
苍山县						138	138	
莒南县						552	552	
沂水县						330	330	
蒙阴县						220	220	
平邑县						334	334	
费县						509	509	
沂南县						257	257	
临沭县						169	169	
兰山区								
罗庄区								
河东区								
泰安市	**45**		**15**		**30**	**9163**	**9163**	
本级	30				30	1664	1664	
县级小计	15		15			7499	7499	
新泰市	10		10			743	743	
宁阳县								
东平县						2368	2368	
肥城市	5		5			3814	3814	
泰山区						120	120	
郊区						454	454	
聊城市						**1555**	**1555**	
本级						980	980	
县级小计						575	575	
东昌府区								
临清市						398	398	
阳谷县						51	51	
莘县								
茌平县						8	8	
东阿县						55	55	

续表22

地区	四、农业部门基金收入					五、土地有偿使用收入		
	小计	新菜地开发基金收入	育林基金收入	灌溉水源灌排工程补偿费收入	地方水利建设基金收入	小计	国有土地使用权有偿使用收入	新增建设用地土地有偿使用费收入
冠县						63	63	
高唐县								
菏泽市	**23**		**23**			**238**	**238**	
本级						119	119	
县级小计	23		23			119	119	
牡丹区								
曹县								
定陶县								
成武县	23		23			13	13	
单县								
巨野县								
郓城县								
鄄城县								
东明县						106	106	
德州市						**399**	**399**	
本级								
县级小计						399	399	
德城区								
陵县								
平原县								
夏津县						259	259	
武城县								
齐河县						22	22	
禹城市						61	61	
乐陵市						57	57	
临邑县								
宁津县								
庆云县								
滨州市						**1125**	**1125**	
本级								
县级小计						1125	1125	
惠民县								
阳信县						100	100	
无棣县						542	542	

续表 23

地　区	四、农业部门基金收入					五、土地有偿使用收入		
	小计	新菜地开发基金收入	育林基金收入	灌溉水源灌排工程补偿费收入	地方水利建设基金收入	小计	国有土地使用权有偿使用收入	新增建设用地土地有偿使用费收入
沾化县								
博兴县						167	167	
邹平县						36	36	
滨州市						280	280	
东营市	**138**				**138**	**9766**	**9766**	
本级	138				138	7111	7111	
县级小计						2655	2655	
东营区								
河口区						1580	1580	
广饶县						127	127	
垦利县						927	927	
利津县						21	21	
威海市						**7974**	**7974**	
本级						7272	7272	
县级小计						702	702	
环翠区						168	168	
乳山市								
文登市						534	534	
荣成市								
日照市	**77**		**3**		**74**	**2472**	**2472**	
本级	69		4		65	2303	2303	
县级小计	8		-1		9	169	169	
莒县						60	60	
五莲县	5				5			
东港区	4				4	109	109	
莱芜市	**14**				**14**	**3440**	**3440**	
本级	14				14	2925	2925	
县级小计						515	515	
莱城区						452	452	
钢城区						63	63	
省级	**19880**				**19880**	**64946**	**1346**	**63600**

续表 24

地　区	六、政府住房基金收　入	七、地方财政税费附加收入					八、其他
		小　计	农牧业税附加收　入	城镇公用事业附加收　入	渔业建设附加收入	其他附加收　入	
全省合计	**416**	**40147**	**8015**	**30517**	**731**	**884**	
地(市)合计	309	40147	8015	30517	731	884	
地(市)本级	309	17530	29	17501			
县级合计		22617	7986	13016	731	884	
省内合计	**416**	**35069**	**7176**	**26278**	**731**	**884**	
地(市)合计	309	35069	7176	26278	731	884	
地(市)本级	309	15961	29	15932			
县级合计		19108	7147	10346	731	884	
青岛市		**5078**	**839**	**4239**			
本级		1569		1569			
县级小计		3509	839	2670			
即墨市		729	129	600			
胶州市		119	119				
胶南市		839	81	758			
平度市		976	335	641			
莱西市		797	126	671			
崂山区		6	6				
城阳区		32	32				
黄岛区		6	6				
开发区							
市南区							
市北区		1	1				
四方区							
李沧区		4	4				
济南市	**309**	**5945**	**447**	**5498**			
本级	309	5278		5278			
县级小计		667	447	220			
历下区		4	4				
市中区		11	11				
天桥区		11	11				
槐荫区		8	8				
历城区		88	88				
长青区		93	93				
章丘市		49	49				

续表 25

地　区	六、政府住房基金收入	七、地方财政税费附加收入					八、其他
		小　计	农牧业税附加收入	城镇公用事业附加收入	渔业建设附加收入	其他附加收入	
平阴县		271	51	220			
济阳县		48	48				
商河县		84	84				
淄博市		**2250**	**370**	**1880**			
本级		1508	8	1500			
县级小计		742	362	380			
博山区		20	20				
淄川区		46	46				
张店区		23	23				
周村区		28	28				
临淄区		84	84				
桓台县		68	68				
高青县		61	61				
沂源县		412	32	380			
枣庄市		**48**	**48**				
本级							
县级小计		48	48				
市中区							
薛城区		29	29				
峄城区							
山亭区		19	19				
台儿庄区							
滕州市							
烟台市		**4826**	**697**	**3397**	**732**		
本级		962		962			
县级小计		3864	697	2435	732		
芝罘区		8	8				
福山区		210	39	171			
龙口市		917	85	832			
莱阳市		251	136	115			
蓬莱市		201	70	131			
招远市		505	75	430			
莱州市		200		200			
栖霞市		379	99	280			

续表 26

地区	六、政府住房基金收入	七、地方财政税费附加收入					八、其他
		小计	农牧业税附加收入	城镇公用事业附加收入	渔业建设附加收入	其他附加收入	
海阳市		388	112	276			
牟平区		55	55				
长岛县		732			732		
开发区							
莱山区		18	18				
潍坊市		**4813**	**1009**	**3629**		**175**	
本级		1947	1	1946			
县级小计		2866	1008	1683		175	
潍城区							
坊子区		22	22				
寒亭区		79	79				
昌邑市		221	116			105	
昌乐县		140	124	16			
安丘市							
寿光市		141	71			70	
青州市		676	138	538			
高密市		184	184				
诸城市		1102	202	900			
临朐县		296	67	229			
奎文区		5	5				
济宁市		**1229**	**501**	**728**			
本级							
县级小计		1229	501	728			
市中区							
任城区		81	81				
兖州市							
曲阜市		142	142				
泗水县							
邹城市		714	108	606			
微山县							
鱼台县		122		122			
金乡县		63	63				
嘉祥县		107	107				
汶上县							

续表27

地区	六、政府住房基金收入	七、地方财政税费附加收入					八、其他
		小计	农牧业税附加收入	城镇公用事业附加收入	渔业建设附加收入	其他附加收入	
梁山县							
临沂市		**3276**	**1191**	**2085**			
本级		623		623			
县级小计		2653	1191	1462			
郯城县		340	140	200			
苍山县		376	176	200			
莒南县		321	131	190			
沂水县		134	134				
蒙阴县		231	45	186			
平邑县		282	72	210			
费　县		289	109	180			
沂南县		217	120	97			
临沭县		287	87	200			
兰山区		58	58				
罗庄区		41	41				
河东区		77	77				
泰安市		**2106**	**545**	**1561**			
本级		1000		1000			
县级小计		1106	545	561			
新泰市		133	96	37			
宁阳县		322	81	241			
东平县		174	174				
肥城市		283		283			
泰山区		35	35				
郊　区		159	159				
聊城市		**1763**		**1763**			
本级		921		921			
县级小计		842		842			
东昌府区							
临清市		398		398			
阳谷县		173		173			
莘　县							
茌平县							
东阿县		230		230			

续表28

地区	六、政府住房基金收入	七、地方财政税费附加收入					八、其他
		小计	农牧业税附加收入	城镇公用事业附加收入	渔业建设附加收入	其他附加收入	
冠县		30		30			
高唐县		11		11			
菏泽市		**1336**	**772**	**564**			
本级							
县级小计		1336	772	564			
牡丹区		114	114				
曹县		189	112	77			
定陶县		288	64	224			
成武县		75	75				
单县		255	112	143			
巨野县		91	91				
郓城县		228	108	120			
鄄城县		73	73				
东明县		23	23				
德州市		**447**	**447**				
本级							
县级小计		447	447				
德城区							
陵县							
平原县		32	32				
夏津县		72	72				
武城县		62	62				
齐河县		72	72				
禹城市		36	36				
乐陵市		95	95				
临邑县		71	71				
宁津县							
庆云县		7	7				
滨州市		**1603**	**360**	**772**		**471**	
本级		631		631			
县级小计		972	360	141		471	
惠民县		35	30			5	
阳信县		71	49			22	
无棣县		74	22	18		34	

续表 29

地区	六、政府住房基金收入	七、地方财政税费附加收入					八、其他
		小计	农牧业税附加收入	城镇公用事业附加收入	渔业建设附加收入	其他附加收入	
沾化县							
博兴县		148	68	80			
邹平县		142	142				
滨州市		502	49	43		410	
东营市		**1172**	**189**	**803**		**180**	
本级		711		711			
县级小计		461	189	92		180	
东营区		32	22			10	
河口区		21	21				
广饶县		178	98	20		60	
垦利县		122	12			110	
利津县		108	36	72			
威海市		**1816**	**362**	**1454**			
本级		768	3	765			
县级小计		1048	359	689			
环翠区		30	30				
乳山市		384	89	295			
文登市		514	120	394			
荣成市		120	120				
日照市		**1301**	**249**	**1052**			
本级		522	17	505			
县级小计		779	232	547			
莒县		352	124	228			
五莲县		352	33	319			
东港区		75	75				
莱芜市		**1138**	**48**	**1090**			
本级		1090		1090			
县级小计		48	48				
莱城区		39	39				
钢城区		9	9				
省级	**107**						

2001年山东省财政预算支出情况

单位：万元

地　　区	合　　计	一、基本建设支出	二、企业挖潜改造资金	三、地质勘探费	四、科技三项费用	五、流动资金
全省合计	**7537781**	**409608**	**523941**	**16791**	**115257**	**2970**
地(市)合计	6151182	230121	433000	100	105104	2970
地(市)本级	1957449	127013	168260	100	41072	
县级合计	4193733	103108	264740		64032	2970
省内合计	**6497754**	**207613**	**442815**	**16691**	**91980**	**2970**
地(市)合计	5111155	28126	351874		81827	2970
地(市)本级	1554814	25240	144451		36434	
县级合计	3556341	2886	207423		45393	2970
青岛市	**1040027**	**201995**	**81126**	**100**	**23277**	
本级	402635	101773	23809	100	4638	
县级小计	637392	100222	57317		18639	
即墨市	60350	2937	1110		190	
胶州市	48421	4560	2369		618	
胶南市	56682	2595	4847		625	
平度市	50925	1474	5991		690	
莱西市	35207	594	1159		143	
崂山区	100386	39946	16152		6722	
城阳区	70237	4893	2333		2723	
黄岛区	19250					
开发区	76715	37752	15487		5200	
市南区	33084		2311		680	
市北区	35781	3261	2900		371	
四方区	19965				185	
李沧区	30389	2210	2658		492	
济南市	**703720**	**16675**	**32426**		**15955**	
本级	373703	16675	21441		12065	
县级小计	330017		10985		3890	
历下区	28281		1617		468	
市中区	28745		3		813	
天桥区	26930				604	
槐荫区	26124		345		341	
历城区	60147		731		413	
章丘市	69072		150		521	
长青县	24905		44		327	

续表 1

地　区	合　计	一、基本建设支出	二、企业挖潜改造资金	三、地质勘探费	四、科技三项费用	五、流动资金
平阴县	21588		920		105	
济阳县	25562		6784		237	
商河县	18663		391		61	
淄博市	**337786**		**18270**		**4707**	
本级	127718		12734		1137	
县级小计	210068		5536		3570	
博山区	18657		1772		239	
淄川区	31840		35		614	
张店区	31797		1167		487	
周村区	19599		364		319	
临淄区	41991		791		567	
桓台县	26774		272		970	
高青县	15838		33		265	
沂源县	23572		1102		109	
枣庄市	**218991**		**6652**		**1242**	
本级	89548		1936		757	
县级小计	129443		4716		485	
市中区	20246		1632		180	
薛城区	21393		22			
峄城区	14675		470		155	
山亭区	15594		1318			
台儿庄区	13728		285			
滕州市	43807		989		150	
烟台市	**534224**		**38093**		**9359**	
本级	120185		18683		3147	
县级小计	414039		19410		6212	
芝罘区	34900		2209		1288	
福山区	22299		763		108	
龙口市	52013		3377		934	
莱阳市	33628		783		80	
蓬莱市	36700		899		770	
招远市	39928		803		676	
莱州市	42030		103		595	
栖霞市	25845		471		171	

续表 2

地区	合计	一、基本建设支出	二、企业挖潜改造资金	三、地质勘探费	四、科技三项费用	五、流动资金
海阳市	24392		307		165	
牟平区	31870		568		182	
长岛县	6752		479		195	
开发区	49467		8575		650	
莱山区	14215		73		398	
潍坊市	**468251**	**11451**	**55754**		**6306**	
本级	82209	8565	13072		1482	
县级小计	386042	2886	42682		4824	
潍城区	19737		2969		228	
坊子区	16449	886	932		316	
寒亭区	15742		150		216	
昌邑市	26608		83		440	
昌乐县	26530		924		390	
安丘市	42201		1863		537	
寿光市	71788		20951		516	
青州市	40278		1361		617	
高密市	35373		3450		343	
诸城市	48981	2000	7229		644	
临朐县	28286		1635		441	
奎文区	14069		1135		136	
济宁市	**429490**		**42572**		**6351**	
本级	107914		25502		2181	
县级小计	321576		17070		4170	
市中区	13296		194		115	
任城区	22888		549		297	
兖州市	46575		1497		778	
曲阜市	46705		3660		335	
泗水县	20490		3035		215	
邹城市	55185		87		726	
微山县	24249		1900		280	
鱼台县	15354		356		222	
金乡县	20607		2718		129	
嘉祥县	19324		318		255	
汶上县	18243		520		507	

续表 3

地　区	合　计	一、基本建设支出	二、企业挖潜改造资金	三、地质勘探费	四、科技三项费用	五、流动资金
梁山县	18660		2236		311	
临沂市	**398034**		**31505**		**7913**	
本级	85726		10134		5261	
县级小计	312308		21371		2652	
郯城县	28896		1475		337	
苍山县	27284		1618		149	
莒南县	27052		120		345	
沂水县	39386		1964		544	
蒙阴县	23688		5198		78	
平邑县	27015		2293		75	
费　县	25120		1951		361	
沂南县	25136		2331		377	
临沭县	21649		1293		74	
兰山区	32398		1222		62	
罗庄区	17646		559		86	
河东区	17038		1347		164	
泰安市	**294003**		**26141**		**4563**	
本级	74611		5941		1468	
县级小计	219392		20200		3095	
新泰市	50686		4410		595	
宁阳县	29775		997		376	
东平县	27162		1059		389	
肥城市	52934		6548		862	
泰山区	24150		1998		315	
郊　区	34685		5188		558	
聊城市	**263585**		**12051**		**2800**	
本级	52115		597		747	
县级小计	211470		11454		2053	
东昌府区	32316		747		327	
临清市	33373		4778		277	
阳谷县	25563		524		327	
莘　县	28223		1390		216	
茌平县	23987		378		304	
东阿县	17188		102		140	

续表4

地　区	合　计	一、基本建设支出	二、企业挖潜改造资金	三、地质勘探费	四、科技三项费用	五、流动资金
冠　县	19908		333		11	
高唐县	30912		3202		451	
菏泽市	**243947**		**8013**		**2926**	
本级	41426		1902		583	
县级小计	202521		6111		2343	
牡丹区	31499		356		437	
曹　县	28746		1160		375	
定陶县	15712		230		185	
成武县	16449		452		270	
单　县	24979		282		26	
巨野县	21845		808		255	
郓城县	25834		580		452	
鄄城县	17835		806		167	
东明县	19622		1437		176	
德州市	**274424**		**20678**		**2650**	
本级	60656		9075		431	
县级小计	213768		11603		2219	
德城区	23103		609		68	
陵　县	18364		780		27	
平原县	18821		1563		35	
夏津县	14670		70		112	
武城县	17335		1400		12	
齐河县	22880		4316		57	
禹城市	24384		1857		919	
乐陵市	24311		110		646	
临邑县	18676		10		135	
宁津县	21338		808		127	
庆云县	9886		80		81	
滨州市	**197087**		**13929**		**2965**	
本级	38710		6522		761	
县级小计	158377		7407		2204	
惠民县	18123		450		20	
阳信县	14702		95		240	
无棣县	19400		2141		673	

续表 5

地　区	合　计	一、基本建设支出	二、企业挖潜改造资金	三、地质勘探费	四、科技三项费用	五、流动资金
沾化县	19238		3275		338	
博兴县	22857		104		227	
邹平县	41236		300		542	
滨州市	22821		1042		164	
东营市	**210464**		**6725**		**3933**	
本级	100910		870		640	
县级小计	109554		5855		3293	
东营区	26312		840		614	
河口区	14435		536		480	
广饶县	35959		3841		1076	
垦利县	17080		608		768	
利津县	15768		30		355	
威海市	**340447**		**24938**		**7689**	**2970**
本级	109041		5609		4737	
县级小计	231406		19329		2952	2970
环翠区	43024		1852		602	17
乳山市	41279		2534		721	2953
文登市	69334		8981		1030	
荣成市	77769		5962		599	
日照市	**127824**		**13102**		**986**	
本级	52079		9834		340	
县级小计	75745		3268		646	
莒县	32405		1669		401	
五莲县	21998		1369		228	
东港区	21342		230		17	
莱芜市	**68878**		**1025**		**1482**	
本级	38263		599		697	
县级小计	30615		426		785	
莱城区	23001		278		425	
钢城区	7614		148		360	
省级	**1386599**	**179487**	**90941**	**16691**	**10153**	

续表 6

地　区	六、农业支出	七、林业支出	八、水利和气象支出	九、工业交通等部门的事业费	十、流通部门事业费	十一、文体广播事业费
全省合计	**146001**	**86253**	**246679**	**79048**	**10225**	**206502**
地(市)合计	137370	82565	218508	37555	8729	171372
地(市)本级	21294	7521	57383	23080	6493	51457
县级合计	116076	75044	161125	14475	2236	119915
省内合计	**135573**	**72740**	**226021**	**71371**	**8911**	**186980**
地(市)合计	126942	69052	197850	29878	7415	151850
地(市)本级	21129	7189	52638	16489	5244	43235
县级合计	105813	61863	145212	13389	2171	108615
青岛市	**10428**	**13513**	**20658**	**7677**	**1314**	**19522**
本级	165	332	4745	6591	1249	8222
县级小计	10263	13181	15913	1086	65	11300
即墨市	702	2830	2110	35		1615
胶州市	733	879	1696	59		1264
胶南市	2766	1651	1696			1014
平度市	1468	2199	2119			1328
莱西市	1454	1965	1844	205		1017
崂山区	669	883	2652	631		664
城阳区	1688	1778	2396	156	65	1121
黄岛区	751	611	1288			1066
开发区						
市南区	2					521
市北区		135				598
四方区	20					425
李沧区	10	250	112			667
济南市	**8536**	**3465**	**20633**	**4928**	**944**	**15818**
本级	3591	365	11427	3183	912	6133
县级小计	4945	3100	9206	1745	32	9685
历下区	10	100	34	101		664
市中区	255	60	127	136	20	610
天桥区	240	384	178	109		558
槐荫区	230		93	35		552
历城区	1369	498	1310	1023		2186
章丘市	813	1123	4086	27		2279
长青县	469	260	933	67	3	712

续表 7

地　　区	六、农业支出	七、林业支出	八、水利和气象支出	九、工业交通等部门的事业费	十、流通部门事业费	十一、文体广播事业费
平阴县	756	400	900	151		849
济阳县	403	214	776	32	9	574
商河县	400	61	769	64		701
淄博市	**3229**	**4542**	**8239**	**3035**	**511**	**9734**
本级	960	434	2640	2339	503	3659
县级小计	2269	4108	5599	696	8	6075
博山区	75	363	569	17	5	657
淄川区	309	733	935			793
张店区	312	676	563	41		772
周村区	60	303	355	59	3	490
临淄区	616	208	1132	381		1543
桓台县	591	805	443	96		782
高青县	119	561	396	75		461
沂源县	187	459	1206	27		577
枣庄市	**7029**	**3017**	**6069**	**685**	**474**	**6849**
本级	1087	587	1475	220	414	1959
县级小计	5942	2430	4594	465	60	4890
市中区	1500	523	443	60	10	556
薛城区	734	770	1260	77		958
峄城区	364	184	619	91		439
山亭区	362	263	517	44		586
台儿庄区	414	188	473	58		706
滕州市	2568	502	1282	135	50	1645
烟台市	**9226**	**7998**	**17738**	**899**	**303**	**14530**
本级	2175	660	3540	301	271	3728
县级小计	7051	7338	14198	598	32	10802
芝罘区	971	30	379	16		409
福山区	1417	25	540	174	11	393
龙口市	467	1348	2514			2381
莱阳市	514	548	1248			1362
蓬莱市	346	1227	1565	36		798
招远市	1204	617	2182	19		965
莱州市	883	349	1749	52	21	1557
栖霞市	212	571	1116	122		736

续表 8

地　区	六、农业支出	七、林业支出	八、水利和气象支出	九、工业交通等部门的事业费	十、流通部门事业费	十一、文体广播事业费
海阳市	437	676	752			803
牟平区	381	1643	1358			629
长岛县	97	40	478	31		337
开发区	36		32	126		234
莱山区	86	264	285	22		198
潍坊市	**14870**	**10945**	**17287**	**702**	**287**	**11838**
本级	728	56	2149	289	50	2414
县级小计	14142	10889	15138	413	237	9424
潍城区	207	276	606	20		500
坊子区	317	521	599		30	438
寒亭区	503	328	619	20		448
昌邑市	431	1064	1121	36		756
昌乐县	2086	737	1313	45		765
安丘市	837	3827	2188	24	10	1014
寿光市	4553	679	1942	26		1044
青州市	1822	885	1405	118		1035
高密市	283	1265	1263	52	122	966
诸城市	1402	389	2039	51	10	1260
临朐县	1536	828	1755	21	65	882
奎文区	165	90	288			316
济宁市	**12399**	**4546**	**17985**	**1971**	**479**	**15812**
本级	1152	242	3598	801	123	3763
县级小计	11247	4304	14387	1170	356	12049
市中区	25	15	112	88	123	434
任城区	408	382	1630	153		1000
兖州市	5373	1730	1753	185		1308
曲阜市	465	276	1966	106		1826
泗水县	292	195	791	76	20	603
邹城市	1399	683	2151	154	152	2141
微山县	746	772	1166	3		846
鱼台县	591	20	929	179	61	683
金乡县	693		892	53		787
嘉祥县	438		709	13		841
汶上县	480	63	1206	99		838

续表 9

地　　区	六、农业支出	七、林业支出	八、水利和气象支出	九、工业交通等部门的事业费	十、流通部门事业费	十一、文体广播事业费
梁山县	337	168	1082	61		742
临沂市	**7185**	**5104**	**23525**	**5063**	**1051**	**11951**
本级	494	13	4838	1870	327	1859
县级小计	6691	5091	18687	3193	724	10092
郯城县	194	459	1607	455		1109
苍山县	461	319	1524	68	64	731
莒南县	350	957	1958	397		985
沂水县	801	802	3524	944	144	1618
蒙阴县	271	168	1170	37		629
平邑县	226	300	1715	75	10	655
费　县	2578	263	1662	440	96	999
沂南县	1053	507	1221	151	132	1020
临沭县	207	338	1471	121	25	671
兰山区	204	542	1480	76	183	928
罗庄区	135	255	593		34	335
河东区	211	181	762	429	36	412
泰安市	**4690**	**7999**	**12226**	**1506**	**600**	**8465**
本级	1261	456	2827	879	377	2510
县级小计	3429	7543	9399	627	223	5955
新泰市	580	206	2462	296	153	1404
宁阳县	409	282	1636	52	13	804
东平县	497	1010	1484	53	20	732
肥城市	625	4576	2262	121	12	1780
泰山区	250	48	236	92	20	455
郊　区	1068	1421	1319	13	5	780
聊城市	**9406**	**2236**	**13573**	**1869**	**841**	**11453**
本级	492	21	4244	783	489	3061
县级小计	8914	2215	9329	1086	352	8392
东昌府区	1044	221	1356	104		946
临清市	2975	315	862	207	110	1440
阳谷县	493	581	1123	62	12	1159
莘　县	234	147	1503	62		854
茌平县	1380	429	1405	375		1055
东阿县	120	233	643	6		861

续表 10

地　　区	六、农业支出	七、林业支出	八、水利和气象支出	九、工业交通等部门的事业费	十、流通部门事业费	十一、文体广播事业费
冠　县	607	170	1112	85		1208
高唐县	2061	119	1325	185	230	869
菏泽市	**4702**	**1996**	**11650**	**2242**	**47**	**9300**
本级	1581	1104	1880	810		1455
县级小计	3121	892	9770	1432	47	7845
牡丹区	490	102	1199	361		1108
曹　县	533	16	1865	257		1396
定陶县	421	5	797	45		608
成武县	143	57	912	111	47	598
单　县	454	177	1218	173		1016
巨野县	305		853	97		695
郓城县	201	203	1093	158		1050
鄄城县	145		888	110		748
东明县	429	332	945	120		626
德州市	**21971**	**2652**	**14198**	**1919**	**278**	**10088**
本级	427	107	2061	1381	248	1786
县级小计	21544	2545	12137	538	30	8302
德城区	2909	226	598	63	30	480
陵　县	1100	47	1207	30		600
平原县	200	24	1275	35		581
夏津县	208	267	1872	67		544
武城县	2106	10	970	21		582
齐河县	7111	27	706	42		455
禹城市	167	494	1120	75		563
乐陵市	649	334	1354	65		2541
临邑县	780	410	950	90		460
宁津县	6025	420	1423	28		1071
庆云县	289	286	662	22		425
滨州市	**4117**	**1992**	**7699**	**823**	**378**	**5163**
本级	483	23	1641	637	359	1138
县级小计	3634	1969	6058	186	19	4025
惠民县	227	5	795			452
阳信县	154	18	559	16	5	517
无棣县	520	355	792	50		575

续表 11

地 区	六、农业支出	七、林业支出	八、水利和气象支出	九、工业交通等部门的事业费	十、流通部门事业费	十一、文体广播事业费
沾化县	1525	428	990	39	2	373
博兴县	141	372	614	66	2	638
邹平县	835	514	1369	3	7	868
滨州市	232	277	939	12	3	602
东营市	**8705**	**3344**	**8015**	**1857**	**763**	**5733**
本级	4141	2735	3703	1271	751	2044
县级小计	4564	609	4312	586	12	3689
东营区	1156	135	816	341		764
河口区	1097	74	771	71		612
广饶县	1045	101	817	132	4	1027
垦利县	628	123	786	30	4	535
利津县	638	176	1122	12	4	751
威海市	**7553**	**6663**	**10129**	**1158**	**239**	**8620**
本级	1373	73	2843	668	209	4716
县级小计	6180	6590	7286	490	30	3904
环翠区	2185	2986	1114	74		611
乳山市	619	797	1066	114	30	795
文登市	826	1556	1764	302		1073
荣成市	2550	1251	3342			1425
日照市	**1799**	**1856**	**5822**	**421**	**70**	**4415**
本级	491	258	2039	270	70	1859
县级小计	1308	1598	3783	151		2556
莒县	430	690	1839	56		1383
五莲县	290	218	1077	95		540
东港区	588	690	867			633
莱芜市	**1525**	**697**	**3062**	**800**	**150**	**2081**
本级	693	55	1733	787	141	1151
县级小计	832	642	1329	13	9	930
莱城区	384	525	1073	10		703
钢城区	448	117	256	3	9	227
省级	**8631**	**3688**	**28171**	**41493**	**1496**	**35130**

续表 12

地　区	十二、教育支出	十三、科学支出	十四、医疗卫生支出	十五、其他部门的事业费	十六、抚恤和社会福利救济	十七、行政事业单位离退休支出
全省合计	**1377529**	**45428**	**306587**	**400182**	**175993**	**312186**
地(市)合计	1196900	18663	261822	218020	165466	247238
地(市)本级	158130	11058	83975	97292	37645	47319
县级合计	1038770	7605	177847	120728	127821	199919
省内合计	**1197142**	**43731**	**273927**	**349863**	**152646**	**309334**
地(市)合计	1016513	16966	229162	167701	142119	244386
地(市)本级	118303	10154	68466	61944	30278	47319
县级合计	898210	6812	160696	105757	111841	197067
青岛市	**180387**	**1697**	**32660**	**50319**	**23347**	**2852**
本级	39827	904	15509	35348	7367	
县级小计	140560	793	17151	14971	15980	2852
即墨市	17645	108	2075	1388	2305	165
胶州市	15284	134	1931	809	1622	510
胶南市	18272	73	1212	1498	1236	
平度市	16633	101	1508	766	2068	32
莱西市	11578	105	1145	1494	1659	
崂山区	9904	90	1370	1976	722	
城阳区	16511	97	1887	1063	961	
黄岛区	3430	72	1048	1814	317	53
开发区	3890		583	3099		
市南区	7402	13	1178	265	1190	898
市北区	8709		1031		1928	750
四方区	5277		814	99	1012	306
李沧区	6025		1369	700	960	138
济南市	**100413**	**2704**	**33895**	**12861**	**19193**	**39258**
本级	18688	2413	18421	4473	10711	14161
县级小计	81725	291	15474	8388	8482	25097
历下区	7105	31	1654	220	898	3297
市中区	8251	10	1615	2134	890	3271
天桥区	7599	7	1846	63	960	2175
槐荫区	5886	8	1241	2248	421	2423
历城区	12405	30	2949	452	996	4195
章丘市	19049	65	2128	530	1231	4464
长青县	6185	22	1142	460	949	1875

续表 13

地　区	十二、教育支出	十三、科学支出	十四、医疗卫生支出	十五、其他部门的事业费	十六、抚恤和社会福利救济	十七、行政事业单位离退休支出
平阴县	4165	47	1358	391	850	1642
济阳县	5533	39	742	1731	714	619
商河县	5547	32	799	159	573	1136
淄博市	**68743**	**2372**	**18388**	**7384**	**7502**	**12634**
本级	10950	1689	5637	3013	1055	6806
县级小计	57793	683	12751	4371	6447	5828
博山区	5292	8	890	342	514	112
淄川区	11131	310	2814	740	944	12
张店区	6191	48	1726	209	970	1622
周村区	4896	9	1104	724	724	1885
临淄区	10892	172	2469	918	1019	432
桓台县	7890	58	1584	646	451	23
高青县	3953	34	821	517	1002	1742
沂源县	7548	44	1343	275	823	
枣庄市	**39628**	**965**	**8616**	**5357**	**4110**	**8910**
本级	4977	224	2336	1277	1022	1977
县级小计	34651	741	6280	4080	3088	6933
市中区	4410	39	989	670	461	931
薛城区	6045	243	1192	857	639	971
峄城区	3698	33	641	787	272	1197
山亭区	3532	242	803	365	350	758
台儿庄区	3570	105	533	347	374	433
滕州市	13396	79	2122	1054	992	2643
烟台市	**103171**	**1676**	**22319**	**16911**	**19184**	**41360**
本级	7299	1040	4459	2871	2703	3532
县级小计	95872	636	17860	14040	16481	37828
芝罘区	8367	67	1525	1241	2119	2537
福山区	4783	22	794	929	668	2047
龙口市	12266	115	3158	1606	1703	3656
莱阳市	10307	48	1145	947	2055	5509
蓬莱市	9017	12	2006	1909	1692	4345
招远市	11059	43	3036	1821	1282	5060
莱州市	13744	97	1923	1209	1953	5498
栖霞市	7716	36	1505	405	1357	2907

续表 14

地　　区	十二、教育支出	十三、科学支出	十四、医疗卫生支出	十五、其他部门的事业费	十六、抚恤和社会福利救济	十七、行政事业单位离退休支出
海阳市	6029	67	754	1471	1861	2869
牟平区	7577	35	940	1202	1270	2393
长岛县	1169	47	393	291	227	314
开发区	1822	8	435	444	79	344
莱山区	2016	39	246	565	215	349
潍坊市	**125592**	**1317**	**18745**	**13056**	**13283**	**513**
本级	9569	848	3659	4090	1201	51
县级小计	116023	469	15086	8966	12082	462
潍城区	5612	50	1067	247	1193	
坊子区	4002	39	1284	969	476	25
寒亭区	5278	20	886	649	750	
昌邑市	9972	8	1095	433	847	73
昌乐县	7376	11	986	366	897	10
安丘市	14719	67	1397	872	1322	125
寿光市	17603	33	2102	1495	1401	
青州市	11855	62	1130	1794	1029	127
高密市	10999	64	2020	498	1195	
诸城市	15104	67	2059	785	1240	13
临朐县	10046	12	659	662	905	10
奎文区	3457	36	401	196	827	79
济宁市	**91056**	**1035**	**18249**	**25015**	**9455**	**2433**
本级	10969	360	3372	10719	1730	
县级小计	80087	675	14877	14296	7725	2433
市中区	4387	77	847	780	265	
任城区	7888	73	1161	1178	564	
兖州市	9257	76	1689	791	1115	10
曲阜市	8649	124	2784	2267	1022	44
泗水县	3984	37	907	612	511	
邹城市	14620	77	3168	2730	1177	18
微山县	6052	42	1397	1411	546	
鱼台县	3702	40	852	713	370	35
金乡县	5521	40	625	2874	398	285
嘉祥县	5665	23	368	265	539	
汶上县	4903	27	659	524	588	54

续表 15

地　区	十二、教育支出	十三、科学支出	十四、医疗卫生支出	十五、其他部门的事业费	十六、抚恤和社会福利救济	十七、行政事业单位离退休支出
梁山县	5459	39	420	151	630	1987
临沂市	**89564**	**1371**	**17981**	**14791**	**13827**	**30764**
本级	10109	564	4225	3345	2322	3678
县级小计	79455	807	13756	11446	11505	27086
郯城县	7760	92	1230	1229	844	2111
苍山县	8300	29	1255	1018	981	2834
莒南县	6873	115	2014	1067	1571	3746
沂水县	10330	49	1055	1309	1772	3027
蒙阴县	5056	97	1116	978	608	1438
平邑县	7585	158	1305	428	1350	2433
费　县	5217	44	915	825	891	2316
沂南县	5118	38	798	1166	1205	2716
临沭县	5852	36	1491	609	967	1697
兰山区	9501	80	1387	1265	570	2786
罗庄区	3325	34	436	626	237	917
河东区	4538	35	754	926	509	1065
泰安市	**55636**	**826**	**13670**	**7466**	**7986**	**15005**
本级	7051	678	5420	3151	2085	3372
县级小计	48585	148	8250	4315	5901	11633
新泰市	11559	51	2451	1114	1429	2418
宁阳县	8452	41	1442	758	804	611
东平县	5356	12	740	515	983	1625
肥城市	11443	31	2302	547	1278	2679
泰山区	5096	4	807	411	542	1216
郊　区	6679	9	508	970	865	3084
聊城市	**60315**	**814**	**11555**	**7475**	**7226**	**5528**
本级	4244	518	2276	2570	1345	127
县级小计	56071	296	9279	4905	5881	5401
东昌府区	8628	47	747	1280	818	3658
临清市	5941	58	1601	495	821	1282
阳谷县	7956	32	819	921	691	40
莘　县	10005	48	1602	353	816	143
茌平县	6812	41	1624	364	535	50
东阿县	4660	13	588	270	828	123

续表 16

地　区	十二、教育支出	十三、科学支出	十四、医疗卫生支出	十五、其他部门的事业费	十六、抚恤和社会福利救济	十七、行政事业单位离退休支出
冠　县	6245	25	1005	568	749	105
高唐县	5824	32	1293	654	623	
菏泽市	**56678**	**459**	**12575**	**7928**	**7032**	**33621**
本级	5019	154	1913	2218	565	3292
县级小计	51659	305	10662	5710	6467	30329
牡丹区	8035	76	1421	1947	1174	4269
曹　县	7215	18	1592	567	1003	3064
定陶县	3797	23	821	385	457	2880
成武县	4998	6	1093	200	525	3205
单　县	6442	36	1334	424	846	4015
巨野县	5067	20	930	860	678	4035
郓城县	7413	78	1559	595	821	3744
鄄城县	4119	28	700	252	450	2305
东明县	4573	20	1212	480	513	2812
德州市	**60647**	**1153**	**12892**	**6969**	**7529**	**7327**
本级	5195	322	2536	2763	876	2403
县级小计	55452	831	10356	4206	6653	4924
德城区	4196	45	706	355	342	21
陵　县	4996	200	1024	225	899	741
平原县	5545	77	777	306	669	159
夏津县	3503	13	670	456	446	563
武城县	3678	207	739	576	599	671
齐河县	4551	33	461	207	623	
禹城市	5481	52	1387	820	723	580
乐陵市	8201	40	1307	607	503	95
临邑县	6588	85	1685	230	850	1390
宁津县	5551	46	1067	140	624	146
庆云县	3162	33	533	284	375	558
滨州市	**41851**	**356**	**10261**	**5662**	**6480**	**20588**
本级	4311	174	1953	1705	657	3614
县级小计	37540	182	8308	3957	5823	16974
惠民县	4030	16	858	131	734	2250
阳信县	4453	28	1124	223	736	2541
无棣县	3742	33	936	290	732	1708

续表 17

地　区	十二、教育支出	十三、科学支出	十四、医疗卫生支出	十五、其他部门的事业费	十六、抚恤和社会福利救济	十七、行政事业单位离退休支出
沾化县	4235	19	482	412	643	1890
博兴县	5582	21	1404	1337	830	2090
邹平县	9143	52	2095	839	931	3750
滨州市	6355	13	1409	725	.1217	2745
东营市	**27725**	**646**	**8656**	**11638**	**4455**	**1022**
本级	5100	450	3600	6795	744	656
县级小计	22625	196	5056	4843	3711	366
东营区	4083	43	1325	1288	1256	29
河口区	2019	31	665	855	332	300
广饶县	7801	53	1444	1908	931	18
垦利县	4000	44	781	407	464	14
利津县	4722	25	841	385	728	5
威海市	**51141**	**678**	**12700**	**16614**	**8397**	**15026**
本级	6496	292	4102	7167	1282	2092
县级小计	44645	386	8598	9447	7115	12934
环翠区	8119	81	1634	1526	1693	1618
乳山市	8890	10	1862	3143	1528	3319
文登市	12549	236	2677	1581	2168	4205
荣成市	15087	59	2425	3197	1726	3792
日照市	**29556**	**317**	**5272**	**4872**	**3829**	**6808**
本级	5812	193	2471	3414	1052	600
县级小计	23744	124	2801	1458	2777	6208
莒县	10931	70	1178	340	1310	3318
五莲县	5105	52	1256	539	691	1422
东港区	7708	2	367	579	776	1468
莱芜市	**14797**	**277**	**3388**	**3702**	**2631**	**3589**
本级	2514	235	2086	2373	928	958
县级小计	12283	42	1302	1329	1703	2631
莱城区	10396	27	983	812	1441	2265
钢城区	1887	15	319	517	262	366
省级	**180629**	**26765**	**44765**	**182162**	**10527**	**64948**

续表 18

地　区	十八、社会保障补助支出	十九、国防支出	二十、行政管理费	二十一、外交外事支出	二十二、武装警察部队支出	二十三、公检法司支出
全省合计	**302506**	**3152**	**743144**	**4994**	**4023**	**441382**
地(市)合计	214632	1495	696489	3449	2438	372319
地(市)本级	157525	44	156165	2953	1612	145671
县级合计	57107	1451	540324	496	826	226648
省内合计	**259452**	**3092**	**641904**	**3725**	**4023**	**375325**
地(市)合计	171578	1435	595249	2180	2438	306262
地(市)本级	122304	44	134148	1729	1612	109433
县级合计	49274	1391	461101	451	826	196829
青岛市	**43054**	**60**	**101240**	**1269**		**66057**
本级	35221		22017	1224		36238
县级小计	7833	60	79223	45		29819
即墨市	443	60	13193			2856
胶州市	655		8096			3096
胶南市	1803		8594			2914
平度市	379		6188			3422
莱西市	414		5363			2478
崂山区	308		3745	45		3024
城阳区	418		8188			3366
黄岛区	314		3856			1640
开发区			2827			1922
市南区	1348		4700			1502
市北区	50		4867			1542
四方区	796		3424			848
李沧区	905		6182			1209
济南市	**52934**		**67338**	**235**	**374**	**47495**
本级	49175		25039	235	374	21253
县级小计	3759		42299			26242
历下区	222		2574			3750
市中区	622		3295			3489
天桥区	601		4792			3332
槐荫区	510		4557			2927
历城区	283		6187			3350
章丘市	627		6449			3490
长青县	178		3067			1846

续表 19

地　区	十八、社会保障补助支出	十九、国防支出	二十、行政管理费	二十一、外交外事支出	二十二、武装警察部队支出	二十三、公检法司支出
平阴县	139		3731			1543
济阳县	423		3219			1416
商河县	154		4428			1099
淄博市	**8627**	**260**	**39750**	**175**	**44**	**20962**
本级	5920		10335	175		8741
县级小计	2707	260	29415		44	12221
博山区	134	36	2474			1151
淄川区	1081	59	3570			2113
张店区	294	50	3608			1654
周村区	210		2513			1312
临淄区	572		9247			2660
桓台县	120	31	2195			1228
高青县	90	50	2142		28	863
沂源县	206	34	3666		16	1240
枣庄市	**42433**		**26496**	**50**		**15277**
本级	40690		5093	50		7081
县级小计	1743		21403			8196
市中区	86		3396			1511
薛城区	473		3107			789
峄城区	241		2784			744
山亭区	285		3034			682
台儿庄区	100		2374			835
滕州市	558		6708			3635
烟台市	**5784**	**391**	**51645**	**1159**		**30299**
本级	1376		9247	750		7658
县级小计	4408	391	42398	409		22641
芝罘区	2259	43	3286			2899
福山区	599	41	2260	5		1212
龙口市	185	52	7406			3306
莱阳市	147		3716			1568
蓬莱市	198	69	4140	20		1774
招远市	98	55	3215			2851
莱州市	132	44	4091			2067
栖霞市	96	19	3202			1307

续表20

地　区	十八、社会保障补助支出	十九、国防支出	二十、行政管理费	二十一、外交外事支出	二十二、武装警察部队支出	二十三、公检法司支出
海阳市	367	36	3323			1256
牟平区	165		2894			2222
长岛县	62	32	1176			431
开发区	59		1948	384		977
莱山区	41		1741			771
潍坊市	**8021**	**167**	**57615**	**50**	**399**	**21624**
本级	2287		9097	10	329	4577
县级小计	5734	167	48518	40	70	17047
潍城区	228	50	2598	20	10	1053
坊子区	138	36	3086		11	873
寒亭区	105		2314		12	870
昌邑市	240		3715			1856
昌乐县	549		4711			1454
安丘市	293		5996	10		1722
寿光市	720		5455			1521
青州市	1047		5083	10	20	1693
高密市	346	54	4220		12	1830
诸城市	1580		5078			1504
临朐县	138	27	3944		5	1743
奎文区	350		2318			928
济宁市	**9096**		**56561**			**27033**
本级	5344		10042			8224
县级小计	3752		46519			18809
市中区	327		3097			1817
任城区	300		3998			1623
兖州市	1074		6485			2129
曲阜市	81		6687			2582
泗水县	169		2510			951
邹城市	241		5973			2745
微山县	489		4856			1211
鱼台县	149		1864			1211
金乡县	122		3032			1389
嘉祥县	83		3624			1145
汶上县	106		2329			881

续表 21

地　　区	十八、社会保障补助支出	十九、国防支出	二十、行政管理费	二十一、外交外事支出	二十二、武装警察部队支出	二十三、公检法司支出
梁山县	611		2064			1125
临沂市	**10929**	**106**	**45897**	**60**	**254**	**29229**
本级	7231	24	6943	60	93	5777
县级小计	3698	82	38954		161	23452
郯城县	212		4867			2816
苍山县	327		2500			2228
莒南县	352		3008			1370
沂水县	373		5889		79	2367
蒙阴县	200		3068		22	925
平邑县	615		3365			2500
费　县	218		2490			1518
沂南县	224	32	3320		10	2014
临沭县	360		2543		12	1554
兰山区	529	50	3560		24	2904
罗庄区	187		2399			1572
河东区	101		1945		14	1684
泰安市	**3722**	**257**	**29403**		**86**	**16217**
本级	1084		6013			8887
县级小计	2638	257	23390		86	7330
新泰市	671	63	6411			1731
宁阳县	405	25	2954		35	1552
东平县	943	34	3168		51	671
肥城市	275	101	3487			1659
泰山区	212	30	2787			687
郊　区	132	4	4583			1030
聊城市	**6019**	**142**	**47406**		**151**	**16940**
本级	1585	20	8895		123	5996
县级小计	4434	122	38511		28	10944
东昌府区	752		4881			1911
临清市	352		6107			1305
阳谷县	273		5153			1783
莘　县	436		6736			1225
茌平县	418	122	4019			1150
东阿县	787		3103		28	713

续表22

地区	十八、社会保障补助支出	十九、国防支出	二十、行政管理费	二十一、外交外事支出	二十二、武装警察部队支出	二十三、公检法司支出
冠县	310		4437			1230
高唐县	1106		4075			1627
菏泽市	**7226**		**36493**		**191**	**17883**
本级	1529		5172		94	3934
县级小计	5697		31321		97	13949
牡丹区	1190		4359			2052
曹县	944		4732		8	1943
定陶县	432		2374		16	1325
成武县	466		1617		5	863
单县	757		3839			1764
巨野县	570		4131		3	1470
郓城县	597		3917		33	1882
鄄城县	520		3798		32	1035
东明县	221		2554			1615
德州市	**5398**		**38213**	**5**	**480**	**14953**
本级	2095		5870	3	360	5268
县级小计	3303		32343	2	120	9685
德城区	214		4392			398
陵县	385		2456			613
平原县	1035		3285		62	1031
夏津县	88		3096		10	1439
武城县	334		2434			817
齐河县	415		2582	2	15	665
禹城市	295		3535			1081
乐陵市	76		5036		23	1200
临邑县	120		2083			1440
宁津县	89		1908		10	534
庆云县	252		1536			467
滨州市	**2428**	**18**	**21671**	**52**	**307**	**9562**
本级	908		2800	52	87	2384
县级小计	1520	18	18871		220	7178
惠民县	177	18	2468		47	654
阳信县	183		2236		10	812
无棣县	163		2040		5	764

续表 23

地区	十八、社会保障补助支出	十九、国防支出	二十、行政管理费	二十一、外交外事支出	二十二、武装警察部队支出	二十三、公检法司支出
沾化县	121		1527			519
博兴县	258		2990		68	1802
邹平县	443		4396		87	1402
滨州市	175		3214		3	1225
东营市	**2741**		**20682**	**206**		**10891**
本级	1120		8671	206		4756
县级小计	1621		12011			6135
东营区	1111		2906			1822
河口区	151		1749			987
广饶县	113		3847			1525
垦利县	121		1552			772
利津县	125		1957			1029
威海市	**3649**	**56**	**30972**	**70**		**15735**
本级	745		9063	70		6324
县级小计	2904	56	21909			9411
环翠区	1417	56	3283			1994
乳山市	309		4002			1836
文登市	600		5451			2740
荣成市	578		9173			2841
日照市	**2085**	**38**	**15840**	**118**		**7185**
本级	891		6191	118		4499
县级小计	1194	38	9649			2686
莒县	275	38	3735			1437
五莲县	225		2701			780
东港区	694		3213			469
莱芜市	**486**		**9267**		**152**	**4977**
本级	324		5677		152	4074
县级小计	162		3590			903
莱城区	107		2362			592
钢城区	55		1228			311
省级	**87874**	**1657**	**46655**	**1545**	**1585**	**69063**

续表 24

地　区	二十四、城　市维护费	二十五、政策性补贴支出	二十六、支援不发达地区支出	二十七、海域开发建设和场地使用费支出	二十八、专项支出	二十九、其他支出
全省合计	**485770**	**212299**	**12492**	**3410**	**193398**	**670031**
地(市)合计	485730	14814	12232	3350	185151	623580
地(市)本级	218844	7881	3732	598	83196	240136
县级合计	266886	6933	8500	2752	101955	383444
省内合计	**424405**	**206762**	**10092**	**2460**	**170604**	**605602**
地(市)合计	424365	9277	9832	2400	162357	559151
地(市)本级	205516	3371	1432	48	76231	210433
县级合计	218849	5906	8400	2352	86126	348718
青岛市	**61365**	**5537**	**2400**	**950**	**22794**	**64429**
本级	13328	4510	2300	550	6965	29703
县级小计	48037	1027	100	400	15829	34726
即墨市	2924			9	1634	4016
胶州市	2150			185	1450	321
胶南市	3398	45		37	1733	673
平度市	2390				1692	477
莱西市	1220				1049	321
崂山区	4382	829	100	10	1274	4288
城阳区	12497	153		149	1440	6354
黄岛区	1700			10	749	531
开发区	1520				935	3500
市南区	5554				902	4618
市北区	3508				1260	4871
四方区	2590				845	3324
李沧区	4204				866	1432
济南市	**98503**	**1560**	**491**		**24163**	**82923**
本级	76610	1496	201		17964	36697
县级小计	21893	64	290		6199	46226
历下区	2182				421	2933
市中区	923		3		319	1899
天桥区	2597		22		385	478
槐荫区	1860		5		252	2190
历城区	4565		5		1221	15979
章丘市	6184				1715	14141
长青县	581		5		451	5329

续表 25

地　　区	二十四、城　　市维 护 费	二十五、政策性补贴 支 出	二十六、支援不发达地 区 支 出	二十七、海域开发建设和场地使用费支出	二十八、专项支出	二十九、其他支出
平阴县	936	64			732	1909
济阳县	1223		15		253	606
商河县	842		235		450	762
淄博市	**30485**	**466**	**535**		**24962**	**42230**
本级	16168	126	3		13925	18769
县级小计	14317	340	532		11037	23461
博山区	1931				865	1211
淄川区	1165		23		715	3744
张店区	3853	330			2563	4661
周村区	1743	10			989	1527
临淄区	3605		15		2941	1811
桓台县	829				632	7128
高青县	490		70		1004	1122
沂源县	701		424		1328	2257
枣庄市	**11998**	**505**	**243**		**6046**	**16340**
本级	6071	251	1		2264	7799
县级小计	5927	254	242		3782	8541
市中区	743		2		293	1811
薛城区	1108	60			1087	1001
峄城区	979	26			247	704
山亭区	372		227		164	1690
台儿庄区	392	19	8		157	2357
滕州市	2333	149	5		1834	978
烟台市	**71369**	**1660**	**651**	**12**	**14101**	**54386**
本级	22911	310	590		3444	19490
县级小计	48458	1350	61	12	10657	34896
芝罘区	2360	29			466	2400
福山区	2892	614			1156	846
龙口市	5110	205		12	1673	539
莱阳市	1245	53			982	1371
蓬莱市	3569	43			741	1524
招远市	1623	26			1310	1983
莱州市	1330	51			1239	3343
栖霞市	999	5			551	2341

续表 26

地　　区	二十四、城　　市维 护 费	二十五、政策性补贴 支 出	二十六、支援不发达地 区 支 出	二十七、海域开发建设和场地使用费支出	二十八、专项支出	二十九、其他支出
海阳市	620		61		499	2039
牟平区	509	103			1124	6675
长岛县	204	9			78	662
开发区	27573	60			568	5113
莱山区	424	152			270	6060
潍坊市	**23376**	**12**	**989**		**14812**	**39240**
本级	5211		443		4114	7918
县级小计	18165	12	546		10698	31322
潍城区	292				159	2352
坊子区	426				337	708
寒亭区	304				346	1924
昌邑市	1589				1013	1836
昌乐县	893	3	56		547	2411
安丘市	3146				1258	974
寿光市	4766	1			2372	4608
青州市	2087		172		1726	5200
高密市	1094	7	34		1093	4163
诸城市	2313	1			1203	3010
临朐县	995		284		337	1356
奎文区	260				307	2780
济宁市	**29279**	**326**	**293**	**2051**	**11963**	**43530**
本级	9230		39		2671	7852
县级小计	20049	326	254	2051	9292	35678
市中区	68				125	400
任城区	110	4	6	1	790	773
兖州市	4862	2	5		1230	5226
曲阜市	1727	52			701	11351
泗水县	482		62	2050	276	2712
邹城市	10594	73			3989	2287
微山县	610	136	145		1086	555
鱼台县	278	4	3		200	2892
金乡县	354	5			259	431
嘉祥县	229				147	4662
汶上县	488	45	13		238	3675

续表27

地　区	二十四、城　市维护费	二十五、政策性补贴支出	二十六、支援不发达地区支出	二十七、海域开发建设和场地使用费支出	二十八、专项支出	二十九、其他支出
梁山县	247	5	20		251	714
临沂市	**14560**	**678**	**1919**	**102**	**7587**	**25118**
本级	5125	62	29		1784	9559
县级小计	9435	616	1890	102	5803	15559
郯城县	986		14		508	591
苍山县	539	296			218	1825
莒南县	606		216		477	525
沂水县	1093	20	314		762	606
蒙阴县	448	15	338	102	590	1136
平邑县	418	140	379		567	423
费　县	479	90	174		380	1213
沂南县	331	35	285		283	769
临沭县	210	20	151		416	1531
兰山区	1942		5		1389	1709
罗庄区	2098		14		21	3783
河东区	285				192	1448
泰安市	**13529**	**790**	**813**	**40**	**8221**	**54146**
本级	2725	310	22	15	2547	15532
县级小计	10804	480	791	25	5674	38614
新泰市	2839	125	191		1809	7718
宁阳县	698	123	84		560	6662
东平县	337	67	412		962	6042
肥城市	3426	56	19	15	1808	7022
泰山区	878	76	30	5	275	7680
郊　区	2626	33	55	5	260	3490
聊城市	**12238**	**456**	**685**	**80**	**4442**	**27884**
本级	2914	30	20	33	698	10287
县级小计	9324	426	665	47	3744	17597
东昌府区	1074	98	25		864	2788
临清市	2822	31	30		620	944
阳谷县	491	22	49		334	2718
莘　县	123		237		172	1921
茌平县	1339	170	4		443	1570
东阿县	284	30	121		341	3194

续表 28

地　　区	二十四、城　　市维护费	二十五、政策性补贴支出	二十六、支援不发达地区支出	二十七、海域开发建设和场地使用费支出	二十八、专项支出	二十九、其他支出
冠　县	164		195	47	201	1101
高唐县	3027	75	4		769	3361
菏泽市	**5206**	**763**	**1465**		**3028**	**12523**
本级	2401	170	7		991	4652
县级小计	2805	593	1458		2037	7871
牡丹区	609	86	24		429	1775
曹　县	350		208		287	1213
定陶县	222	5	57		113	514
成武县	175		122		255	329
单　县	197	155	185		150	1489
巨野县	246		153		120	549
郓城县	294	177	326		273	388
鄄城县	82	150	259		111	1130
东明县	630	20	124		299	484
德州市	**14679**	**1260**	**602**		**5361**	**22522**
本级	7690	76	22		2484	7177
县级小计	6989	1184	580		2877	15345
德城区	271				256	6924
陵　县	810	976	22		53	1173
平原县	617		3		400	1142
夏津县	218	16	224		125	663
武城县	1411		4		366	398
齐河县	119	150	15		128	200
禹城市	1082		20		550	3583
乐陵市	504	30			293	697
临邑县	843	12	11		317	187
宁津县	964		3		224	130
庆云县	150		278		165	248
滨州市	**11445**	**192**	**1007**	**17**	**4881**	**23243**
本级	2328	20	55		1849	4249
县级小计	9117	172	952	17	3032	18994
惠民县	69	20	83		238	4381
阳信县	236	10	245	2	82	177
无棣县	238	10	264	2	287	3080

续表 29

地 区	二十四、城 市 维护费	二十五、政策性补贴支出	二十六、支援不发达地区支出	二十七、海域开发建设和场地使用费支出	二十八、专项支出	二十九、其他支出
沾化县	517	30	235	10	324	1304
博兴县	990	62	125		539	2595
邹平县	7067	20		3	807	5763
滨州市		20			755	1694
东营市	**25091**	**207**		**28**	**17591**	**39810**
本级	21075	203			14994	16385
县级小计	4016	4		28	2597	23425
东营区	960				691	6132
河口区	870			21	466	2348
广饶县	1089	4			812	8371
垦利县	575			5	464	4399
利津县	522			2	164	2175
威海市	**53310**	**78**		**70**	**8780**	**53212**
本级	17463	58			2012	31647
县级小计	35847	20		70	6768	21565
环翠区	9133	20			1702	1307
乳山市	1160			40	831	4720
文登市	9988				1808	9799
荣成市	15566			30	2427	5739
日照市	**4150**	**67**	**127**		**3632**	**15457**
本级	2883	24			2146	6624
县级小计	1267	43	127		1486	8833
莒县	637		48		460	2160
五莲县	550	43	79		793	3945
东港区	80				233	2728
莱芜市	**5147**	**257**	**12**		**2787**	**6587**
本级	4711	235			2344	5796
县级小计	436	22	12		443	791
莱城区		16	12		275	315
钢城区	436	6			168	476
省级	**40**	**197485**	**260**	**60**	**8247**	**46451**

2001年山东省财政一般预算支出明细表

单位：万元

项　　目	全省合计	省级	地(市)小计	青岛	济南
合　　计	**7537781**	**1386599**	**6151182**	**1040027**	**703720**
一、基本建设支出	**409608**	**179487**	**230121**	**201995**	**16675**
工业部门小计	**9778**	**989**	**8789**	**7950**	**839**
冶金工业	749		749		749
有色金属工业					
煤炭工业					
电力工业					
石油化学工业	206	176	30		30
机械工业	42	42			
汽车工业					
核工业					
航空工业					
航天工业					
电子工业	256	256			
船舶工业					
兵器工业					
建筑材料工业	128	128			
轻工业	8237	287	7950	7950	
烟草工业					
纺织工业	160	100	60		60
医药企业					
地质企业					
建筑工程企业小计	**25495**		**25495**	**25495**	
交通、邮电部门小计	**2646**	**2028**	**618**	**618**	
铁道					
交通	2646	2028	618	618	
邮电					
民航					
流通部门小计	**564**	**530**	**34**	**34**	
商业	366	332	34	34	
粮食	123	123			
外贸	75	75			
文体部门小计	**8871**	**3933**	**4938**	**3138**	**900**

续表 1

项 目	全省合计	省级	地(市)小计	青岛	济南
文化	5627	2724	2903	1203	900
出版					
文物					
体育	1377	359	1018	1018	
档案	290	90	200	200	
地震	558	310	248	148	
海洋					
通讯					
广播电影电视	469	100	369	369	
计划生育	350	350			
党政群干部训练	200		200	200	
其他文体					
教育部门小计	**18654**	**12164**	**6490**	**5645**	
科学部门小计	**3133**	**2933**	**200**		**200**
自然科学	1010	810	200		200
科协	1523	1523			
社会科学	600	600			
卫生部门小计	**10145**	**4139**	**6006**	**4474**	**1080**
卫生	9324	4139	5185	3853	1080
中医	821		821	621	
行政事业单位医疗经费					
农林水等部门小计	**66375**	**51395**	**14980**	**14905**	**20**
农垦					
农业	6020	3232	2788	2768	20
畜牧	678	668	10	10	
农机	82	70	12	12	
林业	10262	9400	862	862	
天然林保护					
水利	48074	37325	10749	10694	
水产	842	570	272	272	
气象	130	130			
森工					
其他	287		287	287	

续表 2

项目	全省合计	省级	地(市)小计	青岛	济南
旅游部门小计	**737**	**587**	**150**	**60**	**50**
旅游局	737	587	150	60	50
旅行社					
其他部门小计	**263210**	**100789**	**162421**	**139676**	**13586**
环境保护部门	227	96	131	131	
测绘部门					
质量技术监督部门	330	80	250	250	
物资管理部门					
武装警察部队	2748	1450	1298	1298	
公安部门	7326	2744	4582	3962	370
安全部门	1400	770	630	630	
司法部门	2453	1180	1273	1223	50
检察院	2025	1670	355	55	300
法院	812	782	30		
民政部门	926	166	760	260	500
华侨企业					
监狱部门	1000	1000			
劳教部门	2350	2350			
统计部门	108	108			
建设部门	102227		102227	88683	8950
专利局					
物价部门					
其他	139278	88393	50885	43184	3416
二、企业挖潜改造资金	**523941**	**90941**	**433000**	**81126**	**32426**
工业部门小计	**351080**	**82586**	**268494**	**51174**	**2772**
冶金工业	16350	12214	4136	840	158
有色金属工业	524	60	464		
煤炭工业	76471	68371	8100		
电力工业	9874		9874	261	
石油化学工业	39011	961	38050	11196	517
机械工业	40357		40357	6139	944
汽车工业	683	382	301		
核工业					

续表 3

项目	全省合计	省级	地(市)小计	青岛	济南
航空工业					
航天工业					
电子工业	15061	148	14913	3024	48
船舶工业					
兵器工业					
建筑材料工业	9899		9899	100	15
轻工业	103934	300	103634	24631	602
烟草工业					
纺织工业	23362	150	23212	2612	195
医药企业	15554		15554	2371	293
地质企业					
建筑工程企业小计	**13788**		**13788**	**5035**	**1664**
交通、邮电部门小计	**3380**	**933**	**2447**	**270**	**1707**
铁道					
交通	704	40	664	270	
邮电	76		76		
民航	2600	893	1707		1707
流通部门小计	**14990**	**720**	**14270**	**2788**	**313**
商业	8633	220	8413	2674	258
粮食	5873	500	5373		55
外贸	484		484	114	
文体部门小计	**442**		**442**	**50**	**300**
文化	37		37		
出版					
文物					
体育					
档案					
地震					
海洋	50		50	50	
通讯	349		349		300
广播电影电视					
计划生育					
党政群干部训练					

续表4

项目	全省合计	省级	地(市)小计	青岛	济南
其他文体	6		6		
教育部门小计	**200**		**200**	**200**	
科学部门小计	**2493**		**2493**		**2461**
自然科学	2483		2483		2461
科协	10		10		
社会科学					
卫生部门小计					
卫生					
中医					
行政事业单位医疗经费					
农林水等部门小计	**13841**	**30**	**13811**	**3243**	
农垦					
农业	5716		5716	3139	
畜牧	1304		1304		
农机	30	30			
林业					
天然林保护					
水利	197		197		
水产	6594		6594	104	
气象					
森工					
其他					
旅游部门小计					
旅游局					
旅行社					
其他部门小计	**123727**	**6672**	**117055**	**18366**	**23209**
环境保护部门					
测绘部门					
质量技术监督部门					
物资管理部门					
武装警察部队					
公安部门					
安全部门					

续表 5

项目	全省合计	省级	地(市)小计	青岛	济南
司法部门					
检察院					
法院					
民政部门					
华侨企业					
监狱部门	60	60			
劳教部门					
统计部门					
建设部门	16		16		
专利局					
物价部门					
其他	123651	6612	117039	18366	23209
三、地质勘探费	**16791**	**16691**	**100**	**100**	
工业部门小计	**3603**	**3503**	**100**	**100**	
冶金工业					
有色金属工业					
煤炭工业	3503	3503			
电力工业					
石油化学工业					
机械工业					
汽车工业					
核工业					
航空工业					
航天工业					
电子工业					
船舶工业					
兵器工业					
建筑材料工业					
轻工业					
烟草工业					
纺织工业					
医药企业					
地质企业	100		100	100	

续表 6

项目	全省合计	省级	地(市)小计	青岛	济南
建筑工程企业小计					
交通、邮电部门小计					
铁道					
交通					
邮电					
民航					
流通部门小计					
商业					
粮食					
外贸					
文体部门小计					
文化					
出版					
文物					
体育					
档案					
地震					
海洋					
通讯					
广播电影电视					
计划生育					
党政群干部训练					
其他文体					
教育部门小计					
科学部门小计					
自然科学					
科协					
社会科学					
卫生部门小计					
卫生					
中医					
行政事业单位医疗经费					
农林水等部门小计					

续表7

项　目	全省合计	省级	地(市)小计	青岛	济南
农垦					
农业					
畜牧					
农机					
林业					
天然林保护					
水利					
水产					
气象					
森工					
其他					
旅游部门小计					
旅游局					
旅行社					
其他部门小计	**13188**	**13188**			
环境保护部门					
测绘部门					
质量技术监督部门					
物资管理部门					
武装警察部队					
公安部门					
安全部门					
司法部门					
检察院					
法院					
民政部门					
华侨企业					
监狱部门					
劳教部门					
统计部门					
建设部门					
专利局					
物价部门					

续表 8

项目	全省合计	省级	地(市)小计	青岛	济南
其他	13188	13188			
四、科技三项费用	**115257**	**10153**	**105104**	**23277**	**15955**
工业部门小计	**33356**	**3066**	**30290**	**1240**	**1949**
冶金工业	772	107	665		
有色金属工业	60		60	2	
煤炭工业	837	430	407		
电力工业	403		403	4	30
石油化学工业	6675	191	6484	271	69
机械工业	5404	142	5262	232	730
汽车工业	22	2	20		
核工业					
航空工业					
航天工业					
电子工业	3826	1321	2505	17	525
船舶工业					
兵器工业					
建筑材料工业	412	5	407		135
轻工业	8311	277	8034	110	256
烟草工业					
纺织工业	2571	470	2101	304	
医药企业	4063	121	3942	300	204
地质企业					
建筑工程企业小计	**75**		**75**	**3**	**42**
交通、邮电部门小计	**63**	**41**	**22**	**20**	
铁道					
交通	63	41	22	20	
邮电					
民航					
流通部门小计	**280**	**11**	**269**		**6**
商业	182	1	181		6
粮食	98	10	88		
外贸					
文体部门小计	**655**	**81**	**574**	**61**	**126**

续表 9

项　　目	全省合计	省级	地(市)小计	青岛	济南
文化	33		33		
出版					
文物					
体育	21	18	3		
档案					
地震	16		16		
海洋	336		336	61	
通讯	156		156		126
广播电影电视	10		10		
计划生育	83	63	20		
党政群干部训练					
其他文体					
教育部门小计	**3488**	**2903**	**585**	**231**	
科学部门小计	**44857**	**2339**	**42518**	**12628**	**11451**
自然科学	31546	2339	29207	706	11451
科协	766		766		
社会科学	12545		12545	11922	
卫生部门小计	**470**	**261**	**209**	**20**	**51**
卫生	409	261	148	20	13
中医	61		61		38
行政事业单位医疗经费					
农林水等部门小计	**8588**	**217**	**8371**	**1032**	**482**
农垦					
农业	5059	3	5056	660	354
畜牧	763	40	723	104	74
农机	163	1	162		
林业	658	123	535	5	25
天然林保护					
水利	238	8	230	11	10
水产	1137	37	1100	240	14
气象	16	5	11		5
森工					
其他	554		554	12	

续表 10

项　　目	全省合计	省级	地(市)小计	青岛	济南
旅游部门小计	**30**		**30**		
旅游局	30		30		
旅行社					
其他部门小计	**23395**	**1234**	**22161**	**8042**	**1848**
环境保护部门	93	56	37		10
测绘部门	20		20	20	
质量技术监督部门	100	100			
物资管理部门					
武装警察部队					
公安部门					
安全部门					
司法部门					
检察院					
法院					
民政部门					
华侨企业					
监狱部门	100	100			
劳教部门					
统计部门	6		6		
建设部门	2		2		
专利局					
物价部门	20		20		
其他	23054	978	22076	8022	1838
五、流动资金	**2970**		**2970**		
工业部门小计	**1357**		**1357**		
冶金工业	1357		1357		
有色金属工业					
煤炭工业					
电力工业					
石油化学工业					
机械工业					
汽车工业					
核工业					

续表 11

项　　目	全省合计	省级	地(市)小计	青岛	济南
航空工业					
航天工业					
电子工业					
船舶工业					
兵器工业					
建筑材料工业					
轻工业					
烟草工业					
纺织工业					
医药企业					
地质企业					
建筑工程企业小计					
交通、邮电部门小计					
铁道					
交通					
邮电					
民航					
流通部门小计					
商业					
粮食					
外贸					
文体部门小计					
文化					
出版					
文物					
体育					
档案					
地震					
海洋					
通讯					
广播电影电视					
计划生育					
党政群干部训练					

续表 12

项目	全省合计	省级	地(市)小计	青岛	济南
其他文体					
教育部门小计					
科学部门小计					
自然科学					
科协					
社会科学					
卫生部门小计					
卫生					
中医					
行政事业单位医疗经费					
农林水等部门小计					
农垦					
农业					
畜牧					
农机					
林业					
天然林保护					
水利					
水产					
气象					
森工					
其他					
旅游部门小计					
旅游局					
旅行社					
其他部门小计	**1613**		**1613**		
环境保护部门					
测绘部门					
质量技术监督部门					
物资管理部门					
武装警察部队					
公安部门					
安全部门					

续表 13

项　　目	全省合计	省级	地(市)小计	青岛	济南
司法部门					
检察院					
法院					
民政部门					
华侨企业					
监狱部门					
劳教部门					
统计部门					
建设部门					
专利局					
物价部门					
其他	1613		1613		
六、支援农村生产支出	**146001**	**8631**	**137370**	**10428**	**8536**
小型农田水利和水土保持补助费	59608	3470	56138	1905	3190
小型农田水利补助费	55126	3350	51776	1836	3008
水土保持补助费	2093	20	2073	55	50
抗旱经费	2191	100	2091	14	132
小水电站补助费	198		198		
支援农村合作生产组织资金	42061		42061	4646	1239
扶持乡镇企业资金	26446		26446	536	355
扶持生产队(组、户)资金	14682		14682	3815	844
农村开荒补助费	933		933	295	40
农村农技推广和植保补助费	25452	3006	22446	1142	3002
农业技术推广补助费	24808	2981	21827	1136	2920
农作物病虫害防治补助费	644	25	619	6	82
农村草场和畜禽保护补助费	3010	1120	1890	166	45
草场改良保护补助费	395		395	28	
畜禽保护补助费	2615	1120	1495	138	45
农村造林和林木保护补助费	9526	685	8841	1447	1030
造林补助费	9107	685	8422	1427	1030
林木病虫害防治补助费	419		419	20	
农村水产补助费	5835	350	5485	622	30
淡水养殖补助费	1405	40	1365	290	30

续表 14

项目	全省合计	省级	地(市)小计	青岛	济南
海水养殖补助费	4425	310	4115	332	
渔业网具改造补助费	5		5		
粮食自给工程资金	509		509	500	
七、农业综合开发支出	**86253**	**3688**	**82565**	**13513**	**3465**
中央立项开发的项目投资	39655	3593	36062	8693	1691
土地资源开发治理	27652	201	27451	6551	1188
多种经营及龙头项目系列开发投资	2306	58	2248	964	31
高新科技示范项目	2367	20	2347	171	70
贷款贴息支出	10		10		
其他支出	7320	3314	4006	1007	402
地方立项开发的项目投资	46598	95	46503	4820	1774
土地资源开发治理	26662		26662	2930	1105
多种经营及龙头项目系列开发投资	7209	10	7199	711	103
高新科技示范项目	3462		3462	833	60
贷款贴息支出	257		257		
其他支出	9008	85	8923	346	506
八、农林水利气象等部门的事业费	**246679**	**28171**	**218508**	**20658**	**20633**
农垦事业费	20	20			
技术推广费					
荒地勘察设计费					
干部训练费					
其他农垦事业费	20	20			
农场事业费	83		83		
小型农田水利支出	78		78		
政策性、社会性支出	5		5		
集体转业人员离休费补助					
救灾补助费					
农业事业费	67104	8559	58545	5854	2938
技术推广费	22666	5764	16902	1452	609
良种推广费	1091	108	983	96	136
植物保护费	1466	180	1286	72	150
土壤肥料事业费	1021	81	940	62	98
良种示范繁殖场补助费	430		430	10	68

续表 15

项　　目	全省合计	省级	地(市)小计	青岛	济南
园艺特产场补助费	85		85		
干部训练费	1534	946	588		
乡(区)经营管理员经费	10784		10784	1250	355
农业环境保护费	359	62	297	20	97
农民收入及负担核算经费	139	30	109		
其他农业事业费	27529	1388	26141	2892	1425
畜牧事业费	20699	1912	18787	2685	1052
技术推广费	2568	1346	1222	112	613
畜牧兽医费	6711	417	6294	792	200
良种推广费	339	20	319	141	44
畜禽保护费	356	86	270	38	2
草原保护费					
种畜场补助费	17		17		
干部训练费	121	30	91		
飞播牧草试验补助费					
其他畜牧事业费	10587	13	10574	1602	193
农机事业费	19823	1173	18650	1010	1012
技术推广费	1716	191	1525	2	199
农机站事业费	4605		4605	280	146
农机鉴定签理费	2062	706	1356	33	173
干部训练费	436		436		44
其他农机事业费	11004	276	10728	695	450
林业事业费	30732	1417	29315	2988	1704
营林机构经费	13055	56	12999	1132	976
技术推广费	769	16	753	6	56
良种推广费	88		88	8	
森林资源保护费	732	73	659	52	54
勘察设计费	273	260	13		
干部训练费					
防沙治沙经费	6		6		
重点造林工程补助费	105		105	10	11
山区综合开发经费	396		396		
其他林业事业费	15308	1012	14296	1780	607

续表 16

项目	全省合计	省级	地(市)小计	青岛	济南
天然林保护经费					
森林管护事业费					
基本养老保险补助费					
政策性、社会性支出补助费					
下岗职工基本生活保险补助费					
下岗职工一次性安置补助费					
其他补助支出					
水利事业费	56083	9170	46913	4099	6419
防汛费	4647	2100	2547	479	207
岁修费	2572		2572	224	83
水利设施补助费	2650		2650	11	172
技术推广费	517		517		24
勘察设计费	1225	952	273		
水质监测费	33		33		
干部训练费	22		22		
水文事业费	3946	3794	152		
水土保持事业费	560		560		119
国营排灌站补贴	135		135		
水政管理费	1968		1968		1788
水资源保护费	1877		1877		1429
其他水利事业费	35931	2324	33607	3385	2597
水产事业费	13776	4003	9773	1760	135
渔政管理费	3264	1314	1950	149	
技术推广费	902	57	845	270	51
资源调查繁殖保护费	971	845	126		60
干部训练费	67		67	5	
其他水产事业费	8572	1787	6785	1336	24
气象事业费	3715	706	3009	262	309
气象机构经费	980		980	17	278
气象探测费	5		5		
气象信息传输及加工处理费	2		2		
技术推广费	5		5		
干部训练费	3		3		

续表 17

项　　目	全省合计	省级	地(市)小计	青岛	济南
其他气象事业费	2720	706	2014	245	31
乡镇企业事业费	5821	83	5738	156	941
技术推广费	4788	83	4705	39	878
干部训练费	867		867	117	63
财务统计调查费	166		166		
环保节能费					
农业资源调查和区划费	313	22	291		93
土地管理事业费	19001	838	18163	914	2561
地籍管理事业费	774		774		28
土地利用规划事业费	380		380		27
干部训练费	36		36		31
建设用地管理事业费	75		75		6
技术推广费	10		10		
其他土地管理事业费	17726	838	16888	914	2469
森林工业事业费					
技术推广费					
干部训练费					
政策性、社会性支出					
救灾补助费					
其他森林工业事业费					
退耕还林补助费					
粮食折现补助					
退耕现金补助					
其他农林水事业费	9509	268	9241	930	3469
九、工业交通等部门的事业费	**79048**	**41493**	**37555**	**7677**	**4928**
勘察设计费	94		94		
干部训练费	72	72			
其他工业事业费	78882	41421	37461	7677	4928
十、流通部门事业费	**10225**	**1496**	**8729**	**1314**	**944**
干部训练费	4		4		
其他事业费	10221	1496	8725	1314	944
十一、文体广播事业费	**206502**	**35130**	**171372**	**19522**	**15818**
文化事业费	39080	4889	34191	6106	3166

续表 18

项目	全省合计	省级	地(市)小计	青岛	济南
艺术表演团体经费	6995	1955	5040	171	899
艺术表演场所经费	628		628	1	37
图书馆经费	5001	857	4144	337	547
群众文化经费	7012	104	6908	1061	475
干部训练费	120		120		
其他文化事业费	19324	1973	17351	4536	1208
出版事业费	893	307	586	103	45
出版经费	192		192		45
其他出版事业费	701	307	394	103	
文物事业费	5551	1408	4143	315	508
博物馆经费	2677	463	2214	137	193
文物事业机构经费	844	228	616	44	20
文物保护费	172		172		15
干部训练费					
其他文物事业费	1858	717	1141	134	280
体育事业费	31275	12617	18658	2652	2437
体育竞赛费	3613	72	3541		
优秀运动队经费	9395	9031	364	116	208
业余训练费	2579	38	2541	122	313
体育场馆补助费	1558	776	782		80
其他体育事业费	14130	2700	11430	2414	1836
档案事业费	4908	422	4486	1072	489
档案馆经费	3118	422	2696	333	356
干部训练费					
其他档案事业费	1790		1790	739	133
地震事业费	2392	939	1453	291	71
地震机构经费	1929	939	990	18	71
地震监测预报经费	30		30		
地震台站经费					
群测群防费	18		18	2	
其他地震事业费	415		415	271	
海洋事业费	200	200			
其他海洋事业费	200	200			

续表 19

项目	全省合计	省级	地(市)小计	青岛	济南
通讯事业费					
广播电影电视事业费	27789	5348	22441	1014	1945
广播电台经费	5120	302	4818	118	33
电视台经费	5869	1891	3978	52	238
县广播站经费	1154		1154	100	
其他广播电影电视事业费	15646	3155	12491	744	1674
计划生育事业费	68388	3297	65091	5498	5514
手术减免经费	396		396	10	30
避孕药具经费	1728	1541	187	10	
基层计划生育专职干部经费	21323		21323	1874	846
独生子女保健费	457		457	38	56
宣传经费	717	111	606	42	61
服务站经费	7485		7485	136	606
流动人口计划生育管理费	139		139	12	45
干部训练费	226	163	63	1	4
其他计划生育事业费	35917	1482	34435	3375	3866
党政群干部训练事业费	23619	5528	18091	2273	1633
党校事业费	17419	1342	16077	2273	1309
政府机关干部训练事业费	2587	1223	1364		160
公检法部门干部训练事业费	1252	858	394		
党派团体干部训练事业费	2361	2105	256		164
其他文体广播事业费	2407	175	2232	198	10
十二、教育事业费	**1377529**	**180629**	**1196900**	**180387**	**100413**
高等学校经费	167796	142818	24978	2951	2155
留学生经费					
中等专业学校经费	65295	20581	44714	5606	5178
技工学校经费	13720	4677	9043	300	677
职业教育经费	60141		60141	15089	5333
中学经费	534752	2745	532007	71068	37151
小学经费	446017	1137	444880	70953	36995
幼儿教育经费	5954	108	5846	1710	606
成人高等教育经费	1640	140	1500	36	677
普通业余教育经费	561		561	30	28

续表 20

项目	全省合计	省级	地(市)小计	青岛	济南
教师进修及干部培训经费	12391	1598	10793	2389	1091
特殊教育经费	9188		9188	1706	887
广播电视教育经费	3925	560	3365	1141	571
其他教育事业费	56149	6265	49884	7408	9064
十三、科学事业费	**45428**	**26765**	**18663**	**1697**	**2704**
自然科学事业费	35562	22032	13530	962	2047
技术开发研究经费	7788	6846	942		221
基础研究经费					
社会公益和农业研究经费	13871	10377	3494		1258
行业技术开发基金	174		174		
转制科研机构经费					
专项科研经费	20		20		
科研管理机构经费	3585	3136	449		
自然科学基金	1054	600	454		334
专项奖励经费	446	387	59		1
研究生院经费					
国际学术交流经费					
干部训练费	215	208	7		
其他自然科学事业费	8409	478	7931	962	233
科协事业费	5550	2191	3359	395	487
学术活动经费	104	80	24		8
科学普及活动经费	761	320	441	35	202
青少年科技活动经费	49	30	19		
科技馆、站经费	1408	1228	180		60
其他科协事业费	3228	533	2695	360	217
社会科学事业费	4316	2542	1774	340	170
社会科学管理机构经费	2073	1961	112		
社会科学研究机构经费	259	89	170		170
社会科学基金					
国际学术交流经费					
干部训练费	152		152		
其他社会科学事业费	1832	492	1340	340	
十四、卫生经费	**306587**	**44765**	**261822**	**32660**	**33895**

续表 21

项　　目	全省合计	省级	地(市)小计	青岛	济南
卫生事业费	176881	29603	147278	20623	20181
医院经费	76822	21622	55200	3014	13061
卫生院补助费	34993		34993	3721	2402
防治防疫事业费	22587	5289	17298	1462	1496
妇幼保健经费	6080	320	5760	464	487
干部训练费	973	48	925	41	
合作医疗补助费	317		317	12	
托儿所经费					
处理群众医疗欠费基金					
其他卫生事业费	35109	2324	32785	11909	2735
中医事业费	15619	2387	13232	2651	1606
医院经费	12583	2193	10390	541	1330
集体医疗机构补助费	36		36		
干部培训费	209		209		
处理群众医疗欠费基金					
其他中医事业费	2791	194	2597	2110	276
药品监督管理事业费	3769	1020	2749	549	359
行政事业单位医疗经费	110318	11755	98563	8837	11749
行政单位医疗经费	50550	3526	47024	3845	8927
事业单位医疗经费	53666	8229	45437	2273	2384
其他经费	6102		6102	2719	438
十五、税务等部门的事业费	**400182**	**182162**	**218020**	**50319**	**12861**
税务经费	103883	65246	38637	14198	
国家税务局经费	7541		7541	820	
地方税务局经费	96342	65246	31096	13378	
统计经费	9111	1484	7627	687	774
统计业务费	2468	520	1948	126	474
抽样调查队经费	1362	519	843	20	16
干部训练费	11		11		
普查专项经费	1550		1550	101	184
其他统计事业费	3720	445	3275	440	100
财政事业费	25831	5830	20001	2216	2522
审计经费	6233	312	5921	902	239

续表 22

项　　目	全省合计	省级	地(市)小计	青岛	济南
审计机构经费	2494	90	2404	150	125
审计业务费	1373		1373	12	108
干部训练费	106	103	3		
审计专项经费	1		1		
其他审计经费	2259	119	2140	740	6
工商管理经费	108579	92167	16412	16123	60
基层工商管理机构经费	3592	3592			
工商管理业务费	104987	88575	16412	16123	60
国有资产管理事业费	1733	300	1433		52
旅游事业费	14254	8462	5792	386	718
对外宣传费	166		166	109	
干部培训费					
其他旅游事业费	14088	8462	5626	277	718
华侨事业费	9		9		
接待安置费					
归侨生活困难补助费					
华侨农场事业费					
其他华侨事业费	9		9		
劳动保障事业费	4095	426	3669	199	159
劳动监察费	355	41	314	28	126
社会保险事业费	55	55			
干部训练费	13	13			
其他劳动保障事业费	3672	317	3355	171	33
海关经费					
缉私办案补助支出					
收费业务支出					
科技装备支出					
缉私警察支出					
海关关务费					
行政机关事业费	59142	3023	56119	10576	3058
党派团体事业补助费	5301	849	4452	309	78
其他部门事业费	62011	4063	57948	4723	5201
对外经济合作事业费	76		76	76	

续表 23

项　　目	全省合计	省级	地(市)小计	青岛	济南
外资事业费					
乡(镇)财政经费	17028		17028	1335	873
小城镇建设规划事业费	60		60		1
国土整治事业费	108	35	73		
监察纪检事业费	1271	150	1121	1	11
农牧业税征收经费	5944	250	5694	135	221
农业综合开发事业费	441	12	429		51
其他部门事业费	37083	3616	33467	3176	4044
十六、抚恤和社会福利救济费	**175993**	**10527**	**165466**	**23347**	**19193**
抚恤事业费	78731	6626	72105	6401	3793
牺牲病故抚恤费	10206		10206	876	573
伤残抚恤费	17995	391	17604	1811	520
烈军属、复员退伍军人生活补助费	31111		31111	3192	1271
退伍军人安置费	1373		1373	234	297
优抚事业单位经费	16768	6235	10533	214	1130
烈士纪念建筑物管理、维修费	1278		1278	74	2
军队移交地方安置的离退休人员费用	25911		25911	6228	3766
军队离休干部离休金	8107		8107	443	1171
军队退休干部退休金	6146		6146	932	1091
军队离退休人员其他费用	11658		11658	4853	1504
社会救济福利事业费	34237	100	34137	5964	7055
农村社会救济费	5963		5963	928	305
城市居民最低生活保障	17397		17397	3186	4474
精简退职老弱残职工救济费	1984		1984	121	89
社会福利事业单位经费	6442	100	6342	45	2061
殡葬事业费	576		576	56	126
假肢事业费					
收容遣送费	213		213	3	
其他社会救济费	1662		1662	1625	
救灾支出	9285		9285	851	1132
特大自然灾害救济补助费	5045		5045	401	282
特大自然灾害灾后重建补助费	170		170	112	
自然灾害救济事业费	4070		4070	338	850

续表 24

项目	全省合计	省级	地(市)小计	青岛	济南
其他民政事业费	22984	2956	20028	2778	3061
干部训练费	139	84	55	25	12
离退休干部管理机构经费	3568	228	3340	141	1252
老龄机构工作经费	243		243	25	
拥军优属慰问经费	1222	150	1072	176	280
勘界经费	197	144	53	3	
民间组织管理经费	150	75	75	4	32
行政区划和地名管理费	149	78	71	5	
其他民政事业费	17316	2197	15119	2399	1485
残疾人事业费	4845	845	4000	1125	386
残疾人事业单位经费	3382	673	2709	414	305
残疾人康复经费	245		245	96	
残疾人就业培训经费	9		9	2	
其他残疾人事业费	1209	172	1037	613	81
十七、行政事业单位离退休经费	**312186**	**64948**	**247238**	**2852**	**39258**
行政单位离退休经费	71702	8713	62989	1954	8756
离休人员费用	22891	4320	18571	1	2254
退休退职人员费用	39396	4332	35064	1921	3461
管理机构经费	1938	54	1884		390
其他费用	7477	7	7470	32	2651
公检法司机关离退休经费	17948	1091	16857	898	4038
离休人员费用	3721	568	3153		741
退休退职人员费用	11431	523	10908	898	2439
管理机构经费					
其他费用	2796		2796		858
农业等事业单位离退休经费	18773	2753	16020		1048
离休人员费用	3597	726	2871		87
退休退职人员费用	13623	2027	11596		663
管理机构经费					
其他费用	1553		1553		298
教育事业单位离退休经费	128097	23551	104546		16200
离休人员费用	17137	4734	12403		749
退休退职人员费用	96881	18790	78091		8085

续表 25

项目	全省合计	省级	地(市)小计	青岛	济南
管理机构经费	55	24	31		
其他费用	14024	3	14021		7366
科学事业单位离退休经费	8125	7011	1114		75
离休人员费用	1489	1262	227		21
退休退职人员费用	6445	5749	696		31
管理机构经费					
其他费用	191		191		23
其他事业单位离退休人员经费	67541	21829	45712		9141
离休人员费用	11138	3926	7212		1416
退休退职人员费用	46723	15980	30743		5794
管理机构经费	3706	1871	1835		379
其他费用	5974	52	5922		1552
十八、社会保障补助支出	**302506**	**87874**	**214632**	**43054**	**52934**
财政对社会保险基金的补贴支出	83330	51952	31378	12512	8373
对养老保险基金的补贴支出	18752		18752	1748	8092
对失业保险基金的补贴支出	231		231		62
对医疗保险基金的补贴支出	1098		1098		
对其他社会保险基金的补贴支出	63249	51952	11297	10764	219
社会保险经办机构经费	18357	1387	16970	2798	1739
城镇就业补助费	6111	1792	4319	733	1019
劳动力市场建设费	309		309	41	
就业培训和职业介绍补助费	590		590		48
再就业补助	809		809	158	18
其他费用	4403	1792	2611	534	953
国有企业下岗职工基本生活保障补助	64211	12173	52038	23605	667
其他社会保障补助支出	130497	20570	109927	3406	41136
十九、国防支出	**3152**	**1657**	**1495**	**60**	
民兵事业费	3152	1657	1495	60	
动员预编经费					
二十、行政管理费	**743144**	**46655**	**696489**	**101240**	**67338**
人大经费	37269	4070	33199	4349	3161
政府机关经费	502460	24311	478149	70928	48934
政协经费	26381	3202	23179	2803	2026

续表 26

项目	全省合计	省级	地(市)小计	青岛	济南
共产党机关经费	158446	12854	145592	19715	11127
民主党派机关经费	4622	816	3806	826	906
社会团体机关经费	13966	1402	12564	2619	1184
二十一、外交外事支出	**4994**	**1545**	**3449**	**1269**	**235**
地方外事费	4971	1545	3426	1269	235
地方出国费	736	150	586	45	150
地方招待费	185	100	85		85
其他地方外事费	4050	1295	2755	1224	
对外宣传经费	23		23		
电视节目经费					
电影节目经费					
广播节目经费					
租台经费					
非贸易文字宣传品经费					
其他对外宣传经费	23		23		
二十二、武装警察部队支出	**4023**	**1585**	**2438**		**374**
内卫部队经费	1486	749	737		205
边防部队经费	220	159	61		
消防部队经费	1940	532	1408		169
警卫部队经费	374	145	229		
黄金部队经费					
森林部队经费					
水电部队经费					
交通部队经费					
其他	3		3		
二十三、公检法司支出	**441382**	**69063**	**372319**	**66057**	**47495**
公安支出	262449	18906	243543	40591	31875
公安机关经费	199392	3912	195480	15768	28309
公安业务费	19150	6877	12273	551	1032
公安特别业务费	600	350	250	250	
居民身份证经费	1783	40	1743	10	437
拘押收教场所经费	3906	30	3876	79	685
边防检查经费	46		46	12	

续表 27

项　　目	全省合计	省级	地(市)小计	青岛	济南
其他经费	37572	7697	29875	23921	1412
国家安全支出	9377	7180	2197	1955	
国家安全机关经费	7388	7180	208	80	
国家安全业务费	58		58	51	
看守所经费	27		27		
其他经费	1904		1904	1824	
检察院支出	49808	2690	47118	6648	4893
检察院机关经费	45131	2690	42441	4848	4386
检察院业务费	2551		2551	210	459
其他经费	2126		2126	1590	48
法院支出	51866	2934	48932	6478	5408
法院机关经费	47214	1595	45619	5105	5157
法院业务费	2474	399	2075	135	251
其他经费	2178	940	1238	1238	
司法支出	17648	1744	15904	2487	1906
司法机关经费	14566	820	13746	1936	1608
司法业务费	608	225	383		34
其他经费	2474	699	1775	551	264
监狱支出	40889	30100	10789	6677	2306
监狱警察经费	25527	22215	3312		1506
罪犯改造经费	5381	4946	435		435
狱政设施维修经费	653	488	165		165
技术装备费	485	403	82		82
其他经费	8843	2048	6795	6677	118
劳教支出	9345	5509	3836	1221	1107
劳教警察经费	5686	3688	1998		929
劳动教养人员教育经费	874	531	343		105
所政设施维修经费	293	175	118		60
技术装备经费	556	450	106		13
其他经费	1936	665	1271	1221	
二十四、城市维护费	**485770**	**40**	**485730**	**61365**	**98503**
二十五、政策性补贴支出	**212299**	**197485**	**14814**	**5537**	**1560**
国家粮油差价补贴	827		827	153	

续表 28

项　　目	全省合计	省级	地(市)小计	青岛	济南
粮食风险基金	175640	175430	210		
国家储备粮油利息费用补贴	20774	20419	355		
粮食财务挂账利息补贴	195		195	45	
国家储备粮油差价补贴	90		90		
地方粮油价外补贴	739		739		
棉花发展补贴款					
国家储备棉花利息费用补贴	1500	1500			
国家储备糖费用补贴	70		70	70	
糖库建设补助款					
副食品风险基金	3290		3290	1790	1300
地方煤炭风险基金	315		315	100	215
市镇居民肉食价格补贴	45		45		45
平抑市价肉食价差补贴	60		60		
平抑市价蔬菜价差补贴					
农业生产资料价差补贴					
化肥价差补贴					
农药价差补贴					
农业用电价差补贴					
农业用塑料薄膜价差补贴					
其他农业生产资料价差补贴					
棉花差价补贴					
地方粮食企业新增挂账消化款					
粮食老挂账消化款					
处理陈化粮补贴					
食品企业亏损挂账消化款					
供销社老挂账消化款					
供销社新增挂账消化款					
竞卖棉花亏损补贴					
其他政策性补贴	8754	136	8618	3379	
二十六、支援不发达地区支出	**12492**	**260**	**12232**	**2400**	**491**
财政扶贫资金	12184	260	11924	2400	288
基础设施建设资金	1592		1592		
生产发展资金	4189		4189		15

续表 29

项　　目	全省合计	省级	地(市)小计	青岛	济南
科技推广及培训资金	127	100	27		
社会发展资金	92		92		10
项目管理费	38		38		
扶贫贷款贴息支出					
“三西”农业建设专项补助资金					
其他财政扶贫资金	6146	160	5986	2400	263
边境建设事业补助费					
民族工作经费	308		308		203
二十七、海域开发建设和场地使用费支出	**3410**	**60**	**3350**	**950**	
海域开发建设支出	1008		1008	870	
港澳台和外商投资企业场地使用费支出	2402	60	2342	80	
二十八、专项支出	**193398**	**8247**	**185151**	**22794**	**24163**
排污费支出	45797	5467	40330	7266	3933
城市水资源费支出	27824		27824	1143	4410
教育费附加支出	105640		105640	14288	15400
矿产资源补偿费支出	14137	2780	11357	97	420
二十九、其他支出	**670031**	**46451**	**623580**	**64429**	**82923**
兵役征集费	586	60	526		81
支前费					
人民防空费	3696	3200	496	15	
国家赔偿费用支出	24		24		
引进国外人才专项费用	992	800	192	153	
专家经费	400	400			
出国培训经费	400	400			
择优资助经费					
其他费用	192		192	153	
住房改革支出	37282		37282	14479	280
宣传文化发展专项资金	9540	6372	3168	2591	215
文化企业发展专项资金	948	780	168		
宣传部门使用的专项资金	3251	2972	279		165
其他企业发展专项资金	5341	2620	2721	2591	50
出版企业发展专项资金	4997	4997			
政府特殊津贴	95	90	5		

续表 30

项　　目	全省合计	省级	地(市)小计	青岛	济南
抗震加固补助经费	247	56	191		
债券发行费用支出	35	20	15		
内债发行费用	35	20	15		
简易建筑费	2220		2220	280	
其他支出	610317	30856	579461	46911	82347
军队供应站经费	618		618	15	121
交通战备费	193	188	5		
其他杂项支出	609506	30668	578838	46896	82226
预留调资应补未补数					

续表31

项　目	淄博	枣庄	烟台	潍坊	济宁
合　计	**337786**	**218991**	**534224**	**468251**	**429490**
一、基本建设支出				**11451**	
工业部门小计					
冶金工业					
有色金属工业					
煤炭工业					
电力工业					
石油化学工业					
机械工业					
汽车工业					
核工业					
航空工业					
航天工业					
电子工业					
船舶工业					
兵器工业					
建筑材料工业					
轻工业					
烟草工业					
纺织工业					
医药企业					
地质企业					
建筑工程企业小计					
交通、邮电部门小计					
铁道					
交通					
邮电					
民航					
流通部门小计					
商业					
粮食					
外贸					
文体部门小计				**900**	

续表 32

项目	淄博	枣庄	烟台	潍坊	济宁
文化				800	
出版					
文物					
体育					
档案					
地震				100	
海洋					
通讯					
广播电影电视					
计划生育					
党政群干部训练					
其他文体					
教育部门小计				**845**	
科学部门小计					
自然科学					
科协					
社会科学					
卫生部门小计				**452**	
卫生				252	
中医				200	
行政事业单位医疗经费					
农林水等部门小计				**55**	
农垦					
农业					
畜牧					
农机					
林业					
天然林保护					
水利				55	
水产					
气象					
森工					
其他					

续表 33

项目	淄博	枣庄	烟台	潍坊	济宁
旅游部门小计				**40**	
旅游局				40	
旅行社					
其他部门小计				**9159**	
环境保护部门					
测绘部门					
质量技术监督部门					
物资管理部门					
武装警察部队					
公安部门				250	
安全部门					
司法部门					
检察院					
法院				30	
民政部门					
华侨企业					
监狱部门					
劳教部门					
统计部门					
建设部门				4594	
专利局					
物价部门					
其他				4285	
二、企业挖潜改造资金	**18270**	**6652**	**38093**	**55754**	**42572**
工业部门小计	**9643**	**5525**	**21722**	**43791**	**30054**
冶金工业	106	546	339	1000	
有色金属工业	48		390		
煤炭工业	35	899		605	2683
电力工业	1536	288	96	128	3757
石油化学工业	1095	136	2408	5957	1171
机械工业	273	226	2309	4366	6348
汽车工业			100	10	191
核工业					

续表 34

项目	淄博	枣庄	烟台	潍坊	济宁
航空工业					
航天工业					
电子工业	347	91	8630	1690	715
船舶工业					
兵器工业					
建筑材料工业	594	2479	3242	339	509
轻工业	1927	522	2785	21547	6655
烟草工业					
纺织工业	745	338	739	6869	3148
医药企业	2937		684	1280	4877
地质企业					
建筑工程企业小计			**194**	**130**	**1110**
交通、邮电部门小计		**30**			
铁道					
交通		30			
邮电					
民航					
流通部门小计	**300**	**90**	**730**	**478**	**1148**
商业	14		520		563
粮食	186	90	210	280	585
外贸	100			198	
文体部门小计			**39**	**10**	**43**
文化					37
出版					
文物					
体育					
档案					
地震					
海洋					
通讯			39	10	
广播电影电视					
计划生育					
党政群干部训练					

续表 35

项目	淄博	枣庄	烟台	潍坊	济宁
其他文体					6
教育部门小计					
科学部门小计	**32**				
自然科学	22				
科协	10				
社会科学					
卫生部门小计					
卫生					
中医					
行政事业单位医疗经费					
农林水等部门小计		**440**	**696**	**2020**	**116**
农垦					
农业				30	
畜牧		440	686		
农机					
林业					
天然林保护					
水利					108
水产			10	1990	8
气象					
森工					
其他					
旅游部门小计					
旅游局					
旅行社					
其他部门小计	**8295**	**567**	**14712**	**9325**	**10101**
环境保护部门					
测绘部门					
质量技术监督部门					
物资管理部门					
武装警察部队					
公安部门					
安全部门					

续表 36

项目	淄博	枣庄	烟台	潍坊	济宁
司法部门					
检察院					
法院					
民政部门					
华侨企业					
监狱部门					
劳教部门					
统计部门					
建设部门					16
专利局					
物价部门					
其他	8295	567	14712	9325	10085
三、地质勘探费					
工业部门小计					
冶金工业					
有色金属工业					
煤炭工业					
电力工业					
石油化学工业					
机械工业					
汽车工业					
核工业					
航空工业					
航天工业					
电子工业					
船舶工业					
兵器工业					
建筑材料工业					
轻工业					
烟草工业					
纺织工业					
医药企业					
地质企业					

续表 37

项　　　目	淄博	枣庄	烟台	潍坊	济宁
建筑工程企业小计					
交通、邮电部门小计					
铁道					
交通					
邮电					
民航					
流通部门小计					
商业					
粮食					
外贸					
文体部门小计					
文化					
出版					
文物					
体育					
档案					
地震					
海洋					
通讯					
广播电影电视					
计划生育					
党政群干部训练					
其他文体					
教育部门小计					
科学部门小计					
自然科学					
科协					
社会科学					
卫生部门小计					
卫生					
中医					
行政事业单位医疗经费					
农林水等部门小计					

续表 38

项目	淄博	枣庄	烟台	潍坊	济宁
农垦					
农业					
畜牧					
农机					
林业					
天然林保护					
水利					
水产					
气象					
森工					
其他					
旅游部门小计					
旅游局					
旅行社					
其他部门小计					
环境保护部门					
测绘部门					
质量技术监督部门					
物资管理部门					
武装警察部队					
公安部门					
安全部门					
司法部门					
检察院					
法院					
民政部门					
华侨企业					
监狱部门					
劳教部门					
统计部门					
建设部门					
专利局					
物价部门					

续表 39

项目	淄博	枣庄	烟台	潍坊	济宁
其他					
四、科技三项费用	**4707**	**1242**	**9359**	**6306**	**6351**
工业部门小计	**1430**	**371**	**2589**	**1492**	**3487**
冶金工业	27		20		9
有色金属工业	13		45		
煤炭工业	10	6			120
电力工业				16	
石油化学工业	125	102	93	503	30
机械工业	27	24	582	276	1041
汽车工业			20		
核工业					
航空工业					
航天工业					
电子工业	169	34	908	87	7
船舶工业					
兵器工业					
建筑材料工业	30	70	36		5
轻工业	683	83	379	495	958
烟草工业					
纺织工业	318	47	204	45	492
医药企业	28	5	302	70	825
地质企业					
建筑工程企业小计			**20**		
交通、邮电部门小计			**2**		
铁道					
交通			2		
邮电					
民航					
流通部门小计		**35**			
商业		5			
粮食		30			
外贸					
文体部门小计			**109**		**2**

续表 40

项目	淄博	枣庄	烟台	潍坊	济宁
文化					
出版					
文物					
体育					
档案					
地震			4		
海洋			75		
通讯			30		
广播电影电视					
计划生育					2
党政群干部训练					
其他文体					
教育部门小计	**8**	**9**		**12**	
科学部门小计	**1231**	**337**	**2312**	**3343**	**1495**
自然科学	1155	337	1992	3343	814
科协	76				566
社会科学			320		115
卫生部门小计	**1**	**2**	**28**	**41**	
卫生	1	2	18	39	
中医			10	2	
行政事业单位医疗经费					
农林水等部门小计	**31**	**161**	**948**	**84**	**779**
农垦					
农业	21	125	649	38	503
畜牧		4	4		131
农机				25	4
林业		16	51	21	21
天然林保护					
水利	10	14	6		
水产		2	238		10
气象					
森工					
其他					110

续表 41

项　　目	淄博	枣庄	烟台	潍坊	济宁
旅游部门小计					**30**
旅游局					30
旅行社					
其他部门小计	**2006**	**327**	**3351**	**1334**	**558**
环境保护部门		6	2		
测绘部门					
质量技术监督部门					
物资管理部门					
武装警察部队					
公安部门					
安全部门					
司法部门					
检察院					
法院					
民政部门					
华侨企业					
监狱部门					
劳教部门					
统计部门					
建设部门					
专利局					
物价部门					
其他	2006	321	3349	1334	558
五、流动资金					
工业部门小计					
冶金工业					
有色金属工业					
煤炭工业					
电力工业					
石油化学工业					
机械工业					
汽车工业					
核工业					

续表 42

项　　目	淄博	枣庄	烟台	潍坊	济宁
航空工业					
航天工业					
电子工业					
船舶工业					
兵器工业					
建筑材料工业					
轻工业					
烟草工业					
纺织工业					
医药企业					
地质企业					
建筑工程企业小计					
交通、邮电部门小计					
铁道					
交通					
邮电					
民航					
流通部门小计					
商业					
粮食					
外贸					
文体部门小计					
文化					
出版					
文物					
体育					
档案					
地震					
海洋					
通讯					
广播电影电视					
计划生育					
党政群干部训练					

续表 43

项　　目	淄博	枣庄	烟台	潍坊	济宁
其他文体					
教育部门小计					
科学部门小计					
自然科学					
科协					
社会科学					
卫生部门小计					
卫生					
中医					
行政事业单位医疗经费					
农林水等部门小计					
农垦					
农业					
畜牧					
农机					
林业					
天然林保护					
水利					
水产					
气象					
森工					
其他					
旅游部门小计					
旅游局					
旅行社					
其他部门小计					
环境保护部门					
测绘部门					
质量技术监督部门					
物资管理部门					
武装警察部队					
公安部门					
安全部门					

续表44

项　　目	淄博	枣庄	烟台	潍坊	济宁
司法部门					
检察院					
法院					
民政部门					
华侨企业					
监狱部门					
劳教部门					
统计部门					
建设部门					
专利局					
物价部门					
其他					
六、支援农村生产支出	**3229**	**7029**	**9226**	**14870**	**12399**
小型农田水利和水土保持补助费	995	1962	5133	5762	2988
小型农田水利补助费	749	1903	4882	5213	2629
水土保持补助费	106	20	42	362	140
抗旱经费	140	39	209	187	169
小水电站补助费					50
支援农村合作生产组织资金	1063	3755	743	5071	6043
扶持乡镇企业资金	135	2131	274	4040	5070
扶持生产队(组、户)资金	923	1539	463	986	681
农村开荒补助费	5	85	6	45	292
农村农技推广和植保补助费	683	941	2158	3018	1843
农业技术推广补助费	679	851	2157	3000	1649
农作物病虫害防治补助费	4	90	1	18	194
农村草场和畜禽保护补助费	173	120	116	177	207
草场改良保护补助费		53		11	16
畜禽保护补助费	173	67	116	166	191
农村造林和林木保护补助费	292	208	791	605	1047
造林补助费	164	208	762	605	908
林木病虫害防治补助费	128		29		139
农村水产补助费	23	43	285	228	271
淡水养殖补助费	23	43		43	271

续表 45

项　　目	淄博	枣庄	烟台	潍坊	济宁
海水养殖补助费			285	185	
渔业网具改造补助费					
粮食自给工程资金				9	
七、农业综合开发支出	**4542**	**3017**	**7998**	**10945**	**4546**
中央立项开发的项目投资	1518	768	1494	4263	923
土地资源开发治理	1488	739	1332	2646	867
多种经营及龙头项目系列开发投资	30	13	162	22	26
高新科技示范项目				322	
贷款贴息支出					
其他支出		16		1273	30
地方立项开发的项目投资	3024	2249	6504	6682	3623
土地资源开发治理	606	1315	4057	4386	1072
多种经营及龙头项目系列开发投资	639	10	909	99	410
高新科技示范项目	20	471	1433	79	436
贷款贴息支出	93	16	105	2	
其他支出	1666	437		2116	1705
八、农林水利气象等部门的事业费	**8239**	**6069**	**17738**	**17287**	**17985**
农垦事业费					
技术推广费					
荒地勘察设计费					
干部训练费					
其他农垦事业费					
农场事业费				5	20
小型农田水利支出					20
政策性、社会性支出				5	
集体转业人员离休费补助					
救灾补助费					
农业事业费	2044	1729	6835	6318	5162
技术推广费	599	267	2384	2087	1150
良种推广费	79	25	25	23	52
植物保护费	55	14	144	206	137
土壤肥料事业费	18	5	68	220	93
良种示范繁殖场补助费	11	3	13	27	116

续表 46

项目	淄博	枣庄	烟台	潍坊	济宁
园艺特产场补助费					
干部训练费	23			20	530
乡(区)经营管理员经费	522	354	1345	1957	643
农业环境保护费	6		10	7	87
农民收入及负担核算经费	5	13			47
其他农业事业费	726	1048	2846	1771	2307
畜牧事业费	707	549	1020	2013	1627
技术推广费	26		68	39	34
畜牧兽医费	242	371	580	1031	490
良种推广费	15			16	13
畜禽保护费	15		20	106	2
草原保护费					
种畜场补助费					2
干部训练费					4
飞播牧草试验补助费					
其他畜牧事业费	409	178	352	821	1082
农机事业费	919	560	1686	1884	1601
技术推广费	66	10	85	163	155
农机站事业费	70	146	643	754	369
农机鉴定签理费	115	15	193	155	83
干部训练费	30		78	16	55
其他农机事业费	638	389	687	796	939
林业事业费	1739	727	2322	2384	2053
营林机构经费	1084	321	1542	1457	642
技术推广费	13	15	9	178	102
良种推广费	11	2	28		35
森林资源保护费	95		5	13	44
勘察设计费			13		
干部训练费					
防沙治沙经费	6				
重点造林工程补助费					84
山区综合开发经费					
其他林业事业费	530	389	725	736	1146

续表 47

项　　目	淄博	枣庄	烟台	潍坊	济宁
天然林保护经费					
森林管护事业费					
基本养老保险补助费					
政策性、社会性支出补助费					
下岗职工基本生活保险补助费					
下岗职工一次性安置补助费					
其他补助支出					
水利事业费	1179	1052	2402	3239	3906
防汛费	80	43	113	165	71
岁修费	63	17	95	428	435
水利设施补助费	73	5	155	86	255
技术推广费	11		56	9	108
勘察设计费					24
水质监测费					
干部训练费					22
水文事业费		6			
水土保持事业费	24		18	48	8
国营排灌站补贴	6				37
水政管理费	20	6		1	
水资源保护费					55
其他水利事业费	902	975	1965	2502	2891
水产事业费	58	134	1206	476	853
渔政管理费				56	25
技术推广费	3		118	16	108
资源调查繁殖保护费		2	19	19	23
干部训练费					59
其他水产事业费	55	132	1069	385	638
气象事业费	112	90	250	97	192
气象机构经费	47		11	5	62
气象探测费				5	
气象信息传输及加工处理费			2		
技术推广费			5		
干部训练费					

续表 48

项　　目	淄博	枣庄	烟台	潍坊	济宁
其他气象事业费	65	90	232	87	130
乡镇企业事业费	97	125	128	105	495
技术推广费	20	125	102	68	426
干部训练费	40			37	59
财务统计调查费	37		26		10
环保节能费					
农业资源调查和区划费	15	13	17	27	31
土地管理事业费	797	729	1344	659	1365
地籍管理事业费		39	109	83	57
土地利用规划事业费			80	43	23
干部训练费					5
建设用地管理事业费					29
技术推广费					4
其他土地管理事业费	797	690	1155	533	1247
森林工业事业费					
技术推广费					
干部训练费					
政策性、社会性支出					
救灾补助费					
其他森林工业事业费					
退耕还林补助费					
粮食折现补助					
退耕现金补助					
其他农林水事业费	572	361	528	80	680
九、工业交通等部门的事业费	**3035**	**685**	**899**	**702**	**1971**
勘察设计费					44
干部训练费					
其他工业事业费	3035	685	899	702	1927
十、流通部门事业费	**511**	**474**	**303**	**287**	**479**
干部训练费					
其他事业费	511	474	303	287	479
十一、文体广播事业费	**9734**	**6849**	**14530**	**11838**	**15812**
文化事业费	2086	1024	3527	2206	2960

续表 49

项目	淄博	枣庄	烟台	潍坊	济宁
艺术表演团体经费	330	140	689	430	
艺术表演场所经费	47	21	14		393
图书馆经费	306	165	619	227	444
群众文化经费	457	196	652	676	511
干部训练费				120	
其他文化事业费	946	502	1553	753	1612
出版事业费	62	39		85	60
出版经费					26
其他出版事业费	62	39		85	34
文物事业费	440	114	450	403	470
博物馆经费	315	79	386	322	143
文物事业机构经费	33	14	28	73	137
文物保护费	4	5	12	8	4
干部训练费					
其他文物事业费	88	16	24		186
体育事业费	1208	516	1429	973	1080
体育竞赛费	238		44	12	
优秀运动队经费					
业余训练费	295		781	85	43
体育场馆补助费	58	8	307		122
其他体育事业费	617	508	297	876	915
档案事业费	288	134	349	359	121
档案馆经费	267	90	347	358	18
干部训练费					
其他档案事业费	21	44	2	1	103
地震事业费	102	69	107	248	116
地震机构经费	61	63	86	236	113
地震监测预报经费	30				
地震台站经费					
群测群防费			10	3	
其他地震事业费	11	6	11	9	3
海洋事业费					
其他海洋事业费					

续表 50

项　　目	淄博	枣庄	烟台	潍坊	济宁
通讯事业费					
广播电影电视事业费	1624	1149	1777	1461	2188
广播电台经费	287	248	525	239	1148
电视台经费	286	488	649	514	40
县广播站经费	45		20	58	41
其他广播电影电视事业费	1006	413	583	650	959
计划生育事业费	2545	2787	4288	5006	6942
手术减免经费	82	5	107	9	
避孕药具经费	25	15	54	7	30
基层计划生育专职干部经费	936	1411	2121	2940	1249
独生子女保健费	74	20	3		
宣传经费	43	7	86	24	52
服务站经费	254	92	850	776	154
流动人口计划生育管理费	10	19	17		
干部训练费					
其他计划生育事业费	1121	1218	1050	1250	5457
党政群干部训练事业费	1102	860	2478	1094	1148
党校事业费	851	617	2025	1090	1148
政府机关干部训练事业费	251	152	373	4	
公检法部门干部训练事业费		91	34		
党派团体干部训练事业费			46		
其他文体广播事业费	277	157	125	3	727
十二、教育事业费	**68743**	**39628**	**103171**	**125592**	**91056**
高等学校经费	2492	1591		2160	2609
留学生经费					
中等专业学校经费	2981	1416	3914	3755	4257
技工学校经费	955	396	254	737	527
职业教育经费	3595	782	8410	6825	2147
中学经费	30154	15716	54191	63502	41737
小学经费	24395	17290	30193	43764	32866
幼儿教育经费	403	255	209	270	320
成人高等教育经费	76			85	
普通业余教育经费			59	444	

续表 51

项　　目	淄博	枣庄	烟台	潍坊	济宁
教师进修及干部培训经费	1037	355	1497	368	809
特殊教育经费	629	222	1004	768	705
广播电视教育经费	58		231	43	
其他教育事业费	1968	1605	3209	2871	5079
十三、科学事业费	**2372**	**965**	**1676**	**1317**	**1035**
自然科学事业费	2128	759	848	1112	712
技术开发研究经费	213		50		
基础研究经费					
社会公益和农业研究经费	316	62	153	460	31
行业技术开发基金	174				
转制科研机构经费					
专项科研经费			20		
科研管理机构经费					42
自然科学基金	120				
专项奖励经费	34		7		
研究生院经费					
国际学术交流经费					
干部训练费					
其他自然科学事业费	1271	697	618	652	639
科协事业费	244	178	276	205	199
学术活动经费			11	5	
科学普及活动经费	36		39	63	52
青少年科技活动经费			4	5	
科技馆、站经费	38		68		
其他科协事业费	170	178	154	132	147
社会科学事业费		28	552		124
社会科学管理机构经费		24	79		
社会科学研究机构经费					
社会科学基金					
国际学术交流经费					
干部训练费			152		
其他社会科学事业费		4	321		124
十四、卫生经费	**18388**	**8616**	**22319**	**18745**	**18249**

续表 52

项目	淄博	枣庄	烟台	潍坊	济宁
卫生事业费	9138	5317	9101	9961	11500
医院经费	3258	2651	2807	3212	4224
卫生院补助费	2872	925	2416	3855	1921
防治防疫事业费	1343	731	1749	1347	1062
妇幼保健经费	500	301	347	287	545
干部训练费	45				135
合作医疗补助费			135		
托儿所经费					
处理群众医疗欠费基金					
其他卫生事业费	1120	709	1647	1260	3613
中医事业费	895	640	808	728	1182
医院经费	815	640	808	722	963
集体医疗机构补助费	36				
干部培训费					209
处理群众医疗欠费基金					
其他中医事业费	44			6	10
药品监督管理事业费	132	61	150	191	322
行政事业单位医疗经费	8223	2598	12260	7865	5245
行政单位医疗经费	3231	1510	5737	4209	1497
事业单位医疗经费	4992	751	6200	3491	2948
其他经费		337	323	165	800
十五、税务等部门的事业费	**7384**	**5357**	**16911**	**13056**	**25015**
税务经费		1267	2169	818	3994
国家税务局经费		398	773	138	1298
地方税务局经费		869	1396	680	2696
统计经费	458	149	957	311	561
统计业务费	21	5	68	173	90
抽样调查队经费	39	54	265	30	1
干部训练费					
普查专项经费	110	39	187	9	68
其他统计事业费	288	51	437	99	402
财政事业费	537	759	1243	693	2630
审计经费	193	240	245	117	638

续表53

项目	淄博	枣庄	烟台	潍坊	济宁
审计机构经费	110	139	37	109	419
审计业务费	65	64	94	8	34
干部训练费	3				
审计专项经费					
其他审计经费	15	37	114		185
工商管理经费				64	16
基层工商管理机构经费					
工商管理业务费				64	16
国有资产管理事业费		17	95	72	235
旅游事业费	165	216	1250	190	1278
对外宣传费			3		54
干部培训费					
其他旅游事业费	165	216	1247	190	1224
华侨事业费			7	2	
接待安置费					
归侨生活困难补助费					
华侨农场事业费					
其他华侨事业费			7	2	
劳动保障事业费	36	311	147	165	202
劳动监察费			33	3	
社会保险事业费					
干部训练费					
其他劳动保障事业费	36	311	114	162	202
海关经费					
缉私办案补助支出					
收费业务支出					
科技装备支出					
缉私警察支出					
海关关务费					
行政机关事业费	2905	962	8482	6499	1438
党派团体事业补助费	479	350	57	993	65
其他部门事业费	2611	1086	2259	3132	13958
对外经济合作事业费					

续表 54

项目	淄博	枣庄	烟台	潍坊	济宁
外资事业费					
乡(镇)财政经费	1194	629	1277	2321	797
小城镇建设规划事业费					
国土整治事业费			8		
监察纪检事业费	256	9	82		619
农牧业税征收经费	152	156	407	395	160
农业综合开发事业费	15		70	30	40
其他部门事业费	994	292	415	386	12342
十六、抚恤和社会福利救济费	**7502**	**4110**	**19184**	**13283**	**9455**
抚恤事业费	2645	1550	9935	6755	4816
牺牲病故抚恤费	586	163	1520	673	414
伤残抚恤费	583	671	2752	1524	742
烈军属、复员退伍军人生活补助费	1213	544	3821	3150	2231
退伍军人安置费	22	32	364	28	95
优抚事业单位经费	130	108	1207	1315	1291
烈士纪念建筑物管理、维修费	111	32	271	65	43
军队移交地方安置的离退休人员费用	1165	479	4886	2165	721
军队离休干部离休金	532	356	2051	664	298
军队退休干部退休金	379	60	1023	551	346
军队离退休人员其他费用	254	63	1812	950	77
社会救济福利事业费	1764	1158	2139	2346	1427
农村社会救济费	555	151	913	538	220
城市居民最低生活保障	687	777	626	981	784
精简退职老弱残职工救济费	134	61	184	158	139
社会福利事业单位经费	356	108	368	652	239
殡葬事业费	32	31	16	6	34
假肢事业费					
收容遣送费		30	32	1	11
其他社会救济费				10	
救灾支出	406	363	444	528	549
特大自然灾害救济补助费	242	313	150	203	290
特大自然灾害灾后重建补助费	14		7	5	
自然灾害救济事业费	150	50	287	320	259

续表 55

项　　目	淄博	枣庄	烟台	潍坊	济宁
其他民政事业费	1414	376	1419	1241	1647
干部训练费	6		1		2
离退休干部管理机构经费	178		494	277	80
老龄机构工作经费	96		20	21	
拥军优属慰问经费	17		191	51	83
勘界经费			1		10
民间组织管理经费	11			1	
行政区划和地名管理费	9		14	1	
其他民政事业费	1097	376	698	890	1472
残疾人事业费	108	184	361	248	295
残疾人事业单位经费	107	112	355	174	264
残疾人康复经费		37	5	4	31
残疾人就业培训经费					
其他残疾人事业费	1	35	1	70	
十七、行政事业单位离退休经费	**12634**	**8910**	**41360**	**513**	**2433**
行政单位离退休经费	4359	3169	7221	513	647
离休人员费用	1465	992	2689	297	284
退休退职人员费用	1150	2115	3960	107	363
管理机构经费	494		165	56	
其他费用	1250	62	407	53	
公检法司机关离退休经费	1339	259	3429		76
离休人员费用	177	71	644		20
退休退职人员费用	430	188	2421		56
管理机构经费					
其他费用	732		364		
农业等事业单位离退休经费	723	417	2555		171
离休人员费用	147	106	325		65
退休退职人员费用	356	309	2056		106
管理机构经费					
其他费用	220	2	174		
教育事业单位离退休经费	3382	2730	22211		1179
离休人员费用	541	252	3085		160
退休退职人员费用	1831	2470	17885		1019

续表 56

项 目	淄博	枣庄	烟台	潍坊	济宁
管理机构经费					
其他费用	1010	8	1241		
科学事业单位离退休经费	135	57	131		4
离休人员费用		18	30		1
退休退职人员费用	5	39	100		3
管理机构经费					
其他费用	130		1		
其他事业单位离退休人员经费	2696	2278	5813		356
离休人员费用	313	299	914		41
退休退职人员费用	1712	1799	3754		269
管理机构经费	46	158	545		25
其他费用	625	22	600		21
十八、社会保障补助支出	**8627**	**42433**	**5784**	**8021**	**9096**
财政对社会保险基金的补贴支出	200	33	2770	108	518
对养老保险基金的补贴支出	200	23	2710	4	293
对失业保险基金的补贴支出				74	
对医疗保险基金的补贴支出		10	60	30	
对其他社会保险基金的补贴支出					225
社会保险经办机构经费	882	537	1260	1429	1543
城镇就业补助费	216	199	107	209	85
劳动力市场建设费			20	8	
就业培训和职业介绍补助费		5	47	69	
再就业补助	139	50	40	42	18
其他费用	77	144		90	67
国有企业下岗职工基本生活保障补助	3302	2114	1484	4438	2604
其他社会保障补助支出	4027	39550	163	1837	4346
十九、国防支出	**260**		**391**	**167**	
民兵事业费	260		391	167	
动员预编经费					
二十、行政管理费	**39750**	**26496**	**51645**	**57615**	**56561**
人大经费	1986	1435	2978	2482	2633
政府机关经费	28054	18001	33433	39334	41283
政协经费	1290	1137	2243	1966	1499

续表 57

项　目	淄博	枣庄	烟台	潍坊	济宁
共产党机关经费	7496	5404	11368	12564	10439
民主党派机关经费	330	126	269	201	121
社会团体机关经费	594	393	1354	1068	586
二十一、外交外事支出	**175**	**50**	**1159**	**50**	
地方外事费	175	50	1136	50	
地方出国费	145				
地方招待费					
其他地方外事费	30	50	1136	50	
对外宣传经费			23		
电视节目经费					
电影节目经费					
广播节目经费					
租台经费					
非贸易文字宣传品经费					
其他对外宣传经费			23		
二十二、武装警察部队支出	**44**			**399**	
内卫部队经费	35			134	
边防部队经费				61	
消防部队经费	9			204	
警卫部队经费					
黄金部队经费					
森林部队经费					
水电部队经费					
交通部队经费					
其他					
二十三、公检法司支出	**20962**	**15277**	**30299**	**21624**	**27033**
公安支出	14185	9757	19508	13699	18477
公安机关经费	13811	8823	18160	12450	15605
公安业务费	108	570	674	919	1773
公安特别业务费					
居民身份证经费		308	1	71	20
拘押收教场所经费	262	30	320	244	202
边防检查经费			20		

续表 58

项　　目	淄博	枣庄	烟台	潍坊	济宁
其他经费	4	26	333	15	877
国家安全支出		2	62	55	
国家安全机关经费			2	55	
国家安全业务费		2			
看守所经费					
其他经费			60		
检察院支出	2650	2309	3927	3299	3232
检察院机关经费	2416	2261	3440	3238	3212
检察院业务费	184	48	487	61	20
其他经费	50				
法院支出	2612	1824	4536	3578	3707
法院机关经费	2611	1811	4324	3403	3655
法院业务费	1	13	212	175	52
其他经费					
司法支出	885	742	1269	943	1122
司法机关经费	734	707	1039	706	1102
司法业务费	37	3	36	13	11
其他经费	114	32	194	224	9
监狱支出		310	997		
监狱警察经费		310	997		
罪犯改造经费					
狱政设施维修经费					
技术装备费					
其他经费					
劳教支出	630	333		50	495
劳教警察经费	361	333		12	363
劳动教养人员教育经费	162			8	68
所政设施维修经费	27			13	18
技术装备经费	30			17	46
其他经费	50				
二十四、城市维护费	**30485**	**11998**	**71369**	**23376**	**29279**
二十五、政策性补贴支出	**466**	**505**	**1660**	**12**	**326**
国家粮油差价补贴	35		48		5

续表 59

项　　目	淄博	枣庄	烟台	潍坊	济宁
粮食风险基金					
国家储备粮油利息费用补贴		55			
粮食财务挂账利息补贴					
国家储备粮油差价补贴					
地方粮油价外补贴	340		227		98
棉花发展补贴款					
国家储备棉花利息费用补贴					
国家储备糖费用补贴					
糖库建设补助款					
副食品风险基金					
地方煤炭风险基金					
市镇居民肉食价格补贴					
平抑市价肉食价差补贴					
平抑市价蔬菜价差补贴					
农业生产资料价差补贴					
化肥价差补贴					
农药价差补贴					
农业用电价差补贴					
农业用塑料薄膜价差补贴					
其他农业生产资料价差补贴					
棉花差价补贴					
地方粮食企业新增挂账消化款					
粮食老挂账消化款					
处理陈化粮补贴					
食品企业亏损挂账消化款					
供销社老挂账消化款					
供销社新增挂账消化款					
竞卖棉花亏损补贴					
其他政策性补贴	91	450	1385	12	223
二十六、支援不发达地区支出	**535**	**243**	**651**	**989**	**293**
财政扶贫资金	520	243	651	988	262
基础设施建设资金	4		545	82	68
生产发展资金	10	242	16	205	35

续表 60

项目	淄博	枣庄	烟台	潍坊	济宁
科技推广及培训资金	4				
社会发展资金					
项目管理费					
扶贫贷款贴息支出					
“三西”农业建设专项补助资金					
其他财政扶贫资金	502	1	90	701	159
边境建设事业补助费					
民族工作经费	15			1	31
二十七、海域开发建设和场地使用费支出			**12**		**2051**
海域开发建设支出			12		
港澳台和外商投资企业场地使用费支出					2051
二十八、专项支出	**24962**	**6046**	**14101**	**14812**	**11963**
排污费支出	4170	1079	3893	3810	2268
城市水资源费支出	11706	1029	1178	2455	2188
教育费附加支出	8578	3346	7965	8033	6522
矿产资源补偿费支出	508	592	1065	514	985
二十九、其他支出	**42230**	**16340**	**54386**	**39240**	**43530**
兵役征集费	22		73	24	3
支前费					
人民防空费	99	43	23	20	97
国家赔偿费用支出			14		
引进国外人才专项费用					
专家经费					
出国培训经费					
择优资助经费					
其他费用					
住房改革支出	1658	1104	669	4733	2789
宣传文化发展专项资金	9	88	8	28	
文化企业发展专项资金			8	28	
宣传部门使用的专项资金		88			
其他企业发展专项资金	9				
出版企业发展专项资金					
政府特殊津贴					

续表 61

项　　目	淄博	枣庄	烟台	潍坊	济宁
抗震加固补助经费	20		27	21	
债券发行费用支出					
内债发行费用					
简易建筑费	80				
其他支出	40342	15105	53572	34414	40641
军队供应站经费	139	26	66	9	70
交通战备费				5	
其他杂项支出	40203	15079	53506	34400	40571
预留调资应补未补数					

续表 62

项　　目	临沂	泰安	聊城	菏泽	德州
合　计	**398034**	**294003**	**263585**	**243947**	**274424**
一、基本建设支出					
工业部门小计					
冶金工业					
有色金属工业					
煤炭工业					
电力工业					
石油化学工业					
机械工业					
汽车工业					
核工业					
航空工业					
航天工业					
电子工业					
船舶工业					
兵器工业					
建筑材料工业					
轻工业					
烟草工业					
纺织工业					
医药企业					
地质企业					
建筑工程企业小计					
交通、邮电部门小计					
铁道					
交通					
邮电					
民航					
流通部门小计					
商业					
粮食					
外贸					
文体部门小计					

续表 63

项　　目	临沂	泰安	聊城	菏泽	德州
文化					
出版					
文物					
体育					
档案					
地震					
海洋					
通讯					
广播电影电视					
计划生育					
党政群干部训练					
其他文体					
教育部门小计					
科学部门小计					
自然科学					
科协					
社会科学					
卫生部门小计					
卫生					
中医					
行政事业单位医疗经费					
农林水等部门小计					
农垦					
农业					
畜牧					
农机					
林业					
天然林保护					
水利					
水产					
气象					
森工					
其他					

续表 64

项目	临沂	泰安	聊城	菏泽	德州
旅游部门小计					
旅游局					
旅行社					
其他部门小计					
环境保护部门					
测绘部门					
质量技术监督部门					
物资管理部门					
武装警察部队					
公安部门					
安全部门					
司法部门					
检察院					
法院					
民政部门					
华侨企业					
监狱部门					
劳教部门					
统计部门					
建设部门					
专利局					
物价部门					
其他					
二、企业挖潜改造资金	**31505**	**26141**	**12051**	**8013**	**20678**
工业部门小计	**21540**	**16532**	**9165**	**5143**	**19908**
冶金工业	10				
有色金属工业					
煤炭工业	991	2886			
电力工业	12	200	1675	100	970
石油化学工业	411	4686	580	1054	2655
机械工业	3574	6898	1960	942	1288
汽车工业					
核工业					

续表 65

项　目	临沂	泰安	聊城	菏泽	德州
航空工业					
航天工业					
电子工业	34		10	20	137
船舶工业					
兵器工业					
建筑材料工业	796	266	39	121	1264
轻工业	12867	586	3965	2040	12047
烟草工业					
纺织工业	842	980	857	686	1507
医药企业	2003	30	79	180	40
地质企业					
建筑工程企业小计	**2302**	**733**			
交通、邮电部门小计	**5**		**35**	**35**	**10**
铁道					
交通	5		35	35	10
邮电					
民航					
流通部门小计	**616**	**788**	**1821**	**2402**	**620**
商业	409	238	60	1888	340
粮食	207	538	1761	494	280
外贸		12		20	
文体部门小计					
文化					
出版					
文物					
体育					
档案					
地震					
海洋					
通讯					
广播电影电视					
计划生育					
党政群干部训练					

续表 66

项目	临沂	泰安	聊城	菏泽	德州
其他文体					
教育部门小计					
科学部门小计					
自然科学					
科协					
社会科学					
卫生部门小计					
卫生					
中医					
行政事业单位医疗经费					
农林水等部门小计	**247**	**2265**	**69**	**15**	**80**
农垦					
农业	247	2265		15	20
畜牧					60
农机					
林业					
天然林保护					
水利			69		
水产					
气象					
森工					
其他					
旅游部门小计					
旅游局					
旅行社					
其他部门小计	**6795**	**5823**	**961**	**418**	**60**
环境保护部门					
测绘部门					
质量技术监督部门					
物资管理部门					
武装警察部队					
公安部门					
安全部门					

续表 67

项目	临沂	泰安	聊城	菏泽	德州
司法部门					
检察院					
法院					
民政部门					
华侨企业					
监狱部门					
劳教部门					
统计部门					
建设部门					
专利局					
物价部门					
其他	6795	5823	961	418	60
三、地质勘探费					
工业部门小计					
冶金工业					
有色金属工业					
煤炭工业					
电力工业					
石油化学工业					
机械工业					
汽车工业					
核工业					
航空工业					
航天工业					
电子工业					
船舶工业					
兵器工业					
建筑材料工业					
轻工业					
烟草工业					
纺织工业					
医药企业					
地质企业					

续表 68

项目	临沂	泰安	聊城	菏泽	德州
建筑工程企业小计					
交通、邮电部门小计					
铁道					
交通					
邮电					
民航					
流通部门小计					
商业					
粮食					
外贸					
文体部门小计					
文化					
出版					
文物					
体育					
档案					
地震					
海洋					
通讯					
广播电影电视					
计划生育					
党政群干部训练					
其他文体					
教育部门小计					
科学部门小计					
自然科学					
科协					
社会科学					
卫生部门小计					
卫生					
中医					
行政事业单位医疗经费					
农林水等部门小计					

续表69

项　　目	临沂	泰安	聊城	菏泽	德州
农垦					
农业					
畜牧					
农机					
林业					
天然林保护					
水利					
水产					
气象					
森工					
其他					
旅游部门小计					
旅游局					
旅行社					
其他部门小计					
环境保护部门					
测绘部门					
质量技术监督部门					
物资管理部门					
武装警察部队					
公安部门					
安全部门					
司法部门					
检察院					
法院					
民政部门					
华侨企业					
监狱部门					
劳教部门					
统计部门					
建设部门					
专利局					
物价部门					

续表 70

项目	临沂	泰安	聊城	菏泽	德州
其他					
四、科技三项费用	**7913**	**4563**	**2800**	**2926**	**2650**
工业部门小计	**6049**	**1618**	**1760**	**854**	**275**
冶金工业					
有色金属工业					
煤炭工业		271			
电力工业	30		41		
石油化学工业	3710	792	10	45	39
机械工业	156	422	888	198	
汽车工业					
核工业					
航空工业					
航天工业					
电子工业	385			40	
船舶工业					
兵器工业					
建筑材料工业	33	53			15
轻工业	1668	80	592	461	78
烟草工业					
纺织工业	32		10	110	40
医药企业	35		219		103
地质企业					
建筑工程企业小计			**10**		
交通、邮电部门小计					
铁道					
交通					
邮电					
民航					
流通部门小计	**119**	**1**	**12**	**26**	
商业	99	1			
粮食	20		12	26	
外贸					
文体部门小计	**11**	**11**	**1**	**2**	**3**

续表 71

项目	临沂	泰安	聊城	菏泽	德州
文化					
出版					
文物					
体育					3
档案					
地震	11		1		
海洋					
通讯					
广播电影电视		10			
计划生育		1		2	
党政群干部训练					
其他文体					
教育部门小计	**19**	**24**	**6**	**254**	**12**
科学部门小计	**395**	**1519**	**427**	**1070**	**1614**
自然科学	389	1519	427	1012	1498
科协	6				116
社会科学				58	
卫生部门小计	**28**	**4**	**12**		**4**
卫生	25	4	12		4
中医	3				
行政事业单位医疗经费					
农林水等部门小计	**1089**	**764**	**521**	**263**	**76**
农垦					
农业	553	640	310	210	71
畜牧	36	60	40	5	2
农机	4	15		25	
林业	100	3	65	4	
天然林保护					
水利	39	45	60	15	3
水产	9	1			
气象	2			4	
森工					
其他	346		46		

续表 72

项目	临沂	泰安	聊城	菏泽	德州
旅游部门小计					
旅游局					
旅行社					
其他部门小计	**203**	**622**	**51**	**457**	**666**
环境保护部门	6				
测绘部门					
质量技术监督部门					
物资管理部门					
武装警察部队					
公安部门					
安全部门					
司法部门					
检察院					
法院					
民政部门					
华侨企业					
监狱部门					
劳教部门					
统计部门		6			
建设部门					2
专利局					
物价部门					
其他	197	616	51	457	664
五、流动资金					
工业部门小计					
冶金工业					
有色金属工业					
煤炭工业					
电力工业					
石油化学工业					
机械工业					
汽车工业					
核工业					

续表 73

项目	临沂	泰安	聊城	菏泽	德州
航空工业					
航天工业					
电子工业					
船舶工业					
兵器工业					
建筑材料工业					
轻工业					
烟草工业					
纺织工业					
医药企业					
地质企业					
建筑工程企业小计					
交通、邮电部门小计					
铁道					
交通					
邮电					
民航					
流通部门小计					
商业					
粮食					
外贸					
文体部门小计					
文化					
出版					
文物					
体育					
档案					
地震					
海洋					
通讯					
广播电影电视					
计划生育					
党政群干部训练					

续表 74

项　目	临沂	泰安	聊城	菏泽	德州
其他文体					
教育部门小计					
科学部门小计					
自然科学					
科协					
社会科学					
卫生部门小计					
卫生					
中医					
行政事业单位医疗经费					
农林水等部门小计					
农垦					
农业					
畜牧					
农机					
林业					
天然林保护					
水利					
水产					
气象					
森工					
其他					
旅游部门小计					
旅游局					
旅行社					
其他部门小计					
环境保护部门					
测绘部门					
质量技术监督部门					
物资管理部门					
武装警察部队					
公安部门					
安全部门					

续表75

项　　目	临沂	泰安	聊城	菏泽	德州
司法部门					
检察院					
法院					
民政部门					
华侨企业					
监狱部门					
劳教部门					
统计部门					
建设部门					
专利局					
物价部门					
其他					
六、支援农村生产支出	**7185**	**4690**	**9406**	**4702**	**21971**
小型农田水利和水土保持补助费	2259	1997	2720	3570	13920
小型农田水利补助费	1934	1722	2702	3329	13010
水土保持补助费	150	146	18	51	515
抗旱经费	175	129		161	354
小水电站补助费				29	41
支援农村合作生产组织资金	3310	1084	4970	441	5280
扶持乡镇企业资金	946	511	4089	354	5090
扶持生产队(组、户)资金	2316	573	881	83	190
农村开荒补助费	48			4	
农村农技推广和植保补助费	966	1123	1137	586	2011
农业技术推广补助费	964	1099	1127	584	1976
农作物病虫害防治补助费	2	24	10	2	35
农村草场和畜禽保护补助费	43	63	75	40	101
草场改良保护补助费	20	3	55	40	2
畜禽保护补助费	23	60	20		99
农村造林和林木保护补助费	553	392	479	30	558
造林补助费	553	331	479	24	544
林木病虫害防治补助费		61		6	14
农村水产补助费	54	31	25	35	101
淡水养殖补助费	54	31	25	35	101

续表 76

项　目	临沂	泰安	聊城	菏泽	德州
海水养殖补助费					
渔业网具改造补助费					
粮食自给工程资金					
七、农业综合开发支出	**5104**	**7999**	**2236**	**1996**	**2652**
中央立项开发的项目投资	2215	1640	2047	1358	2481
土地资源开发治理	1180	1618	1335	1202	1775
多种经营及龙头项目系列开发投资	335	22	36	86	152
高新科技示范项目			500		321
贷款贴息支出			10		
其他支出	700		166	70	233
地方立项开发的项目投资	2889	6359	189	638	171
土地资源开发治理	1688	5233	21	308	171
多种经营及龙头项目系列开发投资	566	1126		30	
高新科技示范项目				40	
贷款贴息支出					
其他支出	635		168	260	
八、农林水利气象等部门的事业费	**23525**	**12226**	**13573**	**11650**	**14198**
农垦事业费					
技术推广费					
荒地勘察设计费					
干部训练费					
其他农垦事业费					
农场事业费	20				
小型农田水利支出	20				
政策性、社会性支出					
集体转业人员离休费补助					
救灾补助费					
农业事业费	5536	2782	3669	3330	3641
技术推广费	1755	1158	1337	887	888
良种推广费	97		22	121	256
植物保护费	64	25	34	190	132
土壤肥料事业费	66	10	10	175	84
良种示范繁殖场补助费	60	8	3		101

续表 77

项　　目	临沂	泰安	聊城	菏泽	德州
园艺特产场补助费	19	12		54	
干部训练费					10
乡(区)经营管理员经费	932	427	555	520	549
农业环境保护费	13		17	9	
农民收入及负担核算经费			8		30
其他农业事业费	2530	1142	1683	1374	1591
畜牧事业费	2147	1016	870	1081	1033
技术推广费	23	28	7	67	101
畜牧兽医费	351	422	394	351	304
良种推广费	38			51	
畜禽保护费				34	
草原保护费					
种畜场补助费					15
干部训练费					87
飞播牧草试验补助费					
其他畜牧事业费	1735	566	469	578	526
农机事业费	2246	931	1250	1148	1345
技术推广费	156	34	226	63	199
农机站事业费	483	244	128	376	211
农机鉴定签理费	159	36	13	111	24
干部训练费		21		53	126
其他农机事业费	1448	596	883	545	785
林业事业费	3959	2168	1650	1509	1596
营林机构经费	783	1787	472	701	221
技术推广费	37	18	82	86	46
良种推广费	4				
森林资源保护费	18		128	37	
勘察设计费					
干部训练费					
防沙治沙经费					
重点造林工程补助费					
山区综合开发经费	396				
其他林业事业费	2721	363	968	685	1329

续表 78

项目	临沂	泰安	聊城	菏泽	德州
天然林保护经费					
森林管护事业费					
基本养老保险补助费					
政策性、社会性支出补助费					
下岗职工基本生活保险补助费					
下岗职工一次性安置补助费					
其他补助支出					
水利事业费	4392	3433	4004	2533	3408
防汛费	116	788	57	83	95
岁修费	27	405	73		63
水利设施补助费	179	272	10	36	132
技术推广费	20	19	170		24
勘察设计费			220		24
水质监测费					23
干部训练费					
水文事业费	6				
水土保持事业费	213	23	38		17
国营排灌站补贴		16	25	5	46
水政管理费			29	120	
水资源保护费	64	16	112	106	
其他水利事业费	3767	1894	3270	2183	2984
水产事业费	551	115	284	403	242
渔政管理费	16	13			
技术推广费	24	61	1	46	13
资源调查繁殖保护费	3				
干部训练费	3				
其他水产事业费	505	41	283	357	229
气象事业费	437	116	178	148	126
气象机构经费		104	133		66
气象探测费					
气象信息传输及加工处理费					
技术推广费					
干部训练费					3

续表 79

项　　目	临沂	泰安	聊城	菏泽	德州
其他气象事业费	437	12	45	148	57
乡镇企业事业费	1004	311	299	6	1364
技术推广费	878	177	239		1202
干部训练费	116	110	60	6	161
财务统计调查费	10	24			1
环保节能费					
农业资源调查和区划费		25	9	4	9
土地管理事业费	3090	925	908	1266	535
地籍管理事业费	9	262		147	
土地利用规划事业费	69	4		74	
干部训练费					
建设用地管理事业费	13			27	
技术推广费		5	1		
其他土地管理事业费	2999	654	907	1018	535
森林工业事业费					
技术推广费					
干部训练费					
政策性、社会性支出					
救灾补助费					
其他森林工业事业费					
退耕还林补助费					
粮食折现补助					
退耕现金补助					
其他农林水事业费	143	404	452	222	899
九、工业交通等部门的事业费	**5063**	**1506**	**1869**	**2242**	**1919**
勘察设计费					
干部训练费					
其他工业事业费	5063	1506	1869	2242	1919
十、流通部门事业费	**1051**	**600**	**841**	**47**	**278**
干部训练费					
其他事业费	1051	600	841	47	278
十一、文体广播事业费	**11951**	**8465**	**11453**	**9300**	**10088**
文化事业费	1589	1170	1933	1299	2808

续表 80

项　　目	临沂	泰安	聊城	菏泽	德州
艺术表演团体经费	183	85	996	50	288
艺术表演场所经费	3	1	32	2	77
图书馆经费	180	176	147	158	295
群众文化经费	398	567	248	264	409
干部训练费					
其他文化事业费	825	341	510	825	1739
出版事业费	48		73	25	
出版经费	48		73		
其他出版事业费				25	
文物事业费	391	79	226	214	26
博物馆经费	233	24	143	86	
文物事业机构经费	52	34	29	69	
文物保护费	79	13			21
干部训练费					
其他文物事业费	27	8	54	59	5
体育事业费	808	1045	642	434	563
体育竞赛费		563			
优秀运动队经费			10		
业余训练费	19	332			49
体育场馆补助费	8	53	52		35
其他体育事业费	781	97	580	434	479
档案事业费	365	169	133	141	173
档案馆经费	190	94	133	110	97
干部训练费					
其他档案事业费	175	75		31	76
地震事业费	122	26	60	51	40
地震机构经费	99	26	59	47	5
地震监测预报经费					
地震台站经费					
群测群防费	3				
其他地震事业费	20		1	4	35
海洋事业费					
其他海洋事业费					

续表81

项　　目	临沂	泰安	聊城	菏泽	德州
通讯事业费					
广播电影电视事业费	1258	706	1357	1612	2288
广播电台经费	92	163	388	272	316
电视台经费	113	59	241	305	231
县广播站经费	41		2	282	192
其他广播电影电视事业费	1012	484	726	753	1549
计划生育事业费	6351	4106	5728	4547	3208
手术减免经费	10			17	
避孕药具经费		27	1	11	
基层计划生育专职干部经费	2557	1279	1619	1544	1289
独生子女保健费			266		
宣传经费	10	29	5	13	60
服务站经费	442	679	726	736	623
流动人口计划生育管理费			6	12	4
干部训练费		55			
其他计划生育事业费	3332	2037	3105	2214	1232
党政群干部训练事业费	983	1119	1238	799	609
党校事业费	898	818	1235	527	563
政府机关干部训练事业费	2	176	3	211	
公检法部门干部训练事业费	83	125		61	
党派团体干部训练事业费					46
其他文体广播事业费	36	45	63	178	373
十二、教育事业费	**89564**	**55636**	**60315**	**56678**	**60647**
高等学校经费	2634	2470	1000	1025	1201
留学生经费					
中等专业学校经费	2947	1929	1577	2518	2093
技工学校经费	1030	925	365	593	435
职业教育经费	3369	1814	1642	1208	2203
中学经费	41692	25630	26000	23803	23204
小学经费	30986	20134	26588	24647	27558
幼儿教育经费	319	149	305	98	231
成人高等教育经费				392	30
普通业余教育经费					

续表 82

项　　目	临沂	泰安	聊城	菏泽	德州
教师进修及干部培训经费	527	224	580	369	863
特殊教育经费	632	439	337	370	264
广播电视教育经费	250			26	131
其他教育事业费	5178	1922	1921	1629	2434
十三、科学事业费	**1371**	**826**	**814**	**459**	**1153**
自然科学事业费	852	768	558	423	855
技术开发研究经费	116	32	284		
基础研究经费					
社会公益和农业研究经费	353	453	47		167
行业技术开发基金					
转制科研机构经费					
专项科研经费					
科研管理机构经费	180	27	132		40
自然科学基金					
专项奖励经费					
研究生院经费					
国际学术交流经费					
干部训练费			7		
其他自然科学事业费	203	256	88	423	648
科协事业费	379	58	207	36	201
学术活动经费					
科学普及活动经费	11			3	
青少年科技活动经费					
科技馆、站经费	14				
其他科协事业费	354	58	207	33	201
社会科学事业费	140		49		97
社会科学管理机构经费					
社会科学研究机构经费					
社会科学基金					
国际学术交流经费					
干部训练费					
其他社会科学事业费	140		49		97
十四、卫生经费	**17981**	**13670**	**11555**	**12575**	**12892**

续表 83

项　　　目	临沂	泰安	聊城	菏泽	德州
卫生事业费	9788	6251	8859	6710	9483
医院经费	3400	2682	3606	2028	3857
卫生院补助费	2328	2002	2681	1770	2928
防治防疫事业费	1582	803	762	1174	677
妇幼保健经费	339	192	449	469	496
干部训练费	282	17	20	76	120
合作医疗补助费					
托儿所经费					
处理群众医疗欠费基金					
其他卫生事业费	1857	555	1341	1193	1405
中医事业费	754	726	619	480	642
医院经费	754	726	619	480	491
集体医疗机构补助费					
干部培训费					
处理群众医疗欠费基金					
其他中医事业费					151
药品监督管理事业费	250	149	130	125	48
行政事业单位医疗经费	7189	6544	1947	5260	2719
行政单位医疗经费	2308	2393	872	2308	1509
事业单位医疗经费	4746	4141	826	2938	951
其他经费	135	10	249	14	259
十五、税务等部门的事业费	**14791**	**7466**	**7475**	**7928**	**6969**
税务经费	4671	249	2543	1232	1596
国家税务局经费	1269	31	831	273	458
地方税务局经费	3402	218	1712	959	1138
统计经费	1285	255	159	391	112
统计业务费	377	82	150	171	32
抽样调查队经费	31	41	9	9	10
干部训练费	11				
普查专项经费	305	132		134	22
其他统计事业费	561			77	48
财政事业费	1719	1474	852	703	677
审计经费	640	103	43	884	242

续表 84

项目	临沂	泰安	聊城	菏泽	德州
审计机构经费	301			287	160
审计业务费	20	85	43	535	
干部训练费					
审计专项经费					
其他审计经费	319	18		62	82
工商管理经费	65		20		
基层工商管理机构经费					
工商管理业务费	65		20		
国有资产管理事业费	57	64		29	627
旅游事业费	315	178	55	20	50
对外宣传费					
干部培训费					
其他旅游事业费	315	178	55	20	50
华侨事业费					
接待安置费					
归侨生活困难补助费					
华侨农场事业费					
其他华侨事业费					
劳动保障事业费	1157	74	63	137	319
劳动监察费				4	
社会保险事业费					
干部训练费					
其他劳动保障事业费	1157	74	63	133	319
海关经费					
缉私办案补助支出					
收费业务支出					
科技装备支出					
缉私警察支出					
海关关务费					
行政机关事业费	808	1429	272	1663	1100
党派团体事业补助费	256	898	173	80	63
其他部门事业费	3818	2742	3295	2789	2183
对外经济合作事业费					

续表 85

项　　目	临沂	泰安	聊城	菏泽	德州
外资事业费					
乡(镇)财政经费	2468	977	619	839	692
小城镇建设规划事业费		12		23	
国土整治事业费	42			2	
监察纪检事业费	18			83	39
农牧业税征收经费	776	381	1121	503	494
农业综合开发事业费	30		5	30	9
其他部门事业费	484	1372	1550	1309	949
十六、抚恤和社会福利救济费	**13827**	**7986**	**7226**	**7032**	**7529**
抚恤事业费	7721	3578	3947	3738	4005
牺牲病故抚恤费	1093	495	343	875	418
伤残抚恤费	2037	710	556	1103	887
烈军属、复员退伍军人生活补助费	3747	1441	929	1420	2209
退伍军人安置费	58	58	12	43	56
优抚事业单位经费	445	840	2060	239	405
烈士纪念建筑物管理、维修费	341	34	47	58	30
军队移交地方安置的离退休人员费用	872	918	477	501	574
军队离休干部离休金	309	482	187	178	291
军队退休干部退休金	176	288	89	195	117
军队离退休人员其他费用	387	148	201	128	166
社会救济福利事业费	2823	1950	1419	1029	1604
农村社会救济费	490	307	291	316	339
城市居民最低生活保障	1976	1129	553	388	432
精简退职老弱残职工救济费	195	163	132	155	176
社会福利事业单位经费	74	332	429	118	553
殡葬事业费	38	19	14	49	87
假肢事业费					
收容遣送费	35			3	6
其他社会救济费	15				11
救灾支出	729	541	706	675	609
特大自然灾害救济补助费	456	187	513	489	549
特大自然灾害灾后重建补助费	1				
自然灾害救济事业费	272	354	193	186	60

续表 86

项　　目	临沂	泰安	聊城	菏泽	德州
其他民政事业费	1445	877	648	914	604
干部训练费	3			6	
离退休干部管理机构经费	183	162	52	62	171
老龄机构工作经费					12
拥军优属慰问经费	47	46	22	27	2
勘界经费	3	4		9	
民间组织管理经费		4	6		
行政区划和地名管理费		2	10		
其他民政事业费	1209	659	558	810	419
残疾人事业费	237	122	29	175	133
残疾人事业单位经费	149	115	16	158	116
残疾人康复经费	38	1			
残疾人就业培训经费	5				
其他残疾人事业费	45	6	13	17	17
十七、行政事业单位离退休经费	**30764**	**15005**	**5528**	**33621**	**7327**
行政单位离退休经费	6321	3242	1727	8534	3092
离休人员费用	2007	679	436	2776	907
退休退职人员费用	4206	2058	1068	5685	2156
管理机构经费	89	41	180	57	
其他费用	19	464	43	16	29
公检法司机关离退休经费	1646	1210	304	899	407
离休人员费用	466	230	75	283	88
退休退职人员费用	1174	802	216	613	319
管理机构经费					
其他费用	6	178	13	3	
农业等事业单位离退休经费	2833	964	317	3421	757
离休人员费用	639	140	86	591	206
退休退职人员费用	2170	609	225	2817	551
管理机构经费					
其他费用	24	215	6	13	
教育事业单位离退休经费	13353	7108	2323	15240	1067
离休人员费用	2108	886	271	2297	242
退休退职人员费用	11219	4487	2017	12925	825

续表 87

项目	临沂	泰安	聊城	菏泽	德州
管理机构经费					
其他费用	26	1735	35	18	
科学事业单位离退休经费	283	117	16	80	98
离休人员费用	64	45	3	14	5
退休退职人员费用	212	67	12	66	93
管理机构经费					
其他费用	7	5	1		
其他事业单位离退休人员经费	6328	2364	841	5447	1906
离休人员费用	1346	337	418	984	431
退休退职人员费用	4726	1550	402	4112	1452
管理机构经费	145	124		231	23
其他费用	111	353	21	120	
十八、社会保障补助支出	**10929**	**3722**	**6019**	**7226**	**5398**
财政对社会保险基金的补贴支出	338	755	824	1091	1631
对养老保险基金的补贴支出	328	752	16	942	1463
对失业保险基金的补贴支出	10		2	4	35
对医疗保险基金的补贴支出		3	788	74	133
对其他社会保险基金的补贴支出			18	71	
社会保险经办机构经费	1070	549	998	492	475
城镇就业补助费	303	84	179	103	132
劳动力市场建设费	50	15	87	12	18
就业培训和职业介绍补助费	81	18	56	29	51
再就业补助	89	20	13	62	40
其他费用	83	31	23		23
国有企业下岗职工基本生活保障补助	1588	1811	2441	4058	1361
其他社会保障补助支出	7630	523	1577	1482	1799
十九、国防支出	**106**	**257**	**142**		
民兵事业费	106	257	142		
动员预编经费					
二十、行政管理费	**45897**	**29403**	**47406**	**36493**	**38213**
人大经费	2520	1548	2073	1665	1366
政府机关经费	28226	19620	35487	24694	26632
政协经费	1775	1173	1387	1304	1022

续表 88

项　　目	临沂	泰安	聊城	菏泽	德州
共产党机关经费	12492	6470	7961	8239	8616
民主党派机关经费	214	116	62	120	69
社会团体机关经费	670	476	436	471	508
二十一、外交外事支出	**60**				**5**
地方外事费	60				5
地方出国费					2
地方招待费					
其他地方外事费	60				3
对外宣传经费					
电视节目经费					
电影节目经费					
广播节目经费					
租台经费					
非贸易文字宣传品经费					
其他对外宣传经费					
二十二、武装警察部队支出	**254**	**86**	**151**	**191**	**480**
内卫部队经费		19	131	73	45
边防部队经费					
消防部队经费	254	67	20	118	257
警卫部队经费					178
黄金部队经费					
森林部队经费					
水电部队经费					
交通部队经费					
其他					
二十三、公检法司支出	**29229**	**16217**	**16940**	**17883**	**14953**
公安支出	20504	11215	10988	11358	9648
公安机关经费	17792	9855	10647	9981	8135
公安业务费	851	180	149	1075	1330
公安特别业务费					
居民身份证经费		560		120	57
拘押收教场所经费	322	597	192	182	126
边防检查经费					

续表 89

项　目	临沂	泰安	聊城	菏泽	德州
其他经费	1539	23			
国家安全支出			59		
国家安全机关经费			32		
国家安全业务费					
看守所经费			27		
其他经费					
检察院支出	3645	2074	2671	3022	2224
检察院机关经费	3340	1811	2602	2896	2172
检察院业务费	305	263	2	126	52
其他经费			67		
法院支出	3903	2358	2395	2492	2349
法院机关经费	3750	2308	2291	2349	2053
法院业务费	153	50	104	143	296
其他经费					
司法支出	1177	570	827	1011	732
司法机关经费	1084	481	776	962	636
司法业务费	71	23		41	92
其他经费	22	66	51	8	4
监狱支出					
监狱警察经费					
罪犯改造经费					
狱政设施维修经费					
技术装备费					
其他经费					
劳教支出					
劳教警察经费					
劳动教养人员教育经费					
所政设施维修经费					
技术装备经费					
其他经费					
二十四、城市维护费	**14560**	**13529**	**12238**	**5206**	**14679**
二十五、政策性补贴支出	**678**	**790**	**456**	**763**	**1260**
国家粮油差价补贴	438		43	35	18

续表 90

项目	临沂	泰安	聊城	菏泽	德州
粮食风险基金			40	170	
国家储备粮油利息费用补贴	70	121			66
粮食财务挂账利息补贴					150
国家储备粮油差价补贴	60				
地方粮油价外补贴	60	14			
棉花发展补贴款					
国家储备棉花利息费用补贴					
国家储备糖费用补贴					
糖库建设补助款					
副食品风险基金					
地方煤炭风险基金					
市镇居民肉食价格补贴					
平抑市价肉食价差补贴					60
平抑市价蔬菜价差补贴					
农业生产资料价差补贴					
化肥价差补贴					
农药价差补贴					
农业用电价差补贴					
农业用塑料薄膜价差补贴					
其他农业生产资料价差补贴					
棉花差价补贴					
地方粮食企业新增挂账消化款					
粮食老挂账消化款					
处理陈化粮补贴					
食品企业亏损挂账消化款					
供销社老挂账消化款					
供销社新增挂账消化款					
竞卖棉花亏损补贴					
其他政策性补贴	50	655	373	558	966
二十六、支援不发达地区支出	**1919**	**813**	**685**	**1465**	**602**
财政扶贫资金	1919	813	685	1465	573
基础设施建设资金	160		82		183
生产发展资金	1518	269	107	1465	277

续表 91

项　　目	临沂	泰安	聊城	菏泽	德州
科技推广及培训资金		1	18		4
社会发展资金	5		20		57
项目管理费		12			26
扶贫贷款贴息支出					
“三西”农业建设专项补助资金					
其他财政扶贫资金	236	531	458		26
边境建设事业补助费					
民族工作经费					29
二十七、海域开发建设和场地使用费支出	**102**	**40**	**80**		
海域开发建设支出		5	33		
港澳台和外商投资企业场地使用费支出	102	35	47		
二十八、专项支出	**7587**	**8221**	**4442**	**3028**	**5361**
排污费支出	2720	1665	934	1010	1004
城市水资源费支出	474	1755	502	24	227
教育费附加支出	3823	4255	2586	1527	3696
矿产资源补偿费支出	570	546	420	467	434
二十九、其他支出	**25118**	**54146**	**27884**	**12523**	**22522**
兵役征集费	60	14	20	54	22
支前费					
人民防空费	72	10			74
国家赔偿费用支出					
引进国外人才专项费用			39		
专家经费					
出国培训经费					
择优资助经费					
其他费用			39		
住房改革支出	1724	448	237	484	296
宣传文化发展专项资金	21	48		10	54
文化企业发展专项资金	21	48		10	36
宣传部门使用的专项资金					18
其他企业发展专项资金					
出版企业发展专项资金					
政府特殊津贴		5			

续表 92

项目	临沂	泰安	聊城	菏泽	德州
抗震加固补助经费	20	15			20
债券发行费用支出					
内债发行费用					
简易建筑费	21	549			
其他支出	23200	53057	27588	11955	22076
军队供应站经费	8	21	76		46
交通战备费					
其他杂项支出	23192	53036	27512	11955	22030
预留调资应补未补数					

续表93

项　　目	滨州	东营	威海	日照	莱芜
合　　计	**197087**	**210464**	**340447**	**127824**	**68878**
一、基本建设支出					
工业部门小计					
冶金工业					
有色金属工业					
煤炭工业					
电力工业					
石油化学工业					
机械工业					
汽车工业					
核工业					
航空工业					
航天工业					
电子工业					
船舶工业					
兵器工业					
建筑材料工业					
轻工业					
烟草工业					
纺织工业					
医药企业					
地质企业					
建筑工程企业小计					
交通、邮电部门小计					
铁道					
交通					
邮电					
民航					
流通部门小计					
商业					
粮食					
外贸					
文体部门小计					

续表 94

项　　目	滨州	东营	威海	日照	莱芜
文化					
出版					
文物					
体育					
档案					
地震					
海洋					
通讯					
广播电影电视					
计划生育					
党政群干部训练					
其他文体					
教育部门小计					
科学部门小计					
自然科学					
科协					
社会科学					
卫生部门小计					
卫生					
中医					
行政事业单位医疗经费					
农林水等部门小计					
农垦					
农业					
畜牧					
农机					
林业					
天然林保护					
水利					
水产					
气象					
森工					
其他					

续表 95

项　　目	滨州	东营	威海	日照	莱芜
旅游部门小计					
旅游局					
旅行社					
其他部门小计					
环境保护部门					
测绘部门					
质量技术监督部门					
物资管理部门					
武装警察部队					
公安部门					
安全部门					
司法部门					
检察院					
法院					
民政部门					
华侨企业					
监狱部门					
劳教部门					
统计部门					
建设部门					
专利局					
物价部门					
其他					
二、企业挖潜改造资金	**13929**	**6725**	**24938**	**13102**	**1025**
工业部门小计	**13042**	**4700**	**3756**	**9527**	**500**
冶金工业			1000		137
有色金属工业				26	
煤炭工业				1	
电力工业		10	400	441	
石油化学工业	5565	291	173	124	31
机械工业	2499		1170	1199	222
汽车工业					
核工业					

续表 96

项目	滨州	东营	威海	日照	莱芜
航空工业					
航天工业					
电子工业	60	4	103		
船舶工业					
兵器工业					
建筑材料工业			30	80	25
轻工业	1646	4272	309	7195	38
烟草工业					
纺织工业	3257	79		311	47
医药企业	15	44	571	150	
地质企业					
建筑工程企业小计			**2423**	**2**	**195**
交通、邮电部门小计	**9**	**200**		**146**	
铁道					
交通	9	200		70	
邮电				76	
民航					
流通部门小计	**219**		**270**	**1637**	**50**
商业	40			1409	
粮食	179		230	228	50
外贸			40		
文体部门小计					
文化					
出版					
文物					
体育					
档案					
地震					
海洋					
通讯					
广播电影电视					
计划生育					
党政群干部训练					

续表 97

项　　目	滨州	东营	威海	日照	莱芜
其他文体					
教育部门小计					
科学部门小计					
自然科学					
科协					
社会科学					
卫生部门小计					
卫生					
中医					
行政事业单位医疗经费					
农林水等部门小计	**138**		**4026**	**456**	
农垦					
农业					
畜牧	118				
农机					
林业					
天然林保护					
水利	20				
水产			4026	456	
气象					
森工					
其他					
旅游部门小计					
旅游局					
旅行社					
其他部门小计	**521**	**1825**	**14463**	**1334**	**280**
环境保护部门					
测绘部门					
质量技术监督部门					
物资管理部门					
武装警察部队					
公安部门					
安全部门					

续表 98

项　　目	滨州	东营	威海	日照	莱芜
司法部门					
检察院					
法院					
民政部门					
华侨企业					
监狱部门					
劳教部门					
统计部门					
建设部门					
专利局					
物价部门					
其他	521	1825	14463	1334	280
三、地质勘探费					
工业部门小计					
冶金工业					
有色金属工业					
煤炭工业					
电力工业					
石油化学工业					
机械工业					
汽车工业					
核工业					
航空工业					
航天工业					
电子工业					
船舶工业					
兵器工业					
建筑材料工业					
轻工业					
烟草工业					
纺织工业					
医药企业					
地质企业					

续表 99

项　　目	滨州	东营	威海	日照	莱芜
建筑工程企业小计					
交通、邮电部门小计					
铁道					
交通					
邮电					
民航					
流通部门小计					
商业					
粮食					
外贸					
文体部门小计					
文化					
出版					
文物					
体育					
档案					
地震					
海洋					
通讯					
广播电影电视					
计划生育					
党政群干部训练					
其他文体					
教育部门小计					
科学部门小计					
自然科学					
科协					
社会科学					
卫生部门小计					
卫生					
中医					
行政事业单位医疗经费					
农林水等部门小计					

续表 100

项目	滨州	东营	威海	日照	莱芜
农垦					
农业					
畜牧					
农机					
林业					
天然林保护					
水利					
水产					
气象					
森工					
其他					
旅游部门小计					
旅游局					
旅行社					
其他部门小计					
环境保护部门					
测绘部门					
质量技术监督部门					
物资管理部门					
武装警察部队					
公安部门					
安全部门					
司法部门					
检察院					
法院					
民政部门					
华侨企业					
监狱部门					
劳教部门					
统计部门					
建设部门					
专利局					
物价部门					

续表101

项　　目	滨州	东营	威海	日照	莱芜
其他					
四、科技三项费用	**2965**	**3933**	**7689**	**986**	**1482**
工业部门小计	**975**	**849**	**4195**	**637**	**520**
冶金工业			520		89
有色金属工业					
煤炭工业					
电力工业			110	172	
石油化学工业	328	204	104	54	5
机械工业	139		265	118	164
汽车工业					
核工业					
航空工业					
航天工业					
电子工业			333		
船舶工业					
兵器工业					
建筑材料工业				30	
轻工业	77	550	1078	230	256
烟草工业					
纺织工业	400	60		33	6
医药企业	31	35	1785		
地质企业					
建筑工程企业小计					
交通、邮电部门小计					
铁道					
交通					
邮电					
民航					
流通部门小计	**30**		**40**		
商业	30		40		
粮食					
外贸					
文体部门小计	**28**		**205**		**15**

续表 102

项目	滨州	东营	威海	日照	莱芜
文化	28		5		
出版					
文物					
体育					
档案					
地震					
海洋			200		
通讯					
广播电影电视					
计划生育					15
党政群干部训练					
其他文体					
教育部门小计	**10**				
科学部门小计	**941**	**1517**	**1622**	**41**	**575**
自然科学	809	1517	1622	41	575
科协	2				
社会科学	130				
卫生部门小计		**10**			**8**
卫生		10			
中医					8
行政事业单位医疗经费					
农林水等部门小计	**820**	**265**	**905**	**64**	**87**
农垦					
农业	268	187	415	21	31
畜牧	208	2	2	5	46
农机	69		10	5	5
林业	216	4		4	
天然林保护					
水利			17		
水产	59	32	461	29	5
气象					
森工					
其他		40			

续表 103

项目	滨州	东营	威海	日照	莱芜
旅游部门小计					
旅游局					
旅行社					
其他部门小计	**161**	**1292**	**722**	**244**	**277**
环境保护部门					13
测绘部门					
质量技术监督部门					
物资管理部门					
武装警察部队					
公安部门					
安全部门					
司法部门					
检察院					
法院					
民政部门					
华侨企业					
监狱部门					
劳教部门					
统计部门					
建设部门					
专利局					
物价部门		20			
其他	161	1272	722	244	264
五、流动资金			**2970**		
工业部门小计			**1357**		
冶金工业			1357		
有色金属工业					
煤炭工业					
电力工业					
石油化学工业					
机械工业					
汽车工业					
核工业					

续表 104

项　　目	滨州	东营	威海	日照	莱芜
航空工业					
航天工业					
电子工业					
船舶工业					
兵器工业					
建筑材料工业					
轻工业					
烟草工业					
纺织工业					
医药企业					
地质企业					
建筑工程企业小计					
交通、邮电部门小计					
铁道					
交通					
邮电					
民航					
流通部门小计					
商业					
粮食					
外贸					
文体部门小计					
文化					
出版					
文物					
体育					
档案					
地震					
海洋					
通讯					
广播电影电视					
计划生育					
党政群干部训练					

续表 105

项　　目	滨州	东营	威海	日照	莱芜
其他文体					
教育部门小计					
科学部门小计					
自然科学					
科协					
社会科学					
卫生部门小计					
卫生					
中医					
行政事业单位医疗经费					
农林水等部门小计					
农垦					
农业					
畜牧					
农机					
林业					
天然林保护					
水利					
水产					
气象					
森工					
其他					
旅游部门小计					
旅游局					
旅行社					
其他部门小计			**1613**		
环境保护部门					
测绘部门					
质量技术监督部门					
物资管理部门					
武装警察部队					
公安部门					
安全部门					

续表 106

项 目	滨州	东营	威海	日照	莱芜
司法部门					
检察院					
法院					
民政部门					
华侨企业					
监狱部门					
劳教部门					
统计部门					
建设部门					
专利局					
物价部门					
其他			1613		
六、支援农村生产支出	**4117**	**8705**	**7553**	**1799**	**1525**
小型农田水利和水土保持补助费	2460	4081	1408	991	797
小型农田水利补助费	2284	3975	1177	848	575
水土保持补助费	84	54	68	27	185
抗旱经费	79	32	163	71	37
小水电站补助费	13	20		45	
支援农村合作生产组织资金	564	1817	1443	296	296
扶持乡镇企业资金	144	1595	883	290	3
扶持生产队(组、户)资金	350	220	560		258
农村开荒补助费	70	2		6	35
农村农技推广和植保补助费	918	1329	887	432	270
农业技术推广补助费	841	1275	872	427	270
农作物病虫害防治补助费	77	54	15	5	
农村草场和畜禽保护补助费	39	382	112	20	11
草场改良保护补助费	10	137	20		
畜禽保护补助费	29	245	92	20	11
农村造林和林木保护补助费	101	831	312	30	135
造林补助费	86	831	305	30	135
林木病虫害防治补助费	15		7		
农村水产补助费	35	265	3391	30	16
淡水养殖补助费	35	218	150		16

续表107

项　　目	滨州	东营	威海	日照	莱芜
海水养殖补助费		47	3236	30	
渔业网具改造补助费			5		
粮食自给工程资金					
七、农业综合开发支出	**1992**	**3344**	**6663**	**1856**	**697**
中央立项开发的项目投资	1518	2918	1316	1154	65
土地资源开发治理	1118	2797	925	650	40
多种经营及龙头项目系列开发投资	24	121	52	147	25
高新科技示范项目	368		288	307	
贷款贴息支出					
其他支出	8		51	50	
地方立项开发的项目投资	474	426	5347	702	632
土地资源开发治理	447	160	2592	1	570
多种经营及龙头项目系列开发投资		34	2545	17	
高新科技示范项目			20	70	
贷款贴息支出		41			
其他支出	27	191	190	614	62
八、农林水利气象等部门的事业费	**7699**	**8015**	**10129**	**5822**	**3062**
农垦事业费					
技术推广费					
荒地勘察设计费					
干部训练费					
其他农垦事业费					
农场事业费	12	26			
小型农田水利支出	12	26			
政策性、社会性支出					
集体转业人员离休费补助					
救灾补助费					
农业事业费	2210	1784	2574	1464	675
技术推广费	658	41	1116	364	150
良种推广费	11		34	6	
植物保护费	25		38		
土壤肥料事业费	13		18		
良种示范繁殖场补助费				10	

续表 108

项目	滨州	东营	威海	日照	莱芜
园艺特产场补助费					
干部训练费					5
乡(区)经营管理员经费	375	127	515	333	25
农业环境保护费	9		22		
农民收入及负担核算经费	1		1		4
其他农业事业费	1118	1616	830	751	491
畜牧事业费	732	798	919	304	234
技术推广费	53			12	39
畜牧兽医费	75	106	538	47	
良种推广费				1	
畜禽保护费	50		3		
草原保护费					
种畜场补助费					
干部训练费					
飞播牧草试验补助费					
其他畜牧事业费	554	692	378	244	195
农机事业费	618	625	970	553	292
技术推广费	47	13	12	66	29
农机站事业费	71	152	396	136	
农机鉴定签理费	11	23	188	6	18
干部训练费		13			
其他农机事业费	489	424	374	345	245
林业事业费	1124	934	1253	717	488
营林机构经费	36	306	1013	235	291
技术推广费	73	11		21	
良种推广费					
森林资源保护费	3	3	73	75	59
勘察设计费					
干部训练费					
防沙治沙经费					
重点造林工程补助费					
山区综合开发经费					
其他林业事业费	1012	614	167	386	138

续表 109

项　　目	滨州	东营	威海	日照	莱芜
天然林保护经费					
森林管护事业费					
基本养老保险补助费					
政策性、社会性支出补助费					
下岗职工基本生活保险补助费					
下岗职工一次性安置补助费					
其他补助支出					
水利事业费	1765	1885	1096	1139	962
防汛费	14	80	44	76	36
岁修费	19		82	79	479
水利设施补助费	76	1052	10	37	89
技术推广费				51	25
勘察设计费				5	
水质监测费			10		
干部训练费					
水文事业费			93	47	
水土保持事业费				30	22
国营排灌站补贴					
水政管理费	4				
水资源保护费	1		30	64	
其他水利事业费	1651	753	827	750	311
水产事业费	333	785	1832	587	19
渔政管理费		252	1163	276	
技术推广费	12		103	19	
资源调查繁殖保护费					
干部训练费					
其他水产事业费	321	533	566	292	19
气象事业费	143	208	189	89	63
气象机构经费	60	174	23		
气象探测费					
气象信息传输及加工处理费					
技术推广费					
干部训练费					

续表 110

项目	滨州	东营	威海	日照	莱芜
其他气象事业费	83	34	166	89	63
乡镇企业事业费	48	257	95	268	39
技术推广费	13	187	95	252	4
干部训练费	35	28			35
财务统计调查费		42		16	
环保节能费					
农业资源调查和区划费	17		15		16
土地管理事业费	505	544	1131	661	229
地籍管理事业费	28			12	
土地利用规划事业费			50		10
干部训练费					
建设用地管理事业费					
技术推广费					
其他土地管理事业费	477	544	1081	649	219
森林工业事业费					
技术推广费					
干部训练费					
政策性、社会性支出					
救灾补助费					
其他森林工业事业费					
退耕还林补助费					
粮食折现补助					
退耕现金补助					
其他农林水事业费	192	169	55	40	45
九、工业交通等部门的事业费	**823**	**1857**	**1158**	**421**	**800**
勘察设计费			50		
干部训练费					
其他工业事业费	823	1857	1108	421	800
十、流通部门事业费	**378**	**763**	**239**	**70**	**150**
干部训练费		4			
其他事业费	378	759	239	70	150
十一、文体广播事业费	**5163**	**5733**	**8620**	**4415**	**2081**
文化事业费	845	1226	1276	651	319

续表 111

项 目	滨州	东营	威海	日照	莱芜
艺术表演团体经费	234	222	202	59	62
艺术表演场所经费					
图书馆经费	115	89	221	71	47
群众文化经费	160	195	387	161	91
干部训练费					
其他文化事业费	336	720	466	360	119
出版事业费	46				
出版经费					
其他出版事业费	46				
文物事业费	94	51	267	95	
博物馆经费		34	30	89	
文物事业机构经费	60	7	16		
文物保护费	11				
干部训练费					
其他文物事业费	23	10	221	6	
体育事业费	606	245	3235	375	410
体育竞赛费			2581	20	83
优秀运动队经费					30
业余训练费	55		179	138	130
体育场馆补助费			59		
其他体育事业费	551	245	416	217	167
档案事业费	139	162	258	85	49
档案馆经费	94		100	60	49
干部训练费					
其他档案事业费	45	162	158	25	
地震事业费	16	44	49	38	3
地震机构经费	16		49	38	3
地震监测预报经费					
地震台站经费					
群测群防费					
其他地震事业费		44			
海洋事业费					
其他海洋事业费					

续表 112

项　　目	滨州	东营	威海	日照	莱芜
通讯事业费					
广播电影电视事业费	517	1272	1108	838	327
广播电台经费	63	352	358	181	35
电视台经费	87	205	327	73	70
县广播站经费		255		118	
其他广播电影电视事业费	367	460	423	466	222
计划生育事业费	2405	2112	1432	1880	742
手术减免经费	6		120		
避孕药具经费			2		5
基层计划生育专职干部经费	590	297	439	332	
独生子女保健费					
宣传经费	2		172		
服务站经费	131	525	57	124	574
流动人口计划生育管理费	14				
干部训练费	1		2		
其他计划生育事业费	1661	1290	640	1424	163
党政群干部训练事业费	495	621	995	453	191
党校事业费	481	621	995	435	191
政府机关干部训练事业费	14			18	
公检法部门干部训练事业费					
党派团体干部训练事业费					
其他文体广播事业费					40
十二、教育事业费	**41851**	**27725**	**51141**	**29556**	**14797**
高等学校经费	1180			576	934
留学生经费					
中等专业学校经费	1796	2187	1441	1119	
技工学校经费	381	418	580	265	205
职业教育经费	1389	715	3994	996	630
中学经费	18110	11990	26889	14057	7113
小学经费	17026	9451	15959	10675	5400
幼儿教育经费	202	675	40	54	
成人高等教育经费				204	
普通业余教育经费					

续表 113

项　　目	滨州	东营	威海	日照	莱芜
教师进修及干部培训经费	45		307	332	
特殊教育经费	377	200	360	219	69
广播电视教育经费		446	468		
其他教育事业费	1345	1643	1103	1059	446
十三、科学事业费	**356**	**646**	**678**	**317**	**277**
自然科学事业费	220	536	312	188	250
技术开发研究经费		26			
基础研究经费					
社会公益和农业研究经费	31	113		50	
行业技术开发基金					
转制科研机构经费					
专项科研经费					
科研管理机构经费	28				
自然科学基金					
专项奖励经费				17	
研究生院经费					
国际学术交流经费					
干部训练费					
其他自然科学事业费	161	397	312	121	250
科协事业费	131	110	130	96	27
学术活动经费					
科学普及活动经费					
青少年科技活动经费			10		
科技馆、站经费					
其他科协事业费	131	110	120	96	27
社会科学事业费	5		236	33	
社会科学管理机构经费				9	
社会科学研究机构经费					
社会科学基金					
国际学术交流经费					
干部训练费					
其他社会科学事业费	5		236	24	
十四、卫生经费	**10261**	**8656**	**12700**	**5272**	**3388**

续表 114

项　　目	滨州	东营	威海	日照	莱芜
卫生事业费	4838	5205	5374	2861	2088
医院经费	1898	2083	1730	947	742
卫生院补助费	1260	1466	1142	835	469
防治防疫事业费	836	695	945	305	329
妇幼保健经费	232	272	107	60	213
干部训练费			56	47	86
合作医疗补助费	10	160			
托儿所经费					
处理群众医疗欠费基金					
其他卫生事业费	602	529	1394	667	249
中医事业费	478	122	502	169	230
医院经费	478	122	502	169	230
集体医疗机构补助费					
干部培训费					
处理群众医疗欠费基金					
其他中医事业费					
药品监督管理事业费	62	150	38	33	
行政事业单位医疗经费	4883	3179	6786	2209	1070
行政单位医疗经费	2646	2142	1876	1564	450
事业单位医疗经费	2123	996	4782	377	518
其他经费	114	41	128	268	102
十五、税务等部门的事业费	**5662**	**11638**	**16614**	**4872**	**3702**
税务经费	2056	2440		1124	280
国家税务局经费	413	348		281	210
地方税务局经费	1643	2092		843	70
统计经费	124	547	329	338	190
统计业务费	10	28	36	71	34
抽样调查队经费	37	228		53	
干部训练费					
普查专项经费	16		96	112	35
其他统计事业费	61	291	197	102	121
财政事业费	478	1234	907	753	604
审计经费	544	309	445	33	104

续表 115

项 目	滨州	东营	威海	日照	莱芜
审计机构经费	126	186	244		11
审计业务费			201	11	93
干部训练费					
审计专项经费				1	
其他审计经费	418	123		21	
工商管理经费	1			1	62
基层工商管理机构经费					
工商管理业务费	1			1	62
国有资产管理事业费	10		145		30
旅游事业费	49	55	553	249	65
对外宣传费					
干部培训费					
其他旅游事业费	49	55	553	249	65
华侨事业费					
接待安置费					
归侨生活困难补助费					
华侨农场事业费					
其他华侨事业费					
劳动保障事业费	1	137	233	228	101
劳动监察费		93	22		5
社会保险事业费					
干部训练费					
其他劳动保障事业费	1	44	211	228	96
海关经费					
缉私办案补助支出					
收费业务支出					
科技装备支出					
缉私警察支出					
海关关务费					
行政机关事业费	1210	4081	9403	1208	1025
党派团体事业补助费	185	127	102	86	151
其他部门事业费	1004	2708	4497	852	1090
对外经济合作事业费					

续表 116

项目	滨州	东营	威海	日照	莱芜
外资事业费					
乡(镇)财政经费	592	415	1212	416	372
小城镇建设规划事业费			24		
国土整治事业费	5	6		10	
监察纪检事业费			3		
农牧业税征收经费	39	346	189	156	63
农业综合开发事业费		95	34	15	5
其他部门事业费	368	1846	3035	255	650
十六、抚恤和社会福利救济费	**6480**	**4455**	**8397**	**3829**	**2631**
抚恤事业费	3907	1938	4055	1827	1494
牺牲病故抚恤费	794	197	718	190	278
伤残抚恤费	757	424	1583	555	389
烈军属、复员退伍军人生活补助费	1967	946	1650	700	680
退伍军人安置费	17	21		31	5
优抚事业单位经费	360	334	66	247	142
烈士纪念建筑物管理、维修费	12	16	38	104	
军队移交地方安置的离退休人员费用	562	237	1810	353	197
军队离休干部离休金	212	59	659	116	99
军队退休干部退休金	287	31	489	65	27
军队离退休人员其他费用	63	147	662	172	71
社会救济福利事业费	815	791	938	576	339
农村社会救济费	134	174	162	105	35
城市居民最低生活保障	355	340	175	285	249
精简退职老弱残职工救济费	97	42	59	39	40
社会福利事业单位经费	170	179	532	126	
殡葬事业费	44	16	8		
假肢事业费					
收容遣送费	15	40	2	20	15
其他社会救济费				1	
救灾支出	635	483	189	263	182
特大自然灾害救济补助费	344	164	83	231	148
特大自然灾害灾后重建补助费	31				
自然灾害救济事业费	260	319	106	32	34

续表 117

项　目	滨州	东营	威海	日照	莱芜
其他民政事业费	524	824	1195	699	362
干部训练费					
离退休干部管理机构经费	52	3	147	86	
老龄机构工作经费	1	68			
拥军优属慰问经费	20	55	17	13	25
勘界经费	5	16		2	
民间组织管理经费		4	13		
行政区划和地名管理费	14			4	12
其他民政事业费	432	678	1018	594	325
残疾人事业费	37	182	210	111	57
残疾人事业单位经费	33	151	134	68	38
残疾人康复经费	4	25	2		2
残疾人就业培训经费		2			
其他残疾人事业费		4	74	43	17
十七、行政事业单位离退休经费	**20588**	**1022**	**15026**	**6808**	**3589**
行政单位离退休经费	6439	449	2117	3037	1412
离休人员费用	1948	230	470	1136	
退休退职人员费用	3580	169	1497	1568	
管理机构经费	134	29		249	
其他费用	777	21	150	84	1412
公检法司机关离退休经费	798	47	1131	138	238
离休人员费用	177	14	139	28	
退休退职人员费用	401	33	811	107	
管理机构经费					
其他费用	220		181	3	238
农业等事业单位离退休经费	1341	125	981	210	157
离休人员费用	268	78	64	69	
退休退职人员费用	855	47	694	138	
管理机构经费					
其他费用	218		223	3	157
教育事业单位离退休经费	8339	195	7035	2856	1328
离休人员费用	971	95	505	241	
退休退职人员费用	6681	100	5987	2560	

续表 118

项目	滨州	东营	威海	日照	莱芜
管理机构经费				31	
其他费用	687		543	24	1328
科学事业单位离退休经费	69	19	14	13	3
离休人员费用	11	9		6	
退休退职人员费用	37	10	14	7	
管理机构经费					
其他费用	21				3
其他事业单位离退休人员经费	3602	187	3748	554	451
离休人员费用	437	34	161	81	
退休退职人员费用	1634	116	3000	423	
管理机构经费		37	117	5	
其他费用	1531		470	45	451
十八、社会保障补助支出	**2428**	**2741**	**3649**	**2085**	**486**
财政对社会保险基金的补贴支出		44	1612	569	
对养老保险基金的补贴支出			1612	569	
对失业保险基金的补贴支出		44			
对医疗保险基金的补贴支出					
对其他社会保险基金的补贴支出					
社会保险经办机构经费	524	970	971	420	313
城镇就业补助费	161	254	308	203	24
劳动力市场建设费	8	21	29		
就业培训和职业介绍补助费	21	30	114	5	16
再就业补助	40	35	40	5	
其他费用	92	168	125	193	8
国有企业下岗职工基本生活保障补助	1483	215	213	564	90
其他社会保障补助支出	260	1258	545	329	59
十九、国防支出	**18**		**56**	**38**	
民兵事业费	18		56	38	
动员预编经费					
二十、行政管理费	**21671**	**20682**	**30972**	**15840**	**9267**
人大经费	911	1459	1338	792	503
政府机关经费	14985	11619	20358	10328	6233
政协经费	729	933	910	579	403

续表 119

项　　目	滨州	东营	威海	日照	莱芜
共产党机关经费	4693	6008	7341	3852	1807
民主党派机关经费	42	59	286	36	23
社会团体机关经费	311	604	739	253	298
二十一、外交外事支出	**52**	**206**	**70**	**118**	
地方外事费	52	206	70	118	
地方出国费		206		38	
地方招待费					
其他地方外事费	52		70	80	
对外宣传经费					
电视节目经费					
电影节目经费					
广播节目经费					
租台经费					
非贸易文字宣传品经费					
其他对外宣传经费					
二十二、武装警察部队支出	**307**				**152**
内卫部队经费	39				56
边防部队经费					
消防部队经费	214				96
警卫部队经费	51				
黄金部队经费					
森林部队经费					
水电部队经费					
交通部队经费					
其他	3				
二十三、公检法司支出	**9562**	**10891**	**15735**	**7185**	**4977**
公安支出	6163	7384	10374	4614	3203
公安机关经费	5212	7025	8533	2955	2419
公安业务费	633		1652	73	703
公安特别业务费					
居民身份证经费	13	146			
拘押收教场所经费	198	123	177	56	81
边防检查经费	14				

续表 120

项　　目	滨州	东营	威海	日照	莱芜
其他经费	93	90	12	1530	
国家安全支出	16		43	5	
国家安全机关经费	16		23		
国家安全业务费				5	
看守所经费					
其他经费			20		
检察院支出	1337	1350	1992	940	905
检察院机关经费	1055	1350	1684	840	890
检察院业务费			219	100	15
其他经费	282		89		
法院支出	1527	1502	2368	1287	608
法院机关经费	1474	1502	2050	1188	588
法院业务费	53		318	99	20
其他经费					
司法支出	519	655	480	318	261
司法机关经费	504	655	372	273	171
司法业务费			14		8
其他经费	15		94	45	82
监狱支出			478	21	
监狱警察经费			478	21	
罪犯改造经费					
狱政设施维修经费					
技术装备费					
其他经费					
劳教支出					
劳教警察经费					
劳动教养人员教育经费					
所政设施维修经费					
技术装备经费					
其他经费					
二十四、城市维护费	**11445**	**25091**	**53310**	**4150**	**5147**
二十五、政策性补贴支出	**192**	**207**	**78**	**67**	**257**
国家粮油差价补贴	52				

续表 121

项　　目	滨州	东营	威海	日照	莱芜
粮食风险基金					
国家储备粮油利息费用补贴				43	
粮食财务挂账利息补贴					
国家储备粮油差价补贴	30				
地方粮油价外补贴					
棉花发展补贴款					
国家储备棉花利息费用补贴					
国家储备糖费用补贴					
糖库建设补助款					
副食品风险基金		200			
地方煤炭风险基金					
市镇居民肉食价格补贴					
平抑市价肉食价差补贴					
平抑市价蔬菜价差补贴					
农业生产资料价差补贴					
化肥价差补贴					
农药价差补贴					
农业用电价差补贴					
农业用塑料薄膜价差补贴					
其他农业生产资料价差补贴					
棉花差价补贴					
地方粮食企业新增挂账消化款					
粮食老挂账消化款					
处理陈化粮补贴					
食品企业亏损挂账消化款					
供销社老挂账消化款					
供销社新增挂账消化款					
竞卖棉花亏损补贴					
其他政策性补贴	110	7	78	24	257
二十六、支援不发达地区支出	**1007**			**127**	**12**
财政扶贫资金	978			127	12
基础设施建设资金	420			48	
生产发展资金	30				

续表 122

项目	滨州	东营	威海	日照	莱芜
科技推广及培训资金					
社会发展资金					
项目管理费					
扶贫贷款贴息支出					
“三西”农业建设专项补助资金					
其他财政扶贫资金	528			79	12
边境建设事业补助费					
民族工作经费	29				
二十七、海域开发建设和场地使用费支出	**17**	**28**	**70**		
海域开发建设支出	10	28	50		
港澳台和外商投资企业场地使用费支出	7		20		
二十八、专项支出	**4881**	**17591**	**8780**	**3632**	**2787**
排污费支出	1350	1501	1803	1459	465
城市水资源费支出			545	23	165
教育费附加支出	2736	13700	5800	1772	1613
矿产资源补偿费支出	795	2390	632	378	544
二十九、其他支出	**23243**	**39810**	**53212**	**15457**	**6587**
兵役征集费	11		41	7	94
支前费					
人民防空费				43	
国家赔偿费用支出				10	
引进国外人才专项费用					
专家经费					
出国培训经费					
择优资助经费					
其他费用					
住房改革支出	1589	3964	1573	1255	
宣传文化发展专项资金	79			17	
文化企业发展专项资金				17	
宣传部门使用的专项资金	8				
其他企业发展专项资金	71				
出版企业发展专项资金					
政府特殊津贴					

续表 123

项　　目	滨州	东营	威海	日照	莱芜
抗震加固补助经费			27	20	21
债券发行费用支出			15		
内债发行费用			15		
简易建筑费	3		17	1230	40
其他支出	21561	35846	51539	12875	6432
军队供应站经费					21
交通战备费					
其他杂项支出	21561	35846	51539	12875	6411
预留调资应补未补数					

2001年山东省财政支出分级情况

单位：万元

项目	全省							
	合计	省级	地级	地级直属乡	地级直属镇	县级	乡镇级	镇
合计	**7537781**	**1386599**	**1957449**		**3521**	**2783567**	**1410166**	**1198825**
一、基本建设支出	409608	179487	127013			88641	14467	9643
二、企业挖潜改造资金	523941	90941	168260			216315	48425	43626
三、地质勘探费	16791	16691	100					
四、科技三项费用	115257	10153	41072		8	55484	8548	6447
五、流动资金	2970					2970		
六、支援农村生产支出	146001	8631	21294		78	47910	68166	58545
七、农业综合开发支出	86253	3688	7521		70	45821	29223	25662
八、农林水利气象等部门的事业费	246679	28171	57383		269	101683	59442	49574
九、工业交通等部门的事业费	79048	41493	23080			14457	18	15
十、流通部门事业费	10225	1496	6493			2223	13	11
十一、文体广播事业费	206502	35130	51457		109	78735	41180	34505
十二、教育事业费	1377529	180629	158130		1993	433567	605203	513611
十三、科学事业费	45428	26765	11058			7160	445	411
十四、卫生经费	306587	44765	83975		77	131136	46711	40489
十五、税务等部门的事业费	400182	182162	97292		69	96346	24382	21298
十六、抚恤和社会福利救济费	175993	10527	37645		185	74873	52948	45418
十七、行政事业单位离退休经费	312186	64948	47319		174	113352	86567	73796
十八、社会保障补助支出	302506	87874	157525			56074	1033	978
十九、国防支出	3152	1657	44			1445	6	6
二十、行政管理费	743144	46655	156165		477	349230	191094	160654
二十一、外交外事支出	4994	1545	2953			496		
二十二、武装警察部队支出	4023	1585	1612			826		
二十三、公检法司支出	441382	69063	145671			222483	4165	3589
二十四、城市维护费	485770	40	218844			236729	30157	28053
二十五、政策性补贴支出	212299	197485	7881			6864	69	51
二十六、支援不发达地区支出	12492	260	3732			4866	3634	2438
二十七、海域开发建设和场地使用费支出	3410	60	598			2688	64	24
二十八、专项支出	193398	8247	83196			94900	7055	5950
二十九、其他支出	670031	46451	240136		12	296293	87151	74031

续表1

项　　目	青岛市						
	合计	地级	地级直属乡	地级直属镇	县级	乡镇级	镇
合计	**1040027**	**402635**			**456950**	**180442**	**148040**
一、基本建设支出	201995	101773			86535	13687	8863
二、企业挖潜改造资金	81126	23809			47573	9744	8131
三、地质勘探费	100	100					
四、科技三项费用	23277	4638			16650	1989	595
五、流动资金							
六、支援农村生产支出	10428	165			4709	5554	4472
七、农业综合开发支出	13513	332			6662	6519	4808
八、农林水利气象等部门的事业费	20658	4745			9411	6502	5346
九、工业交通等部门的事业费	7677	6591			1086		
十、流通部门事业费	1314	1249			65		
十一、文体广播事业费	19522	8222			8055	3245	2855
十二、教育事业费	180387	39827			62735	77825	65446
十三、科学事业费	1697	904			787	6	6
十四、卫生经费	32660	15509			13725	3426	2725
十五、税务等部门的事业费	50319	35348			12200	2771	2525
十六、抚恤和社会福利救济费	23347	7367			9491	6489	5757
十七、行政事业单位离退休经费	2852				2101	751	728
十八、社会保障补助支出	43054	35221			7745	88	88
十九、国防支出	60				54	6	6
二十、行政管理费	101240	22017			50965	28258	25595
二十一、外交外事支出	1269	1224			45		
二十二、武装警察部队支出							
二十三、公检法司支出	66057	36238			29516	303	243
二十四、城市维护费	61365	13328			40568	7469	5869
二十五、政策性补贴支出	5537	4510			1027		
二十六、支援不发达地区支出	2400	2300			100		
二十七、海域开发建设和场地使用费支出	950	550			341	59	19
二十八、专项支出	22794	6965			14026	1803	1239
二十九、其他支出	64429	29703			30778	3948	2724

续表2

项目	济南市						
	合计	地级	地级直属乡	地级直属镇	县级	乡镇级	镇
合计	**703720**	**373703**			**242377**	**87640**	**75195**
一、基本建设支出	16675	16675					
二、企业挖潜改造资金	32426	21441			9027	1958	1958
三、地质勘探费							
四、科技三项费用	15955	12065			3666	224	187
五、流动资金							
六、支援农村生产支出	8536	3591			2532	2413	2023
七、农业综合开发支出	3465	365			2417	683	630
八、农林水利气象等部门的事业费	20633	11427			7292	1914	1510
九、工业交通等部门的事业费	4928	3183			1742	3	3
十、流通部门事业费	944	912			32		
十一、文体广播事业费	15818	6133			7898	1787	1514
十二、教育事业费	100413	18688			43596	38129	32713
十三、科学事业费	2704	2413			291		
十四、卫生经费	33895	18421			11527	3947	3527
十五、税务等部门的事业费	12861	4473			7207	1181	941
十六、抚恤和社会福利救济费	19193	10711			5220	3262	2792
十七、行政事业单位离退休经费	39258	14161			15543	9554	8400
十八、社会保障补助支出	52934	49175			3613	146	146
十九、国防支出							
二十、行政管理费	67338	25039			31981	10318	8227
二十一、外交外事支出	235	235					
二十二、武装警察部队支出	374	374					
二十三、公检法司支出	47495	21253			26219	23	23
二十四、城市维护费	98503	76610			19670	2223	2087
二十五、政策性补贴支出	1560	1496			64		
二十六、支援不发达地区支出	491	201			270	20	20
二十七、海域开发建设和场地使用费支出							
二十八、专项支出	24163	17964			5584	615	559
二十九、其他支出	82923	36697			36986	9240	7935

续表 3

项目	淄博市						
	合计	地级	地级直属乡	地级直属镇	县级	乡镇级	镇
合计	**337786**	**127718**			**140936**	**69132**	**61999**
一、基本建设支出							
二、企业挖潜改造资金	18270	12734			5230	306	304
三、地质勘探费							
四、科技三项费用	4707	1137			2452	1118	1108
五、流动资金							
六、支援农村生产支出	3229	960			1401	868	782
七、农业综合开发支出	4542	434			2906	1202	756
八、农林水利气象等部门的事业费	8239	2640			4072	1527	1305
九、工业交通等部门的事业费	3035	2339			696		
十、流通部门事业费	511	503			5	3	3
十一、文体广播事业费	9734	3659			4429	1646	1538
十二、教育事业费	68743	10950			23222	34571	30958
十三、科学事业费	2372	1689			683		
十四、卫生经费	18388	5637			8547	4204	3850
十五、税务等部门的事业费	7384	3013			3179	1192	1059
十六、抚恤和社会福利救济费	7502	1055			4427	2020	1680
十七、行政事业单位离退休经费	12634	6806			5111	717	715
十八、社会保障补助支出	8627	5920			2707		
十九、国防支出	260				260		
二十、行政管理费	39750	10335			20147	9268	8005
二十一、外交外事支出	175	175					
二十二、武装警察部队支出	44				44		
二十三、公检法司支出	20962	8741			11947	274	256
二十四、城市维护费	30485	16168			13135	1182	1125
二十五、政策性补贴支出	466	126			340		
二十六、支援不发达地区支出	535	3			486	46	12
二十七、海域开发建设和场地使用费支出							
二十八、专项支出	24962	13925			9569	1468	1367
二十九、其他支出	42230	18769			15941	7520	7176

续表4

项目	枣庄市						
	合计	地级	地级直属乡	地级直属镇	县级	乡镇级	镇
合计	**218991**	**89548**			**83452**	**45991**	**42848**
一、基本建设支出							
二、企业挖潜改造资金	6652	1936			2765	1951	1606
三、地质勘探费							
四、科技三项费用	1242	757			423	62	49
五、流动资金							
六、支援农村生产支出	7029	1087			2052	3890	3519
七、农业综合开发支出	3017	587			1275	1155	1093
八、农林水利气象等部门的事业费	6069	1475			3190	1404	1328
九、工业交通等部门的事业费	685	220			465		
十、流通部门事业费	474	414			60		
十一、文体广播事业费	6849	1959			3229	1661	1576
十二、教育事业费	39628	4977			15149	19502	18305
十三、科学事业费	965	224			517	224	224
十四、卫生经费	8616	2336			5232	1048	1004
十五、税务等部门的事业费	5357	1277			3072	1008	968
十六、抚恤和社会福利救济费	4110	1022			1996	1092	1038
十七、行政事业单位离退休经费	8910	1977			4864	2069	1977
十八、社会保障补助支出	42433	40690			1734	9	9
十九、国防支出							
二十、行政管理费	26496	5093			14001	7402	6824
二十一、外交外事支出	50	50					
二十二、武装警察部队支出							
二十三、公检法司支出	15277	7081			7755	441	441
二十四、城市维护费	11998	6071			4583	1344	1256
二十五、政策性补贴支出	505	251			254		
二十六、支援不发达地区支出	243	1			32	210	210
二十七、海域开发建设和场地使用费支出							
二十八、专项支出	6046	2264			3592	190	130
二十九、其他支出	16340	7799			7212	1329	1291

续表 5

项目	烟台市						
	合计	地级	地级直属乡	地级直属镇	县级	乡镇级	镇
合计	**534224**	**120185**			**323104**	**90935**	**90217**
一、基本建设支出							
二、企业挖潜改造资金	38093	18683			19410		
三、地质勘探费							
四、科技三项费用	9359	3147			6212		
五、流动资金							
六、支援农村生产支出	9226	2175			6307	744	744
七、农业综合开发支出	7998	660			6647	691	691
八、农林水利气象等部门的事业费	17738	3540			9966	4232	4202
九、工业交通等部门的事业费	899	301			598		
十、流通部门事业费	303	271			32		
十一、文体广播事业费	14530	3728			8078	2724	2704
十二、教育事业费	103171	7299			53614	42258	41981
十三、科学事业费	1676	1040			612	24	24
十四、卫生经费	22319	4459			13399	4461	4381
十五、税务等部门的事业费	16911	2871			12618	1422	1390
十六、抚恤和社会福利救济费	19184	2703			9984	6497	6497
十七、行政事业单位离退休经费	41360	3532			23698	14130	14057
十八、社会保障补助支出	5784	1376			4332	76	76
十九、国防支出	391				391		
二十、行政管理费	51645	9247			31939	10459	10258
二十一、外交外事支出	1159	750			409		
二十二、武装警察部队支出							
二十三、公检法司支出	30299	7658			22063	578	578
二十四、城市维护费	71369	22911			48248	210	205
二十五、政策性补贴支出	1660	310			1350		
二十六、支援不发达地区支出	651	590			9	52	52
二十七、海域开发建设和场地使用费支出	12				12		
二十八、专项支出	14101	3444			10452	205	205
二十九、其他支出	54386	19490			32724	2172	2172

续表6

项目	潍坊市						
	合计	地级	地级直属乡	地级直属镇	县级	乡镇级	镇
合计	**468251**	**82209**			**265635**	**120407**	**112825**
一、基本建设支出	11451	8565			2106	780	780
二、企业挖潜改造资金	55754	13072			39259	3423	3367
三、地质勘探费							
四、科技三项费用	6306	1482			4509	315	315
五、流动资金							
六、支援农村生产支出	14870	728			7302	6840	6029
七、农业综合开发支出	10945	56			6731	4158	4157
八、农林水利气象等部门的事业费	17287	2149			8483	6655	6201
九、工业交通等部门的事业费	702	289			413		
十、流通部门事业费	287	50			237		
十一、文体广播事业费	11838	2414			5753	3671	3489
十二、教育事业费	125592	9569			52743	63280	59225
十三、科学事业费	1317	848			469		
十四、卫生经费	18745	3659			11043	4043	3727
十五、税务等部门的事业费	13056	4090			6674	2292	2169
十六、抚恤和社会福利救济费	13283	1201			8612	3470	3214
十七、行政事业单位离退休经费	513	51			388	74	73
十八、社会保障补助支出	8021	2287			5656	78	78
十九、国防支出	167				167		
二十、行政管理费	57615	9097			34997	13521	12639
二十一、外交外事支出	50	10			40		
二十二、武装警察部队支出	399	329			70		
二十三、公检法司支出	21624	4577			17045	2	2
二十四、城市维护费	23376	5211			16167	1998	1998
二十五、政策性补贴支出	12				12		
二十六、支援不发达地区支出	989	443			159	387	290
二十七、海域开发建设和场地使用费支出							
二十八、专项支出	14812	4114			10179	519	459
二十九、其他支出	39240	7918			26421	4901	4613

续表 7

项目	济宁市						
	合计	地级	地级直属乡	地级直属镇	县级	乡镇级	镇
合计	**429490**	**107914**			**208213**	**113363**	**95528**
一、基本建设支出							
二、企业挖潜改造资金	42572	25502			11785	5285	5051
三、地质勘探费							
四、科技三项费用	6351	2181			3042	1128	1028
五、流动资金							
六、支援农村生产支出	12399	1152			4077	7170	6680
七、农业综合开发支出	4546	242			2039	2265	2220
八、农林水利气象等部门的事业费	17985	3598			10500	3887	3203
九、工业交通等部门的事业费	1971	801			1170		
十、流通部门事业费	479	123			356		
十一、文体广播事业费	15812	3763			9043	3006	2533
十二、教育事业费	91056	10969			29066	51021	42449
十三、科学事业费	1035	360			648	27	22
十四、卫生经费	18249	3372			11840	3037	2574
十五、税务等部门的事业费	25015	10719			11907	2389	2148
十六、抚恤和社会福利救济费	9455	1730			4113	3612	2910
十七、行政事业单位离退休经费	2433				905	1528	1165
十八、社会保障补助支出	9096	5344			3691	61	61
十九、国防支出							
二十、行政管理费	56561	10042			29303	17216	14333
二十一、外交外事支出							
二十二、武装警察部队支出							
二十三、公检法司支出	27033	8224			18446	363	300
二十四、城市维护费	29279	9230			18501	1548	1535
二十五、政策性补贴支出	326				326		
二十六、支援不发达地区支出	293	39			27	227	122
二十七、海域开发建设和场地使用费支出	2051				2051		
二十八、专项支出	11963	2671			9192	100	100
二十九、其他支出	43530	7852			26185	9493	7094

续表 8

项目	临沂市						
	合计	地级	地级直属乡	地级直属镇	县级	乡镇级	镇
合计	**398034**	**85726**			**193040**	**119268**	**101508**
一、基本建设支出							
二、企业挖潜改造资金	31505	10134			14742	6629	6229
三、地质勘探费							
四、科技三项费用	7913	5261			2047	605	514
五、流动资金							
六、支援农村生产支出	7185	494			2476	4215	3862
七、农业综合开发支出	5104	13			3571	1520	1229
八、农林水利气象等部门的事业费	23525	4838			11622	7065	5811
九、工业交通等部门的事业费	5063	1870			3193		
十、流通部门事业费	1051	327			724		
十一、文体广播事业费	11951	1859			5512	4580	3717
十二、教育事业费	89564	10109			28739	50716	42613
十三、科学事业费	1371	564			807		
十四、卫生经费	17981	4225			10506	3250	2792
十五、税务等部门的事业费	14791	3345			8129	3317	2806
十六、抚恤和社会福利救济费	13827	2322			7464	4041	3491
十七、行政事业单位离退休经费	30764	3678			12363	14723	12415
十八、社会保障补助支出	10929	7231			3617	81	65
十九、国防支出	106	24			82		
二十、行政管理费	45897	6943			23912	15042	12725
二十一、外交外事支出	60	60					
二十二、武装警察部队支出	254	93			161		
二十三、公检法司支出	29229	5777			23216	236	188
二十四、城市维护费	14560	5125			8812	623	615
二十五、政策性补贴支出	678	62			611	5	5
二十六、支援不发达地区支出	1919	29			1487	403	361
二十七、海域开发建设和场地使用费支出	102				102		
二十八、专项支出	7587	1784			5500	303	284
二十九、其他支出	25118	9559			13645	1914	1786

续表9

项目	泰安市						
	合计	地级	地级直属乡	地级直属镇	县级	乡镇级	镇
合计	**294003**	**74611**			**115664**	**103728**	**89589**
一、基本建设支出							
二、企业挖潜改造资金	26141	5941			13841	6359	5655
三、地质勘探费							
四、科技三项费用	4563	1468			2107	988	875
五、流动资金							
六、支援农村生产支出	4690	1261			1173	2256	1948
七、农业综合开发支出	7999	456			1803	5740	5457
八、农林水利气象等部门的事业费	12226	2827			4919	4480	3737
九、工业交通等部门的事业费	1506	879			622	5	2
十、流通部门事业费	600	377			213	10	8
十一、文体广播事业费	8465	2510			2951	3004	2655
十二、教育事业费	55636	7051			13133	35452	30600
十三、科学事业费	826	678			148		
十四、卫生经费	13670	5420			5062	3188	2892
十五、税务等部门的事业费	7466	3151			3164	1151	990
十六、抚恤和社会福利救济费	7986	2085			2558	3343	2819
十七、行政事业单位离退休经费	15005	3372			5889	5744	4944
十八、社会保障补助支出	3722	1084			2572	66	39
十九、国防支出	257				257		
二十、行政管理费	29403	6013			10941	12449	10279
二十一、外交外事支出							
二十二、武装警察部队支出	86				86		
二十三、公检法司支出	16217	8887			7330		
二十四、城市维护费	13529	2725			10229	575	548
二十五、政策性补贴支出	790	310			468	12	10
二十六、支援不发达地区支出	813	22			104	687	465
二十七、海域开发建设和场地使用费支出	40	15			20	5	5
二十八、专项支出	8221	2547			5406	268	233
二十九、其他支出	54146	15532			20668	17946	15428

续表 10

项目	聊城市						
	合计	地级	地级直属乡	地级直属镇	县级	乡镇级	镇
合计	**263585**	**52115**			**119519**	**91951**	**63155**
一、基本建设支出							
二、企业挖潜改造资金	12051	597			10053	1401	1064
三、地质勘探费							
四、科技三项费用	2800	747			1875	178	125
五、流动资金							
六、支援农村生产支出	9406	492			2432	6482	5249
七、农业综合开发支出	2236	21			1531	684	386
八、农林水利气象等部门的事业费	13573	4244			5886	3443	2266
九、工业交通等部门的事业费	1869	783			1086		
十、流通部门事业费	841	489			352		
十一、文体广播事业费	11453	3061			4339	4053	2719
十二、教育事业费	60315	4244			16343	39728	26473
十三、科学事业费	814	518			296		
十四、卫生经费	11555	2276			6732	2547	1687
十五、税务等部门的事业费	7475	2570			3498	1407	1007
十六、抚恤和社会福利救济费	7226	1345			2975	2906	1900
十七、行政事业单位离退休经费	5528	127			2948	2453	2052
十八、社会保障补助支出	6019	1585			4434		
十九、国防支出	142	20			122		
二十、行政管理费	47406	8895			16732	21779	14893
二十一、外交外事支出							
二十二、武装警察部队支出	151	123			28		
二十三、公检法司支出	16940	5996			10918	26	16
二十四、城市维护费	12238	2914			8878	446	392
二十五、政策性补贴支出	456	30			426		
二十六、支援不发达地区支出	685	20			378	287	202
二十七、海域开发建设和场地使用费支出	80	33			47		
二十八、专项支出	4442	698			3568	176	158
二十九、其他支出	27884	10287			13642	3955	2566

续表 11

项目	菏泽市						
	合计	地级	地级直属乡	地级直属镇	县级	乡镇级	镇
合计	**243947**	**41426**			**120947**	**81574**	**60139**
一、基本建设支出							
二、企业挖潜改造资金	8013	1902			4781	1330	1137
三、地质勘探费							
四、科技三项费用	2926	583			1560	783	624
五、流动资金							
六、支援农村生产支出	4702	1581			1948	1173	862
七、农业综合开发支出	1996	1104			607	285	190
八、农林水利气象等部门的事业费	11650	1880			6355	3415	2489
九、工业交通等部门的事业费	2242	810			1432		
十、流通部门事业费	47				47		
十一、文体广播事业费	9300	1455			4074	3771	2761
十二、教育事业费	56678	5019			18302	33357	24511
十三、科学事业费	459	154			305		
十四、卫生经费	12575	1913			8063	2599	1936
十五、税务等部门的事业费	7928	2218			4503	1207	932
十六、抚恤和社会福利救济费	7032	565			3974	2493	1769
十七、行政事业单位离退休经费	33621	3292			14124	16205	11936
十八、社会保障补助支出	7226	1529			5672	25	21
十九、国防支出							
二十、行政管理费	36493	5172			20003	11318	8187
二十一、外交外事支出							
二十二、武装警察部队支出	191	94			97		
二十三、公检法司支出	17883	3934			13084	865	634
二十四、城市维护费	5206	2401			2625	180	143
二十五、政策性补贴支出	763	170			583	10	10
二十六、支援不发达地区支出	1465	7			660	798	577
二十七、海域开发建设和场地使用费支出							
二十八、专项支出	3028	991			1941	96	86
二十九、其他支出	12523	4652			6207	1664	1334

续表 12

项目	德州市						
	合计	地级	地级直属乡	地级直属镇	县级	乡镇级	镇
合计	**274424**	**60656**			**124729**	**89039**	**72560**
一、基本建设支出							
二、企业挖潜改造资金	20678	9075			7681	3922	3117
三、地质勘探费							
四、科技三项费用	2650	431			2219		
五、流动资金							
六、支援农村生产支出	21971	427			2765	18779	15656
七、农业综合开发支出	2652	107			1668	877	771
八、农林水利气象等部门的事业费	14198	2061			6877	5260	4103
九、工业交通等部门的事业费	1919	1381			538		
十、流通部门事业费	278	248			30		
十一、文体广播事业费	10088	1786			5803	2499	2045
十二、教育事业费	60647	5195			21503	33949	27168
十三、科学事业费	1153	322			675	156	129
十四、卫生经费	12892	2536			7312	3044	2563
十五、税务等部门的事业费	6969	2763			3287	919	748
十六、抚恤和社会福利救济费	7529	876			3545	3108	2546
十七、行政事业单位离退休经费	7327	2403			3717	1207	1050
十八、社会保障补助支出	5398	2095			3303		
十九、国防支出							
二十、行政管理费	38213	5870			20807	11536	9950
二十一、外交外事支出	5	3			2		
二十二、武装警察部队支出	480	360			120		
二十三、公检法司支出	14953	5268			9538	147	117
二十四、城市维护费	14679	7690			6537	452	394
二十五、政策性补贴支出	1260	76			1184		
二十六、支援不发达地区支出	602	22			547	33	27
二十七、海域开发建设和场地使用费支出							
二十八、专项支出	5361	2484			2488	389	310
二十九、其他支出	22522	7177			12583	2762	1866

续表 13

项　　目	滨州市						
	合计	地级	地级直属乡	地级直属镇	县级	乡镇级	镇
合计	**197087**	**38710**			**98714**	**59663**	**45168**
一、基本建设支出							
二、企业挖潜改造资金	13929	6522			7328	79	79
三、地质勘探费							
四、科技三项费用	2965	761			1935	269	227
五、流动资金							
六、支援农村生产支出	4117	483		5	2292	1342	758
七、农业综合开发支出	1992	23			1888	81	81
八、农林水利气象等部门的事业费	7699	1641		98	3329	2729	2036
九、工业交通等部门的事业费	823	637			186		
十、流通部门事业费	378	359			19		
十一、文体广播事业费	5163	1138		20	2418	1607	1193
十二、教育事业费	41851	4311		516	11686	25854	19678
十三、科学事业费	356	174			176	6	4
十四、卫生经费	10261	1953		52	5764	2544	2008
十五、税务等部门的事业费	5662	1705		8	3313	644	556
十六、抚恤和社会福利救济费	6480	657		63	2976	2847	2139
十七、行政事业单位离退休经费	20588	3614		174	10647	6327	4242
十八、社会保障补助支出	2428	908			1517	3	3
十九、国防支出	18				18		
二十、行政管理费	21671	2800		82	11844	7027	5485
二十一、外交外事支出	52	52					
二十二、武装警察部队支出	307	87			220		
二十三、公检法司支出	9562	2384			6428	750	662
二十四、城市维护费	11445	2328			7935	1182	1182
二十五、政策性补贴支出	192	20			172		
二十六、支援不发达地区支出	1007	55			480	472	88
二十七、海域开发建设和场地使用费支出	17				17		
二十八、专项支出	4881	1849			2715	317	307
二十九、其他支出	23243	4249			13411	5583	4440

续表 14

项目	东营市						
	合计	地级	地级直属乡	地级直属镇	县级	乡镇级	镇
合计	**210464**	**100910**			**71725**	**37829**	**31608**
一、基本建设支出							
二、企业挖潜改造资金	6725	870			5398	457	457
三、地质勘探费							
四、科技三项费用	3933	640			2868	425	401
五、流动资金							
六、支援农村生产支出	8705	4141			2867	1697	1415
七、农业综合开发支出	3344	2735			488	121	119
八、农林水利气象等部门的事业费	8015	3703			2457	1855	1458
九、工业交通等部门的事业费	1857	1271			586		
十、流通部门事业费	763	751			12		
十一、文体广播事业费	5733	2044			2591	1098	829
十二、教育事业费	27725	5100			8665	13960	11542
十三、科学事业费	646	450			194	2	2
十四、卫生经费	8656	3600			3714	1342	1061
十五、税务等部门的事业费	11638	6795			3616	1227	926
十六、抚恤和社会福利救济费	4455	744			2331	1380	1132
十七、行政事业单位离退休经费	1022	656			361	5	3
十八、社会保障补助支出	2741	1120			1621		
十九、国防支出							
二十、行政管理费	20682	8671			8644	3367	2509
二十一、外交外事支出	206	206					
二十二、武装警察部队支出							
二十三、公检法司支出	10891	4756			6025	110	84
二十四、城市维护费	25091	21075			3521	495	495
二十五、政策性补贴支出	207	203			4		
二十六、支援不发达地区支出							
二十七、海域开发建设和场地使用费支出	28				28		
二十八、专项支出	17591	14994			2075	522	487
二十九、其他支出	39810	16385			13659	9766	8688

续表 15

项目	威海市 合计	地级	地级直属乡	地级直属镇	县级	乡镇级	镇
合计	**340447**	**109041**			**166718**	**64688**	**64688**
一、基本建设支出							
二、企业挖潜改造资金	24938	5609			15159	4170	4170
三、地质勘探费							
四、科技三项费用	7689	4737			2867	85	85
五、流动资金	2970				2970		
六、支援农村生产支出	7553	1373			2509	3671	3671
七、农业综合开发支出	6663	73			4046	2544	2544
八、农林水利气象等部门的事业费	10129	2843			4974	2312	2312
九、工业交通等部门的事业费	1158	668			490		
十、流通部门事业费	239	209			30		
十一、文体广播事业费	8620	4716			3061	843	843
十二、教育事业费	51141	6496			26224	18421	18421
十三、科学事业费	678	292			386		
十四、卫生经费	12700	4102			6088	2510	2510
十五、税务等部门的事业费	16614	7167			7953	1494	1494
十六、抚恤和社会福利救济费	8397	1282			3590	3525	3525
十七、行政事业单位离退休经费	15026	2092			7712	5222	5222
十八、社会保障补助支出	3649	745			2843	61	61
十九、国防支出	56				56		
二十、行政管理费	30972	9063			16392	5517	5517
二十一、外交外事支出	70	70					
二十二、武装警察部队支出							
二十三、公检法司支出	15735	6324			9370	41	41
二十四、城市维护费	53310	17463			25912	9935	9935
二十五、政策性补贴支出	78	58				20	20
二十六、支援不发达地区支出							
二十七、海域开发建设和场地使用费支出	70				70		
二十八、专项支出	8780	2012			6765	3	3
二十九、其他支出	53212	31647			17251	4314	4314

续表 16

项目	日照市						
	合计	地级	地级直属乡	地级直属镇	县级	乡镇级	镇
合计	**127824**	**52079**		**2503**	**39878**	**35867**	**31092**
一、基本建设支出							
二、企业挖潜改造资金	13102	9834			1999	1269	1210
三、地质勘探费							
四、科技三项费用	986	340		8	640	6	6
五、流动资金							
六、支援农村生产支出	1799	491		73	893	415	380
七、农业综合开发支出	1856	258		70	1480	118	118
八、农林水利气象等部门的事业费	5822	2039		171	1620	2163	1870
九、工业交通等部门的事业费	421	270			151		
十、流通部门事业费	70	70					
十一、文体广播事业费	4415	1859		89	1192	1364	1159
十二、教育事业费	29556	5812		1477	5736	18008	15517
十三、科学事业费	317	193			124		
十四、卫生经费	5272	2471		25	1792	1009	883
十五、税务等部门的事业费	4872	3414		61	1109	349	323
十六、抚恤和社会福利救济费	3829	1052		122	1430	1347	1154
十七、行政事业单位离退休经费	6808	600			2022	4186	3711
十八、社会保障补助支出	2085	891			864	330	324
十九、国防支出	38				38		
二十、行政管理费	15840	6191		395	5085	4564	3727
二十一、外交外事支出	118	118					
二十二、武装警察部队支出							
二十三、公检法司支出	7185	4499			2682	4	4
二十四、城市维护费	4150	2883			1036	231	230
二十五、政策性补贴支出	67	24			43		
二十六、支援不发达地区支出	127				127		
二十七、海域开发建设和场地使用费支出							
二十八、专项支出	3632	2146			1486		
二十九、其他支出	15457	6624		12	8329	504	476

续表 17

项　　目	莱芜市						
	合计	地级	地级直属乡	地级直属镇	县级	乡镇级	镇
合计	**68878**	**38263**			**11966**	**18649**	**12666**
一、基本建设支出							
二、企业挖潜改造资金	1025	599			284	142	91
三、地质勘探费							
四、科技三项费用	1482	697			412	373	308
五、流动资金							
六、支援农村生产支出	1525	693			175	657	495
七、农业综合开发支出	697	55			62	580	412
八、农林水利气象等部门的事业费	3062	1733			730	599	397
九、工业交通等部门的事业费	800	787			3	10	10
十、流通部门事业费	150	141			9		
十一、文体广播事业费	2081	1151			309	621	375
十二、教育事业费	14797	2514			3111	9172	6011
十三、科学事业费	277	235			42		
十四、卫生经费	3388	2086			790	512	369
十五、税务等部门的事业费	3702	2373			917	412	316
十六、抚恤和社会福利救济费	2631	928			187	1516	1055
十七、行政事业单位离退休经费	3589	958			959	1672	1106
十八、社会保障补助支出	486	324			153	9	7
十九、国防支出							
二十、行政管理费	9267	5677			1537	2053	1501
二十一、外交外事支出							
二十二、武装警察部队支出	152	152					
二十三、公检法司支出	4977	4074			901	2	
二十四、城市维护费	5147	4711			372	64	44
二十五、政策性补贴支出	257	235				22	6
二十六、支援不发达地区支出	12					12	12
二十七、海域开发建设和场地使用费支出							
二十八、专项支出	2787	2344			362	81	23
二十九、其他支出	6587	5796			651	140	128

2001年山东省财政行政事业费支出明细表

单位：万元

地区	财政拨款数	实际支出数合计	人员经费				
			小计	基本工资	补助工资	其他工资	职工福利费
全省合计	**6486005**	**10048758**	**3838548**	**1450518**	**816977**	**454671**	**155760**
地(市)合计	5379987	8524284	3285260	1287678	716125	358935	120259
地(市)本级	1621104	2780861	816886	261082	173535	110723	40090
县级合计	3758883	5743423	2468374	1026596	542590	248212	80169
省内合计	**5752376**	**8910866**	**3306946**	**1301491**	**668854**	**406483**	**136327**
地(市)合计	4646358	7386392	2753658	1138651	568002	310747	100826
地(市)本级	1348689	2327182	607731	209899	125254	90800	31327
县级合计	3297669	5059210	2145927	928752	442748	219947	69499
青岛市	**733629**	**1137892**	**531602**	**149027**	**148123**	**48188**	**19433**
本级	272415	453679	209155	51183	48281	19923	8763
县级小计	461214	684213	322447	97844	99842	28265	10670
即墨市	56113	87863	43423	15093	13669	3382	1448
胶州市	40874	71502	34878	11324	11830	2428	992
胶南市	48615	73095	37300	12288	10764	2696	1254
平度市	42770	76433	38489	15785	11804	332	1053
莱西市	33311	58102	28540	9521	9777	2330	586
崂山区	37566	40840	15325	3936	5729	2057	478
城阳区	60288	75261	29250	8301	9079	4653	1470
黄岛区	19250	30849	11968	2712	4522	2096	501
开发区	18276	24347	9641	2106	3499	1987	261
市南区	30093	41741	18197	3697	4232	2696	497
市北区	29249	47834	22812	4755	6632	1714	964
四方区	19780	26805	15155	4735	4133	522	489
李沧区	25029	32269	16341	3643	4241	1475	682
济南市	**638664**	**1004374**	**311402**	**106331**	**50146**	**62713**	**14595**
本级	323522	511116	111566	34052	20356	24629	5302
县级小计	315142	493258	199836	72279	29790	38084	9293
历下区	26196	47186	22999	7059	2840	5300	1434
市中区	27929	45652	21444	6757	2255	5061	1153
天桥区	26326	42432	21925	6474	3133	4057	1157
槐荫区	25438	34682	16816	5823	2213	3781	729
历城区	59003	90353	29920	10865	4300	5497	1317
章丘市	68401	103861	35561	13352	5390	8546	1211
长青县	24534	36696	14743	5953	2838	2452	679

续表 1

地　　区	财政拨款数	实际支出数合计	人员经费				
			小　计	基本工资	补助工资	其他工资	职工福利费
平阴县	20563	29340	11864	5287	2095	1378	515
济阳县	18541	31182	12667	5348	2015	1622	612
商河县	18211	33227	11897	5361	2711	390	486
淄博市	**314809**	**514848**	**186686**	**68336**	**51587**	**15177**	**7405**
本级	113847	187573	52290	16549	13940	5259	1702
县级小计	200962	327275	134396	51787	37647	9918	5703
博山区	16646	28416	12374	4913	2986	962	436
淄川区	31191	51739	23352	8853	6218	1470	1272
张店区	30143	47108	19096	6812	5990	1078	583
周村区	18916	27609	12726	4728	2860	964	935
临淄区	40633	64368	21736	7900	6772	1541	805
桓台县	25532	49165	17584	6538	6015	1015	659
高青县	15540	22875	10353	4233	2323	1153	502
沂源县	22361	34738	17099	7601	4375	1722	463
枣庄市	**211097**	**308103**	**116614**	**54167**	**28267**	**9032**	**4608**
本级	86855	116196	27334	11934	5822	2689	1301
县级小计	124242	191907	89280	42233	22445	6343	3307
市中区	18434	28359	12355	5657	2885	681	478
薛城区	21371	26433	15158	7063	3443	1600	478
峄城区	14050	18799	11074	6094	3126	322	97
山亭区	14276	19955	7791	3401	2241	406	528
台儿庄区	13443	18933	7889	4205	2018	433	144
滕州市	42668	78192	33411	15118	8245	2774	1517
烟台市	**486772**	**817212**	**305162**	**111858**	**60309**	**43458**	**13332**
本级	98355	234694	55521	17104	13112	7459	5439
县级小计	388417	582518	249641	94754	47197	35999	7893
芝罘区	31403	45267	20709	7122	4030	3139	767
福山区	21428	27117	12394	4595	2327	1522	325
龙口市	47702	71310	28374	10492	6068	4291	1176
莱阳市	32765	51687	25759	9878	3629	3344	826
蓬莱市	35031	55088	25282	8254	3519	4987	519
招远市	38449	60293	30312	10315	6382	5077	590
莱州市	41332	70795	35326	13033	7014	4772	514
栖霞市	25203	46845	21772	8753	4258	1701	2565

续表 2

地　　区	财政拨款数	实际支出数合计	人员经费					
			小　计	基本工资	补助工资	其他工资	职工福利费
海阳市	23920	40954	21154	9221	4031	2259	587
牟平区	31120	42066	19191	8356	3402	2428	425
长岛县	6078	9543	4570	1777	850	714	124
开发区	40242	45335	5199	1812	955	984	403
莱山区	13744	17303	4693	1865	1182	906	84
潍坊市	**394740**	**722092**	**285626**	**124533**	**56093**	**31341**	**9535**
本级	59090	146210	46019	15451	8291	8015	2541
县级小计	335650	575882	239607	109082	47802	23326	6994
潍城区	16540	27404	13409	5198	2304	1498	380
坊子区	14315	19156	9107	4100	1935	1000	263
寒亭区	15376	23893	11049	5009	1945	887	258
昌邑市	26085	42466	20544	9321	5485	623	777
昌乐县	25216	41086	15427	8124	3295	670	359
安丘市	39801	74166	28190	12965	5853	3283	722
寿光市	50321	80229	31613	14204	6331	4521	905
青州市	38300	75662	28448	11022	6352	3596	1044
高密市	31580	59096	20711	9435	3976	1690	705
诸城市	39108	69433	31036	15895	4697	2119	858
临朐县	26210	53248	21537	10245	4797	1942	728
奎文区	12798	20415	8526	3773	1761	1517	338
济宁市	**380567**	**593617**	**224206**	**101243**	**45537**	**20623**	**8685**
本级	80231	132290	39715	14166	7344	5602	1360
县级小计	300336	461327	184491	87077	38193	15021	7325
市中区	12987	22905	11425	4575	2323	864	766
任城区	22042	28409	16844	6994	4874	992	532
兖州市	44300	56252	22073	8374	4294	1763	902
曲阜市	42710	58486	20122	9357	5439	1252	660
泗水县	17240	24240	10065	3781	3047	1189	132
邹城市	54372	82577	31912	13104	7196	4490	2500
微山县	22069	34011	13405	5490	3018	1218	646
鱼台县	14776	21435	8591	5094	942	638	163
金乡县	17760	32068	13404	9015	1362	895	158
嘉祥县	18751	32875	11514	6662	1631	681	149
汶上县	17216	30168	11709	6408	2132	348	360

续表 3

地　区	财政拨款数	实际支出数合计	人员经费 小计	基本工资	补助工资	其他工资	职工福利费
梁山县	16113	34482	11594	6859	1562	335	315
临沂市	**358616**	**615077**	**247792**	**108872**	**57522**	**24161**	**6870**
本级	70331	159209	38046	15048	8742	4086	1512
县级小计	288285	455868	209746	93824	48780	20075	5358
郯城县	27084	42556	18346	8944	3607	2422	447
苍山县	25517	43427	22445	8985	6105	2102	764
莒南县	26587	36101	24224	10483	6240	1596	1182
沂水县	36878	62324	25654	11582	6315	2743	569
蒙阴县	18412	29398	13015	5600	3022	448	1823
平邑县	24647	42024	22058	10384	6206	1368	287
费　县	22808	45861	16148	7005	3930	1264	509
沂南县	22428	34516	15096	6535	3158	1399	464
临沭县	20282	33296	16154	7074	3425	1758	401
兰山区	31114	45086	21540	9173	3185	3596	1080
罗庄区	17001	20958	7024	3348	1651	415	138
河东区	15527	23565	8507	4697	1718	1140	201
泰安市	**263299**	**413764**	**155359**	**65934**	**33501**	**13227**	**7697**
本级	67202	117539	41950	13963	10112	4570	2446
县级小计	196097	296225	113409	51971	23389	8657	5251
新泰市	45681	71049	27861	12268	5223	2803	1004
宁阳县	28402	44438	17423	8596	3839	827	811
东平县	25714	39355	12990	6106	3411	944	308
肥城市	45524	64170	24519	10664	4604	2607	1200
泰山区	21837	29290	10761	4034	2739	511	692
郊　区	28939	47923	19855	10303	3573	965	1236
聊城市	**248734**	**395872**	**152453**	**69640**	**28752**	**13227**	**5662**
本级	50771	127746	37395	13308	5573	5312	2187
县级小计	197963	268126	115058	56332	23179	7915	3475
东昌府区	31242	45194	21261	9217	4857	1039	819
临清市	28318	37892	15096	7097	2413	912	544
阳谷县	24712	38413	15714	7824	2230	1277	512
莘　县	26617	38248	16691	9534	4783	1970	404
茌平县	23305	32854	15058	6823	2359	1181	392
东阿县	16946	25912	8759	4237	1875	427	287

续表 4

地区	财政拨款数	实际支出数合计	人员经费				
			小计	基本工资	补助工资	其他工资	职工福利费
冠县	19564	31318	13595	6726	2651	838	298
高唐县	27259	40136	12493	5904	2676	850	274
菏泽市	**233008**	**343584**	**174792**	**81063**	**32121**	**9213**	**4320**
本级	38941	65074	23358	8140	3875	3058	960
县级小计	194067	278510	151434	72923	28246	6155	3360
牡丹区	30706	44559	21430	9472	3825	1225	273
曹县	27211	39388	19325	10330	3702	699	778
定陶县	15297	22991	13542	6082	2145	946	319
成武县	15727	21589	13098	6424	2421	199	126
单县	24671	37623	20953	9239	4966	936	185
巨野县	20782	32164	16719	8345	2903	40	384
郓城县	24802	35175	20147	9839	3446	1147	635
鄄城县	16862	21820	11367	5747	2073	334	456
东明县	18009	23201	14853	7445	2765	629	204
德州市	**251096**	**368500**	**139590**	**66352**	**30105**	**9740**	**5985**
本级	51150	79988	23373	9948	4219	1977	1219
县级小计	199946	288512	116217	56404	25886	7763	4766
德城区	22426	32032	12922	5652	3630	1177	376
陵县	17557	20120	12004	4690	2861	1911	628
平原县	17223	21618	10731	5145	1763	631	560
夏津县	14488	22823	7797	4333	1537	60	316
武城县	15923	21854	7322	3581	1250	338	277
齐河县	18507	36670	9848	4743	2533	492	416
禹城市	21608	24835	12757	5305	3728	93	934
乐陵市	23555	37647	13038	6263	4047	699	201
临邑县	18531	26442	11958	7199	1922	716	633
宁津县	20403	26893	10568	6021	1012	1339	172
庆云县	9725	17578	7272	3472	1603	307	253
滨州市	**180193**	**287340**	**118998**	**51545**	**24434**	**10709**	**3664**
本级	31427	52294	22845	8388	4579	2747	612
县级小计	148766	235046	96153	43157	19855	7962	3052
惠民县	17653	29752	11461	5147	2694	533	237
阳信县	14367	25089	11375	4883	2678	645	156
无棣县	16586	27542	10343	5492	1611	635	171

续表 5

地　区	财政拨款数	实际支出数合计	人员经费				
			小　计	基本工资	补助工资	其他工资	职工福利费
沾化县	15625	23835	9603	4532	1953	674	245
博兴县	22526	30772	13284	5919	2955	1225	401
邹平县	40394	61647	23280	9332	4715	2641	1227
滨州市	21615	36409	16807	7852	3249	1609	615
东营市	**199806**	**262441**	**78648**	**31311**	**16752**	**15529**	**2328**
本级	99400	116870	20813	7154	4427	4141	1112
县级小计	100406	145571	57835	24157	12325	11388	1216
东营区	24858	31367	11563	4517	3288	2663	154
河口区	13419	21136	7418	2846	1392	1862	236
广饶县	31042	46049	18104	7481	3448	3508	334
垦利县	15704	22746	9245	4088	1677	1920	222
利津县	15383	24273	11505	5225	2520	1435	270
威海市	**304850**	**462731**	**135067**	**46426**	**32830**	**18760**	**5886**
本级	98695	158017	29516	9072	6604	6129	1942
县级小计	206155	304714	105551	37354	26226	12631	3944
环翠区	40553	57788	16776	5188	4582	2726	548
乳山市	35071	58719	23645	9750	5868	967	1811
文登市	59323	83327	29359	10249	5805	4705	977
荣成市	71208	117370	35973	11963	9963	4229	667
日照市	**113736**	**184576**	**77703**	**35144**	**14873**	**8399**	**3377**
本级	41905	63795	20572	8689	4813	2301	1086
县级小计	71831	120781	57131	26455	10060	6098	2291
莒县	30335	52513	26198	11790	3777	3878	1097
五莲县	20401	34055	15969	7294	3167	1297	821
东港区	21095	34213	14964	7371	3116	923	373
莱芜市	**66371**	**99673**	**44087**	**19943**	**7693**	**6977**	**1316**
本级	36967	58571	17418	6933	3445	2826	606
县级小计	29404	41102	26669	13010	4248	4151	710
莱城区	22298	31221	21928	10933	3226	3359	535
钢城区	7106	9881	4741	2077	1022	792	175
省级	**1106018**	**1524474**	**553288**	**162840**	**100852**	**95736**	**35501**

续表6

地　区	人员经费		公务费	设备购置费	修缮费	业务费	其他费用	业务招待费
	社会保障费	助学金						
全省合计	**924864**	**35758**	**1097208**	**614942**	**638248**	**1574258**	**2233055**	**52499**
地(市)合计	792494	9769	925243	467935	539842	1248484	2013696	43824
地(市)本级	223728	7728	298721	195853	197573	551036	708043	12749
县级合计	568766	2041	626522	272082	342269	697448	1305653	31075
省内合计	**759263**	**34528**	**981581**	**539795**	**581530**	**1394603**	**2060987**	**45424**
地(市)合计	626893	8539	809616	392788	483124	1068829	1841628	36749
地(市)本级	143642	6809	250825	165706	177498	441739	673219	10464
县级合计	483251	1730	558791	227082	305626	627090	1168409	26285
青岛市	**165601**	**1230**	**115627**	**75147**	**56718**	**179655**	**172068**	**7075**
本级	80086	919	47896	30147	20075	109297	34824	2285
县级小计	85515	311	67731	45000	36643	70358	137244	4790
即墨市	9825	6	10975	2249	2466	13838	14399	513
胶州市	8266	38	9415	3282	3013	9466	9994	1454
胶南市	10227	71	6623	3436	4148	6937	14281	370
平度市	9512	3	6281	4215	2569	11471	12895	513
莱西市	6278	48	5899	2554	2323	8209	10464	113
崂山区	3059	66	3911	1928	1512	2611	15311	242
城阳区	5684	63	5629	4146	3933	3971	28080	252
黄岛区	2128	9	2995	2408	1146	6090	6001	241
开发区	1786	2	2770	2186	1094	3138	5409	109
市南区	7074	1	3320	1458	1327	5247	11767	425
市北区	8743	4	5219	4009	1932	3605	10144	113
四方区	5276	0	2094	1506	1500	1848	4430	272
李沧区	6300	0	2601	1732	929	4630	5896	140
济南市	**76787**	**830**	**102356**	**44078**	**45489**	**145322**	**350205**	**5522**
本级	26469	758	36050	20140	22884	83964	235088	1424
县级小计	50318	72	66306	23938	22605	61358	115117	4098
历下区	6364	2	5245	2753	2165	6238	7443	343
市中区	6215	3	4149	3326	2161	9398	4999	175
天桥区	7104	0	5949	1234	1288	4113	7472	451
槐荫区	4268	2	4786	1920	1179	5841	3756	384
历城区	7887	54	13989	3907	4232	11295	26147	863
章丘市	7051	11	9056	4628	2396	12620	39115	485
长青县	2821	0	5464	1537	1353	91	13078	430

续表 7

地区	人员经费		公务费	设备购置费	修缮费	业务费	其他费用	业务招待费
	社会保障费	助学金						
平阴县	2589		3592	1713	1937	5233	4638	363
济阳县	3070	0	6013	1412	4111	3585	3179	215
商河县	2949		8063	1508	1783	2944	6643	389
淄博市	**42650**	**1531**	**57554**	**26493**	**37864**	**82167**	**120170**	**3914**
本级	13497	1343	19752	10106	23196	34535	46713	981
县级小计	29153	188	37802	16387	14668	47632	73457	2933
博山区	3067	10	2935	966	384	3624	7988	145
淄川区	5506	33	6102	1612	2029	5668	12552	424
张店区	4632	1	4836	1936	3548	8543	8691	458
周村区	3233	6	3345	734	939	3428	6211	226
临淄区	4670	48	9275	4217	3590	8755	16325	470
桓台县	3351	6	4642	2756	1061	9538	12847	737
高青县	2135	7	2729	1695	1585	2759	3612	142
沂源县	2859	79	3627	2048	1359	5064	5246	295
枣庄市	**20211**	**329**	**34380**	**9875**	**8991**	**30428**	**106634**	**1181**
本级	5267	321	9395	5064	3232	14431	56274	466
县级小计	14944	8	24985	4811	5759	15997	50360	715
市中区	2654	0	3383	830	997	1883	8511	400
薛城区	2574	0	2396	312	540	1404	6508	115
峄城区	1435	0	2034	444	554	1315	3300	78
山亭区	1215	0	2584	405	154	845	8027	149
台儿庄区	1089		2219	437	169	2572	5558	89
滕州市	5720	37	11118	2171	3081	7781	20414	216
烟台市	**75415**	**790**	**66892**	**39697**	**60703**	**126398**	**214982**	**3378**
本级	11944	463	18472	16877	13178	48426	81540	680
县级小计	63471	327	48420	22820	47525	77972	133442	2698
芝罘区	5644	7	4531	2641	3572	3157	10620	37
福山区	3604	21	2147	1044	4641	2407	4359	125
龙口市	6321	26	5914	2679	11710	9909	12391	333
莱阳市	8022	60	4775	2793	5178	9274	3620	288
蓬莱市	7919	84	4742	2305	5108	10727	6832	92
招远市	7922	26	4389	2004	2449	9510	11567	62
莱州市	9976	17	6232	2789	4113	12003	10191	141
栖霞市	4478	17	3633	1458	1142	7713	11060	67

续表 8

地　区	人员经费		公务费	设备购置费	修缮费	业务费	其他费用	业务招待费
	社会保障费	助学金						
海阳市	5030	26	3996	1696	1471	3506	8609	522
牟平区	4534	46	3504	1654	2503	5921	8969	324
长岛县	1102	3	1307	209	420	907	2116	14
开发区	1045		2225	1399	1486	2607	32171	248
莱山区	656	0	2002	647	6624	1013	2233	91
潍坊市	**63553**	**571**	**84439**	**47971**	**45540**	**113839**	**143625**	**1052**
本级	11544	177	19512	11039	9237	37398	22680	325
县级小计	52009	394	64927	36932	36303	76441	120945	727
潍城区	4029	0	2605	2341	1554	2564	4833	98
坊子区	1809	0	2852	1333	2122	991	2585	166
寒亭区	2945	5	2507	1241	2083	2423	4540	50
昌邑市	4282	56	3684	1633	3518	5066	7967	54
昌乐县	2976	3	5109	4785	3393	4325	7952	95
安丘市	5292	75	7651	3051	2152	8618	24435	69
寿光市	5507	145	11763	5492	8270	5697	17184	210
青州市	6421	13	8307	4721	4449	13908	15747	82
高密市	4869	36	6649	5086	2770	7873	15832	175
诸城市	7429	38	5723	5090	4427	14381	8628	148
临朐县	3781	44	7534	3071	1743	8136	11199	28
奎文区	1134	3	2451	995	1133	1997	5223	90
济宁市	**47283**	**835**	**77189**	**26644**	**36718**	**95050**	**132126**	**1684**
本级	10604	639	18914	9076	17636	23111	23319	519
县级小计	36679	196	58275	17568	19082	71939	108807	1165
市中区	2897		5004	1165	976	2754	1562	19
任城区	3452		2823	740	896	2410	4575	121
兖州市	6700	40	6217	2455	2546	2831	19802	328
曲阜市	3392	22	5923	2192	1124	15479	13640	6
泗水县	1916	0	3022	726	1433	2244	6738	12
邹城市	4550	72	9371	2835	3110	10796	24390	163
微山县	3028	5	5337	1923	2857	3072	7193	224
鱼台县	1754	0	3670	958	1001	2977	4070	168
金乡县	1974		2973	1144	535	7818	6180	14
嘉祥县	2367	24	2786	601	369	9574	7938	93
汶上县	2461	0	5391	907	822	3854	7405	80

续表 9

地　区	人员经费 社会保障费	人员经费 助学金	公务费	设备购置费	修缮费	业务费	其他费用	业务招待费
梁山县	2523	0	3773	1643	2862	8597	5982	31
临沂市	**49525**	**842**	**75520**	**37396**	**41000**	**104803**	**102525**	**6041**
本级	7952	706	19001	14783	12799	41954	31173	1453
县级小计	41573	136	56519	22613	28201	62849	71352	4588
郯城县	2922	4	5873	2543	2719	10201	2321	553
苍山县	4479	10	5692	2393	2908	6135	3722	132
莒南县	4718	5	927	1018	1342	4679	3901	10
沂水县	4436	9	8696	3410	3822	7479	12591	672
蒙阴县	2105	17	4356	1289	1842	3835	4904	157
平邑县	3799	14	5269.6	1914.4	3139	3348	5557	738
费　县	3440	0	7763	2216	4028	8840	6086	780
沂南县	3516	24	4452	2306	2802	3835	5518	507
临沭县	3481	15	4433	1304	1202	6233	3811	159
兰山区	4491	15	4221	2722	1629	3868	10737	369
罗庄区	1450	22	3126	752	636	1529	7501	390
河东区	732	19	3168	1178	780	4223	5476	233
泰安市	**34601**	**399**	**46063**	**21060**	**38193**	**56314**	**94216**	**2559**
本级	10546	313	13513	6489	11097	23628	19828	1034
县级小计	24055	86	32550	14571	27096	32686	74388	1525
新泰市	6538	25	8367	2952	5615	7671	18355	228
宁阳县	3350	0	5217	2809	7294	6148	5257	290
东平县	2221	0	4829	2283	2982	3512	12684	75
肥城市	5383	61	6391	2273	5436	6264	18793	494
泰山区	2785	0	3131	3063	4210	2145	5725	255
郊　区	3778	0	4615	1191	1559	6946	13574	183
聊城市	**35008**	**164**	**49162**	**25334**	**37460**	**61972**	**64572**	**4919**
本级	10922	93	15000	12873	16482	25852	18861	1283
县级小计	24086	71	34162	12461	20978	36120	45711	3636
东昌府区	5299	30	5140	1437	4999	4021	7794	542
临清市	4130	0	4282	1723	3411	5943	7280	157
阳谷县	3871		5640	1396	1701	7650	5925	387
莘　县			3198	1967	3455	4784	6200	1953
茌平县	4286	17	4239	2026	1819	3398	6203	111
东阿县	1933		2797	1145	2192	4060	6736	223

续表 10

地　　区	人　员　经　费		公务费	设备购置费	修缮费	业务费	其他费用	业务招待费
	社会保障费	助学金						
冠　县	3075	7	4974	1649	2257	2954	5598	291
高唐县	2771	18	4346	1756	2991	5255	12442	853
菏泽市	**47688**	**387**	**41072**	**15748**	**20968**	**47960**	**42566**	**478**
本级	6961	364	10257	5147	7195	10129	8900	88
县级小计	40727	23	30815	10601	13773	37831	33666	390
牡丹区	6619	16	5111	1587	2758	4403	9140	130
曹　县	3816	0	4813	2423	1807	6470	4489	61
定陶县	4050	0	2629	1145	690	2247	2705	33
成武县	3928	0	1585	268	1202	3869	1560	7
单　县	5627		4247	1172	1489	5717	4005	40
巨野县	5040	7	3952	1514	1974	5371	2582	52
郓城县	5080	0	4826	1134	1304	4117	3611	36
鄄城县	2757	0	1800	878	1418	3738	2599	20
东明县	3810	0	1852	480	1131	1899	2975	11
德州市	**27130**	**278**	**41914**	**10789**	**15225**	**60745**	**98569**	**1668**
本级	5779	231	19274	3510	2998	12923	17571	339
县级小计	21351	47	22640	7279	12227	47822	80998	1329
德城区	2087		2917	581	530	957	13870	255
陵　县	1914	0	518	318	307	1679	5289	5
平原县	2626	6	2624	678	965	3050	3258	312
夏津县	1545	6	2125	870	482	3047	8116	386
武城县	1873	3	3249	795	1184	1926	7226	152
齐河县	1655	9	3297	1026	832	6178	15360	129
禹城市	2679	18	1834	1363	1800	1309	5731	41
乐陵市	1828	0	2306	207	3633	14835	3611	17
临邑县	1488		1877	757	1249	2362	8224	15
宁津县	2024	0	898	367	643	6197	8211	9
庆云县	1632	5	995	317	602	6282	2102	8
滨州市	**28178**	**468**	**33199**	**13763**	**10056**	**41345**	**68161**	**1818**
本级	6080	439	8178	4777	2494	18476		179
县级小计	22098	29	25021	8986	7562	22869	68161	1639
惠民县	2850	0	4200	763	575	1937	10555	261
阳信县	3010	3	3638	1157	1428	2791	4535	165
无棣县	2434		2961	1041	1206	3583	8100	308

续表 11

地　区	人员经费		公务费	设备购置费	修缮费	业务费	其他费用	业务招待费
	社会保障费	助学金						
沾化县	2199	0	2156	769	594	1744	8648	321
博兴县	2784		2696	1709	904	4798	7202	179
邹平县	5342	23	6394	2138	1620	5631	22408	176
滨州市	3479	3	2976	1409	1235	2385	11368	229
东营市	**12547**	**181**	**24798**	**13384**	**23084**	**35638**	**86161**	**728**
本级	3798	181	11761	7697	14002	13292	49055	250
县级小计	8749	0	13037	5687	9082	22346	37106	478
东营区	941	0	3069	506	816	6616	8617	180
河口区	1082		2137	1424	4015	4120	1998	24
广饶县	3333	0	3927	2047	1830	6507	13473	161
垦利县	1338		2068	787	1240	2820	6525	61
利津县	2055	0	1836	923	1181	2283	6493	52
威海市	**30851**	**314**	**48923**	**47312**	**40600**	**63896**	**126589**	**344**
本级	5602	167	13996	29528	10043	28754	46040	140
县级小计	25249	147	34927	17784	30557	35142	80549	204
环翠区	3729	3	4560	2305	4502	4799	24820	26
乳山市	5219	30	4020	2884	2747	11008	14388	27
文登市	7578	45	15075	5238	2815	8577	22221	42
荣成市	9083	68	11161	10719	16189	10295	32934	99
日照市	**15369**	**541**	**24149**	**9460**	**10416**	**25405**	**35717**	**1726**
本级	3185	498	10501	5137	4191	13443	9016	935
县级小计	12184	43	13648	4323	6225	11962	26701	791
莒县	5644	12	5374	1807	2903	5415	10545	271
五莲县	3385	5	3358	1486	2523	3465	6927	327
东港区	3155	26	4916	1030	799	3082	9229	193
莱芜市	**8015**	**143**	**9666**	**3805**	**9658**	**14672**	**17377**	**408**
本级	3492	116	7249	3463	6834	11423	11816	368
县级小计	4523	27	2417	342	2824	3249	5561	40
莱城区	3853	22	1005	269	1770	2220	4008	21
钢城区	670	5	1412	73	1054	1029	1553	19
省级	**132370**	**25989**	**171965**	**147007**	**98406**	**325774**	**219359**	**8675**

2001 年山东省财政基金预算支出明细表

单位：万元

地　区	合计	一、工业交通部门基金支出						
		小计	养路费支出	电力建设基金支出	公路客货运附加费支出	邮电附加费支出	民航机场管理建设费支出	下放港口以港养港支出
全省合计	**545019**	**258667**	**1724**	**231847**		**8052**		
地(市)合计	262922	22370	1724	17049				
地(市)本级	112145	20298	1724	17049				
县级合计	150777	2072						
省内合计	**487198**	**256294**		**231847**		**8052**		
地(市)合计	205101	19997		17049				
地(市)本级	98840	18001		17049				
县级合计	106261	1996						
青岛市	**57821**	**2373**	**1724**					
本级	13305	2297	1724					
县级小计	44516	76						
即墨市	3980							
胶州市	3902							
胶南市	3540							
平度市	8209							
莱西市	3664							
崂山区	8937							
城阳区	2990							
黄岛区	810							
开发区	876	76						
市南区	431							
市北区	440							
四方区	352							
李沧区	6385							
济南市	**32519**	**1887**		**1665**				
本级	25989	1887		1665				
县级小计	6530							
历下区	196							
市中区	189							
天桥区	218							
槐荫区	1249							
历城区	993							
章丘市	987							
长青县	650							

续表 1

地区	合计	一、工业交通部门基金支出						
		小计	养路费支出	电力建设基金支出	公路客货运附加费支出	邮电附加费支出	民航机场管理建设费支出	下放港口以港养港支出
平阴县	1432							
济阳县	242							
商河县	374							
淄博市	**7215**	**1973**		**1710**				
本级	5518	1973		1710				
县级小计	1697							
博山区	20							
淄川区								
张店区	103							
周村区	476							
临淄区	2							
桓台县	160							
高青县	70							
沂源县	866							
枣庄市	**4075**							
本级	1259							
县级小计	2816							
市中区	106							
薛城区	729							
峄城区	1725							
山亭区	85							
台儿庄区	6							
滕州市	165							
烟台市	**23857**	**770**						
本级	3822	7						
县级小计	20035	763						
芝罘区	609							
福山区	1081	555						
龙口市	4566							
莱阳市	2060							
蓬莱市	678							
招远市	2669	208						
莱州市	1552							
栖霞市	1249							

续表 2

地区	合计	一、工业交通部门基金支出						
		小计	养路费支出	电力建设基金支出	公路客货运附加费支出	邮电附加费支出	民航机场管理建设费支出	下放港口以港养港支出
海阳市	2156							
牟平区	1681							
长岛县	755							
开发区	491							
莱山区	488							
潍坊市	**25546**	**675**						
本级	13231							
县级小计	12315	675						
潍城区	96							
坊子区	416							
寒亭区	253							
昌邑市	476							
昌乐县	529							
安丘市	794							
寿光市	290							
青州市	1769							
高密市	892							
诸城市	5973	675						
临朐县	692							
奎文区	135							
济宁市	**4414**							
本级	2398							
县级小计	2016							
市中区								
任城区	196							
兖州市	666							
曲阜市	110							
泗水县								
邹城市	596							
微山县	55							
鱼台县	209							
金乡县								
嘉祥县	138							
汶上县								

续表3

地　区	合计	一、工业交通部门基金支出						
		小计	养路费支出	电力建设基金支出	公路客货运附加费支出	邮电附加费支出	民航机场管理建设费支出	下放港口以港养港支出
梁山县	46							
临沂市	**25335**	**361**						
本级	3960							
县级小计	21375	361						
郯城县	2455							
苍山县	771							
莒南县	6069							
沂水县	1811							
蒙阴县	1464							
平邑县	913	96						
费　县	3410							
沂南县	2132	59						
临沭县	1131	206						
兰山区	66							
罗庄区	346							
河东区	807							
泰安市	**19326**	**4785**		**4599**				
本级	5958	4654		4599				
县级小计	13368	131						
新泰市	2545							
宁阳县	2213							
东平县	3352							
肥城市	4392	131						
泰山区	302							
郊　区	564							
聊城市	**6954**	**2047**		**1920**				
本级	4320	2047		1920				
县级小计	2634							
东昌府区	231							
临清市	1511							
阳谷县	232							
莘　县								
茌平县	47							
东阿县	260							

续表4

地区	合计	一、工业交通部门基金支出						
		小计	养路费支出	电力建设基金支出	公路客货运附加费支出	邮电附加费支出	民航机场管理建设费支出	下放港口以港养港支出
冠县	117							
高唐县	236							
菏泽市	**9566**	**5322**		**5165**				
本级	6429	5318		5165				
县级小计	3137	4						
牡丹区	1372							
曹县	229							
定陶县	1009							
成武县	52	2						
单县	137							
巨野县								
郓城县	237	2						
鄄城县								
东明县	101							
德州市	**2434**							
本级	401							
县级小计	2033							
德城区	14							
陵县	183							
平原县	91							
夏津县	317							
武城县	570							
齐河县	19							
禹城市	447							
乐陵市	255							
临邑县	126							
宁津县	11							
庆云县								
滨州市	**2418**	**56**						
本级	906	56						
县级小计	1512							
惠民县	19							
阳信县	93							
无棣县	194							

续表5

地　区	合计	一、工业交通部门基金支出						
		小计	养路费支　出	电力建设基金支　出	公路客货运附加　费支　出	邮电附加　费支　出	民航机场管理建设费支　出	下放港口以港养　港支　出
沾化县	14							
博兴县	349							
邹平县	296							
滨州市	547							
东营市	**10010**	**813**		**790**				
本级	4760	813		790				
县级小计	5250							
东营区	24							
河口区	1789							
广饶县	1465							
垦利县	1277							
利津县	695							
威海市	**13333**	**1202**		**1200**				
本级	10287	1200		1200				
县级小计	3046	2						
环翠区	267							
乳山市	1491	2						
文登市	1068							
荣成市	220							
日照市	**9752**	**90**						
本级	3971	30						
县级小计	5781	60						
莒县	695	6						
五莲县	1799	54						
东港区	3287							
莱芜市	**8347**	**16**						
本级	5631	16						
县级小计	2716							
莱城区	2018							
钢城区	698							
省级	**282097**	**236297**		**214798**		**8052**		

续表6

地区	一、工业交通部门基金支出				二、商贸部门基金支出			三、文教部门基金支出	
	散装水泥专项资金支出	贴费支出	墙体材料专项基金支出	铁路建设附加费支出	小计	外贸发展基金支出	国家茧丝绸发展风险基金支出	小计	农村教育附加费支出
全省合计	**1509**	**1887**	**848**	**12800**	**34709**	**34179**	**530**	**59913**	**51823**
地(市)合计	862	1887	848		25446	25446		58710	51823
地(市)本级	778		747		15866	15866		5164	847
县级合计	84	1887	101		9580	9580		53546	50976
省内合计	**1356**	**1887**	**352**	**12800**	**29176**	**28646**	**530**	**50014**	**47406**
地(市)合计	709	1887	352		19913	19913		48811	47406
地(市)本级	701		251		12593	12593		1520	847
县级合计	8	1887	101		7320	7320		47291	46559
青岛市	**153**		**496**		**5533**	**5533**		**9899**	**4417**
本级	77		496		3273	3273		3644	
县级小计	76				2260	2260		6255	4417
即墨市					380	380		48	
胶州市					240	240		1	
胶南市					370	370		4	
平度市					140	140		4437	4417
莱西市					280	280		11	
崂山区								87	
城阳区					350	350		1	
黄岛区					500	500		75	
开发区	76								
市南区								431	
市北区								439	
四方区								352	
李沧区								369	
济南市	**222**				**1001**	**1001**		**823**	**379**
本级	222				622	622		284	
县级小计					379	379		539	379
历下区					11	11		10	
市中区								12	
天桥区					8	8		12	
槐荫区					23	23		12	
历城区					80	80		16	
章丘市					61	61		24	
长青县					18	18		24	

续表7

地　　区	一、工业交通部门基金支出				二、商贸部门基金支出			三、文教部门基金支出	
	散装水泥专项资金支　出	贴费支出	墙体材料专项基金支　出	铁路建设附加费支出	小计	外贸发展基金支　出	国家茧丝绸发展风险基金支出	小计	农村教育附加费支出
平阴县					166	166		390	379
济阳县					6	6		19	
商河县					6	6		20	
淄博市	**263**				**1124**	**1124**		**312**	**256**
本级	263				1124	1124		158	130
县级小计								154	126
博山区									
淄川区									
张店区								11	
周村区								135	126
临淄区									
桓台县								2	
高青县								4	
沂源县								2	
枣庄市					**178**	**178**		**2250**	**2225**
本级					178	178		25	
县级小计								2225	2225
市中区									
薛城区								600	600
峄城区								1625	1625
山亭区									
台儿庄区									
滕州市									
烟台市	**7**	**763**			**5002**	**5002**		**9235**	**9079**
本级	7				1647	1647		74	
县级小计		763			3355	3355		9161	9079
芝罘区					119	119		482	433
福山区		555			73	73		274	274
龙口市					272	272		1480	1478
莱阳市					703	703		514	513
蓬莱市					302	302		65	65
招远市		208			289	289		1544	1543
莱州市					344	344		755	752
栖霞市					123	123		940	938

续表8

地区	一、工业交通部门基金支出				二、商贸部门基金支出			三、文教部门基金支出	
	散装水泥专项资金支出	贴费支出	墙体材料专项基金支出	铁路建设附加费支出	小计	外贸发展基金支出	国家茧丝绸发展风险基金支出	小计	农村教育附加费支出
海阳市					120	120		1915	1914
牟平区					285	285		1106	1084
长岛县					100	100		85	85
开发区					486	486			
莱山区					139	139		1	
潍坊市		**675**			**4089**	**4089**		**3365**	**3341**
本级					1707	1707		24	
县级小计		675			2382	2382		3341	3341
潍城区					96	96			
坊子区					71	71			
寒亭区					17	17			
昌邑市					86	86			
昌乐县					179	179			
安丘市					413	413			
寿光市					222	222			
青州市					278	278			
高密市					240	240			
诸城市		675			563	563		3341	3341
临朐县					87	87			
奎文区					130	130			
济宁市					**673**	**673**		**88**	**88**
本级					673	673			
县级小计								88	88
市中区									
任城区									
兖州市									
曲阜市								88	88
泗水县									
邹城市									
微山县									
鱼台县									
金乡县									
嘉祥县									
汶上县									

续表 9

地区	一、工业交通部门基金支出				二、商贸部门基金支出			三、文教部门基金支出	
	散装水泥专项资金支出	贴费支出	墙体材料专项基金支出	铁路建设附加费支出	小计	外贸发展基金支出	国家茧丝绸发展风险基金支出	小计	农村教育附加费支出
梁山县									
临沂市		**355**	**6**		**908**	**908**		**14906**	**14856**
本级					285	285		50	
县级小计		355	6		623	623		14856	14856
郯城县					41	41		1945	1945
苍山县					85	85		172	172
莒南县					111	111		5033	5033
沂水县					24	24		1162	1162
蒙阴县					40	40		799	799
平邑县		96			5	5		416	416
费县					10	10		2602	2602
沂南县		59			9	9		1590	1590
临沭县		200	6		76	76		432	432
兰山区					8	8			
罗庄区					155	155			
河东区					59	59		705	705
泰安市	**55**	**40**	**91**		**379**	**379**		**4737**	**4694**
本级	55				244	244		22	
县级小计		40	91		135	135		4715	4694
新泰市					36	36		1957	1949
宁阳县					21	21		2029	2029
东平县					5	5		702	696
肥城市		40	91		54	54			
泰山区					19	19		26	20
郊区								1	
聊城市	**31**		**96**		**351**	**351**		**839**	**806**
本级	31		96		351	351			
县级小计								839	806
东昌府区								1	
临清市								585	585
阳谷县								8	
莘县									
茌平县									
东阿县								9	

续表 10

地　区	一、工业交通部门基金支出				二、商贸部门基金支出			三、文教部门基金支出	
	散装水泥专项资金支出	贴费支出	墙体材料专项基金支出	铁路建设附加费支出	小计	外贸发展基金支出	国家茧丝绸发展风险基金支出	小计	农村教育附加费支出
冠　县									
高唐县								236	221
菏泽市	**16**		**141**		**503**	**503**		**2058**	**2053**
本级	14		139		503	503			
县级小计	2		2					2058	2053
牡丹区								1240	1239
曹　县									
定陶县								805	805
成武县			2					6	6
单　县								2	
巨野县									
郓城县	2							4	3
鄄城县									
东明县								1	
德州市					**168**	**168**		**421**	
本级					126	126		31	
县级小计					42	42		390	
德城区					4	4			
陵　县					1	1			
平原县					3	3			
夏津县					2	2			
武城县								390	
齐河县					2	2			
禹城市					15	15			
乐陵市					6	6			
临邑县					1	1			
宁津县					8	8			
庆云县									
滨州市	**56**				**394**	**394**		**5**	
本级	56				219	219			
县级小计					175	175		5	
惠民县					12	12			
阳信县					30	30			
无棣县					22	22		5	

续表 11

地区	一、工业交通部门基金支出				二、商贸部门基金支出			三、文教部门基金支出	
	散装水泥专项资金支出	贴费支出	墙体材料专项基金支出	铁路建设附加费支出	小计	外贸发展基金支出	国家茧丝绸发展风险基金支出	小计	农村教育附加费支出
沾化县					14	14			
博兴县					7	7			
邹平县					90	90			
滨州市									
东营市	**7**		**16**		**194**	**194**		**2162**	**2078**
本级	7		16		194	194		76	
县级小计								2086	2078
东营区									
河口区								198	198
广饶县								1160	1160
垦利县								168	160
利津县								560	560
威海市			**2**		**2708**	**2708**		**1742**	**1704**
本级					2587	2587		408	370
县级小计			2		121	121		1334	1334
环翠区								76	76
乳山市			2		121	121		1258	1258
文登市									
荣成市									
日照市	**36**	**54**			**1887**	**1887**		**4380**	**4368**
本级	30				1887	1887		337	325
县级小计	6	54						4043	4043
莒县	6								
五莲县		54						1425	1425
东港区								2618	2618
莱芜市	**16**				**354**	**354**		**1488**	**1479**
本级	16				246	246		31	22
县级小计					108	108		1457	1457
莱城区					105	105		1227	1227
钢城区					3	3		230	230
省级	**647**			**12800**	**9263**	**8733**	**530**	**1203**	

续表 12

地 区	三、文教部门基金支出			四、社会保险基金支出					
	文化事业建设费支出	地方教育附加支出	地方教育基金支出	小计	基本养老保险基金支出	失业保险基金支出	基本医疗保险基金支出	工伤保险基金支出	生育保险基金支出
全省合计	**3973**		**4117**						
地(市)合计	2770		4117						
地(市)本级	1683		2634						
县级合计	1087		1483						
省内合计	**2608**								
地(市)合计	1405								
地(市)本级	673								
县级合计	732								
青岛市	**1365**		**4117**						
本级	1010		2634						
县级小计	355		1483						
即墨市	48								
胶州市	1								
胶南市	4								
平度市	20								
莱西市	11								
崂山区	87								
城阳区	1								
黄岛区	75								
开发区									
市南区	21		410						
市北区	33		406						
四方区	21		331						
李沧区	33		336						
济南市	**444**								
本级	284								
县级小计	160								
历下区	10								
市中区	12								
天桥区	12								
槐荫区	12								
历城区	16								
章丘市	24								
长青县	24								

续表 13

地　区	三、文教部门基金支出			四、社会保险基金支出					
	文化事业建设费支出	地方教育附加支出	地方教育基金支出	小计	基本养老保险基金支出	失业保险基金支出	基本医疗保险基金支出	工伤保险基金支出	生育保险基金支出
平阴县	11								
济阳县	19								
商河县	20								
淄博市	**56**								
本级	28								
县级小计	28								
博山区									
淄川区									
张店区	11								
周村区	9								
临淄区									
桓台县	2								
高青县	4								
沂源县	2								
枣庄市	**25**								
本级	25								
县级小计									
市中区									
薛城区									
峄城区									
山亭区									
台儿庄区									
滕州市									
烟台市	**156**								
本级	74								
县级小计	82								
芝罘区	49								
福山区									
龙口市	2								
莱阳市	1								
蓬莱市									
招远市	1								
莱州市	3								
栖霞市	2								

续表 14

地　区	三、文教部门基金支出			四、社会保险基金支出					
	文化事业建设费支出	地方教育附加支出	地方教育基金支出	小计	基本养老保险基金支出	失业保险基金支出	基本医疗保险基金支出	工伤保险基金支出	生育保险基金支出
海阳市	1								
牟平区	22								
长岛县									
开发区									
莱山区	1								
潍坊市	**24**								
本级	24								
县级小计									
潍城区									
坊子区									
寒亭区									
昌邑市									
昌乐县									
安丘市									
寿光市									
青州市									
高密市									
诸城市									
临朐县									
奎文区									
济宁市									
本级									
县级小计									
市中区									
任城区									
兖州市									
曲阜市									
泗水县									
邹城市									
微山县									
鱼台县									
金乡县									
嘉祥县									
汶上县									

续表 15

地　区	三、文教部门基金支出			四、社会保险基金支出					
	文化事业建设费支出	地方教育附加支出	地方教育基金支出	小计	基本养老保险基金支出	失业保险基金支出	基本医疗保险基金支出	工伤保险基金支出	生育保险基金支出
梁山县									
临沂市	**50**								
本级	50								
县级小计									
郯城县									
苍山县									
莒南县									
沂水县									
蒙阴县									
平邑县									
费　县									
沂南县									
临沭县									
兰山区									
罗庄区									
河东区									
泰安市	**43**								
本级	22								
县级小计	21								
新泰市	8								
宁阳县									
东平县	6								
肥城市									
泰山区	6								
郊　区	1								
聊城市	**33**								
本级									
县级小计	33								
东昌府区	1								
临清市									
阳谷县	8								
莘　县									
茌平县									
东阿县	9								

续表 16

地　区	三、文教部门基金支出			四、社会保险基金支出					
	文化事业建设费支出	地方教育附加支出	地方教育基金支出	小计	基本养老保险基金支出	失业保险基金支出	基本医疗保险基金支出	工伤保险基金支出	生育保险基金支出
冠　县									
高唐县	15								
菏泽市	**5**								
本级									
县级小计	5								
牡丹区	1								
曹　县									
定陶县									
成武县									
单　县	2								
巨野县									
郓城县	1								
鄄城县									
东明县	1								
德州市	**421**								
本级	31								
县级小计	390								
德城区									
陵　县									
平原县									
夏津县									
武城县	390								
齐河县									
禹城市									
乐陵市									
临邑县									
宁津县									
庆云县									
滨州市	**5**								
本级									
县级小计	5								
惠民县									
阳信县									
无棣县	5								

续表 17

地　区	三、文教部门基金支出			四、社会保险基金支出					
	文化事业建设费支出	地方教育附加支出	地方教育基金支出	小计	基本养老保险基金支出	失业保险基金支出	基本医疗保险基金支出	工伤保险基金支出	生育保险基金支出
沾化县									
博兴县									
邹平县									
滨州市									
东营市	**84**								
本级	76								
县级小计	8								
东营区									
河口区									
广饶县									
垦利县	8								
利津县									
威海市	**38**								
本级	38								
县级小计									
环翠区									
乳山市									
文登市									
荣成市									
日照市	**12**								
本级	12								
县级小计									
莒县									
五莲县									
东港区									
莱芜市	**9**								
本级	9								
县级小计									
莱城区									
钢城区									
省级	**1203**								

续表 18

地 区	五、农业部门基金支出					六、土地有偿使用支出		
	小计	新菜地开发基金支出	育林基金支出	灌溉水源灌排工程补偿费支出	地方水利建设基金支出	小计	城市土地开发建设支出	耕地开发专项支出
全省合计	**43364**		**63**		**43301**	**113975**	**89910**	**24065**
地(市)合计	18229		63		18166	103971	89910	14061
地(市)本级	8472		3		8469	48211	43166	5045
县级合计	9757		60		9697	55760	46744	9016
省内合计	**36135**		**63**		**36072**	**84506**	**63191**	**21315**
地(市)合计	11000		63		10937	74502	63191	11311
地(市)本级	6900		3		6897	45692	40666	5026
县级合计	4100		60		4040	28810	22525	6285
青岛市	**7229**				**7229**	**29469**	**26719**	**2750**
本级	1572				1572	2519	2500	19
县级小计	5657				5657	26950	24219	2731
即墨市	839				839	2050	2050	
胶州市	634				634	3027	2140	887
胶南市	356				356	1971	1361	610
平度市	1422				1422	1234		1234
莱西市	1022				1022	1554	1554	
崂山区	350				350	8500	8500	
城阳区	793				793	1814	1814	
黄岛区	229				229			
开发区						800	800	
市南区								
市北区								
四方区								
李沧区	12				12	6000	6000	
济南市	**6431**				**6431**	**16488**	**15585**	**903**
本级	4627				4627	13382	13382	
县级小计	1804				1804	3106	2203	903
历下区	171				171			
市中区	151				151	15		15
天桥区	187				187			
槐荫区	205				205	1001	1001	
历城区	407				407	458		458
章丘市	368				368	341	241	100
长青县	64				64	465	465	

续表 19

地区	五、农业部门基金支出					六、土地有偿使用支出		
	小计	新菜地开发基金支出	育林基金支出	灌溉水源灌排工程补偿费支出	地方水利建设基金支出	小计	城市土地开发建设支出	耕地开发专项支出
平阴县	76				76	568	448	120
济阳县	49				49	120		120
商河县	126				126	138	48	90
淄博市	**100**				**100**	**3200**	**2166**	**1034**
本级						2253	1810	443
县级小计	100				100	947	356	591
博山区								
淄川区								
张店区						90		90
周村区						315	315	
临淄区								
桓台县						157		157
高青县						3		3
沂源县	100				100	382	41	341
枣庄市	**100**				**100**	**499**	**216**	**283**
本级						56	51	5
县级小计	100				100	443	165	278
市中区	100				100	6		6
薛城区						100		100
峄城区						100		100
山亭区						66		66
台儿庄区						6		6
滕州市						165	165	
烟台市	**250**				**250**	**3301**	**2316**	**985**
本级						369	369	
县级小计	250				250	2932	1947	985
芝罘区								
福山区								
龙口市						1897	1897	
莱阳市						80	19	61
蓬莱市	50				50	126		126
招远市						100		100
莱州市						260		260
栖霞市								

续表 20

地 区	五、农业部门基金支出 小计	新菜地开发基金支出	育林基金支出	灌溉水源灌排工程补偿费支出	地方水利建设基金支出	六、土地有偿使用支出 小计	城市土地开发建设支出	耕地开发专项支出
海阳市						13		13
牟平区	200				200	90		90
长岛县						31	31	
开发区						5		5
莱山区						330		330
潍坊市	**230**				**230**	**13033**	**11245**	**1788**
本级						10022	10022	
县级小计	230				230	3011	1223	1788
潍城区								
坊子区						323	323	
寒亭区						157		157
昌邑市						218		218
昌乐县	50				50	160		160
安丘市						381	301	80
寿光市						68	68	
青州市						815	272	543
高密市	80				80	388		388
诸城市	50				50	242		242
临朐县	50				50	259	259	
奎文区								
济宁市	**54**		**22**		**32**	**2519**	**780**	**1739**
本级						1725		1725
县级小计	54		22		32	794	780	14
市中区								
任城区						21	7	14
兖州市						666	666	
曲阜市	22		22					
泗水县								
邹城市								
微山县						55	55	
鱼台县						7	7	
金乡县								
嘉祥县						31	31	
汶上县								

续表21

地区	五、农业部门基金支出					六、土地有偿使用支出		
	小计	新菜地开发基金支出	育林基金支出	灌溉水源灌排工程补偿费支出	地方水利建设基金支出	小计	城市土地开发建设支出	耕地开发专项支出
梁山县	32				32	14	14	
临沂市	**150**				**150**	**4967**	**4725**	**242**
本级	50				50	2127	2117	10
县级小计	100				100	2840	2608	232
郯城县						128	128	
苍山县						138	138	
莒南县						575	575	
沂水县	50				50	441	330	111
蒙阴县	50				50	344	223	121
平邑县						168	168	
费　县						509	509	
沂南县						257	257	
临沭县						130	130	
兰山区								
罗庄区						150	150	
河东区								
泰安市	**335**		**15**		**320**	**8090**	**7550**	**540**
本级	220				220	711	669	42
县级小计	115		15		100	7379	6881	498
新泰市	10		10			410	345	65
宁阳县	100				100			
东平县						2488	2368	120
肥城市	5		5			3909	3814	95
泰山区						218		218
郊　区						354	354	
聊城市	**913**				**913**	**1505**	**873**	**632**
本级	816				816	572	170	402
县级小计	97				97	933	703	230
东昌府区						230		230
临清市	60				60	577	577	
阳谷县						51	51	
莘　县								
茌平县	13				13			
东阿县						12	12	

续表 22

地 区	五、农业部门基金支出					六、土地有偿使用支出		
	小计	新菜地开发基金支出	育林基金支出	灌溉水源灌排工程补偿费支出	地方水利建设基金支出	小计	城市土地开发建设支出	耕地开发专项支出
冠 县	24				24	63	63	
高唐县								
菏泽市	**305**		**23**		**282**	**635**	**120**	**515**
本级	98				98	510	20	490
县级小计	207		23		184	125	100	25
牡丹区	114				114			
曹 县								
定陶县	70				70			
成武县	23		23			20		20
单 县						2		2
巨野县								
郓城县						3		3
鄄城县								
东明县						100	100	
德州市	**604**				**604**	**1010**	**1010**	
本级	13				13	231	231	
县级小计	591				591	779	779	
德城区								
陵 县	66				66	116	116	
平原县	56				56			
夏津县						315	315	
武城县	58				58	60	60	
齐河县								
禹城市	165				165	231	231	
乐陵市	192				192	57	57	
临邑县	54				54			
宁津县								
庆云县								
滨州市						**460**	**460**	
本级								
县级小计						460	460	
惠民县								
阳信县						63	63	
无棣县						110	110	

续表23

地区	五、农业部门基金支出					六、土地有偿使用支出		
	小计	新菜地开发基金支出	育林基金支出	灌溉水源灌排工程补偿费支出	地方水利建设基金支出	小计	城市土地开发建设支出	耕地开发专项支出
沾化县								
博兴县						223	223	
邹平县						64	64	
滨州市								
东营市						**6446**	**4800**	**1646**
本级						3677	2166	1511
县级小计						2769	2634	135
东营区								
河口区						1580	1580	
广饶县						127	127	
垦利县						987	927	60
利津县						75		75
威海市	**350**				**350**	**5819**	**5624**	**195**
本级	350				350	4974	4969	5
县级小计						845	655	190
环翠区						161	121	40
乳山市						50		50
文登市						534	534	
荣成市						100		100
日照市	**838**		**3**		**835**	**1499**	**1390**	**109**
本级	386		3		383	814	811	3
县级小计	452				452	685	579	106
莒县	298				298	141	55	86
五莲县	84				84	20		20
东港区	70				70	524	524	
莱芜市	**340**				**340**	**5031**	**4331**	**700**
本级	340				340	4269	3879	390
县级小计						762	452	310
莱城区						647	452	195
钢城区						115		115
省级	**25135**				**25135**	**10004**		**10004**

续表 24

地区	七、政府住房基金支出	八、其他部门基金支出	九、地方财政税费附加支出					十、其他
		旅游发展基金支出	小计	农牧业税附加支出	城镇公用事业附加支出	渔业建设附加支出	其他附加支出	
全省合计	**409**	**158**	**33824**	**5758**	**25932**	**539**	**1595**	
地(市)合计	309	63	33824	5758	25932	539	1595	
地(市)本级	309		13825	27	12798		1000	
县级合计		63	19999	5731	13134	539	595	
省内合计	**409**	**158**	**30506**	**5044**	**23328**	**539**	**1595**	
地(市)合计	309	63	30506	5044	23328	539	1595	
地(市)本级	309		13825	27	12798		1000	
县级合计		63	16681	5017	10530	539	595	
青岛市			**3318**	**714**	**2604**			
本级								
县级小计			3318	714	2604			
即墨市			663	129	534			
胶州市								
胶南市			839	81	758			
平度市			976	335	641			
莱西市			797	126	671			
崂山区								
城阳区			32	32				
黄岛区			6	6				
开发区								
市南区								
市北区			1	1				
四方区								
李沧区			4	4				
济南市	**309**	**30**	**5550**	**371**	**5179**			
本级	309		4878		4878			
县级小计		30	672	371	301			
历下区			4	4				
市中区			11	11				
天桥区			11	11				
槐荫区			8	8				
历城区			32	32				
章丘市			193	93	100			
长青县		30	49	49				

续表 25

地　区	七、政府住房基金支出	八、其他部门基金支出	九、地方财政税费附加支出					十、其他
		旅游发展基金支出	小计	农牧业税附加支出	城镇公用事业附加支出	渔业建设附加支出	其他附加支出	
平阴县			232	31	201			
济阳县			48	48				
商河县			84	84				
淄博市			**506**	**115**	**391**			
本级			10	6	4			
县级小计			496	109	387			
博山区			20	20				
淄川区								
张店区			2		2			
周村区			26	26				
临淄区			2		2			
桓台县			1		1			
高青县			63	63				
沂源县			382		382			
枣庄市			**1048**	**48**			**1000**	
本级			1000				1000	
县级小计			48	48				
市中区								
薛城区			29	29				
峄城区								
山亭区			19	19				
台儿庄区								
滕州市								
烟台市			**5299**	**276**	**4484**	**539**		
本级			1725		1725			
县级小计			3574	276	2759	539		
芝罘区			8	8				
福山区			179		179			
龙口市			917	85	832			
莱阳市			763		763			
蓬莱市			135	70	65			
招远市			528	75	453			
莱州市			193		193			
栖霞市			186	20	166			

续表 26

地　区	七、政府住房基金支出	八、其他部门基金支出	九、地方财政税费附加支出					十、其他
		旅游发展基金支出	小计	农牧业税附加支出	城镇公用事业附加支出	渔业建设附加支出	其他附加支出	
海阳市			108		108			
牟平区								
长岛县			539			539		
开发区								
莱山区			18	18				
潍坊市			**4154**	**940**	**3160**		**54**	
本级			1478	1	1477			
县级小计			2676	939	1683		54	
潍城区								
坊子区			22	22				
寒亭区			79	79				
昌邑市			172	118			54	
昌乐县			140	124	16			
安丘市								
寿光市								
青州市			676	138	538			
高密市			184	184				
诸城市			1102	202	900			
临朐县			296	67	229			
奎文区			5	5				
济宁市			**1080**	**282**	**798**			
本级								
县级小计			1080	282	798			
市中区								
任城区			175	175				
兖州市								
曲阜市								
泗水县								
邹城市			596		596			
微山县								
鱼台县			202		202			
金乡县								
嘉祥县			107	107				
汶上县								

续表27

地区	七、政府住房基金支出	八、其他部门基金支出	九、地方财政税费附加支出					十、其他
		旅游发展基金支出	小计	农牧业税附加支出	城镇公用事业附加支出	渔业建设附加支出	其他附加支出	
梁山县								
临沂市			**4043**	**1136**	**2907**			
本级			1448		1448			
县级小计			2595	1136	1459			
郯城县			341	141	200			
苍山县			376	176	200			
莒南县			350	110	240			
沂水县			134	134				
蒙阴县			231	45	186			
平邑县			228	72	156			
费　县			289	109	180			
沂南县			217	120	97			
临沭县			287	87	200			
兰山区			58	58				
罗庄区			41	41				
河东区			43	43				
泰安市			**1000**	**573**	**427**			
本级			107		107			
县级小计			893	573	320			
新泰市			132	95	37			
宁阳县			63	63				
东平县			157	157				
肥城市			293	10	283			
泰山区			39	39				
郊　区			209	209				
聊城市			**1299**		**1299**			
本级			534		534			
县级小计			765		765			
东昌府区								
临清市			289		289			
阳谷县			173		173			
莘　县								
茌平县			34		34			
东阿县			239		239			

续表 28

地区	七、政府住房基金支出	八、其他部门基金支出	九、地方财政税费附加支出					十、其他
		旅游发展基金支出	小计	农牧业税附加支出	城镇公用事业附加支出	渔业建设附加支出	其他附加支出	
冠县			30		30			
高唐县								
菏泽市			**743**	**276**	**467**			
本级								
县级小计			743	276	467			
牡丹区			18	18				
曹县			229	149	80			
定陶县			134		134			
成武县			1	1				
单县			133		133			
巨野县								
郓城县			228	108	120			
鄄城县								
东明县								
德州市		**13**	**218**	**218**				
本级								
县级小计		13	218	218				
德城区		10						
陵县								
平原县			32	32				
夏津县								
武城县			62	62				
齐河县			17	17				
禹城市			36	36				
乐陵市								
临邑县			71	71				
宁津县		3						
庆云县								
滨州市			**1503**	**242**	**900**		**361**	
本级			631		631			
县级小计			872	242	269		361	
惠民县			7	7				
阳信县								
无棣县			57	22	18		17	

续表 29

地 区	七、政府住房基金支出	八、其他部门基金支出	九、地方财政税费附加支出					十、其他
		旅游发展基金支出	小计	农牧业税附加支出	城镇公用事业附加支出	渔业建设附加支出	其他附加支出	
沾化县								
博兴县			119	68	51			
邹平县			142	142				
滨州市			547	3	200		344	
东营市			**395**	**141**	**74**		**180**	
本级								
县级小计			395	141	74		180	
东营区			24	14			10	
河口区			11	11				
广饶县			178	98	20		60	
垦利县			122	12			110	
利津县			60	6	54			
威海市		**20**	**1492**	**273**	**1219**			
本级			768	3	765			
县级小计		20	724	270	454			
环翠区			30	30				
乳山市			60		60			
文登市		20	514	120	394			
荣成市			120	120				
日照市			**1058**	**114**	**944**			
本级			517	17	500			
县级小计			541	97	444			
莒县			250	22	228			
五莲县			216		216			
东港区			75	75				
莱芜市			**1118**	**39**	**1079**			
本级			729		729			
县级小计			389	39	350			
莱城区			39	39				
钢城区			350		350			
省级	**100**	**95**						

2001 年山东省各地财政收支平衡情况

单位：万元

地区	资金来源		资金运用		滚存结余	其中：净结余
	总计	其中：本年收入	总计	其中：本年支出		
全省合计	**13920866**	**8283306**	**12457272**	**11893716**	**1463594**	**41405**
地(市)合计	12031917	7082069	11023974	10023133	1007943	39925
地(市)本级	3982831	2465526	3297537	2963713	685294	17023
县级合计	8049086	4616543	7726437	7059420	322649	22902
省内合计	**11694924**	**6978170**	**10517296**	**10247502**	**1177628**	**31063**
地(市)合计	9805975	5776933	9083998	8376919	721977	29583
地(市)本级	2917575	1918542	2478516	2364068	439059	11909
县级合计	6888400	3858391	6605482	6012851	282918	17674
青岛市	**2225942**	**1305136**	**1939976**	**1646214**	**285966**	**10342**
本级	1065256	546984	819021	599645	246235	5114
县级小计	1160686	758152	1120955	1046569	39731	5228
即墨市	124211	74167	119542	110601	4669	32
胶州市	107985	66280	106212	96892	1773	1661
胶南市	135770	79577	117065	108560	18705	1275
平度市	105295	61500	103782	95828	1513	313
莱西市	70325	38757	69053	63927	1272	71
崂山区	129694	87057	127050	120439	2644	100
城阳区	125029	54443	121854	117838	3175	31
黄岛区	44286	40775	43428	42497	858	136
开发区	80920	37602	77720	74034	3200	187
市南区	64205	77182	63836	59131	369	369
市北区	64210	60198	63446	58442	764	764
四方区	34145	28457	33558	29390	587	87
李沧区	56047	40074	55863	51120	184	184
济南市	**1260734**	**890364**	**1202526**	**1016953**	**58208**	**2208**
本级	636495	459750	592891	456323	43604	580
县级小计	624239	430614	609635	560630	14604	1628
历下区	58010	71140	57491	51389	519	149
市中区	47929	60359	47829	44529	100	100
天桥区	55157	38107	54753	46826	404	404
槐荫区	51143	31005	49665	43825	1478	114
历城区	115420	73606	114062	102522	1358	475
章丘市	44284	19769	41309	39639	2975	87
长青县	133142	85143	131801	123208	1341	296

续表 1

地区	资金来源		资金运用		滚存结余	其中：净结余
	总计	其中：本年收入	总计	其中：本年支出		
平阴县	38671	16256	37392	35320	1279	3
济阳县	47790	20213	42710	41930	5080	
商河县	32693	15016	32623	31442	70	
淄博市	**780812**	**500365**	**700690**	**625512**	**80122**	**6781**
本级	225192	177176	176719	205881	48473	3272
县级小计	555620	323189	523971	419631	31649	3509
博山区	71437	33017	61048	42066	10389	
淄川区	79438	43093	77668	59617	1770	1214
张店区	98807	60533	91098	58993	7709	583
周村区	56663	30486	53400	38743	3263	
临淄区	103746	72216	98622	84607	5124	1276
桓台县	65533	40209	62217	57024	3316	358
高青县	31509	18028	31479	31105	30	30
沂源县	48487	25607	48439	47476	48	48
枣庄市	**336594**	**207068**	**314648**	**307196**	**21946**	**1101**
本级	73241	52303	60580	64506	12661	316
县级小计	263353	154765	254068	242690	9285	785
市中区	42252	27555	41696	38999	556	115
薛城区	40225	25063	39736	36953	489	59
峄城区	25194	11562	24809	24205	385	35
山亭区	27000	10790	25823	25516	1177	151
台儿庄区	25486	14709	25200	24478	286	64
滕州市	103196	65086	96804	92539	6392	361
烟台市	**1105076**	**640214**	**1041530**	**920456**	**63546**	**2479**
本级	254600	140307	227159	183036	27441	928
县级小计	850476	499907	814371	737420	36105	1551
芝罘区	68596	42217	64927	59103	3669	88
福山区	44285	24128	39764	35567	4521	228
龙口市	114514	80158	111003	97638	3511	98
莱阳市	68627	40017	66532	58568	2095	187
蓬莱市	80854	50006	78805	72393	2049	159
招远市	85404	51080	82896	74962	2508	226
莱州市	102096	57000	94114	78126	7982	129
栖霞市	45651	16507	44455	40431	1196	138

续表 2

地　　区	资金来源		资金运用		滚存结余	其中：净结余
	总计	其中：本年收入	总计	其中：本年支出		
海阳市	51084	30500	50163	48411	921	57
牟平区	51343	24836	49996	45562	1347	30
长岛县	12817	2885	12604	11740	213	70
开发区	90257	57565	88768	87502	1489	108
莱山区	34948	23008	30344	27417	4604	33
潍坊市	**884025**	**525808**	**839993**	**736213**	**44032**	**4166**
本级	219650	125585	180544	144907	39106	1691
县级小计	664375	400223	659449	591306	4926	2475
潍城区	27223	15850	26923	25710	300	300
坊子区	26802	15306	26730	24584	72	72
寒亭区	29826	19559	29784	28160	42	27
昌邑市	58279	35669	55733	47778	2546	458
昌乐县	45334	26663	45148	41913	186	168
安丘市	58483	30016	58263	49161	220	220
寿光市	107356	73018	107356	95909		
青州市	72722	41060	72097	66827	625	625
高密市	63934	37655	63627	55955	307	293
诸城市	102004	65168	101800	90700	204	204
临朐县	38169	17258	37774	35611	395	98
奎文区	34243	23001	34214	28998	29	10
济宁市	**871964**	**540556**	**764779**	**732335**	**107185**	**3628**
本级	276912	173775	210476	207042	66436	1266
县级小计	595052	366781	554303	525293	40749	2362
市中区	25710	15602	22854	22467	2856	113
任城区	47201	32032	46343	45337	858	29
兖州市	100909	69465	96662	91645	4247	458
曲阜市	68053	44276	60114	57673	7939	431
泗水县	25928	10066	23544	22220	2384	131
邹城市	134990	100016	124999	116675	9991	837
微山县	47979	34237	47662	46492	317	236
鱼台县	21589	9268	19536	17929	2053	30
金乡县	28458	13025	26351	24495	2107	
嘉祥县	31474	14673	29794	28198	1680	30
汶上县	33355	12586	29302	27616	4053	67

续表 3

地　区	资金来源		资金运用		滚存结余	其中：净结余
	总计	其中：本年收入	总计	其中：本年支出		
梁山县	29406	11535	27142	24546	2264	
临沂市	**726887**	**375770**	**697617**	**675203**	**29270**	**1415**
本级	208304	131437	182540	186550	25764	1211
县级小计	518583	244333	515077	488653	3506	204
郯城县	47837	25053	47485	44760	352	48
苍山县	44632	15625	43908	41661	724	3
莒南县	50886	20006	49600	47487	1286	
沂水县	62332	32588	61960	59525	372	10
蒙阴县	29279	10129	29211	27668	68	
平邑县	41530	19626	41371	39854	159	9
费　县	41896	17326	41746	40077	150	
沂南县	40980	16169	40830	39002	150	
临沭县	36350	16846	36145	34818	205	94
兰山区	63285	44008	63275	57574	10	10
罗庄区	30669	16571	30649	28326	20	20
河东区	28907	10386	28897	27901	10	10
泰安市	**565971**	**312132**	**532357**	**514985**	**33614**	**1758**
本级	115497	85672	104212	121412	11285	958
县级小计	450474	226460	428145	393573	22329	800
新泰市	136862	73106	128229	121330	8633	200
宁阳县	45473	20996	40796	37349	4677	32
东平县	42851	17861	40596	38043	2255	149
肥城市	134821	58568	133980	127219	841	356
泰山区	44510	31711	43862	36827	648	25
郊　区	45957	24218	40682	32805	5275	38
聊城市	**468517**	**224328**	**417498**	**405597**	**51019**	**1762**
本级	93239	73742	86161	91784	7078	250
县级小计	375278	150586	331337	313813	43941	1512
东昌府区	61054	29461	56887	50865	4167	77
临清市	56124	25215	49539	46460	6585	400
阳谷县	36543	12305	32226	30832	4317	275
莘　县	42404	11600	36126	35176	6278	41
茌平县	53304	18233	46154	44488	7150	158
东阿县	29904	11545	27872	26677	2032	254

续表 4

地　　区	资金来源		资金运用		滚存结余	其中：净结余
	总计	其中：本年收入	总计	其中：本年支出		
冠　县	35234	10032	28791	27547	6443	17
高唐县	60711	32195	53742	51768	6969	290
菏泽市	**474253**	**172245**	**416846**	**402292**	**57407**	**210**
本级	83473	38558	60579	58667	22894	15
县级小计	390780	133687	356267	343625	34513	195
牡丹区	65436	23636	59739	58413	5697	56
曹　县	50898	14713	46297	44449	4601	80
定陶县	30960	9179	26829	26065	4131	4
成武县	31597	10188	28195	27145	3402	5
单　县	45514	14341	41127	39658	4387	10
巨野县	40924	13783	38484	37382	2440	23
郓城县	48838	21399	46982	45370	1856	1
鄄城县	36377	9596	31230	30030	5147	
东明县	40236	16852	37384	35113	2852	16
德州市	**494915**	**243230**	**422266**	**402649**	**72649**	**475**
本级	109219	36980	50169	60454	59050	50
县级小计	385696	206250	372097	342195	13599	425
德城区	52484	31148	49894	46184	2590	93
陵　县	28470	12268	27356	25808	1114	19
平原县	36265	17880	36085	33524	180	20
夏津县	27205	10811	25578	23283	1627	30
武城县	31995	18427	31001	28549	994	
齐河县	50603	30821	49629	44248	974	129
禹城市	35462	19523	35183	31146	279	98
乐陵市	33445	17886	32798	30447	647	24
临邑县	48616	30797	45651	42083	2965	11
宁津县	26154	12058	24952	23727	1202	
庆云县	14997	4631	13970	13196	1027	1
滨州市	**419003**	**220066**	**381237**	**368746**	**37766**	**667**
本级	90290	43286	65706	72728	24584	75
县级小计	328713	176780	315531	296018	13182	592
惠民县	27775	6534	26398	23649	1377	110
阳信县	22189	4021	19977	18012	2212	
无棣县	44363	23963	41872	40151	2491	265

续表 5

地　区	资金来源		资金运用		滚存结余	其中：净结余
	总计	其中：本年收入	总计	其中：本年支出		
沾化县	36729	23792	36724	34852	5	
博兴县	51755	32861	48386	45742	3369	28
邹平县	96015	59105	95299	90337	716	81
滨州市	49887	26504	46875	43275	3012	108
东营市	**396123**	**283130**	**371639**	**354580**	**24484**	**1067**
本级	181297	151210	158986	156454	22311	651
县级小计	214826	131920	212653	198126	2173	416
东营区	63065	45678	62636	54551	429	51
河口区	28671	19769	27782	25270	889	130
广饶县	63194	36419	62753	60361	441	184
垦利县	32563	20008	32294	31655	269	28
利津县	27333	10046	27188	26289	145	23
威海市	**655652**	**426409**	**631389**	**585202**	**24263**	**1108**
本级	164055	89866	150573	196527	13482	318
县级小计	491597	336543	480816	388675	10781	790
环翠区	101306	75165	96540	57483	4766	161
乳山市	79180	55242	77378	67723	1802	158
文登市	141768	100118	141386	124653	382	128
荣成市	169343	106018	165512	138816	3831	343
日照市	**201783**	**112298**	**194727**	**184185**	**7056**	**338**
本级	87078	62294	80824	76426	6254	125
县级小计	114705	50004	113903	107759	802	213
莒县	36642	14562	36138	33755	504	143
五莲县	28678	12207	28555	27023	123	33
东港区	30723	15492	30629	28873	94	34
莱芜市	**163666**	**102950**	**154256**	**144815**	**9410**	**420**
本级	99033	76601	90397	81371	8636	203
县级小计	64633	26349	63859	63444	774	217
莱城区	45155	15853	44803	44573	352	178
钢城区	19478	10496	19056	18871	422	39
省级	**1888949**	**1201237**	**1433298**	**1870583**	**455651**	**1480**

2001年山东省各地人均财政收入情况

单位：万元

地　　区	财政总收　入	上划中央两税	按财政总收入排序	地方财政收入	按地方财政收入顺序	人均地方财政收入（元/人）	按人均地方财政收入排序
全省	**9198382**	**3466589**		**5731793**		**635**	
青岛市	**1595101**	**652208**	**1**	**942893**	**1**	**1327**	**1**
即墨市	80803	32508	12	48295	11	452	43
胶州市	74305	32948	17	41357	17	544	28
胶南市	78997	31000	15	47997	12	573	25
平度市	66044	26973	22	39071	19	292	87
莱西市	46734	18567	33	28167	36	389	53
崂山区	109126	40798	4	68328	3	3559	3
城阳区	110179	48127	3	62052	4	1436	5
黄岛区	22801	4960	89	17841	75	1939	4
开发区	86353	31108	9	55245	7	5022	2
市南区	37187	10218	48	26969	42	609	19
市北区	46299	19184	35	27115	40	581	22
四方区	25895	12453	72	13442	106	370	59
李沧区	37530	16098	47	21432	57	763	10
济南市	**1051451**	**455390**	**2**	**596061**	**2**	**1048**	**3**
历下区	38075	11718	46	26357	43	483	39
市中区	32085	8781	57	23304	54	455	42
天桥区	36773	10902	50	25871	45	542	29
槐荫区	34736	11080	52	23656	52	696	13
历城区	79414	28331	14	51083	9	623	17
章丘市	84153	26866	11	57287	6	580	23
长青县	23025	4999	84	18026	74	340	70
平阴县	24192	9001	80	15191	96	420	49
济阳县	25832	5452	73	20380	59	388	54
商河县	16708	3506	117	13202	107	223	110
淄博市	**630816**	**317490**	**5**	**313326**	**6**	**763**	**5**
博山区	39042	20460	44	18582	68	393	52
淄川区	56680	29705	25	26975	41	402	50
张店区	100243	70026	6	30217	33	459	41
周村区	40243	24467	43	15776	87	502	34
临淄区	158011	125590	1	32421	27	551	27
桓台县	36830	12877	49	23953	49	491	38
高青县	13842	5104	128	8738	135	244	104
沂源县	27028	11000	66	16028	84	289	89
枣庄市	**225104**	**94206**	**14**	**130898**	**14**	**363**	**13**
市中区	20596	5130	98	15466	92	319	80
薛城区	24566	7816	78	16750	80	367	60
峄城区	11891	1693	134	10198	127	287	90
山亭区	10061	1865	137	8196	137	177	123

续表1

地　区	财政总收入	上划中央两税	按财政总收入排序	地方财政收入	按地方财政收入顺序	人均地方财政收入（元/人）	按人均地方财政收入排序
台儿庄区	12548	2486	131	10062	129	354	65
滕州市	69246	34158	20	35088	23	225	108
烟台市	**755841**	**289778**	**3**	**466063**	**3**	**721**	**6**
芝罘区	42691	14573	41	28118	38	440	45
福山区	25743	8743	74	17000	78	576	24
龙口市	88887	37871	8	51016	10	816	9
莱阳市	51577	21558	28	30019	34	337	74
蓬莱市	47433	15623	32	31810	28	657	15
招远市	53467	18885	27	34582	25	601	21
莱州市	64129	23123	23	41006	18	472	40
栖霞市	30610	12373	59	18237	72	279	93
海阳市	31372	13082	58	18290	70	267	97
牟平区	45077	18956	37	26121	44	540	30
长岛县	5641	1202	141	4439	141	965	8
开发区	70517	32468	19	38049	21	7610	1
莱山区	18938	7518	104	11420	120	696	12
潍坊市	**672622**	**264531**	**4**	**408091**	**4**	**482**	**7**
潍城区	24181	8812	81	15369	93	420	48
坊子区	18800	6181	106	12619	111	503	33
寒亭区	18428	5512	110	12916	109	364	62
昌邑市	38182	13313	45	24869	47	364	61
昌乐县	30420	8770	60	21650	56	360	64
安丘市	57412	21085	24	36327	22	331	77
寿光市	80005	27047	13	52958	8	499	37
青州市	45840	14836	36	31004	30	345	67
高密市	50122	19255	29	30867	32	363	63
诸城市	75886	29498	16	46388	13	438	46
临朐县	29900	9690	62	20210	60	234	106
奎文区	20973	8397	96	12576	112	340	71
济宁市	**565197**	**224575**	**7**	**340622**	**5**	**429**	**8**
市中区	14827	4446	121	10381	125	257	99
任城区	26514	10166	68	16348	82	260	98
兖州市	68655	23668	21	44987	14	747	11
曲阜市	49259	17481	30	31778	29	500	36
泗水县	22178	5884	90	16294	83	274	96
邹城市	141372	82016	2	59356	5	532	32
微山县	29545	10040	63	19505	64	286	91
鱼台县	13887	3761	127	10126	128	225	109
金乡县	18333	3105	111	15228	95	252	101
嘉祥县	17083	3093	115	13990	104	180	122

续表 2

地　　区	财政总收　入	上划中央两税	按财政总收入排序	地方财政收入	按地方财政收入顺序	人均地方财政收入（元/人）	按人均地方财政收入排序
汶上县	16962	4399	116	12563	113	171	126
梁山县	15509	3044	119	12465	115	175	124
临沂市	**408475**	**130019**	**9**	**278456**	**8**	**277**	**16**
郯城县	30084	6948	61	23136	55	239	105
苍山县	18934	3329	105	15605	90	133	133
莒南县	26221	7894	70	18327	69	185	120
沂水县	46446	15503	34	30943	31	278	95
蒙阴县	26506	11026	69	15480	91	293	86
平邑县	24844	5472	77	19372	65	198	115
费　县	22981	6251	86	16730	81	182	121
沂南县	22043	5264	91	16779	79	186	119
临沭县	21070	6704	95	14366	102	231	107
兰山区	40468	12308	42	28160	37	335	75
罗庄区	24408	8433	79	15975	85	382	57
河东区	13926	4279	126	9647	131	163	129
泰安市	**353735**	**123538**	**10**	**230197**	**9**	**424**	**9**
新泰市	72268	27530	18	44738	15	333	76
宁阳县	33199	9883	54	23316	53	290	88
东平县	23206	4220	83	18986	66	247	102
肥城市	85444	42258	10	43186	16	448	44
泰山区	27368	6810	65	20558	58	341	69
郊　区	33143	3985	56	29158	35	307	84
聊城市	**257800**	**83688**	**12**	**174112**	**12**	**312**	**15**
东昌府区	26099	6337	71	19762	63	203	114
临清市	33696	9972	53	23724	50	330	78
阳谷县	21434	5709	93	15725	88	211	112
莘　县	19122	3496	103	15626	89	163	128
茌平县	23459	6443	82	17016	77	302	85
东阿县	13474	2946	129	10528	124	252	100
冠　县	13126	3109	130	10017	130	136	132
高唐县	44949	16922	38	28027	39	601	20
菏泽市	**174398**	**55959**	**15**	**118439**	**15**	**138**	**17**
牡丹区	21125	6413	94	14712	99	112	136
曹　县	17737	5633	114	12104	116	86	141
定陶县	11361	2543	136	8818	134	148	131
成武县	14206	3825	124	10381	126	166	127
单　县	14245	3503	123	10742	122	93	139
巨野县	12537	3179	132	9358	133	102	138
郓城县	14815	2996	122	11819	118	109	137
鄄城县	8887	2165	138	6722	138	88	140

续表3

地　区	财政总收　入	上划中央两税	按财政总收入排序	地方财政收入	按地方财政收入顺序	人均地方财政收入（元/人）	按人均地方财政收入排序
东明县	18569	7940	107	10629	123	150	130
德州市	**289013**	**78209**	**11**	**210804**	**10**	**390**	**11**
德城区	22963	4697	87	18266	71	337	73
陵　县	17809	2481	113	15328	94	278	94
平原县	18254	3751	112	14503	100	326	79
夏津县	12116	2686	133	9430	132	195	116
武城县	15751	3214	118	12537	114	337	72
齐河县	21982	3377	92	18605	67	308	83
禹城市	25462	5444	75	20018	61	400	51
乐陵市	22815	2999	88	19816	62	310	82
临邑县	20683	6279	97	14404	101	282	92
宁津县	20556	2991	99	17565	76	384	56
庆云县	5945	837	140	5108	139	172	125
滨州市	**226383**	**85874**	**13**	**140509**	**13**	**387**	**12**
惠民县	15482	3480	120	12002	117	194	117
阳信县	11729	3441	135	8288	136	193	118
无棣县	20289	5247	100	15042	97	348	66
沾化县	26586	13490	67	13096	108	343	68
博兴县	28954	10865	64	18089	73	387	55
邹平县	56183	21555	26	34628	24	500	35
滨州市	23014	8174	85	14840	98	246	103
东营市	**575879**	**397152**	**6**	**178727**	**11**	**1030**	**4**
东营区	43856	19255	39	24601	48	438	47
河口区	18534	5068	108	13466	105	687	14
广饶县	36745	11282	51	25463	46	537	31
垦利县	19819	8031	101	11788	119	556	26
利津县	14069	3183	125	10886	121	373	58
威海市	**413878**	**113762**	**8**	**300116**	**7**	**1214**	**2**
环翠区	43517	10511	40	33006	26	619	18
乳山市	47777	9241	31	38536	20	642	16
文登市	92704	22677	7	70027	2	1061	7
荣成市	106819	28219	5	78600	1	1158	6
日照市	**155338**	**58311**	**16**	**97027**	**16**	**350**	**14**
莒县	33178	9519	55	23659	51	215	111
五莲县	25170	9223	76	15947	86	313	81
东港区	18435	4228	109	14207	103	122	135
莱芜市	**95796**	**44960**	**17**	**50836**	**17**	**411**	**10**
莱城区	19185	6533	102	12652	110	126	134
钢城区	6819	2078	139	4741	140	203	113

2001 年山东省各地人均财政支出情况

单位：万元

地　　区	地方财政支出	按地方财政支出排序	人均地方财政支出(元/人)	按人均地方财政支出排序
全省	**7537781**		**835**	
青岛市	**1040027**	**1**	**1464**	**1**
即墨市	60350	8	565	38
胶州市	48421	18	637	33
胶南市	56682	10	677	28
平度市	50925	14	381	86
莱西市	35207	35	486	52
崂山区	100386	1	5228	3
城阳区	70237	5	1626	5
黄岛区	19250	107	2092	4
开发区	76715	3	6974	2
市南区	33084	40	747	20
市北区	35781	33	766	16
四方区	19965	100	550	40
李沧区	30389	49	1081	8
济南市	**703720**	**2**	**1237**	**3**
历下区	28281	55	518	46
市中区	28745	53	561	39
天桥区	26930	61	565	37
槐荫区	26124	66	768	15
历城区	60147	9	734	23
章丘市	69072	7	700	25
长青县	24905	74	470	57
平阴县	21588	93	596	35
济阳县	25562	70	487	50
商河县	18663	111	316	114
淄博市	**337786**	**8**	**823**	**6**
博山区	18657	113	394	82
淄川区	31840	45	475	56
张店区	31797	46	483	55
周村区	19599	104	624	34
临淄区	41991	25	714	24
桓台县	26774	62	549	42
高青县	15838	125	442	68
沂源县	23572	82	425	73
枣庄市	**218991**	**13**	**608**	**7**
市中区	20246	99	417	76
薛城区	21393	94	468	59
峄城区	14675	132	413	78
山亭区	15594	129	336	107

续表 1

地　　区	地方财政支出	按地方财政支出排序	人均地方财政支出(元/人)	按人均地方财政支出排序
台儿庄区	13728	137	483	54
滕州市	43807	21	281	121
烟台市	**534224**	**3**	**827**	**5**
芝罘区	34900	36	546	43
福山区	22299	89	756	19
龙口市	52013	13	832	11
莱阳市	33628	38	377	92
蓬莱市	36700	31	758	18
招远市	39928	29	694	26
莱州市	42030	24	484	53
栖霞市	25845	67	395	81
海阳市	24392	75	356	97
牟平区	31870	44	658	31
长岛县	6752	141	1468	6
开发区	49467	16	9893	1
莱山区	14215	135	867	10
潍坊市	**468251**	**4**	**554**	**9**
潍城区	19737	102	539	45
坊子区	16449	123	655	32
寒亭区	15742	127	443	67
昌邑市	26608	63	390	83
昌乐县	26530	64	441	69
安丘市	42201	23	384	85
寿光市	71788	4	677	29
青州市	40278	28	448	65
高密市	35373	34	416	77
诸城市	48981	17	463	63
临朐县	28286	54	327	112
奎文区	14069	136	380	88
济宁市	**429490**	**5**	**541**	**12**
市中区	13296	138	329	111
任城区	22888	85	364	96
兖州市	46575	20	774	14
曲阜市	46705	19	734	22
泗水县	20490	98	345	102
邹城市	55185	11	494	48
微山县	24249	78	355	98
鱼台县	15354	130	341	105
金乡县	20607	97	341	106
嘉祥县	19324	106	249	131

续表 2

地　　区	地方财政支出	按地方财政支出排序	人均地方财政支出(元/人)	按人均地方财政支出排序
汶上县	18243	115	249	132
梁山县	18660	112	262	130
临沂市	**398034**	**6**	**396**	**16**
郯城县	28896	51	298	116
苍山县	27284	57	233	136
莒南县	27052	59	273	125
沂水县	39386	30	353	100
蒙阴县	23688	81	448	66
平邑县	27015	60	276	124
费　县	25120	72	273	126
沂南县	25136	71	278	122
临沭县	21649	92	349	101
兰山区	32398	42	385	84
罗庄区	17646	118	422	75
河东区	17038	122	287	120
泰安市	**294003**	**9**	**541**	**11**
新泰市	50686	15	378	91
宁阳县	29775	50	370	93
东平县	27162	58	354	99
肥城市	52934	12	549	41
泰山区	24150	79	400	80
郊　区	34685	37	365	95
聊城市	**263585**	**11**	**473**	**14**
东昌府区	32316	43	332	110
临清市	33373	39	465	62
阳谷县	25563	69	343	104
莘　县	28223	56	295	117
茌平县	23987	80	426	72
东阿县	17188	120	411	79
冠　县	19908	101	271	127
高唐县	30912	48	663	30
菏泽市	**243947**	**12**	**285**	**17**
牡丹区	31499	47	240	133
曹　县	28746	52	204	140
定陶县	15712	128	264	128
成武县	16449	124	263	129
单　县	24979	73	217	139
巨野县	21845	91	239	135
郓城县	25834	68	239	134
鄄城县	17835	117	233	137

续表3

地　　区	地方财政支出	按地方财政支出排序	人均地方财政支出(元/人)	按人均地方财政支出排序
东明县	19622	103	276	123
德州市	**274424**	**10**	**508**	**13**
德城区	23103	83	426	71
陵　县	18364	114	333	108
平原县	18821	109	423	74
夏津县	14670	133	303	115
武城县	17335	119	466	60
齐河县	22880	86	378	89
禹城市	24384	76	487	51
乐陵市	24311	77	380	87
临邑县	18676	110	366	94
宁津县	21338	96	466	61
庆云县	9886	139	333	109
滨州市	**197087**	**15**	**543**	**10**
惠民县	18123	116	292	119
阳信县	14702	131	343	103
无棣县	19400	105	449	64
沾化县	19238	108	504	47
博兴县	22857	87	488	49
邹平县	41236	27	595	36
滨州市	22821	88	378	90
东营市	**210464**	**14**	**1212**	**4**
东营区	26312	65	468	58
河口区	14435	134	736	21
广饶县	35959	32	759	17
垦利县	17080	121	806	13
利津县	15768	126	540	44
威海市	**340447**	**7**	**1377**	**2**
环翠区	43024	22	807	12
乳山市	41279	26	688	27
文登市	69334	6	1051	9
荣成市	77769	2	1145	7
日照市	**127824**	**16**	**461**	**15**
莒县	32405	41	295	118
五莲县	21998	90	432	70
东港区	21342	95	184	141
莱芜市	**68878**	**17**	**557**	**8**
莱城区	23001	84	230	138
钢城区	7614	140	327	113

2001年山东省各部门基本数字

地区	年末机构数(个)				年末人数				
	合计	行政机关团体	国有事业单位	集体单位	合计	国家职工	集体职工	离退休职工	长休人员
全省合计	**54032**	**8997**	**43140**	**1895**	**3012936**	**2377855**	**114848**	**518256**	**1977**
地(市)合计	52091	8842	41355	1894	2719743	2144543	114537	458809	1854
地(市)本级	4658	1194	3440	24	413051	337595	3930	71075	451
县级合计	47433	7648	37915	1870	2306692	1806948	110607	387734	1403
省内合计	**49752**	**8168**	**39790**	**1794**	**2761173**	**2186275**	**111499**	**461906**	**1493**
地(市)合计	47811	8013	38005	1793	2467980	1952963	111188	402459	1370
地(市)本级	4098	1083	2992	23	340737	282328	3928	54167	314
县级合计	43713	6930	35013	1770	2127243	1670635	107260	348292	1056
青岛市	**4280**	**829**	**3350**	**101**	**251763**	**191580**	**3349**	**56350**	**484**
本级	560	111	448	1	72314	55267	2	16908	137
县级小计	3720	718	2902	100	179449	136313	3347	39442	347
即墨市	622	94	461	67	26171	21191	342	4638	
胶州市	267	52	206	9	19805	15953	253	3583	16
胶南市	620	93	518	9	28928	19556	454	8918	
平度市	863	118	742	3	29750	23501	48	6055	146
莱西市	264	67	196	1	22501	18236	156	4093	16
崂山区	107	51	56		5336	4493	135	705	3
城阳区	272	43	229		12146	9981	360	1798	7
黄岛区	127	30	97		4331	3770	68	485	8
开发区	59	13	46		3082	2728	2	352	
市南区	79	21	58		7350	4178	472	2683	17
市北区	99	28	69	2	9731	5407	760	3481	83
四方区	106	45	58	3	6095	4087	239	1755	14
李沧区	146	57	88	1	5749	3938	187	1607	17
济南市	**3215**	**739**	**2432**	**44**	**190855**	**153124**	**1264**	**36237**	**230**
本级	457	116	339	2	49523	39935	9	9523	56
县级小计	2758	623	2093	42	141332	113189	1255	26714	174
历下区	140	24	111	5	11634	8207	128	3221	78
市中区	228	104	122	2	11863	8357	156	3340	10
天桥区	121	20	100	1	11138	8328	48	2745	17
槐荫区	169	45	124		9565	7017	25	2476	47
历城区	248	77	165	6	17910	14639	126	3143	2
长青区	753	69	684		24210	20523	58	3629	
章丘市	310	109	200	1	15186	12943		2240	3

续表1

地　区	年末机构数(个)				年末人数				
	合计	行政机关团体	国有事业单位	集体单位	合计	国家职工	集体职工	离退休职　工	长休人员
平阴县	375	86	283	6	11744	9785	148	1811	
济阳县	243	37	206		13246	11200	90	1949	7
商河县	171	52	98	21	14836	12190	476	2160	10
淄博市	**3085**	**715**	**2274**	**96**	**127889**	**103156**	**3012**	**21691**	**30**
本级	286	77	208	1	25343	21835	82	3416	10
县级小计	2799	638	2066	95	102546	81321	2930	18275	20
博山区	535	124	394	17	13231	10432	431	2368	
淄川区	398	51	329	18	15819	13250	272	2295	2
张店区	274	76	190	8	13925	10741	641	2543	
周村区	151	59	92		10038	7417	160	2461	
临淄区	410	131	279		12780	10746		2019	15
桓台县	247	45	165	37	12495	9136	798	2561	
高青县	283	57	226		8691	6997		1691	3
沂源县	510	95	400	15	15567	12602	628	2337	
枣庄市	**2385**	**530**	**1789**	**66**	**116273**	**99365**	**4240**	**12442**	**226**
本级	201	42	157	2	18816	14927	24	3849	16
县级小计	2184	488	1632	64	97457	84438	4216	8593	210
市中区	230	58	166	6	11023	9500	543	980	
薛城区	345	58	280	7	15987	12748	2042	1039	158
峄城区	251	70	181		14634	12978	319	1337	
山亭区	441	90	306	45	11474	10521	25	928	
台儿庄区	259	48	211		9512	8297	382	833	
滕州市	658	164	488	6	34827	30394	905	3476	52
烟台市	**3380**	**133**	**3104**	**143**	**204742**	**150902**	**13257**	**40224**	**359**
本级	248	12	234	2	27311	21952	291	4940	128
县级小计	3132	121	2870	141	177431	128950	12966	35284	231
芝罘区	204	5	199		13149	9209	33	3831	76
福山区	236	15	212	9	8780	6165	474	2140	1
龙口市	379	6	356	17	18255	13072	1562	3561	60
莱阳市	529	6	504	19	19733	13819	1793	4117	4
蓬莱市	102	5	91	6	14509	10245	1061	3200	3
招远市	308	19	281	8	17227	12890	1252	3069	16
莱州市	197	5	169	23	23540	16513	1931	5073	23
栖霞市	280	5	256	19	19370	14361	1799	3178	32

续表2

地区	年末机构数(个)				年末人数				
	合计	行政机关团体	国有事业单位	集体单位	合计	国家职工	集体职工	离退休职工	长休人员
海阳市	651	115	498	38	18610	13763	1706	3136	5
牟平区	255	4	241	10	15800	11664	1168	2957	11
长岛县	79	4	75		3075	2589		486	
开发区	55	7	48		2335	2176		159	
莱山区	108	5	102	1	3048	2484	187	377	
潍坊市	**5378**	**217**	**5112**	**49**	**237862**	**190514**	**9700**	**37490**	**158**
本级	290	30	260		23948	20522	51	3370	5
县级小计	5088	187	4852	49	213914	169992	9649	34120	153
潍城区	213	36	177		10822	8282	235	2303	2
坊子区	158	6	152		7756	6473	92	1191	
寒亭区	326	21	300	5	9637	6900	385	2351	1
昌邑市	395	4	391		16882	13004	509	3369	
昌乐县	342	4	338		16916	13511	1288	2113	4
安丘市	462	4	447	11	26370	21422	963	3982	3
寿光市	669	147	403	119	25358	19762	1095	4496	5
青州市	651	67	576	8	24437	19342	1059	3911	125
高密市	459	9	411	39	20688	16620	1012	3055	1
诸城市	755	5	740	10	25442	20761	1416	3265	
临朐县	624	5	615	4	22482	17792	1549	3131	10
奎文区	133	17	115	1	7124	6123	46	953	2
济宁市	**3010**	**188**	**2647**	**175**	**215640**	**176996**	**8164**	**30418**	**62**
本级	345	50	295		23086	18953	24	4100	9
县级小计	2665	138	2352	175	192554	158043	8140	26318	53
市中区	129	38	91		8203	6736		1465	2
任城区	4	4			20187	17496	449	2215	27
兖州市	382	92	207	83	16106	13382	449	2251	24
曲阜市	332	54	252	26	17089	13793	868	2428	
泗水县	262	47	205	10	14436	11939	530	1967	
邹城市	190	34	147	9	23532	20041	641	2850	
微山县	550	130	415	5	12950	11156	441	1353	
鱼台县	361	106	247	8	11220	8739	768	1713	
金乡县	473	110	353	10	17366	14146	869	2351	
嘉祥县	304	118	186		16606	13302	941	2363	
汶上县	167	28	128	11	17644	13799	1190	2655	

续表 3

地　区	年末机构数(个)				年末人数				
	合计	行政机关团体	国有事业单位	集体单位	合计	国家职工	集体职工	离退休职工	长休人员
梁山县	164	28	112	24	17215	13514	994	2707	
临沂市	**3876**	**772**	**2906**	**198**	**280349**	**221291**	**19451**	**39568**	**39**
本级	238	41	195	2	31174	25931	2126	3108	9
县级小计	3638	731	2711	196	249175	195360	17325	36460	30
郯城县	368	66	288	14	23055	17806	2165	3084	
苍山县	178	50	128		27457	21187	3090	3180	
莒南县	699	115	557	27	28264	20061	3211	4992	
沂水县	214	52	157	5	32494	25975	1654	4863	2
蒙阴县	569	33	536		16563	14205	343	2015	
平邑县	155	29	121	5	24973	21218	800	2931	24
费　县	186	37	138	11	23036	17211	1762	4060	3
沂南县	418	90	308	20	24419	19569	677	4172	1
临沭县	186	50	121	15	14681	11282	1167	2232	
兰山区	361	95	253	13	17339	14547	459	2333	
罗庄区	327	58	205	64	7314	4716	812	1786	
河东区	207	60	132	15	9580	7583	1185	812	
泰安市	**1831**	**330**	**1444**	**57**	**147292**	**120209**	**2382**	**24691**	**10**
本级	276	70	206		23206	18776		4424	6
县级小计	1555	260	1238	57	124086	101433	2382	20267	4
新泰市	201	37	155	9	27049	22734	221	4092	2
宁阳县	310	52	256	2	22514	18426	265	3822	1
东平县	198	27	166	5	20522	18127	297	2098	
肥城市	175	10	151	14	22469	17549	657	4263	
泰山区	268	43	211	14	8617	6574		2043	
郊　区	403	91	299	13	22915	18023	942	3949	1
聊城市	**2127**	**573**	**1266**	**288**	**156302**	**116810**	**10634**	**28632**	**226**
本级	49	49			20891	16388	703	3785	15
县级小计	2078	524	1266	288	135411	100422	9931	24847	211
东昌府区	161	39	122		20835	16077	865	3729	164
临清市	629	136	477	16	15861	11790	788	3283	
阳谷县	623	28	595		20618	14650	1988	3937	43
莘　县					20217	16228	1193	2796	
茌平县	358	105	225	28	16757	11614	1448	3695	
东阿县	141	50	82	9	10557	7639	818	2097	3

续表 4

地区	年末机构数(个)				年末人数				
	合计	行政机关团体	国有事业单位	集体单位	合计	国家职工	集体职工	离退休职工	长休人员
冠县	210		181	29	17944	12580	2380	2983	1
高唐县	174	60	114		12622	9844	451	2327	
菏泽市	**6564**	**1442**	**4954**	**168**	**256542**	**192731**	**16224**	**47520**	**67**
本级	233	72	159	2	16542	13766	100	2676	
县级小计	6331	1370	4795	166	240000	178965	16124	44844	67
牡丹区	744	115	628	1	36101	28344	1854	5903	
曹县	1706	287	1347	72	33406	24668	3027	5679	32
定陶县	358	112	206	40	20371	14332	1996	4043	
成武县	379	88	284	7	21773	15662	1779	4332	
单县	1127	157	970		28373	20766	1662	5945	
巨野县	571	186	345	40	26341	18620	2122	5599	
郓城县	555	204	345	6	33105	25258	1432	6381	34
鄄城县	204	88	116		19440	15279	1105	3055	1
东明县	687	133	554		21090	16036	1147	3907	
德州市	**5213**	**623**	**4414**	**176**	**177651**	**142456**	**8736**	**26434**	**25**
本级	134	34	100		15997	13190	51	2753	3
县级小计	5079	589	4314	176	161654	129266	8685	23681	22
德城区	275	3	272		15293	12595	435	2263	
陵县	1101	24	1049	28	16286	13359	875	2052	
平原县	512	22	475	15	12967	9797	944	2226	
夏津县	350	40	297	13	14239	11678	492	2069	
武城县	231	78	145	8	10739	8044	351	2343	1
齐河县	429	75	276	78	16012	12416	1407	2168	21
禹城市	664	49	615		15213	12556	600	2057	
乐陵市	429	144	285		17696	14803	702	2191	
临邑县	210	89	103	18	16227	13259	960	2008	
宁津县	516	53	455	8	16883	13450	838	2595	
庆云县	362	12	342	8	10099	7309	1081	1709	
滨州市	**1793**	**498**	**1263**	**32**	**117231**	**93950**	**1753**	**21491**	**37**
本级	221	191	22	8	14981	11624	186	3141	30
县级小计	1572	307	1241	24	102250	82326	1567	18350	7
惠民县	235	4	223	8	15576	12565	323	2688	
阳信县	204	4	200		13739	10613	187	2938	1
无棣县	139	36	103		13659	11451	90	2114	4

续表 5

地　区	年末机构数(个)				年末人数				
	合计	行政机关团体	国有事业单位	集体单位	合计	国家职工	集体职工	离退休职　工	长休人员
沾化县	527	96	424	7	12464	10071	292	2101	
博兴县	203	58	145		12546	10044		2502	
邹平县	122	39	74	9	16942	13030	327	3585	
滨州市	142	70	72		17324	14552	348	2422	2
东营市	**1379**	**290**	**1067**	**22**	**50276**	**44626**	**749**	**4900**	**1**
本级	231	49	182		9665	9166		499	
县级小计	1148	241	885	22	40611	35460	749	4401	1
东营区	241	60	173	8	6933	6661	272		
河口区	235	61	173	1	4101	3741	2	358	
广饶县	299	45	246	8	12223	10207	232	1784	
垦利县	274	39	235		8063	6978	58	1027	
利津县	98	35	58	5	9291	7873	185	1232	1
威海市	**2347**	**509**	**1638**	**200**	**80601**	**60072**	**5354**	**15041**	**134**
本级	342	80	258	4	13662	12101	72	1469	20
县级小计	2005	429	1380	196	66939	47971	5282	13572	114
环翠区	303	82	206	15	9437	6725	280	2366	66
乳山市	561	118	420	23	17436	12419	1638	3352	27
文登市	472		415	57	19663	14213	1429	4017	4
荣成市	567	128	339	100	20403	14614	1935	3837	17
日照市	**1581**	**324**	**1202**	**55**	**68443**	**54990**	**4330**	**9118**	**5**
本级	338	109	229		14469	12660	195	1613	1
县级小计	1243	215	973	55	53974	42330	4135	7505	4
莒县	516	123	366	27	22019	16884	1896	3235	4
五莲县	446	92	327	27	15526	12512	1051	1963	
东港区	281		280	1	16429	12934	1188	2307	
莱芜市	**678**	**130**	**500**	**48**	**40081**	**34484**	**732**	**4859**	**6**
本级	209	61	148		12123	10602	14	1501	6
县级小计	469	69	352	48	27958	23882	718	3358	
莱城区	292	38	206	48	23601	19851	718	3032	
钢城区	177	31	146		4357	4031		326	
省级	**1941**	**155**	**1785**	**1**	**293193**	**233312**	**311**	**59447**	**123**

续表 6

地　区	其中：财政补助开支的年末人数				财政预算拨款开支人数			年末学生人数
	国家职工	集体职工	离退休职　工	长休人员	国家职工	离退休职　工	长休人员	
全省合计	**1750291**	**102227**	**410778**	**1226**	**440722**	**65787**	**176**	**1945259**
地(市)合计	1588974	102227	366335	1151	416542	61905	174	1450548
地(市)本级	208617	2795	53522	159	76899	8803	24	395015
县级合计	1380357	99432	312813	992	339643	53102	150	1055533
省内合计	**1619207**	**99470**	**371782**	**889**	**403871**	**54871**	**153**	**922849**
地(市)合计	1457890	99470	327339	814	379691	50989	151	428138
地(市)本级	182706	2793	41057	101	63496	5291	19	85358
县级合计	1275184	96677	286282	713	316195	45698	132	342780
青岛市	**131084**	**2757**	**38996**	**337**	**36851**	**10916**	**23**	**1022410**
本级	25911	2	12465	58	13403	3512	5	309657
县级小计	105173	2755	26531	279	23448	7404	18	712753
即墨市	17637	341	3618		3061	985		143544
胶州市	12262	251	2292	1	2772	1150		110134
胶南市	14759	196	3872		2744	841		
平度市	19941	48	4873	146	2919	1182		204216
莱西市	13677	126	3095	2	3749	998	5	107801
崂山区	3088	135	598	3	1158	104		33090
城阳区	7113		180	2	1855	447	5	70795
黄岛区	3150		145		620	101	5	
开发区	1216		221		629	52		
市南区	3253	472	2302	17	925	381		
市北区	3170	760	2624	80	1171	536	3	23025
四方区	2921	239	1460	11	976	290		
李沧区	2986	187	1251	17	869	337		20148
济南市	**105935**	**917**	**23077**	**111**	**34888**	**8770**	**18**	**39293**
本级	23170		5671	23	11372	2533	3	39293
县级小计	82765	917	17406	88	23516	6237	15	
历下区	5297	45	1588	17	2042	675	6	
市中区	5463	16	2019	5	2116	511	2	
天桥区	5518	48	1858	12	2091	690	5	
槐荫区	4494		1746	41	2131	518		
历城区	10103	93	1829		3061	770		
长青区	16095	1	2509		2839	910		
章丘市	10240		1688		2470	552		

续表 7

地　区	其中:							年末学生人数
	财政补助开支的年末人数				财政预算拨款开支人数			
	国家职工	集体职工	离退休职工	长休人员	国家职工	离退休职工	长休人员	
平阴县	7759	148	1381		1818	430		
济阳县	9098	90	1428	5	1867	521	2	
商河县	8698	476	1360	8	3081	660		
淄博市	**78144**	**2694**	**17823**	**19**	**19496**	**3262**	**8**	**33347**
本级	16358	82	3058	10	4424	358		32222
县级小计	61786	2612	14765	9	15072	2904	8	1125
博山区	8525	392	1770		1773	573		
淄川区	9866	235	1904	2	2155	391		
张店区	7901	641	2446		2349			
周村区	5104	111	2461		1970			
临淄区	8796		1493	7	1798	526	8	1125
桓台县	6569	605	1952		1494	348		
高青县	5215		1468		1369			
沂源县	9810	628	1271		2164	1066		
枣庄市	**70185**	**3863**	**11205**	**206**	**22581**	**433**	**19**	**16724**
本级	8678	2	3094	16	5354			16724
县级小计	61507	3861	8111	190	17227	433	19	
市中区	6206	524	927		2479	17		
薛城区	10048	2042	908	158	2377	131		
峄城区	8814	189	1337		3671			
山亭区	8189	25	915		1977			
台儿庄区	6456	355	791		1594	42		
滕州市	21794	726	3233	32	5129	243	19	
烟台市	**106788**	**11047**	**36300**	**171**	**27102**		**5**	**57934**
本级	12715	172	4177	35	4445		2	56661
县级小计	94073	10875	32123	136	22657		3	1273
芝罘区	6498	33	3742	75	1999			76
福山区	4448	474	1940	1	1225			
龙口市	9379	1502	3158		2517			
莱阳市	9807	1341	4105		1923		2	
蓬莱市	7396	1061	3140	3	2106			
招远市	10232	1160	2897		2153			
莱州市	12317	1750	4294	13	2499			946
栖霞市	9874	1460	2849	28	1978		1	

续表 8

地区	其中：财政补助开支的年末人数				财政预算拨款开支人数			年末学生人数
	国家职工	集体职工	离退休职工	长休人员	国家职工	离退休职工	长休人员	
海阳市	10498	1251	3136	5	1941			
牟平区	9060	843	2320	11	2275			
长岛县	1461		412		606			251
开发区	1374		130		680			
莱山区	1729				755			
潍坊市	**152686**	**8972**	**28208**	**22**	**29625**	**6792**	**10**	**28047**
本级	13975	51	1683	4	4634	545	1	28047
县级小计	138711	8921	26525	18	24991	6247	9	
潍城区	6200	220	1795		1454	447		
坊子区	5245	92	957		1228	234		
寒亭区	5506	341	1788	1	1279	557		
昌邑市	10661	509	2756		2334	613		
昌乐县	10629	1006	1504	4	2254	571		
安丘市	18286	900	2876		2614	636		
寿光市	16505	853	3491	1	3073	691	3	
青州市	15383	1049	3313	3	2372	571	6	
高密市	13666	994	2399	1	2505	404		
诸城市	18075	1362	2474		2152	752		
临朐县	14411	1549	2346	6	2314	684		
奎文区	4144	46	826	2	1412	87		
济宁市	**124168**	**7578**	**21591**	**20**	**35938**	**5524**	**12**	**46491**
本级	12756	12	2800	1	2907	401	1	46491
县级小计	111412	7566	18791	19	33031	5123	11	
市中区	4247		944		2082	350	2	
任城区	8824	449	1731	18	2520	404	9	
兖州市	10041	330	892	1	2734	398		
曲阜市	10731	868	1885		2680	543		
泗水县	8868	490	1418		2437	413		
邹城市	14175	641	2183		3288	667		
微山县	8165	286	721		2732	239		
鱼台县	6605	768	1400		2134	313		
金乡县	10026	676	1491		3783	457		
嘉祥县	8513	874	1488		3542	793		
汶上县	10621	1190	2107		2672	498		

续表 9

地区	其中:							年末学生人数
	财政补助开支的年末人数				财政预算拨款开支人数			
	国家职工	集体职工	离退休职工	长休人员	国家职工	离退休职工	长休人员	
梁山县	10596	994	2531		2427	48		
临沂市	**169503**	**18500**	**39340**	**6**	**39143**		**1**	**48012**
本级	16421	2032	3108	2	3513			48012
县级小计	153082	16468	36232	4	35630		1	
郯城县	14906	2104	3084		2761			
苍山县	17107	2838	3180		3263			
莒南县	16087	3211	4992		3453			
沂水县	19970	1571	4827		4274			
蒙阴县	8530	343	2015		4683			
平邑县	15115	544	2745	1	5275			
费　县	14532	1762	4060	3	2360			
沂南县	15960	611	4172		3254		1	
临沭县	9182	1098	2226		1887			
兰山区	12460	459	2333		1844			
罗庄区	3373	812	1786		1237			
河东区	5860	1115	812		1339			
泰安市	**94974**	**1596**	**22426**	**2**	**18444**	**1077**		**18567**
本级	11834		3331	1	3999			13929
县级小计	83140	1596	19095	1	14445	1077		4638
新泰市	18371	193	3571	1	2717	447		4078
宁阳县	15100	265	3320		2890	481		
东平县	15464	297	2098		2604			
肥城市	14698	631	4263		2188			560
泰山区	5197		1894		1377	149		
郊　区	14310	210	3949		2669			
聊城市	**86721**	**9654**	**22181**	**207**	**25796**	**5627**	**14**	**27328**
本级	11953	8	2627	2	2764	560	11	26462
县级小计	74768	9646	19554	205	23032	5067	3	866
东昌府区	12307	865	3716	161	3435	13		866
临清市	9152	723	2687		2275	543		
阳谷县	10413	1768	2816	43	3190	1033		
莘　县	11910	1193	2116		4318	680		
茌平县	9087	1448	2616		2347	1070		
东阿县	5631	818	1599		2008	498	3	

续表 10

地　区	其中:							年末学生人数
	财政补助开支的年末人数				财政预算拨款开支人数			
	国家职工	集体职工	离退休职　工	长休人员	国家职工	离退休职　工	长休人员	
冠　县	8938	2380	2188	1	2945	719		
高唐县	7330	451	1816		2514	511		
菏泽市	**143017**	**15496**	**35002**	**20**	**39669**	**12251**	**46**	**15131**
本级	8326	100	2231		3500	418		15131
县级小计	134691	15396	32771	20	36169	11833	46	
牡丹区	21157	1804	4335		4642	1568		
曹　县	20634	2823	4067	15	3886	1593	17	
定陶县	10938	1865	3162		2833	881		
成武县	11497	1779	3092		3140	1240		
单　县	15378	1662	4422		4603	1302		
巨野县	12773	1909	4167		4714	1432		
郓城县	19510	1302	4356	5	4613	2025	29	
鄄城县	11144	1105	2161		3412	894		
东明县	11660	1147	3009		4326	898		
德州市	**106114**	**7881**	**20785**	**9**	**32591**	**4666**	**16**	**75828**
本级	8836	51	2225	3	2917	17		17438
县级小计	97278	7830	18560	6	29674	4649	16	58390
德城区	9229	435	1602		3103	652		
陵　县	10191	638	1554		3127	498		
平原县	7605	944	2034		1810	155		
夏津县	8003	492	1713		3356	334		58390
武城县	5679	277	1652	1	1812	354		
齐河县	9844	1407	1607	5	2572	561	16	
禹城市	10262	600	1643		2294	414		
乐陵市	9976	702	1573		4394	567		
临邑县	10409	416	1611		2850	397		
宁津县	10628	838	2250		2822	345		
庆云县	5452	1081	1321		1534	372		
滨州市	**70376**	**1421**	**21258**	**4**	**20079**		**1**	**4973**
本级	6817	88	3041		3592			4973
县级小计	63559	1333	18217	4	16487		1	
惠民县	8656	323	2688		3425			
阳信县	7119	187	2938		3225			
无棣县	8788	64	2014	3	2270			

续表 11

地　　区	其中:							年末学生人数
	财政补助开支的年末人数				财政预算拨款开支人数			
	国家职工	集体职工	离退休职　工	长休人员	国家职工	离退休职　工	长休人员	
沾化县	8403	292	2068		1553			
博兴县	7852		2502		1790			
邹平县	10517	253	3585		2284			
滨州市	12224	214	2422	1	1940		1	
东营市	**33935**	**749**	**3398**	**1**	**9029**	**1409**		**3587**
本级	6419		416		2185			3587
县级小计	27516	749	2982	1	6844	1409		
东营区	4548	272			1522			
河口区	2579	2	358		954			
广饶县	8518	232	1022		1689	761		
垦利县	5674	58	739		1263	283		
利津县	6197	185	863	1	1416	365		
威海市	**44026**	**4174**	**12444**	**15**	**10369**			**7274**
本级	8105		948	3	2458			
县级小计	35921	4174	11496	12	7911			7274
环翠区	4961	34	2190		1285			
乳山市	9683	1604	3352	7	1897			
文登市	11398	1264	4017		2267			
荣成市	9879	1272	1937	5	2462			
日照市	**43747**	**4210**	**8492**		**9460**	**128**	**1**	**8169**
本级	8963	195	1477		3073	128	1	8169
县级小计	34784	4015	7015		6387			
莒县	13896	1844	3059		2682			
五莲县	9813	983	1649		2168			
东港区	11075	1188	2307		1537			
莱芜市	**27571**	**718**	**3809**	**1**	**5481**	**1050**		**3019**
本级	7380		1170	1	2359	331		3019
县级小计	20191	718	2639		3122	719		
莱城区	16977	718	2313		2455	719		
钢城区	3214		326		667			
省级	**161317**		**44443**	**75**	**24180**	**3882**	**2**	**494711**

2001 年山东省乡镇财政基本情况表

单位：个\人\万元

项　　目	合计	其中：乡	镇
一、本年乡镇数	**1664**	**355**	**1309**
二、乡镇财政机构数	**1660**	**355**	**1305**
其中：财税所数	236	46	190
三、体制形式和类型			
实行分税制体制的乡镇数	1525	340	1185
实行原体制的乡镇数	139	15	124
上解乡镇数	481	45	436
补助乡镇数	822	186	636
自收自支乡镇数	361	124	237
四、已建立乡镇国库的乡镇数	**644**	**116**	**528**
五、税务所机构数	**1723**	**230**	**1493**
国家税务所数	725	77	648
地方税务所数	998	153	845
其中：一乡(镇)一所数	424	84	340
六、乡镇财政所总人数	**15414**	**2583**	**12831**
1. 行政编制人数	1607	305	1302
2. 事业编制人数	13742	2260	11482
3. 以工代干人数			
4. 集体财务人员人数	65	18	47
七、乡镇财政供养人口	**1127637**	**186566**	**941071**
1. 财政预算拨款开支人数	145849	27973	117876
2. 财政补助开支人数	981788	158593	823195
其中：教师	702884	110255	592629
八、赤字乡镇个数	**133**	**32**	**101**
九、乡镇经济有关指标统计			
1. 年末总人口	73872303	11104535	62767768
其中：农村人口	62950642	10407419	52543223
2. 乡镇总产值	100924724	12253575	88671149
其中：工业总产值	67816299	8121793	59694506
农业总产值	24293510	3638198	20655312
十、乡镇财政一般预算收入分档			
100 万元以下的乡镇数	26	18	8
100 万元—300 万元的乡镇数	422	186	236
300 万元—500 万元的乡镇数	428	97	331
500 万元—1000 万元的乡镇数	483	47	436

续表

项　　目	合计	其中：乡	镇
1000万元以上的乡镇数	305	7	298
十一、乡镇财政一般预算收支平衡			
收入总计	1700941	243450	1457491
本年本级收入	1224188	166810	1057378
其中：税收收入	1128458	149117	979341
上级补助收入	435149	69760	365389
其他收入	37453	8035	29418
上年结余收入	4151	-1155	5306
支出总计	1694247	223110	1471137
本年本级支出	1413687	211341	1202346
上解上级支出	271937	11713	260224
其他支出	8623	56	8567
年终滚存结余	6694	20340	-13646
净结余	-3464	-564	-2900
十二、乡镇财政基金预算收支平衡			
收入总计	51302	6479	44823
本年本级收入	39792	5288	34504
上级补助收入	9168	710	8458
其他收入	62	5	57
上年结余收入	2280	476	1804
支出总计	49227	6388	42839
本年本级支出	44623	5088	39535
补助下级支出	282		282
其他支出	4322	1300	3022
年终滚存结余	2075	91	1984
十三、预算外收支情况			
收入总计	548681	83777	464904
本年本级收入	564980	87435	477545
1. 行政事业单位收入	88686	11690	76996
2. 乡镇自筹统筹收入	459189	72113	387076
3. 地方财政收入	17105	3632	13473
上年结余收入	-16299	-3658	-12641
支出总计	585452	92651	492801
本年本级支出	555051	86426	468625
其中：行政事业支出	159897	19470	140427
基本建设支出	9378	704	8674
调出资金	30401	6225	24176
年终滚存结余	-36771	-8874	-27897

2001 年山东省乡镇财政基本情况表

单位：个\人\万元

项　　目	合计	其中：乡	镇	办事处	区公所	街道办事处
一、本年乡镇数	**1840**	**347**	**1243**	**79**	**2**	**169**
二、乡镇财政机构数	**1825**	**346**	**1233**	**79**	**2**	**165**
其中：财税所数	183	33	145	1		4
三、街道财政数	**160**					**160**
四、体制形式	**605**	**146**	**388**	**15**		**56**
实行分税制体制的乡镇数	1664	333	1129	75	2	125
实行原体制的乡镇数	195	14	115	4		62
五、乡镇类型	**605**	**146**	**388**	**7**		**56**
1. 上解乡镇	639	43	406	51	1	138
2. 补助乡镇	857	183	624	14	1	35
3. 自收自支乡镇	363	122	214	14		13
六、已建立乡镇国库的乡镇数	**684**	**108**	**521**	**10**		**45**
七、税务所机构数	**1556**	**188**	**1203**	**49**		**116**
国家税务所数	767	66	624	24		53
地方税务所数	1075	137	820	28		90
其中：一乡(镇)一所数	450	77	328	7		38
八、乡镇财政所总人数	**15419**	**2458**	**11157**	**718**	**20**	**1049**
1. 行政编制人数	1707	300	1211	81	1	114
2. 事业编制人数	13043	2063	9419	637	19	905
3. 以工代干人数	531	81	426			24
4. 集体财务人员人数	138	14	118			6
九、乡镇财政人员文化程度	**10730**	**1957**	**7800**	**340**		**633**
1. 本科以上	1608	166	1132	112	4	194
2. 大专	7517	984	5543	412	8	570
3. 中专、高中	6101	1272	4352	190	6	281
4. 初中以下	175	30	138	4	2	1
十、乡镇财政供养人口	**1183754**	**180105**	**893132**	**53781**	**823**	**55913**
1. 财政预算拨款开支人数	166361	27076	112104	6831	60	20290
2. 财政补助开支人数	1027393	153029	782899	46950	763	43752
其中：教师	728593	106849	553966	35120	591	32067
十一、乡镇经济有关指标统计						

续表 1

项　目	合计	其中：乡	镇	办事处	区公所	街道办事处
1. 年末总人口	82709707	10750360	60602315	4061662	68991	7226379
其中：农村人口	66696930	10190542	52054300	2119910	47374	2284804
2. 乡镇总产值	115124033	11964815	80835607	12080206	258945	9984460
其中：工业总产值	80315047	7854597	55168637	8984390	233866	8073557
农业总产值	26191636	3604431	20230259	1316088	14113	1026745
十二、乡镇财政一般预算收入	**2082999**	**134920**	**1439310**	**217339**	**3030**	**288400**
1. 本年本级收入	1408224	106682	963584	170526	3030	164402
2. 省地县收入	97891	565	57263	13082		26981
3. 中央级收入	576884	27673	418463	33731		97017
十三、乡镇财政一般预算收入分档	**1840**	**347**	**1243**	**79**	**2**	**169**
100 万元以下的乡镇数	35	20	6	2		7
100 万元—300 万元的乡镇数	447	183	233	4	1	26
300 万元—500 万元的乡镇数	488	97	345	6		40
500 万元—1000 万元的乡镇数	509	40	403	26		40
1000 万元以上的乡镇数	361	7	256	41	1	56
十四、乡镇财政一般预算收支平衡						
收入总计	1919829	181832	1328672	209698	3322	196305
本年本级收入	1408224	106682	963584	170526	3030	164402
其中：税收收入	1309230	93298	879045	173100	2966	160821
非税收入	99487	17369	71321	7152	64	3581
上级补助收入	467517	68775	334235	33691	292	30524
其他收入	39758	7847	29030	1587		1294
上年结余收入	4330	－1472	1823	3894		85
支出总计	1912545	187431	1309423	216765	3322	195604
本年本级支出	1533319	175586	1110081	136725	2988	107939
上解上级支出	371721	11798	199268	72656	334	87665
其他支出	7505	47	74	7384		
年终滚存结余	7284	－5599	19249	－7067		701
净结余	3336	－224	－1164	2536		2188
赤字乡镇个数	196	36	142	4		14
结余乡镇个数	1248	209	866	52	2	130
十五、乡镇财政基金预算收支平衡						
收入总计	53345	6077	41839	2749	566	2114
本年本级收入	41678	5050	34233	864		1531
上级补助收入	9572	542	6046	1835	566	583

续表2

项　　目	合计	其中：乡	镇	办事处	区公所	街道办事处
其他收入	62	5	56	1		
上年结余收入	2033	480	1504	49		
支出总计	51497	5773	40295	2749	566	2114
本年本级支出	47167	4503	37280	2743	566	2075
补助下级支出						
其他支出	4330	1270	3015	6		39
年终滚存结余	1848	304	1544			
十六、预算外收支情况						
收入总计	581112	82908	437372	25678	409	34745
本年本级收入	598520	84904	456288	24946	289	32093
1. 行政事业单位收入	100231	10542	72101	5563	74	11951
2. 乡镇自筹统筹收入	478918	70856	372308	17062	69	18623
3. 地方财政收入	19371	3506	11879	2321	146	1519
上年结余收入	－17408	－1996	－18916	732	120	2652
本年本级支出	589182	83368	451087	23387	166	31174
其中：行政事业支出	101392	9141	77114	3170	96	11871
基本建设支出	7410	585	5248	893		684
调出资金	30408	6143	21226	1359		1680
年终滚存结余	－38478	－6603	－34941	932	243	1891
十七、乡镇政府债权债务情况						
1. 乡镇政府债权总额	612053	75743	459599	33088	67	43556
2. 乡镇政府负债总额	1501998	214754	1095677	61326	2547	127694
3. 财政担保部分	195026	24733	148612	972		20709
4. 负债资金来源	1501780	214754	1096980	59805	2547	127694
（1）银行贷款	330222	55611	227228	14567	2242	30574
（2）农金会或其他基金贷款	307972	30601	231847	10127		35397
（3）统筹中借款	58513	10754	45799	964		996
（4）其他	806594	117788	592106	35668	305	60727
5. 负债资金用途	1502708	214841	1097789	59805	2547	127726
（1）政府建房	46317	4945	34164	3012		4196
（2）学校建房	129658	25582	94691	1963		7422
（3）补助经费	93870	18149	68204	1690	170	5657
（4）乡镇企业	428477	62550	311685	13175		41067
（5）基础设施	141697	24397	102747	3593	2242	8718
（6）其他	664210	79218	486298	37893	135	60666

2001 年山东省乡镇主要财政经济指标情况表

单位：万元

地　区	收　入				支　出			
	合计	一般预算	基金预算	预算外	合计	一般预算	基金预算	预算外
全省总计	**2048422**	**1408224**	**41678**	**598520**	**2169668**	**1533319**	**47167**	**589182**
乡镇(含办事处、区公所)合计	**1851267**	**1243822**	**40147**	**567298**	**2029502**	**1425379**	**45094**	**559029**
街道办事处合计	**197155**	**164402**	**1531**	**31222**	**140166**	**107940**	**2073**	**30153**
青岛市合计	**246282**	**197842**	**5126**	**43314**	**231443**	**180442**	**8568**	**42433**
乡镇(含办事处、区公所)合计	**246282**	**197842**	**5126**	**43314**	**231443**	**180442**	**8568**	**42433**
街道办事处合计								
(一) 城阳区	**54808**	**51151**		**3657**	**34476**	**30664**	**210**	**3602**
乡镇(含办事处、区公所)合计	**54808**	**51151**		**3657**	**34476**	**30664**	**210**	**3602**
街道办事处合计								
城阳街道办事处	15182	14734		448	8751	8416	3	332
流亭街道办事处	13797	13217		580	7580	7040	6	534
夏庄街道办事处	10658	9474		1184	4786	3693		1093
惜福镇街道办事处	3421	3179		242	2899	2554	103	242
棘洪滩街道办事处	5309	5022		287	3808	3427		381
上马街道办事处	2975	2607		368	2771	2453	25	293
河套街道办事处	1475	1152		323	1720	1353	53	314
红岛街道办事处	1991	1766		225	2161	1728	20	413
(二) 即墨市	**33673**	**26491**		**7182**	**34951**	**26652**	**1256**	**7043**
乡镇(含办事处、区公所)合计	**33673**	**26491**		**7182**	**34951**	**26652**	**1256**	**7043**
街道办事处小计								
留村镇	958	757		201	1149	948		201
龙泉镇	1920	1022		898	2167	1271		896
岙山卫镇	1412	918		494	1535	1012	36	487
温泉镇	733	522		211	1075	767	9	299
王村镇	669	365		304	831	616	3	212
田横镇	454	298		156	660	501	3	156
丰城镇	633	350		283	1280	875	108	297
金口镇	796	585		211	1092	878	3	211
店集镇	744	502		242	1184	908	34	242
华山镇	1759	1497		262	2227	1662	303	262
灵山镇	588	502		86	781	695		86
段泊岚镇	1016	927		89	893	793	40	60
刘家庄镇	721	546		175	1014	759	72	183
移风店镇	978	532		446	1563	1154		409
七级镇	1104	684		420	1186	790		396
蓝村镇	2131	1819		312	1709	1377	12	320
南泉镇	1179	1036		143	975	880		95
普东镇	1071	765		306	1229	800		429
大信镇	1607	1497		110	1089	957	22	110
环秀街道办事处	3785	3220		565	2625	2078		547
通济街道办事处	4579	3784		795	3425	2585	45	795
北安街道办事处	1517	1333		184	1542	1358		184
山东即墨经济开发区	3138	2918		220	3459	2796	566	97
田横岛省级旅游度假区	181	112		69	261	192		69
(三) 胶州市	**39520**	**29274**		**10246**	**37283**	**25033**	**1961**	**10289**
乡镇(含办事处、区公所)小计	**39520**	**29274**		**10246**	**37283**	**25033**	**1961**	**10289**
街道办事处小计								

续表 1

地区	收入				支出			
	合计	一般预算	基金预算	预算外	合计	一般预算	基金预算	预算外
李哥庄镇	3414	3032		382	2860	2508		352
胶东镇	3265	2740		525	2921	1996	200	725
营海镇	3622	1762		1860	3215	1172	153	1890
张应镇	1934	1736		198	1688	1090	400	198
铺集镇	1582	957		625	1867	1236	6	625
马店镇	1357	916		441	1170	890		280
胶西镇	1367	894		473	1687	1208	6	473
洋河镇	1171	577		594	1765	1169	6	590
北王珠镇	1166	453		713	1959	1221		738
九龙镇	622	375		247	923	676		247
后屯乡	1116	368		748	1272	524		748
南杜村乡	551	352		199	782	579	3	200
里岔镇	549	290		259	944	685		259
云溪街道办事处	3583	3484		99	2839	2540	200	99
阜安街道办事处	4231	3447		784	3228	2246	200	782
北关街道办事处	3613	2965		648	3325	2215	487	623
中云街道办事处	3741	2857		884	2761	1722	150	889
南关街道办事处	2636	2069		567	2077	1356	150	571
（四）胶南市	**34418**	**25777**	**1140**	**7501**	**35751**	**27102**	**687**	**7962**
乡镇（含办事处、区公所）合计	**34418**	**25777**	**1140**	**7501**	**35751**	**27102**	**687**	**7962**
街道办事处合计								
隐珠镇	4473	3965	243	265	3130	2719	146	265
大珠山镇	1491	1081	20	390	1690	1305	12	373
张家楼镇	1125	606		519	1707	1245		462
琅琊镇	1144	789		355	1154	890		264
藏南镇	1126	801		325	1449	1111		338
泊里镇	1818	1140		678	2192	1873		319
大场镇	996	628		368	1551	1244		307
海青镇	939	609		330	1247	1020		227
理务关乡	828	330		498	962	639		323
大村镇	1188	855		333	1486	1344		142
六汪镇	598	464		134	841	781		60
宝山镇	816	624		192	900	832		68
铁山镇	849	434		415	1049	705		344
王台镇	3648	3292	2	354	3493	2890	1	602
红石崖镇	2057	1594	57	406	3369	1221	34	2114
灵山卫镇	1715	1272	244	199	1333	973	146	214
胶南市经济技术开发区	2920	2065	522	333	1887	1352	313	222
省级琅琊台旅游度假区	49	40	9		75	66	9	
黄山经济区	1157	886		271	1097	932		165
胶河经济区	815	637		178	963	825		138
积米崖港区管理委员会	434	385	40	9	435	374	24	37
珠山街道办事处	1582	1132		450	1480	1040		440
珠海街道办事处	2650	2148	3	499	2261	1721	2	538
（五）平度市	**36567**	**24003**	**3986**	**8578**	**39980**	**28536**	**4052**	**7392**
乡镇（含办事处、区公所）合计	**36567**	**24003**	**3986**	**8578**	**39980**	**28536**	**4052**	**7392**
街道办事处合计								
南村镇	4309	3644	206	459	5016	4415	206	395
外向型工业加工区	2786	2739	12	35	3049	3007	12	30
旧店镇	1405	1072	110	223	1236	929	115	192
明村镇	1592	998	172	422	1532	997	172	363
灰埠镇	1300	808	144	348	1343	900	144	299
张舍镇	1175	788	127	260	1151	798	127	226

续表 2

地区	收入				支出			
	合计	一般预算	基金预算	预算外	合计	一般预算	基金预算	预算外
长乐镇	993	711	97	185	1030	774	97	159
大泽山镇	1059	675	126	258	913	565	126	222
麻兰镇	1018	637	128	253	928	582	128	218
仁兆镇	1354	604	228	522	1417	740	228	449
田庄镇	917	585	103	229	870	570	103	197
蓼兰镇	1048	569	147	332	1435	1002	147	286
张戈庄镇	961	484	154	323	1003	571	154	278
店子镇	1009	440	180	389	1326	801	190	335
兰底镇	750	403	114	233	948	624	124	200
白埠镇	943	380	177	386	1281	772	177	332
门村镇	788	379	126	283	907	536	126	245
古岘镇	864	377	157	330	959	513	160	286
云山镇	950	361	192	397	1150	611	198	341
马戈庄镇	645	348	94	203	690	421	94	175
郭庄镇	663	338	100	225	763	467	100	196
新河镇	553	333	65	155	589	379	75	135
崔家集镇	835	299	156	380	1040	557	156	327
大田镇	533	291	82	160	715	490	87	138
万家镇	670	277	131	262	1049	693	131	225
崔召镇	537	226	106	205	686	404	106	176
祝沟镇	490	167	100	223	743	443	108	192
同和街道办事处	2167	1843	100	224	2064	1769	100	195
城关街道办事处	1705	1410	115	180	1674	1401	118	155
李园街道办事处	1712	1235	155	322	1652	1214	161	277
香店街道办事处	836	582	82	172	821	591	82	148
(六)莱西市	**22108**	**17157**		**4951**	**19380**	**14456**	**41**	**4883**
乡镇(含办事处、区公所)合计	**22108**	**17157**		**4951**	**19380**	**14456**	**41**	**4883**
街道办事处小计								
李权庄镇	3992	3733		259	1828	1568	1	259
姜山镇	1480	1106		374	1489	1115		374
牛溪埠镇	1192	912		280	1120	838	2	280
河头店镇	815	504		311	1217	906		311
南墅镇	1026	678		348	1282	912	22	348
店埠镇	1045	622		423	1199	773	3	423
院上镇	551	328		223	680	457		223
日庄镇	952	521		431	1176	742	3	431
夏格庄镇	557	339		218	832	612	2	218
马连庄镇	731	305		426	1157	730	1	426
武备镇	489	266		223	672	447	2	223
孙受镇	509	274		235	859	621	3	235
水集办事处	4634	4267		367	2487	2188		299
望城办事处	1366	1016		350	1088	736	2	350
韶存庄办事处	525	337		188	705	517		188
周格庄办事处	337	150		187	523	336		187
开发区管委会	1907	1799		108	1066	958		108
(七)黄岛区	**11363**	**11199**		**164**	**9917**	**9625**	**79**	**213**
乡镇(含办事处、区公所)合计	**11363**	**11199**		**164**	**9917**	**9625**	**79**	**213**
街道办事处小计								
长江路办事处	3333	3333			2056	2056		
黄岛办事处	2738	2715		23	1594	1559		35
薛家岛办事处	2370	2250		120	2342	2146	76	120
辛安办事处	2049	2028		21	2290	2232		58
柳花泊办事处	873	873			1635	1632	3	

续表 3

地区	收入				支出			
	合计	一般预算	基金预算	预算外	合计	一般预算	基金预算	预算外
(八) 崂山区	**13825**	**12790**		**1035**	**19705**	**18374**	**282**	**1049**
乡镇(含办事处、区公所)合计	**13825**	**12790**		**1035**	**19705**	**18374**	**282**	**1049**
街道办事处小计								
中韩街道办事处	4552	4445		107	4882	4768	7	107
沙子口街道办事处	5680	5375		305	6457	5936	216	305
王哥庄街道办事处	2712	2190		522	4227	3637	54	536
北宅街道办事处	881	780		101	4139	4033	5	101
济南市合计	**149536**	**113328**	**452**	**35756**	**134754**	**98519**	**495**	**35740**
乡镇(含办事处、区公所)合计	**110040**	**81403**	**452**	**28185**	**116221**	**87640**	**495**	**28086**
街道办事处合计	**39496**	**31925**		**7571**	**18533**	**10879**		**7654**
(一) 历下区	**17686**	**13290**	**4**	**4392**	**7806**	**3396**	**4**	**4406**
乡镇(含办事处、区公所)合计	**7440**	**6681**	**4**	**755**	**2901**	**2128**	**4**	**769**
街道办事处小计	**10246**	**6609**		**3637**	**4905**	**1268**		**3637**
姚家镇	7440	6681	4	755	2901	2128	4	769
东关街道办事处	1649	1101		548	688	140		548
解放路街道办事处	997	601		396	552	156		396
泉城路街道办事处	1110	939		171	276	105		171
趵突泉街道办事处	864	386		478	689	211		478
东门街道办事处	574	190		384	544	160		384
司里街街道办事处	950	862		88	225	137		88
文东街道办事处	1070	587		483	622	139		483
和平街道办事处	985	750		235	304	69		235
建新街道办事处	1084	618		466	552	86		466
甸柳街道办事处	963	575		388	453	65		388
(二) 市中区	**12196**	**6982**	**11**	**5203**	**9391**	**4661**	**11**	**4719**
乡镇(含办事处、区公所)合计	**7468**	**5018**	**11**	**2439**	**5934**	**4150**	**11**	**1773**
街道办事处小计	**4728**	**1964**		**2764**	**3457**	**511**		**2946**
七贤镇	2936	1838	1	1097	1920	799	1	1120
十六里河镇	2183	1802	3	378	1975	1800	3	172
党家庄镇	2349	1378	7	964	2039	1551	7	481
六里山街道办事处	465	255		210	270	40		230
魏家庄街道办事处	640	337		303	313	49		264
大观园街道办事处	456	254		202	282	86		196
王官庄街道办事处	677	369		308	409	13		396
泺源街道办事处	340	123		217	275	58		217
二七街道办事处	687	60		627	704	30		674
舜玉路街道办事处	320	130		190	215	32		183
七里山街道办事处	227	90		137	157	30		127
杆石桥街道办事处	550	214		336	454	118		336
四里村街道办事处	366	132		234	378	55		323
(三) 天桥区	**14999**	**13560**	**11**	**1428**	**8200**	**6507**	**11**	**1682**
乡镇(含办事处、区公所)合计	**1835**	**1044**	**11**	**780**	**3160**	**2106**	**11**	**1043**
街道办事处小计	**13164**	**12516**		**648**	**5040**	**4401**		**639**
大桥镇	1088	689	6	393	1787	1388	6	393
桑梓店镇	747	355	5	387	1373	718	5	650
北园街道办事处	6593	6241		352	2654	2302		352
泺口街道办事处	1963	1790		173	735	571		164
天桥东街街道办事处	208	205		3	70	67		3
制锦市街道办事处	113	105		8	96	88		8
官扎营街道办事处	686	684		2	148	146		2
堤口路街道办事处	412	406		6	113	107		6
北坦街道办事处	238	234		4	68	64		4
工人新村北村街道办事处	252	252			92	92		

续表 4

地区	收入				支出			
	合计	一般预算	基金预算	预算外	合计	一般预算	基金预算	预算外
宝华街街道办事处	225	219		6	59	53		6
无影山街道办事处	318	315		3	94	91		3
工人新村南村街道办事处	251	246		5	76	71		5
纬北路街道办事处	603	600		3	226	223		3
药山街道办事处	1302	1219		83	609	526		83
(四)槐荫区	**11143**	**10489**		**654**	**5906**	**5308**		**598**
乡镇(含办事处、区公所)合计	**3054**	**2802**		**252**	**1284**	**998**		**286**
街道办事处小计	**8089**	**7687**		**402**	**4622**	**4310**		**312**
段店镇	2330	2153		177	807	596		211
吴家堡镇	724	649		75	477	402		75
中大街道办事处	432	386		46	296	253		43
西市场街道办事处	604	563		41	339	299		40
南辛街道办事处	461	393		68	354	291		63
道德街街道办事处	420	415		5	250	250		
营市街街道办事处	436	395		41	329	265		64
振兴街街道办事处	626	613		13	314	314		
五里沟街道办事处	435	391		44	311	311		
青年公园街道办事处	464	411		53	329	306		23
匡山街道办事处	972	958		14	291	289		2
段北街道办事处	955	878		77	400	323		77
张庄街道办事处	628	628			253	253		
美里湖街道办事处	1656	1656			1156	1156		
(五)历城区	**24781**	**22343**		**2438**	**25158**	**22716**		**2442**
乡镇(含办事处、区公所)合计	**21512**	**19194**		**2318**	**24649**	**22327**		**2322**
街道办事处小计	**3269**	**3149**		**120**	**509**	**389**		**120**
王舍人镇	4307	4044		263	3842	3581		261
华山镇	3621	3143		478	2962	2547		415
仲宫镇	1194	900		294	2226	1881		345
高而乡	407	381		26	832	823		9
柳埠镇	641	567		74	1417	1343		74
西营镇	398	292		106	867	761		106
锦绣川乡	464	330		134	818	684		134
港沟镇	1289	1184		105	1526	1421		105
孙村镇	2037	1855		182	1471	1298		173
彩石乡	562	451		111	956	845		111
郭店镇	1613	1463		150	1664	1473		191
董家镇	1210	1177		33	1490	1457		33
唐王镇	827	757		70	1371	1301		70
遥墙镇	2942	2650		292	3207	2912		295
洪家楼街道办事处	715	690		25	114	89		25
东风街道办事处	750	720		30	131	101		30
山大路街道办事处	993	958		35	125	90		35
全福街道办事处	811	781		30	139	109		30
(六)章丘市	**27453**	**19017**		**8436**	**31712**	**23401**		**8311**
乡镇(含办事处、区公所)合计	**27453**	**19017**		**8436**	**31712**	**23401**		**8311**
街道办事处小计								
普集镇	1880	1142		738	2016	1278		738
文祖镇	830	509		321	1208	974		234
相公镇	1931	1241		690	1995	1305		690
埠村镇	1164	681		483	1105	733		372
刁镇镇	3075	2387		688	2620	1892		728
绣惠镇	1139	938		201	1318	1117		201
枣园镇	1976	1443		533	2048	1515		533

续表 5

地区	收入				支出			
	合计	一般预算	基金预算	预算外	合计	一般预算	基金预算	预算外
圣井镇	1297	658		639	1701	1062		639
宁埠镇	780	462		318	1075	772		303
曹范镇	917	394		523	1347	826		521
龙山镇	568	385		183	825	586		239
党家镇	545	309		236	921	685		236
高官寨镇	698	462		236	1180	1017		163
辛寨乡	637	403		234	980	766		214
白云镇	465	231		234	898	537		361
官庄乡	1752	1268		484	1785	1301		484
水寨镇	599	283		316	1012	712		300
黄河乡	653	359		294	1170	898		272
阎家峪乡	541	184		357	962	605		357
垛庄镇	234	162		72	779	707		72
明水镇	5259	4661		598	4246	3650		596
双山镇	513	455		58	521	463		58
（七）长清区	**11306**	**8503**	**47**	**2756**	**11737**	**8949**	**47**	**2741**
乡镇（含办事处、区公所）合计	**11306**	**8503**	**47**	**2756**	**11737**	**8949**	**47**	**2741**
街道办事处小计								
长清镇	1873	1643	9	221	1695	1465	9	221
平安镇	958	843	5	110	1076	961	5	110
归德镇	1857	1073	12	772	2053	1268	12	773
崮山镇	1163	949	3	211	1083	869	3	211
马山镇	471	448	3	20	577	554	3	20
五峰镇	647	583	2	62	679	615	2	62
双泉乡	638	387	3	248	741	490	3	248
张夏镇	1415	915	2	498	1236	742	2	492
万德镇	1235	923	2	310	1126	824	2	300
武庄乡	199	185		14	310	296		14
孝里镇	850	554	6	290	1161	865	6	290
（八）平阴县	**6141**	**4103**	**379**	**1659**	**8224**	**6143**	**422**	**1659**
乡镇（含办事处、区公所）合计	**6141**	**4103**	**379**	**1659**	**8224**	**6143**	**422**	**1659**
街道办事处小计								
平阴镇	1721	1319	50	352	1731	1326	53	352
东阿镇	713	448	45	220	989	718	51	220
孝直镇	562	323	40	199	794	551	44	199
孔村镇	483	308	30	145	705	527	33	145
刁山坡	688	485	40	163	840	635	42	163
玫瑰镇	307	223	39	45	489	403	41	45
李沟乡	211	137	25	49	394	318	27	49
洪范镇	455	255	40	160	636	433	43	160
安城乡	272	190	20	62	478	394	22	62
栾湾乡	335	185	10	140	567	415	12	140
店子乡	394	230	40	124	601	423	54	124
（九）济阳县	**9634**	**6841**		**2793**	**11847**	**9091**		**2756**
乡镇（含办事处、区公所）合计	**9634**	**6841**		**2793**	**11847**	**9091**		**2756**
街道办事处小计								
济阳镇	3066	2249		817	3514	2688		826
崔寨镇	672	565		107	814	707		107
孙耿镇	1562	1133		429	1903	1471		432
垛石镇	1109	800		309	1382	1073		309
曲堤镇	1028	685		343	1408	1108		300
仁风镇	786	584		202	1002	800		202
太平镇	708	460		248	976	743		233

续表 6

地　区	收入				支出			
	合计	一般预算	基金预算	预算外	合计	一般预算	基金预算	预算外
新市镇	703	365		338	848	501		347
(十) 商河县	**14197**	**8200**		**5997**	**14773**	**8347**		**6426**
乡镇(含办事处、区公所)合计	**14197**	**8200**		**5997**	**14773**	**8347**		**6426**
街道办事处小计								
郑路镇	552	251		301	570	235		335
商河镇	822	538		284	793	490		303
牛堡乡	423	158		265	475	222		253
孙集乡	514	213		301	656	296		360
龙桑寺镇	447	201		246	455	202		253
常庄乡	753	437		316	729	460		269
燕家乡	443	146		297	528	237		291
沙河乡	381	162		219	491	246		245
韩庙乡	500	188		312	582	250		332
赵奎元乡	525	216		309	636	318		318
尹巷镇	766	511		255	815	521		294
怀仁镇	621	293		328	688	305		383
张坊乡	392	154		238	493	236		257
胡集乡	492	210		282	569	282		287
贾庄镇	562	310		252	613	251		362
玉皇庙镇	3566	3241		325	2982	2619		363
杨庄铺乡	507	199		308	555	252		303
钱铺乡	435	179		256	507	231		276
岳桥乡	438	159		279	525	202		323
白桥乡	571	255		316	596	289		307
展家乡	487	179		308	515	203		312
淄博市合计	**108746**	**79865**	**138**	**28743**	**107425**	**78409**	**264**	**28752**
乡镇(含办事处、区公所)合计	**92508**	**65607**		**26901**	**96150**	**69132**	**113**	**26905**
街道办事处小计	16238	14258	138	1842	11275	9277	151	1847
(一) 博山区	**9790**	**7770**		**2020**	**7727**	**5725**		**2002**
乡镇(含办事处、区公所)合计	**9378**	**7375**		**2003**	**7469**	**5484**		**1985**
街道办事处小计	**412**	**395**		**17**	**258**	**241**		**17**
白塔镇	1144	980		164	985	840		145
经济技术开发区	3564	3358		206	1233	1027		206
域城镇	592	412		180	516	336		180
夏家庄镇	572	301		271	342	71		271
山头镇	1142	782		360	1163	803		360
八陡镇	1136	733		403	654	243		411
崮山镇	328	255		73	543	470		73
石马镇	164	142		22	318	296		22
北博山镇	215	124		91	587	497		90
南博山镇	194	100		94	423	335		88
源泉镇	95	82		13	282	269		13
池上镇	232	106		126	423	297		126
城东街道办事处	151	151			125	125		
城西街道办事处	261	244		17	133	116		17
(二) 淄川区	**21078**	**17302**		**3776**	**18983**	**15223**		**3760**
乡镇(含办事处、区公所)合计	**19091**	**15315**		**3776**	**18530**	**14770**		**3760**
街道办事处小计	**1987**	**1987**			**453**	**453**		
般阳办事处	460	460			156	156		
商城办事处	754	754			106	106		
松龄办事处	773	773			191	191		
黄家铺镇	602	429		173	766	593		173
城南镇	1036	860		176	792	616		176

续表 7

地区	收入				支出			
	合计	一般预算	基金预算	预算外	合计	一般预算	基金预算	预算外
昆仑镇	1170	887		283	966	685		281
磁村镇	800	570		230	850	597		253
岭子镇	1282	1049		233	924	678		246
商家镇	673	534		139	850	709		141
杨寨镇	2193	1861		332	1068	736		332
双沟镇	4441	4106		335	3272	2937		335
黑旺镇	262	160		102	678	580		98
太河乡	202	74		128	828	693		135
峨庄乡	323	223		100	786	686		100
淄河镇	223	109		114	723	609		114
张庄乡	240	159		81	622	541		81
东坪镇	797	544		253	884	591		293
西河镇	433	227		206	764	539		225
龙泉镇	1899	1250		649	1307	784		523
寨里镇	492	422		70	622	552		70
罗村镇	1302	1207		95	943	848		95
洪山镇	721	644		77	885	796		89
（三）张店区	**13877**	**10245**		**3632**	**10999**	**7105**		**3894**
乡镇（含办事处、区公所）合计	**10127**	**7099**		**3028**	**9059**	**5774**		**3285**
街道办事处小计	**3750**	**3146**		**604**	**1940**	**1331**		**609**
沣水镇	2489	1660		829	1513	684		829
湖田镇	1155	793		362	956	595		361
傅家镇	1396	1055		341	1132	791		341
南定镇	2424	2164		260	1232	974		258
卫固镇	575	379		196	815	612		203
房镇镇	905	321		584	1753	916		837
中埠镇	416	226		190	611	421		190
马尚镇	767	501		266	1047	781		266
公园街道办事处	486	386		100	330	226		104
车站街道办事处	967	782		185	455	262		193
和平街道办事处	428	428			164	164		
杏园街道办事处	389	345		44	263	219		44
体育场街道办事处	396	296		100	292	222		70
科苑街道办事处	1084	909		175	436	238		198
（四）周村区	**7285**	**5842**		**1443**	**6798**	**5229**	**126**	**1443**
乡镇（含办事处、区公所）合计	**4846**	**3699**		**1147**	**5483**	**4223**	**113**	**1147**
街道办事处小计	**2439**	**2143**		**296**	**1315**	**1006**	**13**	**296**
南郊镇	960	777		183	1371	1162	26	183
北郊镇	817	566		251	1404	1134	19	251
萌水镇	774	739		35	833	782	16	35
王村镇	2295	1617		678	1875	1145	52	678
城北路街道办事处	643	517		126	658	519	13	126
青年路街道办事处	442	337		105	285	180		105
大街街道办事处	475	465		10	113	103		10
丝绸路街道办事处	509	494		15	109	94		15
永安街道办事处	370	330		40	150	110		40
（五）临淄区	**18852**	**14212**		**4640**	**21395**	**16808**		**4587**
乡镇（含办事处、区公所）合计	**12686**	**8759**		**3927**	**16275**	**12401**		**3874**
街道办事处小计	**6166**	**5453**		**713**	**5120**	**4407**		**713**
齐都镇	1206	772		434	1735	1301		434
辛店街道办事处	2469	2260		209	1907	1698		209
齐陵镇	1106	806		300	1590	1291		299
皇城镇	1358	928		430	2137	1707		430

续表 8

地　区	收入				支出			
	合计	一般预算	基金预算	预算外	合计	一般预算	基金预算	预算外
敬仲镇	811	497		314	1389	1074		315
朱台镇	1512	792		720	1963	1257		706
路山镇	921	483		438	1294	856		438
召口乡	1362	1080		282	1345	1090		255
梧台镇	891	484		407	1261	857		404
稷下街道办事处	1921	1533		388	1598	1209		389
金岭镇	494	420		74	659	585		74
边河乡	863	483		380	1208	828		380
南王镇	2162	2014		148	1694	1555		139
雪宫街道办事处	973	912		61	864	803		61
闻韶街道办事处	803	748		55	751	697		54
（六）桓台县	**23220**	**16469**		**6751**	**18790**	**12423**		**6367**
乡镇(含办事处、区公所)合计	**23220**	**16469**		**6751**	**18790**	**12423**		**6367**
街道办事处小计								
桓台县果里镇	1429	727		702	1644	977		667
桓台县周家镇	1005	614		391	970	664		306
桓台县新城镇	997	628		369	1112	639		473
桓台县陈庄镇	711	440		271	614	406		208
桓台县马桥镇	8713	8019		694	4607	3913		694
桓台县荆家镇	964	223		741	1300	706		594
桓台县起凤镇	1573	903		670	1525	847		678
桓台县索镇镇	4111	2476		1635	3103	1614		1489
桓台县唐山镇	1931	1537		394	1261	867		394
桓台县田庄镇	1244	670		574	1810	1398		412
桓台县邢家镇	542	232		310	844	392		452
（七）高青县	**7491**	**3426**		**4065**	**8537**	**4239**		**4298**
乡镇(含办事处、区公所)合计	**7491**	**3426**		**4065**	**8537**	**4239**		**4298**
街道办事处小计								
田镇镇	968	706		262	1017	777		240
青城镇	540	278		262	770	423		347
高城镇	742	322		420	788	456		332
黑里寨镇	837	350		487	898	413		485
唐坊镇	733	353		380	809	419		390
常家镇	1089	332		757	1309	423		886
木李镇	868	316		552	906	360		546
花沟镇	1248	504		744	1505	638		867
赵店镇	466	265		201	535	330		205
（八）沂源县	**5669**	**3465**		**2204**	**12007**	**9818**		**2189**
乡镇(含办事处、区公所)合计	**5669**	**3465**		**2204**	**12007**	**9818**		**2189**
街道办事处合计								
南麻镇	1422	1180		242	2370	2128		242
土门镇	254	119		135	583	469		114
鲁村镇	330	160		170	1010	840		170
悦庄镇	502	177		325	1153	822		331
东里镇	1068	907		161	1562	1401		161
西里镇	563	259		304	1167	863		304
徐家庄乡	225	41		184	582	398		184
大张庄乡	199	154		45	653	608		45
燕崖乡	197	82		115	643	528		115
中庄乡	267	197		70	598	528		70
张家坡乡	261	85		176	614	438		176
石桥乡	303	81		222	638	416		222
三岔乡	78	23		55	434	379		55

续表 9

地区	收入				支出			
	合计	一般预算	基金预算	预算外	合计	一般预算	基金预算	预算外
（九）开发区	**1484**	**1134**	**138**	**212**	**2189**	**1839**	**138**	**212**
乡镇（含办事处、区公所）合计								
街道办事处合计	**1484**	**1134**	**138**	**212**	**2189**	**1839**	**138**	**212**
石桥街道办事处	837	620	70	147	1158	941	70	147
四宝山街道办事处	647	514	68	65	1031	898	68	65
枣庄市合计	**69046**	**43572**	**311**	**25163**	**81099**	**56188**	**469**	**24442**
乡镇合计	**56193**	**34259**	**215**	**21719**	**66258**	**44973**	**355**	**20930**
街道办事处合计	12853	9313	96	3444	14841	11215	114	3512
（一）市中区	**11017**	**6528**		**4489**	**12921**	**8447**		**4474**
乡镇小计	**9077**	**5422**		**3655**	**9884**	**6460**		**3424**
街道办事处小计	**1940**	**1106**		**834**	**3037**	**1987**		**1050**
永安乡	1281	862		419	1596	1069		527
西王庄乡	2162	932		1230	1975	1056		919
齐村镇	2456	1063		1393	2817	1425		1392
孟庄镇	1759	1385		374	1892	1545		347
税郭镇	1419	1180		239	1604	1365		239
光明路街道办事处	1715	1106		609	1901	1076		825
矿区街道办事处	48			48	213	165		48
龙山路街道办事处	53			53	258	205		53
中心街街道办事处	17			17	213	196		17
文化路街道办事处	64			64	271	207		64
各塔埠街道办事处	43			43	181	138		43
（二）薛城区	**9752**	**7038**	**2**	**2712**	**10753**	**7941**	**100**	**2712**
乡镇小计	**7674**	**5318**		**2356**	**8521**	**6085**	**80**	**2356**
街道办事处小计	**2078**	**1720**	**2**	**356**	**2232**	**1856**	**20**	**356**
邹坞镇	1155	677		478	1256	698	80	478
沙沟镇	651	418		233	1313	1080		233
周营镇	606	318		288	1146	858		288
陶庄镇	2350	1930		420	1901	1481		420
常庄镇	1484	954		530	1445	915		530
南石镇	1428	1021		407	1460	1053		407
临城街道办事处	1049	863		186	1024	838		186
兴仁街道办事处	1029	857	2	170	1208	1018	20	170
（三）山亭区	**7334**	**4550**	**19**	**2765**	**9583**	**7032**	**79**	**2472**
乡镇小计	**6496**	**4147**	**15**	**2334**	**8358**	**6108**	**75**	**2175**
街道办事处小计	**838**	**403**	**4**	**431**	**1225**	**924**	**4**	**297**
店子镇	665	489		176	936	700	60	176
西集镇	1565	836	3	726	1669	1051	3	615
徐庄镇	713	523	1	189	1036	846	1	189
城头镇	646	380	4	262	752	534	4	214
桑村镇	673	397	3	273	782	507	3	272
北庄镇	1026	744	3	279	1459	1176	3	280
水泉镇	523	404		119	771	652		119
冯卯镇	685	374	1	310	953	642	1	310
山城街道办事处	838	403	4	431	1225	924	4	297
（四）峄城区	**6524**	**2542**	**290**	**3692**	**7868**	**3886**	**290**	**3692**
乡镇小计	**5067**	**1887**	**200**	**2980**	**6135**	**2955**	**200**	**2980**
街道办事处小计	**1457**	**655**	**90**	**712**	**1733**	**931**	**90**	**712**
底阁镇	862	428		434	987	553		434
峨山镇	895	363		532	1158	626		532
榴园镇	849	384	90	375	1041	576	90	375
阴平镇	857	308		549	1200	651		549
古邵镇	1604	404	110	1090	1749	549	110	1090

续表 10

地区	收入				支出			
	合计	一般预算	基金预算	预算外	合计	一般预算	基金预算	预算外
吴林街道办事处	894	299	90	505	1113	518	90	505
坛山街道办事处	563	356		207	620	413		207
（五）台儿庄区	**5024**	**3479**		**1545**	**6969**	**5595**		**1374**
乡镇小计	**4481**	**3028**		**1453**	**6078**	**4796**		**1282**
街道办事处小计	**543**	**451**		**92**	**891**	**799**		**92**
张山子镇	947	597		350	1197	917		280
涧头集镇	1147	792		355	1559	1204		355
邳庄镇	496	356		140	682	578		104
泥沟镇	999	636		363	1277	965		312
马兰屯镇	892	647		245	1363	1132		231
运河街道办事处	543	451		92	891	799		92
（六）滕州市	**29395**	**19435**		**9960**	**33005**	**23287**		**9718**
乡镇小计	**23398**	**14457**		**8941**	**27282**	**18569**		**8713**
街道办事处小计	**5997**	**4978**		**1019**	**5723**	**4718**		**1005**
东沙河镇	910	477		433	1094	629		465
洪绪镇	1261	927		334	1344	1065		279
南沙河镇	1046	564		482	1273	799		474
大坞镇	1513	819		694	1824	1188		636
滨湖镇	1764	1006		758	1540	1414		126
级索镇	2105	1471		634	2405	1681		724
西岗镇	2001	1448		553	2184	1707		477
姜屯镇	1887	1186		701	2186	1538		648
鲍沟镇	1603	864		739	2045	1139		906
张汪镇	1204	884		320	1323	1003		320
官桥镇	1221	753		468	1779	823		956
柴胡店镇	811	552		259	982	733		249
羊庄镇	964	457		507	1169	778		391
木石镇	1300	872		428	1546	1067		479
界河镇	1952	1152		800	1970	1171		799
龙阳镇	587	377		210	856	682		174
东郭镇	1269	648		621	1762	1152		610
北辛街道办事处	2309	1659		650	2368	1729		639
荆河街道办事处	1941	1760		181	1613	1431		182
龙泉街道办事处	1608	1440		168	1551	1387		164
善南街道办事处	139	119		20	191	171		20
烟台市合计	**185864**	**139332**	**4832**	**41700**	**173861**	**129217**	**3458**	**41186**
乡镇(含办事处、区公所)合计	**112045**	**76321**	**4011**	**31713**	**126970**	**93453**	**2308**	**31209**
街道办事处小计	**73819**	**63011**	**821**	**9987**	**46891**	**35764**	**1150**	**9977**
（一）芝罘区	**22892**	**19868**	**441**	**2583**	**12422**	**9698**	**441**	**2283**
乡镇(含办事处、区公所)合计								
街道办事处小计	**22892**	**19868**	**441**	**2583**	**12422**	**9698**	**441**	**2283**
幸福办事处	4742	3606	86	1050	2474	1347	86	1041
只楚办事处	2805	2533	138	134	1385	1114	138	133
世回尧办事处	2917	2188	64	665	1710	1265	64	381
黄务办事处	2021	1316	153	552	1717	1012	153	552
奇山办事处	1547	1547			496	496		
凤凰台办事处	2106	2095		11	789	778		11
毓璜顶办事处	1787	1787			779	779		
东山办事处	1422	1422			616	616		
向阳办事处	946	946			478	478		
白石路办事处	1079	1079			767	767		
通伸办事处	1006	1006			689	689		
芝罘岛办事处	514	343		171	522	357		165

续表 11

地区	收入 合计	收入 一般预算	收入 基金预算	收入 预算外	支出 合计	支出 一般预算	支出 基金预算	支出 预算外
(二)福山区	**7383**	**5542**		**1841**	**7856**	**6285**		**1571**
乡镇(含办事处、区公所)合计	**4543**	**3130**		**1413**	**5429**	**4273**		**1156**
街道办事处小计	**2840**	**2412**		**428**	**2427**	**2012**		**415**
门楼镇	1034	870		164	1280	1098		182
回里镇	1038	448		590	932	708		224
古现镇	1136	829		307	1334	995		339
高疃镇	1044	734		310	1312	988		324
张格庄镇	291	249		42	571	484		87
清洋街道办事处	2095	1870		225	1667	1450		217
福新街道办事处	745	542		203	760	562		198
(三)龙口市	**29111**	**24488**		**4623**	**21293**	**16736**		**4557**
乡镇(含办事处、区公所)合计	**21074**	**18101**		**2973**	**15390**	**12446**		**2944**
街道办事处小计	**8037**	**6387**		**1650**	**5903**	**4290**		**1613**
徐福镇	869	661		208	1164	956		208
加工区	433	358		75	832	757		75
黄山馆镇	388	272		116	619	489		130
北马镇	1788	1392		396	2104	1728		376
芦头镇	1212	750		462	1224	919		305
东江镇	9414	8953		461	1646	1185		461
下丁家镇	521	307		214	825	630		195
七甲镇	344	218		126	1212	933		279
石良镇	772	576		196	1860	1664		196
兰高镇	734	520		214	1662	1448		214
诸由观镇	4599	4094		505	2242	1737		505
东莱办事处	2762	2402		360	1559	1203		356
新嘉办事处	786	613		173	959	819		140
龙港办事处	4489	3372		1117	3385	2268		1117
(四)莱阳市	**19206**	**15049**		**4157**	**17751**	**13447**		**4304**
乡镇(含办事处、区公所)合计	**10166**	**6816**		**3350**	**13319**	**10125**		**3194**
街道办事处小计	**9040**	**8233**		**807**	**4432**	**3322**		**1110**
开发区管委	803	736		67	385	318		67
沐浴店镇	1099	620		479	1612	1160		452
团旺镇	705	459		246	1086	912		174
穴坊镇	868	245		623	1264	797		467
姜疃镇	1962	1700		262	1310	1003		307
羊郡镇	596	272		324	792	505		287
万第镇	618	409		209	1169	870		299
谭格庄镇	420	356		64	841	777		64
柏林庄镇	278	213		65	598	532		66
吕格庄镇	318	203		115	556	441		115
大夼镇	227	158		69	557	488		69
照旺庄镇	766	592		174	1067	893		174
山前店镇	583	309		274	731	459		272
河洛镇	426	332		94	598	504		94
高格庄镇	497	212		285	753	466		287
城厢街道办事处	3340	3268		72	1119	841		278
古柳街道办事处	1354	868		486	1160	509		651
龙旺庄街道办事处	3891	3746		145	1541	1464		77
冯格庄街道办事处	455	351		104	612	508		104
(五)蓬莱市	**14194**	**9672**		**4522**	**17699**	**13250**		**4449**
乡镇(含办事处、区公所)合计	**10465**	**6445**		**4020**	**14456**	**10499**		**3957**
街道办事处小计	**3729**	**3227**		**502**	**3243**	**2751**		**492**
南王镇	527	272		255	1065	810		255

续表 12

地区	收入				支出			
	合计	一般预算	基金预算	预算外	合计	一般预算	基金预算	预算外
刘家沟镇	801	596		205	1226	1021		205
潮水镇	563	346		217	1196	1014		182
大季家镇	1104	718		386	1346	960		386
大柳行镇	1027	401		626	1354	745		609
大辛店镇	2110	1234		876	2869	1989		880
小门家镇	1074	545		529	1701	1172		529
村里集镇	817	217		600	1678	1078		600
北沟镇	2442	2116		326	2021	1710		311
登州街道办事处	1257	1027		230	712	492		220
紫荆山街道办事处	1022	1001		21	945	924		21
蓬莱阁街道办事处	386	333		53	240	187		53
外向型工业加工区	1064	866		198	1346	1148		198
(六)招远市	**15551**	**9715**	**1543**	**4293**	**18395**	**11965**	**1543**	**4887**
乡镇(含办事处、区公所)合计	**11748**	**6745**	**1346**	**3657**	**16445**	**10803**	**1346**	**4296**
街道办事处合计	**3803**	**2970**	**197**	**636**	**1950**	**1162**	**197**	**591**
辛庄镇	1194	693	156	345	1497	916	156	425
蚕庄镇	1616	1008	102	506	1911	1100	102	709
金岭镇	1532	781	122	629	1601	849	122	630
齐山镇	439	242	90	107	1533	1269	90	174
毕郭镇	543	236	155	152	1297	899	155	243
张星镇	1754	1295	195	264	2220	1642	195	383
玲珑镇	1576	811	184	581	1930	1026	184	720
大秦家镇	1006	447	128	431	1321	800	128	393
阜山镇	1140	717	92	331	1581	1180	92	309
夏甸镇	948	515	122	311	1554	1122	122	310
开发区管委	445	402	20	23	307	264	20	23
罗峰街道办事处	1467	1035	65	367	736	310	65	361
泉山街道办事处	1352	1145	54	153	502	316	54	132
梦芝街道办事处	539	388	58	93	405	272	58	75
(七)莱州市	**24330**	**20574**		**3756**	**25107**	**20539**	**812**	**3756**
乡镇(含办事处、区公所)合计	**16275**	**12815**		**3460**	**19086**	**15182**	**444**	**3460**
街道办事处小计	**8055**	**7759**		**296**	**6021**	**5357**	**368**	**296**
沙河镇	2693	2483		210	2964	2754		210
朱桥镇	1480	1240		240	2260	1930	90	240
郭家店镇	766	504		262	1726	1341	123	262
土山镇	2923	1653		1270	2769	1415	84	1270
虎头崖镇	1214	1121		93	1455	1323	39	93
平里店镇	1173	908		265	1038	773		265
驿道镇	954	549		405	1659	1237	17	405
柞村镇	1109	1046		63	1113	1040	10	63
程郭镇	695	604		91	1404	1232	81	91
夏邱镇	1529	1450		79	1281	1202		79
金城镇	1739	1257		482	1417	935		482
文昌路街道办事处	1431	1431			761	751	10	
永安路街道办事处	1069	1069			353	353		
城港路街道办事处	2766	2658		108	2303	1960	235	108
三山岛街道办事处	2368	2214		154	1946	1698	94	154
文峰路街道办事处	421	387		34	658	595	29	34
(八)栖霞市	**17623**	**9042**	**2082**	**6499**	**18024**	**11322**	**662**	**6040**
乡镇(含办事处、区公所)合计	**15639**	**7743**	**1899**	**5997**	**15812**	**9872**	**518**	**5422**
街道办事处小计	**1984**	**1299**	**183**	**502**	**2212**	**1450**	**144**	**618**
苏家店镇	848	411	121	316	858	566	31	261
寺口镇	726	271	83	372	674	394	13	267

续表 13

地区	收入				支出			
	合计	一般预算	基金预算	预算外	合计	一般预算	基金预算	预算外
西城镇	799	343	99	357	892	497	23	372
官道镇	751	311	116	324	825	493	32	300
观里镇	1097	499	121	477	1077	569	31	477
杨础镇	928	480	100	348	886	507	27	352
蛇窝泊镇	2044	1006	217	821	2120	1335	73	712
唐家泊镇	985	503	101	381	979	530	36	413
桃村镇	2131	1374	306	451	2152	1573	103	476
庙后镇	686	372	77	237	655	436	14	205
亭口镇	1132	395	132	605	1003	559	31	413
臧家庄镇	2507	1344	297	866	2441	1608	71	762
松山镇	1005	434	129	442	1250	805	33	412
翠屏街道办事处	1249	905	110	234	1447	972	71	404
庄园街道办事处	735	394	73	268	765	478	73	214
（九）海阳市	**13448**	**9160**		**4288**	**15185**	**10862**		**4323**
乡镇（含办事处、区公所）合计	**9198**	**5547**		**3651**	**12499**	**8813**		**3686**
街道办事处小计	**4250**	**3613**		**637**	**2686**	**2049**		**637**
风城镇	1248	1005		243	1201	958		243
留格镇	1056	719		337	1341	1004		337
辛安镇	997	557		440	1290	850		440
徐家店镇	838	565		273	1010	737		273
行村镇	823	454		369	1117	748		369
发城镇	804	496		308	1017	709		308
小纪镇	652	337		315	1231	916		315
朱吴镇	588	315		273	992	734		258
郭城镇	655	355		300	873	573		300
里店镇	542	262		280	833	553		280
闫家镇	458	241		217	639	422		217
盘石镇	493	221		272	772	450		322
开发区	44	20		24	183	159		24
方圆街道办事处	3073	2811		262	1402	1140		262
东村街道办事处	1177	802		375	1284	909		375
（十）牟平区	**13864**	**10885**		**2979**	**14540**	**11683**		**2857**
乡镇（含办事处、区公所）合计	**8228**	**6351**		**1877**	**10894**	**9115**		**1779**
街道办事处小计	**5636**	**4534**		**1102**	**3646**	**2568**		**1078**
观水镇	847	497		350	1343	1051		292
武宁镇	830	760		70	813	743		70
大窑镇	827	677		150	1008	858		150
姜格庄镇	715	563		152	1055	903		152
龙泉镇	327	247		80	712	632		80
玉林店镇	547	487		60	862	802		60
水道镇	776	476		300	1107	807		300
莒格庄镇	309	186		123	573	450		123
高陵镇	1060	538		522	1636	1154		482
王格庄镇	207	137		70	496	426		70
开发区	1783	1783			1289	1289		
宁海街道办事处	3156	2590		566	1303	761		542
文化街道办事处	2071	1607		464	1722	1258		464
养马岛街道办事处	409	337		72	621	549		72
（十一）长岛县	**2989**	**1793**	**766**	**430**	**1355**	**925**		**430**
乡镇（含办事处、区公所）合计	**2989**	**1793**	**766**	**430**	**1355**	**925**		**430**
街道办事处小计								
南长山镇	536	353	81	102	205	103		102
北长山乡	331	168	100	63	167	104		63

续表 14

地区	收入				支出			
	合计	一般预算	基金预算	预算外	合计	一般预算	基金预算	预算外
大黑山乡	193	103	48	42	131	89		42
砣矶镇	769	625		144	470	326		144
大钦岛乡	436	245	155	36	178	142		36
北隍城乡	390	135	212	43	116	73		43
小钦岛乡	181	83	98		41	41		
南隍城乡	153	81	72		47	47		
(十二)莱山区	**5273**	**3544**		**1729**	**4234**	**2505**		**1729**
乡镇(含办事处、区公所)合计	**1720**	**835**		**885**	**2285**	**1400**		**885**
街道办事处小计	**3553**	**2709**		**844**	**1949**	**1105**		**844**
莱山镇	923	419		504	1234	730		504
解甲庄镇	797	416		381	1051	670		381
初家街道办事处	1407	1087		320	707	387		320
黄海街道办事处	1506	1232		274	604	330		274
滨海街道办事处	640	390		250	638	388		250
潍坊市合计	**198358**	**134229**	**116**	**64013**	**200742**	**138824**	**392**	**61526**
乡镇(含办事处、区公所)合计	**171068**	**110963**	**101**	**60004**	**178425**	**120407**	**335**	**57683**
街道办事处合计	**27290**	**23266**	**15**	**4009**	**22317**	**18417**	**57**	**3843**
(一)潍城区	**6044**	**4195**		**1849**	**6338**	**4539**	**4**	**1795**
乡镇(含办事处、区公所)合计	**3581**	**2049**		**1532**	**4190**	**2699**	**2**	**1489**
街道办事处小计	**2463**	**2146**		**317**	**2148**	**1840**	**2**	**306**
于河镇	1398	639		759	1690	931		759
符山镇	689	522		167	885	727		158
望留镇	823	460		363	831	503		328
军埠口镇	671	428		243	784	538	2	244
城关街办	259	259			295	295		
北关街办	940	750		190	815	624	1	190
西关街办	609	529		80	553	472	1	80
南关街办	655	608		47	485	449		36
(二)坊子区	**7423**	**6060**		**1363**	**8060**	**6549**		**1511**
乡镇(含办事处、区公所)合计	**7423**	**6060**		**1363**	**8060**	**6549**		**1511**
街道办事处小计								
荆山洼镇	815	619		196	1031	835		196
车留庄镇	885	466		419	1044	565		479
清池镇	1328	1103		225	1377	1103		274
眉村镇	1174	989		185	1195	1010		185
穆村镇	684	573		111	723	612		111
凤凰镇	575	514		61	667	606		61
长宁镇	1609	1479		130	1656	1487		169
恒安镇	353	317		36	367	331		36
(三)寒亭区	**8803**	**6594**		**2209**	**7914**	**5459**		**2455**
乡镇(含办事处、区公所)合计	**8803**	**6594**		**2209**	**7914**	**5459**		**2455**
街道办事处小计								
固堤镇	819	630		189	736	527		209
央子镇	1041	964		77	438	285		153
高里镇	756	521		235	867	493		374
双杨镇	663	492		171	734	518		216
朱里镇	780	523		257	730	475		255
泊子乡	715	539		176	580	462		118
南孙乡	915	576		339	936	621		315
河滩镇	716	574		142	691	491		200
寒亭镇	1189	804		385	1131	722		409
开元镇	1209	971		238	1071	865		206
(四)昌邑市	**15970**	**11062**	**116**	**4792**	**17606**	**12639**	**116**	**4851**

续表 15

地　区	收　入				支　出			
	合计	一般预算	基金预算	预算外	合计	一般预算	基金预算	预算外
乡镇(含办事处、区公所)合计	**13565**	**9335**	**101**	**4129**	**14571**	**10290**	**101**	**4180**
街道办事处小计	**2405**	**1727**	**15**	**663**	**3035**	**2349**	**15**	**671**
双台乡	489	246	5	238	849	606	5	238
龙池镇	757	640	4	113	695	578	4	113
柳疃镇	2611	2064	7	540	1727	1175	7	545
夏店镇	1223	625	9	589	1586	965	9	612
卜庄镇	739	479	5	255	856	592	5	259
围子镇	2154	1622	16	516	1701	1169	16	516
宋庄镇	668	370	8	290	883	586	8	289
石埠镇	978	753	10	215	1127	902	10	215
饮马镇	1407	1056	8	343	1125	774	8	343
北孟镇	763	432	10	321	1018	687	10	321
作山镇	699	457	5	237	888	646	5	237
太保庄乡	356	183	2	171	717	544	2	171
丈岭镇	721	408	12	301	1399	1066	12	321
都昌街道办事处	769	575	7	187	1239	1037	7	195
奎聚街道办事处	1636	1152	8	476	1796	1312	8	476
(五) 昌乐县	**15253**	**12067**		**3186**	**13554**	**10511**		**3043**
乡镇(含办事处、区公所)合计	**15253**	**12067**		**3186**	**13554**	**10511**		**3043**
街道办事处小计								
昌乐镇	1747	1562		185	1428	1244		184
尧沟镇	858	715		143	848	700		148
朱刘镇	933	651		282	852	570		282
五图镇	565	354		211	487	279		208
南郝镇	655	494		161	545	448		97
北岩镇	877	647		230	820	590		230
乔官镇	1579	1324		255	1202	912		290
唐吾镇	1228	973		255	1141	894		247
高崖镇	545	401		144	552	413		139
红河镇	2730	2338		392	2238	1847		391
朱汉镇	888	673		215	803	588		215
马宋镇	978	753		225	907	693		214
阿陀镇	896	663		233	895	662		233
崔家庄镇	527	401		126	525	433		92
白塔镇	247	118		129	311	238		73
(六) 安丘市	**27237**	**16441**		**10796**	**28595**	**18114**		**10481**
乡镇(含办事处、区公所)合计	**27237**	**16441**		**10796**	**28595**	**18114**		**10481**
街道办事处小计								
景芝镇	2611	1758		853	2698	1845		853
黄旗堡镇	1469	789		680	1518	838		680
南流镇	1093	711		382	1112	730		382
凌河镇	1799	1190		609	1730	1162		568
官庄镇	979	465		514	1020	506		514
雹泉镇	509	284		225	603	378		225
红沙沟镇	1080	785		295	1197	902		295
大盛镇	986	526		460	1031	542		489
庵上镇	697	392		305	700	511		189
石堆镇	1023	625		398	1040	642		398
赵戈镇	2152	1033		1119	2236	1117		1119
刘家尧镇	1246	746		500	1257	757		500
关王镇	1331	1030		301	1446	1145		301
王家庄镇	446	265		181	589	408		181
石埠子镇	741	509		232	736	647		89

续表 16

地区	收入				支出			
	合计	一般预算	基金预算	预算外	合计	一般预算	基金预算	预算外
临浯镇	984	565		419	1018	599		419
金冢子镇	995	553		442	1013	569		444
白芬子镇	1068	555		513	1138	625		513
管公镇	457	286		171	506	335		171
辉渠镇	772	410		362	946	584		362
柘山镇	537	246		291	704	413		291
吾山镇	837	495		342	976	634		342
兴安镇	2237	1505		732	2085	1353		732
贾戈镇	1188	718		470	1296	872		424
(七)寿光市	**30134**	**22065**		**8069**	**29633**	**22966**	**20**	**6647**
乡镇小计	**30134**	**22065**		**8069**	**29633**	**22966**	**20**	**6647**
街道办事处小计								
寿光镇	3507	3104		403	2916	2563		353
建桥乡	1582	1394		188	1733	1575		158
文家乡	1060	708		352	1232	948		284
古城乡	593	331		262	746	494		252
化龙镇	1075	682		393	1276	933		343
孙家集镇	1132	845		287	1181	894		287
北洛镇	1104	532		572	1066	646		420
营里镇	333	144		189	799	610		189
卧铺乡	552	477		75	567	492		75
台头镇	1400	911		489	1342	947		395
道口镇	1596	1421		175	1616	1441		175
田柳镇	733	318		415	868	550		318
王高镇	844	507		337	893	556		337
上口镇	1893	1234		659	1776	1361		415
侯镇	3804	3052		752	2333	1797	20	516
洛城镇	1545	758		787	1698	1166		532
纪台镇	1225	731		494	1410	916		494
稻田镇	1684	1257		427	1748	1341		407
田马镇	1057	676		381	1148	828		320
留吕镇	757	583		174	774	655		119
羊口镇	2658	2400		258	2511	2253		258
(八)青州市	**28420**	**14631**		**13789**	**29993**	**17329**		**12664**
乡镇(含办事处、区公所)合计	**21409**	**9702**		**11707**	**22520**	**11775**		**10745**
街道办事处小计	**7011**	**4929**		**2082**	**7473**	**5554**		**1919**
东坝镇	1451	855		596	1494	898		596
弥河镇	990	485		505	1181	681		500
云河乡	686	200		486	896	510		386
王坟镇	1062	386		676	1164	539		625
庙子镇	1163	482		681	1232	627		605
五里镇	1037	380		657	1018	461		557
邵庄镇	1204	455		749	1132	523		609
普通镇	849	304		545	903	418		485
东高镇	956	303		653	918	361		557
高柳镇	1053	433		620	1096	503		593
朱良镇	1022	391		631	1114	512		602
何官镇	1072	385		687	1051	455		596
口埠镇	1390	761		629	1398	807		591
东夏镇	1532	905		627	1527	1000		527
王母宫镇	1256	579		677	1298	721		577
谭坊镇	2066	1276		790	2184	1310		874
郑母镇	1492	650		842	1668	801		867

续表 17

地区	收入				支出			
	合计	一般预算	基金预算	预算外	合计	一般预算	基金预算	预算外
黄楼镇	1128	472		656	1246	648		598
益都街道办事处	2614	1865		749	2876	2194		682
王府街道办事处	2239	1551		688	2337	1673		664
昭德街道办事处	2158	1513		645	2260	1687		573
(九)高密市	**19704**	**11339**		**8365**	**21523**	**13158**		**8365**
乡镇(含办事处、区公所)合计	**16317**	**8191**		**8126**	**17955**	**9829**		**8126**
街道办事处小计	**3387**	**3148**		**239**	**3568**	**3329**		**239**
柏城镇	1554	785		769	1528	759		769
姚哥庄镇	1290	480		810	1428	618		810
河崖镇	1038	476		562	1168	606		562
夏庄镇	1213	570		643	1300	657		643
姜庄镇	1000	546		454	974	520		454
仁和镇	923	531		392	1082	690		392
大牟家镇	650	310		340	715	375		340
周戈庄镇	728	274		454	792	338		454
康庄镇	972	540		432	1090	658		432
阚家镇	871	478		393	1004	611		393
双羊镇	876	423		453	1053	600		453
井沟镇	940	489		451	1088	637		451
呼家庄镇	620	278		342	715	373		342
注沟镇	811	419		392	928	536		392
柴沟镇	1200	707		493	1212	719		493
拒城河镇	861	491		370	982	612		370
李家营镇	770	394		376	896	520		376
朝阳街办	987	915		72	1165	1093		72
醴泉街办	1002	933		69	958	889		69
密水街办	1398	1300		98	1445	1347		98
(十)诸城市	**18996**	**16077**		**2919**	**16049**	**12770**	**252**	**3027**
乡镇(含办事处、区公所)合计	**10592**	**8039**		**2553**	**12502**	**9629**	**212**	**2661**
街道办事处小计	**8404**	**8038**		**366**	**3547**	**3141**	**40**	**366**
吕标镇	498	298		200	677	465	12	200
枳沟镇	426	305		121	650	513	16	121
贾悦镇	412	299		113	513	394	6	113
孟疃镇	256	180		76	447	367	4	76
马庄镇	268	194		74	380	299	7	74
石桥子镇	504	309		195	761	550	16	195
程戈庄镇	367	305		62	415	344	9	62
九台镇	275	190		85	450	360	5	85
相州镇	623	376		247	760	503	10	247
郭家屯镇	282	209		73	390	313	4	73
昌城镇	2494	2181		313	1462	1127	16	319
百尺河镇	602	403		199	874	556	17	301
辛兴镇	790	661		129	622	480	13	129
朱解镇	350	269		81	477	385	11	81
林家村镇	421	308		113	494	368	13	113
桃元乡	163	100		63	468	396	9	63
瓦店镇	373	277		96	574	472	6	96
桃林乡	259	151		108	645	524	13	108
郝戈庄镇	254	151		103	412	299	10	103
皇华镇	975	873		102	1031	914	15	102
密州街道办事处	2784	2638		146	1248	1085	17	146
龙都街道办事处	4102	4029		73	963	880	10	73
舜王街道办事处	1518	1371		147	1336	1176	13	147

续表 18

地　区	收入 合计	收入 一般预算	收入 基金预算	收入 预算外	支出 合计	支出 一般预算	支出 基金预算	支出 预算外
（十一）临朐县	**16754**	**10420**		**6334**	**18931**	**12586**		**6345**
乡镇(含办事处、区公所)合计	**16754**	**10420**		**6334**	**18931**	**12586**		**6345**
街道办事处小计								
临朐镇	2709	2205		504	2286	1873		413
纸坊镇	493	306		187	624	437		187
五井镇	1349	820		529	1546	1017		529
杨善镇	898	598		300	1000	646		354
冶源镇	1585	1018		567	1696	1155		541
石家河乡	663	281		382	816	409		407
寺头镇	902	590		312	1126	812		314
九山镇	936	572		364	1144	830		314
七贤镇	1025	543		482	1114	626		488
辛寨镇	1608	850		758	1685	920		765
卧龙镇	591	396		195	880	685		195
蒋峪镇	542	252		290	734	444		290
大关镇	558	324		234	787	553		234
营子镇	1003	671		332	1072	686		386
龙岗镇	665	321		344	837	486		351
柳山镇	583	339		244	789	545		244
上林镇	644	334		310	795	462		333
（十二）奎文区	**3620**	**3278**		**342**	**2546**	**2204**		**342**
乡镇(含办事处、区公所)合计								
街道办事处小计	**3620**	**3278**		**342**	**2546**	**2204**		**342**
廿里堡街道办事处	1136	1033		103	668	565		103
大 虞街道办事处	666	625		41	401	360		41
梨园街道办事处	491	385		106	406	300		106
广文街道办事处	375	357		18	235	217		18
潍州路街道办事处	337	337			200	200		
东关街道办事处	298	298			165	165		
北苑街道办事处	196	173		23	193	170		23
南苑街道办事处	121	70		51	278	227		51
济宁市乡镇合计	**136834**	**89915**	**1034**	**45885**	**156163**	**113363**	**169**	**42631**
市中区乡镇合计	**6092**	**5296**		**796**	**1004**	**296**		**708**
南苑镇	961	771		190	258	81		177
观音阁镇	1458	1272		186	246	57		189
仙营镇	1683	1478		205	214	60		154
金城镇	1990	1775		215	286	98		188
任城区乡镇合计	**10870**	**7518**		**3352**	**12604**	**9318**	**81**	**3205**
南张镇	1404	978		426	1297	871		426
唐口镇	1431	1001		430	1639	1148	61	430
喻屯镇	682	259		423	1478	1035	20	423
安居镇	823	518		305	1257	952		305
廿里铺镇	628	374		254	950	776		174
接庄镇	862	550		312	1216	904		312
李营镇	1093	789		304	1123	836		287
石桥镇	558	337		221	885	714		171
长沟镇	1117	786		331	1115	784		331
三贾办事处	44	22		22	170	148		22
许庄办事处	2228	1904		324	1474	1150		324
兖州市乡镇合计	**25747**	**20976**		**4771**	**24529**	**20386**		**4143**
新兖镇	10692	10030		662	8812	8524		288
谷村镇	990	845		145	1065	921		144
漕河乡	674	459		215	705	601		104

续表 19

地区	收入				支出			
	合计	一般预算	基金预算	预算外	合计	一般预算	基金预算	预算外
大安镇	2622	1903		719	2634	2022		612
小孟乡	1118	790		328	1249	921		328
新驿镇	902	611		291	1049	758		291
颜店镇	1911	1317		594	2150	1591		559
黄屯镇	1161	713		448	1320	872		448
王因镇	2133	1862		271	2079	1808		271
兴隆庄镇	3544	2446		1098	3466	2368		1098
曲阜市乡镇合计	**11448**	**8298**	**1034**	**2116**	**15613**	**13636**	**88**	**1889**
王庄乡	904	722	118	64	1241	1194		47
董庄乡	607	254	80	273	930	657		273
吴村镇	435	180	81	174	812	662		150
姚村镇	609	336	50	223	833	768		65
时庄镇	479	318	77	84	1150	1073		77
陵城镇	688	440	159	89	1003	886	28	89
小雪镇	719	425	148	146	1049	872		177
息陬乡	474	309	113	52	896	844		52
南辛镇	293	123	24	146	925	779		146
防山乡	628	343	120	165	1164	999		165
鲁城办事处	4692	3932	60	700	4603	3895	60	648
书院办事处	920	916	4		1007	1007		
泗水县乡镇合计	**6559**	**4886**		**1673**	**8194**	**6521**		**1673**
泗水镇	873	649		224	1067	843		224
金庄镇	2636	2515		121	2269	2148		121
圣水峪乡	286	155		131	419	288		131
泗张镇	392	203		189	581	392		189
苗馆镇	387	211		176	660	484		176
泉林镇	567	380		187	870	683		187
星村镇	260	140		120	480	360		120
高峪乡	220	94		126	377	251		126
中册镇	128	68		60	308	248		60
柘沟镇	285	164		121	455	334		121
杨柳镇	390	235		155	452	297		155
黄沟乡	135	72		63	256	193		63
邹城市乡镇合计	**15521**	**7832**		**7689**	**25484**	**18185**		**7299**
峄山镇	570	191		379	1265	889		376
看庄镇	783	242		541	1515	957		558
香城镇	510	183		327	1715	1388		327
张庄镇	551	161		390	1623	1102		521
城前镇	722	218		504	1873	1431		442
田黄镇	502	135		367	1017	757		260
大束镇	845	190		655	2071	1386		685
中心店镇	1402	1005		397	1944	1423		521
北宿镇	2580	1086		1494	2798	1373		1425
唐村镇	870	274		596	1111	716		395
太平镇	654	378		276	1213	937		276
平阳寺镇	1064	867		197	1236	966		270
郭里镇	383	130		253	1029	796		233
石墙镇	486	203		283	1418	1216		202
钢山办事处	1408	1085		323	1318	1217		101
千泉办事处	1090	745		345	1316	971		345
凫山办事处	1101	739		362	1022	660		362
微山县乡镇合计	**9486**	**5289**		**4197**	**10650**	**7010**		**3640**
韩庄镇	618	309		309	747	473		274

续表 20

地区	收入				支出			
	合计	一般预算	基金预算	预算外	合计	一般预算	基金预算	预算外
夏镇	1855	1158		697	2018	1354		664
付村镇	1134	856		278	988	750		238
欢城镇	1938	1140		798	1701	888		813
留庄镇	735	377		358	865	507		358
鲁桥镇	463	172		291	702	479		223
南阳镇	223	68		155	483	332		151
微山岛乡	192	67		125	352	248		104
两城乡	452	149		303	647	499		148
马坡乡	653	259		394	781	518		263
张楼乡	224	139		85	324	239		85
高楼乡	441	172		269	512	276		236
西平乡	177	127		50	212	175		37
赵庙乡	381	296		85	318	272		46
鱼台县乡镇合计	**6426**	**4323**		**2103**	**7207**	**5185**		**2022**
谷亭镇	962	716		246	1100	854		246
老砦乡	350	230		120	444	324		120
唐马乡	418	235		183	484	301		183
王鲁镇	1279	986		293	1379	1086		293
张黄镇	693	525		168	553	385		168
清河镇	506	296		210	633	423		210
罗屯乡	429	278		151	507	356		151
李阁镇	616	392		224	714	490		224
鱼城镇	557	355		202	666	464		202
王庙镇	616	310		306	727	502		225
金乡县乡镇合计	**9679**	**5952**		**3727**	**10339**	**7155**		**3184**
金乡镇	1353	1006		347	1443	1173		270
鱼山镇	757	517		240	765	525		240
马庙镇	1184	676		508	1175	739		436
吉术镇	995	661		334	986	688		298
兴隆乡	492	289		203	606	403		203
司马镇	450	247		203	554	397		157
肖云镇	560	332		228	650	422		228
化雨乡	764	485		279	768	496		272
王丕镇	446	257		189	482	371		111
高河乡	485	298		187	538	374		164
卜集乡	603	384		219	641	447		194
胡集镇	878	404		474	976	668		308
羊山镇	712	396		316	755	452		303
嘉祥县乡镇合计	**10389**	**5421**		**4968**	**12443**	**7835**		**4608**
嘉祥镇	1594	1020		574	1671	1128		543
马集乡	516	381		135	534	399		135
金屯镇	631	217		414	838	423		415
满硐乡	606	384		222	630	416		214
纸坊镇	1120	757		363	1079	756		323
仲山乡	503	204		299	694	434		260
卧龙山镇	1252	843		409	1242	834		408
孟姑集乡	436	204		232	564	389		175
老僧堂乡	306	117		189	894	380		514
黄垓乡	269	96		173	469	298		171
梁宝寺镇	783	270		513	914	766		148
大张楼镇	655	144		511	893	381		512
马村镇	458	154		304	576	346		230
万张乡	561	324		237	622	385		237

续表 21

地区	收入				支出			
	合计	一般预算	基金预算	预算外	合计	一般预算	基金预算	预算外
疃里镇	699	306		393	823	500		323
汶上县乡镇合计	**10376**	**6661**		**3715**	**12267**	**8789**		**3478**
汶上镇	1783	1204		579	2040	1442		598
南站镇	697	530		167	817	656		161
义桥乡	882	500		382	1011	644		367
康驿镇	939	653		286	1000	715		285
南旺镇	617	350		267	719	486		233
刘楼乡	419	261		158	609	430		179
次邱镇	925	548		377	1037	731		306
寅寺镇	720	442		278	830	589		241
郭楼镇	692	402		290	897	607		290
郭仓乡	519	341		178	616	466		150
杨店乡	609	352		257	720	463		257
军屯乡	343	236		107	467	383		84
白石乡	465	264		201	613	456		157
苑庄镇	766	578		188	891	721		170
梁山县乡镇合计	**14241**	**7463**		**6778**	**15829**	**9047**		**6782**
梁山镇	2126	1636		490	2281	1772		509
小安山镇	1055	495		560	1155	603		552
馆驿镇	944	334		610	1150	493		657
韩岗镇	1180	516		664	1331	667		664
韩垓镇	821	438		383	959	576		383
徐集镇	1044	547		497	1144	590		554
拳铺镇	1728	1001		727	1802	1071		731
马营乡	525	256		269	588	329		259
杨营镇	1534	1133		401	1739	1413		326
寿张集乡	736	212		524	785	298		487
大路口乡	647	189		458	689	234		455
小路口镇	1079	306		773	1241	446		795
黑虎庙乡	474	235		239	503	276		227
赵固堆乡	348	165		183	462	279		183
临沂市合计	**193864**	**116065**	**15777**	**62022**	**209331**	**132659**	**15607**	**61065**
乡镇(含办事处、区公所)合计	**193864**	**116065**	**15777**	**62022**	**209331**	**132659**	**15607**	**61065**
街道办事处合计								
(一)兰山区小计	**25025**	**19684**	**58**	**5283**	**18034**	**12742**	**58**	**5234**
乡镇(含办事处、区公所)合计	**25025**	**19684**	**58**	**5283**	**18034**	**12742**	**58**	**5234**
街道办事处小计								
南坊镇	1399	832	6	561	1578	1126	6	446
白沙埠镇	701	431	8	262	1048	684	8	356
半程镇	4525	4073	6	446	2405	1953	6	446
枣沟头镇	575	262	6	307	1051	690	6	355
李官乡	718	201	4	513	1096	579	4	513
义堂镇	1671	1139	6	526	1540	1025	6	509
朱保乡	888	758	5	125	927	797	5	125
马厂湖镇	556	262	5	289	854	560	5	289
兰山办事处	9823	8361	10	1452	4686	3356	10	1320
银雀山办事处	2342	1810	1	531	1592	974	1	617
金雀山办事处	1827	1555	1	271	1257	998	1	258
(二)罗庄区小计	**15981**	**12203**	**41**	**3737**	**13757**	**9956**	**41**	**3760**
乡镇(含办事处、区公所)合计	**15981**	**12203**	**41**	**3737**	**13757**	**9956**	**41**	**3760**
街道办事处小计								
册山镇	773	360	6	407	1095	693	6	396
西高都镇	843	325	5	513	1009	572	5	432

续表 22

地区	收入				支出			
	合计	一般预算	基金预算	预算外	合计	一般预算	基金预算	预算外
罗西乡	488	261	10	217	996	628	10	358
罗庄办事处	8690	8187	4	499	5920	5417	4	499
双月办事处	340	339	1		250	249	1	
付庄办事处	999	512	6	481	1048	587	6	455
汤庄办事处	1866	1094	4	768	1517	765	4	748
盛庄办事处	1982	1125	5	852	1922	1045	5	872
(三)河东区小计	**13995**	**6885**	**782**	**6328**	**14671**	**7464**	**782**	**6425**
乡镇(含办事处、区公所)合计	**13995**	**6885**	**782**	**6328**	**14671**	**7464**	**782**	**6425**
街道办事处小计								
九曲镇	2409	1348	27	1034	2054	1045	27	982
芝麻墩镇	1700	999	66	635	1563	862	66	635
梅埠镇	498	281	45	172	631	348	45	238
重沟镇	801	201	107	493	897	409	107	381
凤凰岭乡	394	212	76	106	671	489	76	106
汤河镇	1167	541	116	510	1317	691	116	510
相公镇	1685	943	27	715	1481	734	27	720
郑旺镇	851	249	117	485	1154	552	117	485
八湖镇	1741	859	54	828	1752	829	54	869
太平镇	746	363	55	328	921	538	55	328
刘店子乡	460	144	53	263	642	326	53	263
汤头镇	1543	745	39	759	1588	641	39	908
(四)郯城县小计	**15059**	**7546**	**2050**	**5463**	**17262**	**9854**	**1945**	**5463**
乡镇(含办事处、区公所)合计	**15059**	**7546**	**2050**	**5463**	**17262**	**9854**	**1945**	**5463**
街道办事处小计								
郯城镇	2424	1435	350	639	2795	1770	386	639
马头镇	1320	951	120	249	1548	1179	120	249
重坊镇	595	257	40	298	687	349	40	298
李庄镇	863	447	140	276	942	526	140	276
褚墩镇	1062	595	108	359	1192	725	108	359
胜利乡	641	222	190	229	777	359	189	229
新村乡	786	397		389	873	484		389
港上镇	650	256	140	254	775	381	140	254
花园乡	523	174	40	309	664	315	40	309
归昌乡	526	177	80	269	634	285	80	269
杨集镇	837	279	212	346	764	370	48	346
红花乡	872	559		313	1019	706		313
高峰头镇	768	324	173	271	895	451	173	271
泉源乡	704	253	170	281	880	405	194	281
庙山镇	778	325	165	288	882	429	165	288
沙墩镇	676	339		337	786	449		337
黄山镇	1034	556	122	356	1149	671	122	356
(五)苍山县小计	**16070**	**8892**	**172**	**7006**	**18696**	**11854**	**172**	**6670**
乡镇(含办事处、区公所)合计	**16070**	**8892**	**172**	**7006**	**18696**	**11854**	**172**	**6670**
街道办事处小计								
卞庄镇	2401	1479		922	2804	1894		910
贾庄乡	460	184	30	246	709	426	30	253
仲村镇	962	445		517	1209	722		487
矿坑乡	465	186		279	573	324		249
车辋镇	782	313		469	943	504		439
下村乡	500	211		289	689	375		314
鲁城乡	403	232		171	419	278		141
尚岩镇	579	331		248	658	440		218
向城镇	973	579	40	354	1040	676	40	324

续表 23

地　区	收　入				支　出			
	合计	一般预算	基金预算	预算外	合计	一般预算	基金预算	预算外
新兴镇	456	260		196	553	387		166
兰陵镇	1438	827	59	552	1727	1064	59	604
南桥镇	635	348		287	748	491		257
兴明乡	571	273		298	579	311		268
三合乡	526	272		254	643	419		224
长城镇	692	377		315	683	396		287
二庙乡	584	286		298	627	359		268
庄坞镇	720	424	13	283	774	508	13	253
层山镇	475	302		173	710	450		260
磨山镇	652	395		257	699	472		227
神山镇	1159	848		311	1179	915		264
沂堂镇	637	320	30	287	730	443	30	257
（六）莒南县小计	**17495**	**9959**	**4955**	**2581**	**20772**	**13242**	**4937**	**2593**
乡镇（含办事处、区公所）合计	**17495**	**9959**	**4955**	**2581**	**20772**	**13242**	**4937**	**2593**
街道办事处小计								
十字路镇	2663	1881	515	267	3064	2283	502	279
大店镇	1398	836	370	192	1662	1109	361	192
坪上镇	1185	731	300	154	1484	1025	305	154
板泉镇	1309	744	372	193	1556	986	377	193
汀水镇	582	361	145	76	682	461	145	76
石莲子镇	741	436	200	105	848	543	200	105
道口乡	488	315	113	60	597	424	113	60
岭泉镇	794	398	261	135	936	548	253	135
言边镇	723	425	190	108	848	554	186	108
涝坡镇	1015	626	256	133	1301	912	256	133
文疃镇	901	408	325	168	1125	627	330	168
朱芦镇	660	317	225	118	811	468	225	118
团林镇	599	326	180	93	716	443	180	93
壮岗镇	960	621	224	115	1097	763	219	115
坊前镇	1057	452	398	207	1173	578	388	207
相邸镇	705	305	263	137	953	557	259	137
洙边镇	989	476	338	175	1098	585	338	175
相沟乡	726	301	280	145	821	376	300	145
（七）沂水县小计	**28900**	**20429**	**1296**	**7175**	**29801**	**21298**	**1296**	**7207**
乡镇（含办事处、区公所）合计	**28900**	**20429**	**1296**	**7175**	**29801**	**21298**	**1296**	**7207**
街道办事处小计								
沂水镇	8557	7649	240	668	6267	5171	240	856
许家湖镇	1692	1232	149	311	2074	1443	149	482
四十里镇	1193	720	10	463	1399	909	10	480
道托乡	1204	773	5	426	1346	915	5	426
高桥镇	958	713	40	205	1118	873	40	205
杨庄镇	1258	892	9	357	1344	978	9	357
富官庄乡	841	429	91	321	926	679	91	156
马站镇	1488	874	11	603	1421	965	11	445
沙沟镇	1218	872	9	337	1516	1170	9	337
朱戈镇	1928	1019	215	694	2253	1344	215	694
泉庄乡	732	293	3	436	913	474	3	436
高庄镇	1173	727	127	319	1255	809	127	319
下蔚镇	1113	628	108	377	1333	848	108	377
崔家峪镇	869	516	3	350	1004	651	3	350
黄山镇	1198	891	6	301	1423	1116	6	301
姚店子镇	1035	513	156	366	1453	768	156	529
院东头乡	603	404	2	197	739	536	2	201

续表 24

地区	收入				支出			
	合计	一般预算	基金预算	预算外	合计	一般预算	基金预算	预算外
龙家圈乡	1328	958	6	364	1324	1160	6	158
圈里乡	512	326	106	80	693	489	106	98
(八)蒙阴县小计	**12286**	**4746**	**844**	**6696**	**15150**	**8280**	**928**	**5942**
乡镇(含办事处、区公所)合计	**12286**	**4746**	**844**	**6696**	**15150**	**8280**	**928**	**5942**
街道办事处小计								
蒙阴镇	2594	1605	8	981	3320	2425	25	870
联城乡	1149	327	134	688	1324	672	134	518
常路镇	708	203	65	440	884	498	65	321
高都镇	960	297	83	580	1152	487	83	582
野店镇	827	371	98	358	948	558	122	268
岱崮镇	810	396	74	340	1135	688	74	373
坦埠镇	579	215	70	294	847	463	70	314
旧寨乡	1160	246	91	823	1520	595	91	834
桃墟镇	1335	353	83	899	1526	564	126	836
界牌镇	1212	275	54	883	1316	591	54	671
垛庄镇	952	458	84	410	1178	739	84	355
(九)平邑县小计	**11846**	**5659**	**870**	**5317**	**16021**	**9402**	**870**	**5749**
乡镇(含办事处、区公所)合计	**11846**	**5659**	**870**	**5317**	**16021**	**9402**	**870**	**5749**
街道办事处小计								
平邑镇	2309	1105	339	865	2664	1394	347	923
仲村镇	1068	518	161	389	1352	751	153	448
武台镇	477	233	3	241	619	375	3	241
保太镇	971	370	51	550	1440	726	51	663
柏林镇	530	287	8	235	766	523	8	235
卞桥镇	662	381	17	264	929	648	17	264
资邱乡	305	193	5	107	532	420	5	107
地方镇	1352	733	8	611	1560	941	8	611
铜石镇	748	391	8	349	1028	642	8	378
温水镇	378	217	99	62	579	418	99	62
流峪镇	629	232	3	394	1026	532	3	491
郑城镇	325	190	94	41	527	392	94	41
魏庄乡	280	123	35	122	521	288	35	198
白彦镇	628	283	5	340	893	548	5	340
临涧镇	678	242	3	433	887	451	3	433
丰阳镇	506	161	31	314	698	353	31	314
(十)费县小计	**15948**	**8239**	**2602**	**5107**	**17473**	**10027**	**2602**	**4844**
乡镇(含办事处、区公所)合计	**15948**	**8239**	**2602**	**5107**	**17473**	**10027**	**2602**	**4844**
街道办事处小计								
费城镇	2885	1829	307	749	2934	1949	307	678
朱田镇	891	457	165	269	1007	614	165	228
梁邱镇	940	486	239	215	933	583	239	111
石井镇	301	203	98		384	286	98	
新庄镇	755	192	126	437	863	300	126	437
马庄镇	693	228	74	391	825	377	74	374
刘庄镇	769	455	81	233	885	507	81	297
芍药山乡	222	84	56	82	336	198	56	82
探沂镇	1172	724	200	248	1216	948	200	68
新桥镇	859	434	165	260	874	483	165	226
方城镇	1084	451	164	469	1157	539	164	454
汪沟镇	1639	438	203	998	1651	516	203	932
胡阳镇	401	220	134	47	485	290	134	61
薛庄镇	705	489	166	50	742	559	166	17
南张庄乡	420	160	97	163	673	287	97	289

续表 25

地区	收入				支出			
	合计	一般预算	基金预算	预算外	合计	一般预算	基金预算	预算外
上冶镇	1231	1018	165	48	1326	984	165	177
田庄乡	311	85	76	150	412	216	76	120
城北乡	670	286	86	298	770	391	86	293
（十一）沂南县小计	**12496**	**7635**	**1710**	**3151**	**15334**	**10922**	**1457**	**2955**
乡镇（含办事处、区公所）合计	**12496**	**7635**	**1710**	**3151**	**15334**	**10922**	**1457**	**2955**
街道办事处小计								
界湖镇	2168	1812	183	173	2476	2143	160	173
依汶乡	552	298	129	125	794	556	113	125
马牧池乡	289	94	72	123	425	238	64	123
岸堤镇	758	323	120	315	849	534	105	210
孙祖镇	537	391	85	61	738	602	75	61
双堠镇	695	450	81	164	816	581	71	164
青驼镇	1105	422	140	543	1233	567	123	543
张庄镇	536	363	19	154	650	492	4	154
砖埠镇	476	295	73	108	613	445	60	108
葛沟镇	500	368	16	116	594	474	4	116
杨家坡镇	456	296	73	87	580	448	64	68
大庄镇	818	552	148	118	1079	832	129	118
辛集镇	794	394	123	277	1002	623	103	276
蒲汪镇	639	343	142	154	833	604	124	105
湖头镇	597	237	104	256	735	389	90	256
苏村镇	762	423	79	260	886	566	60	260
铜井镇	814	574	123	117	1031	828	108	95
（十二）临沭县小计	**8763**	**4188**	**397**	**4178**	**12360**	**7618**	**519**	**4223**
乡镇（含办事处、区公所）合计	**8763**	**4188**	**397**	**4178**	**12360**	**7618**	**519**	**4223**
街道办事处小计								
临沭镇	2101	1336	9	756	1973	1265	9	699
青云镇	476	198		278	1013	716	8	289
蛟龙镇	520	128		392	833	435	6	392
石门镇	751	325	68	358	1004	582	68	354
曹庄镇	592	322	29	241	912	645	29	238
南古镇	731	325	45	361	1074	675	45	354
大兴镇	831	335	89	407	1334	733	89	512
白旄镇	552	273	6	273	812	533	6	273
郑山镇	682	465	71	146	731	514	71	146
店头镇	618	156		462	1120	600	58	462
玉山镇	409	180	24	205	567	338	24	205
朱仓乡	500	145	56	299	987	582	106	299
泰安市合计	**113742**	**86551**	**2580**	**24611**	**131867**	**103728**	**5145**	**22994**
乡镇（含办事处、区公所）合计	**109136**	**82922**	**2376**	**23838**	**127870**	**100757**	**4874**	**22239**
街道办事处合计	**4606**	**3629**	**204**	**773**	**3997**	**2971**	**271**	**755**
（一）泰山区	**12575**	**11405**	**55**	**1115**	**10899**	**9717**	**67**	**1115**
乡镇（含办事处、区公所）合计	**12575**	**11405**	**55**	**1115**	**10899**	**9717**	**67**	**1115**
街道办事处小计								
岱庙办事处	2887	2807		80	2066	1981	5	80
财源办事处	3156	2922	3	231	2412	2178	3	231
泰前办事处	1657	1521	22	114	1454	1318	22	114
上高乡	1223	1059	3	161	1229	1060	8	161
徐家楼乡	869	787	4	78	841	758	5	78
大津口乡	297	152		145	468	322	1	145
省庄镇	1638	1395	9	234	1568	1325	9	234
邱家店镇	848	762	14	72	861	775	14	72
（二）岱岳区	**25211**	**19881**		**5330**	**27438**	**21969**	**139**	**5330**

续表 26

地区	收入				支出			
	合计	一般预算	基金预算	预算外	合计	一般预算	基金预算	预算外
乡镇(含办事处、区公所)合计	**25211**	**19881**		**5330**	**27438**	**21969**	**139**	**5330**
街道办事处合计								
山口镇	3212	3022		190	3319	3128	4	187
黄前镇	856	693		163	1019	851	5	163
下港乡	883	668		215	1009	801	4	204
祝阳镇	1523	948		575	1616	1128	7	481
范镇	1435	1136		299	1565	1354	7	204
角峪镇	832	643		189	974	774	10	190
化马湾乡	991	793		198	1123	971	5	147
北集坡镇	1459	1226		233	1661	1345	8	308
徂徕镇	1324	1052		272	1551	1240	6	305
良庄镇	1411	801		610	1597	963	10	624
房村镇	1237	809		428	1419	973	10	436
汶口镇	3414	3050		364	3289	2915	10	364
马庄镇	1145	905		240	1428	1008	6	414
满庄镇	1217	882		335	1329	922	6	401
夏张镇	1281	953		328	1438	1196	10	232
道朗镇	1560	1079		481	1632	1156	15	461
粥店办事处	992	863		129	999	864	6	129
天平办事处	439	358		81	470	380	10	80
(三)新泰市合计	**29952**	**20948**	**1655**	**7349**	**28151**	**19661**	**2113**	**6377**
乡镇(含办事处、区公所)合计	**25346**	**17319**	**1451**	**6576**	**24154**	**16690**	**1842**	**5622**
街道办事处小计	**4606**	**3629**	**204**	**773**	**3997**	**2971**	**271**	**755**
岳家庄乡	368	249	2	117	659	566	2	91
翟镇	1991	1373	203	415	1522	932	207	383
泉沟镇	1002	551	117	334	1029	567	148	314
羊流镇	1271	873	11	387	1840	1412	41	387
果都镇	1118	498	93	527	1275	641	93	541
西张庄镇	1766	1320	7	439	1302	856	7	439
天宝镇	967	546	153	268	1550	1125	157	268
楼德镇	1204	671	7	526	1751	1342	48	361
禹村镇	763	501	161	101	1074	769	204	101
宫里镇	1034	678	199	157	1401	1015	229	157
谷里镇	1239	845	7	387	1182	778	47	357
石莱镇	702	381	169	152	1249	850	247	152
放城镇	416	221	81	114	741	510	117	114
刘杜镇	371	192	76	103	727	548	76	103
汶南镇	1549	954	8	587	1960	1357	16	587
龙廷镇	676	450	51	175	1250	978	97	175
东都镇	1409	1161	3	245	761	613	3	145
小协镇	1786	949	102	735	888	366	102	420
开发区	266	266			1217	1217		
新汶办事处	5448	4640	1	807	776	248	1	527
青云街道办事处	4606	3629	204	773	3997	2971	271	755
(四)宁阳县	**13083**	**8787**		**4296**	**17228**	**11903**	**1986**	**3339**
乡镇(含办事处、区公所)合计	**13083**	**8787**		**4296**	**17228**	**11903**	**1986**	**3339**
街道办事处合计								
宁阳镇	2122	1778		344	2088	1633	111	344
泗店镇	725	379		346	1063	724	137	202
东疏镇	855	594		261	1291	919	185	187
鹤山乡	677	356		321	1141	745	159	237
伏山镇	1065	819		246	1443	1004	194	245
堽城镇	1222	799		423	1576	1005	170	401

续表 27

地区	收入				支出			
	合计	一般预算	基金预算	预算外	合计	一般预算	基金预算	预算外
蒋集镇	585	370		215	937	655	155	127
磁窑镇	1563	1091		472	1979	1315	192	472
华丰镇	1667	1089		578	1906	1308	216	382
东庄乡	647	330		317	1107	829	131	147
葛石镇	1380	973		407	1742	1196	215	331
乡饮乡	575	209		366	955	570	121	264
(五)东平县	**15778**	**11440**	**870**	**3468**	**20501**	**15881**	**840**	**3780**
乡镇(含办事处、区公所)合计	**15778**	**11440**	**870**	**3468**	**20501**	**15881**	**840**	**3780**
街道办事处合计								
州城镇	1755	1082	156	517	2060	1387	156	517
沙河站镇	1059	742	8	309	1381	1064	8	309
彭集镇	1403	1078	7	318	1750	1321	7	422
东平镇	2468	2015	10	443	2822	2357	22	443
接山乡	1585	968	133	484	1836	1261	91	484
大羊乡	914	687	109	118	1340	1049	109	182
梯门乡	656	494	6	156	1008	846	6	156
老湖镇	1033	661	133	239	1668	1302	133	233
新湖乡	998	775	83	140	1302	1079	83	140
商老庄乡	676	458		218	900	682		218
代庙乡	510	353	4	153	834	677	4	153
银山镇	1300	1050	114	136	1523	1273	114	136
斑鸠店镇	1009	813	107	89	1411	1065	107	239
旧县乡	412	264		148	666	518		148
(六)肥城市	**17143**	**14090**		**3053**	**27650**	**24597**		**3053**
乡镇(含办事处、区公所)合计	**17143**	**14090**		**3053**	**27650**	**24597**		**3053**
街道办事处小计								
潮泉镇	627	528		99	1019	920		99
老城镇	1240	877		363	2029	1666		363
新城办事处	1712	1507		205	2140	1935		205
王瓜店镇	1122	1049		73	1857	1784		73
湖屯镇	1167	979		188	1862	1674		188
石横镇	1698	1524		174	2152	1978		174
桃园镇	1062	953		109	1690	1581		109
王庄镇	983	817		166	1570	1404		166
仪阳乡	817	628		189	1596	1407		189
安站镇	1031	862		169	2040	1871		169
孙伯镇	662	553		109	1190	1081		109
安庄镇	1996	1674		322	3088	2766		322
边院镇	1387	1090		297	2498	2201		297
汶阳镇	1533	943		590	2719	2129		590
开发区	106	106			200	200		
聊城市合计	**77363**	**62972**	**23**	**14368**	**111501**	**91951**	**838**	**18712**
乡镇(含办事处、区公所)合计	**77363**	**62972**	**23**	**14368**	**111501**	**91951**	**838**	**18712**
街道办事处合计								
(一)东昌府区小计	**17186**	**12977**		**4209**	**19935**	**14986**		**4949**
乡镇(含办事处、区公所)合计	**17186**	**12977**		**4209**	**19935**	**14986**		**4949**
街道办事处小计								
朱老庄乡	619	360		259	1068	616		452
李海务镇	811	582		229	933	650		283
于集镇	735	398		337	1075	603		472
许营乡	580	325		255	845	594		251
北杨集乡	452	380		72	673	601		72
闫寺镇	843	674		169	896	725		171

续表 28

地区	收入				支出			
	合计	一般预算	基金预算	预算外	合计	一般预算	基金预算	预算外
梁水镇	1262	612		650	1729	1016		713
斗虎屯镇	486	439		47	816	769		47
堂邑镇	645	463		182	852	473		379
道口铺乡	755	376		379	1094	552		542
张炉集镇	772	555		217	917	607		310
郑家镇	806	601		205	797	613		184
沙镇	1208	875		333	1615	1244		371
侯营镇	596	438		158	711	653		58
湖西办事处	507	351		156	713	528		185
古楼办事处	1663	1545		118	1306	1219		87
柳园办事处	1707	1624		83	1251	1168		83
新区办事处	1753	1581		172	1234	1161		73
蒋官屯镇	661	529		132	927	799		128
东城办事处	325	269		56	483	395		88
(二)临清市小计	**11254**	**11149**	**23**	**82**	**13910**	**13039**	**594**	**277**
乡镇(含办事处、区公所)合计	**11254**	**11149**	**23**	**82**	**13910**	**13039**	**594**	**277**
街道办事处小计								
唐园镇	460	460			604	537	59	8
烟店镇	810	810			1088	926	61	101
潘庄镇	536	490		46	699	592	61	46
八岔路镇	412	412			570	539	25	6
尚店乡	358	358			522	464	20	38
大辛庄镇	612	612			508	739		-231
刘垓子镇	335	335			665	548	87	30
戴湾乡	445	445			592	582	34	-24
魏湾镇	332	310		22	540	485	33	22
康庄镇	740	740			1089	1002	86	1
金郝庄乡	591	591			971	824	29	118
老赵庄镇	861	861			979	937	41	1
松林镇	372	372			509	523	-14	
新华办事处	1812	1775	23	14	1854	1791	31	32
青年办事处	1123	1123			1144	1115	18	11
先锋办事处	1455	1455			1576	1435	23	118
(三)阳谷县	**9437**	**6588**		**2849**	**15406**	**12294**		**3112**
乡镇(含办事处、区公所)合计	**9437**	**6588**		**2849**	**15406**	**12294**		**3112**
街道办事处小计								
阳谷镇	965	908		57	1607	1550		57
阎楼镇	866	578		288	1289	874		415
阿城镇	555	555			1219	1066		153
七级镇	493	355		138	904	709		195
安镇	865	389		476	1104	866		238
郭屯乡	387	213		174	750	576		174
定水镇	298	268		30	533	492		41
石佛镇	417	352		65	717	652		65
大布乡	582	437		145	984	857		127
西湖乡	997	586		411	1344	978		366
高庙王乡	507	315		192	764	597		167
金斗营乡	518	197		321	864	516		348
李台镇	330	220		110	637	527		110
寿张镇	712	491		221	988	767		221
十五里元乡	452	318		134	723	620		103
张秋镇	493	406		87	979	647		332
(四)莘县	**9516**	**9516**			**16134**	**16134**		

续表 29

地区	收入				支出			
	合计	一般预算	基金预算	预算外	合计	一般预算	基金预算	预算外
乡镇(含办事处、区公所)合计	**9516**	**9516**			**16134**	**16134**		
街道办事处小计								
城关镇	1070	1070			1478	1478		
莘亭镇	393	393			756	756		
河店乡	452	452			611	611		
燕店镇	343	343			573	573		
魏庄乡	417	417			690	690		
大王寨乡	209	209			446	446		
王奉乡	271	271			661	661		
张鲁镇	383	383			801	801		
俎店乡	192	192			389	389		
董杜庄镇	286	286			499	499		
妹冢乡	336	336			585	585		
张寨乡	341	341			628	628		
朝城镇	474	474			785	785		
徐庄乡	209	209			442	442		
十八里铺镇	1026	1026			1289	1289		
王庄集乡	278	278			715	715		
柿子园乡	260	260			514	514		
观城镇	261	261			546	546		
大张家镇	403	403			634	634		
古云镇	1233	1233			1492	1492		
樱桃园乡	386	386			936	936		
古城镇	293	293			664	664		
(五)茌平县	**9061**	**6194**		**2867**	**14725**	**9955**		**4770**
乡镇(含办事处、区公所)合计	**9061**	**6194**		**2867**	**14725**	**9955**		**4770**
街道办事处小计								
茌平镇	1170	1067		103	1666	1666		
杜郎口镇	488	359		129	803	585		218
乐平铺镇	773	555		218	1340	857		483
韩集乡	597	245		352	1144	397		747
广平乡	335	252		83	728	475		253
冯屯镇	1274	960		314	1697	1229		468
胡屯乡	500	374		126	1376	586		790
韩屯乡	602	380		222	1055	585		470
菜屯镇	516	257		259	959	434		525
寨乡	498	286		212	592	450		142
杨屯乡	318	139		179	414	364		50
洪屯乡	269	229		40	455	411		44
肖庄乡	269	172		97	431	334		97
博平镇	816	528		288	1319	874		445
温陈乡	636	391		245	746	708		38
(六)东阿县	**5400**	**4374**		**1026**	**8398**	**6469**	**41**	**1888**
乡镇(含办事处、区公所)合计	**5400**	**4374**		**1026**	**8398**	**6469**	**41**	**1888**
街道办事处小计								
铜城镇	994	868		126	1372	1214		158
陈集乡	373	295		78	483	415		68
姚寨乡	578	471		107	739	635		104
高集镇	455	362		93	598	479		119
牛角店镇	779	619		160	1095	943		152
大桥镇	327	235		92	668	329		339
单庄乡	373	251		122	534	471		63
刘集镇	763	586		177	1799	945	41	813

续表 30

地区	收入				支出			
	合计	一般预算	基金预算	预算外	合计	一般预算	基金预算	预算外
姜楼镇	439	368		71	578	506		72
古官屯乡	319	319			532	532		
(七) 冠县	**7814**	**6459**		**1355**	**12052**	**10433**		**1619**
乡镇(含办事处、区公所)合计	**7814**	**6459**		**1355**	**12052**	**10433**		**1619**
街道办事处小计								
冠城镇	848	848			1504	1504		
梁堂乡	491	395		96	670	574		96
桑阿镇	542	542			768	768		
贾镇	422	392		30	615	584		31
定寨乡	362	287		75	496	421		75
辛集乡	479	439		40	681	641		40
范寨乡	393	330		63	485	422		63
柳林镇	554	413		141	841	700		141
甘屯乡	682	358		324	947	529		418
清水镇	312	264		48	493	445		48
北陶镇	336	291		45	563	518		45
东古城镇	651	499		152	1109	957		152
斜店乡	330	267		63	635	403		232
万善乡	364	274		90	500	410		90
店子乡	293	211		82	454	372		82
兰沃乡	378	328		50	554	504		50
烟庄乡	377	321		56	737	681		56
(八) 高唐县	**7695**	**5715**		**1980**	**10941**	**8641**	**203**	**2097**
乡镇(含办事处、区公所)合计	**7695**	**5715**		**1980**	**10941**	**8641**	**203**	**2097**
街道办事处小计								
高唐镇	1740	1674		66	2734	2612	51	71
琉寺镇	515	429		86	747	579	60	108
固河镇	627	372		255	771	513		258
尹集镇	527	496		31	743	708		35
梁村镇	1157	490		667	1290	733	12	545
卅里铺镇	534	446		88	822	729		93
清平镇	666	456		210	870	658		212
赵寨子乡	494	397		97	642	545		97
杨屯乡	729	504		225	1190	909	56	225
姜店乡	706	451		255	1132	655	24	453
菏泽市合计	**112517**	**49470**	**2791**	**60256**	**139668**	**88128**	**2155**	**49385**
乡镇(含办事处、区公所)合计	**112517**	**49470**	**2791**	**60256**	**139668**	**88128**	**2155**	**49385**
街道办事处合计								
(一) 牡丹区	**19029**	**8332**	**1239**	**9458**	**22923**	**14710**	**1239**	**6974**
乡镇(含办事处、区公所)合计	**19029**	**8332**	**1239**	**9458**	**22923**	**14710**	**1239**	**6974**
街道办事处小计								
杜庄乡	522	138	50	334	642	331	50	261
沙土镇	1083	497		586	1335	749		586
安兴镇	565	222	80	263	680	346	80	254
皇镇乡	512	121		391	576	285		291
皇罡镇	786	221	33	532	928	699	33	196
小留镇	694	188	141	365	824	422	141	261
都司镇	614	265	61	288	812	473	61	278
胡集乡	480	168	36	276	588	306	36	246
高庄镇	798	199	93	506	972	482	93	397
李村镇	719	242	12	465	818	468	12	338
吕陵镇	738	326	40	372	820	405	40	375
吴店镇	1187	632	79	476	1255	787	79	389

续表 31

地区	收入				支出			
	合计	一般预算	基金预算	预算外	合计	一般预算	基金预算	预算外
王浩屯镇	562	180	24	358	696	362	24	310
大黄集镇	534	228	55	251	650	398	55	197
马岭岗镇	1369	328	189	852	1660	978	189	493
何楼镇	942	238	166	538	1132	665	166	301
东城办事处	1051	897	5	149	1261	1217	5	39
西城办事处	388	285		103	669	617		52
南城办事处	520	444	8	68	766	690	8	68
北城办事处	466	382	9	75	715	631	9	75
牡丹办事处	1431	557	143	731	1549	942	143	464
丹阳办事处	1090	727	3	360	1388	1025	3	360
岳程办事处	1425	617	6	802	1462	904	6	552
佃户屯办事处	553	230	6	317	725	528	6	191
(二)曹县	**16741**	**7328**		**9413**	**21956**	**13634**		**8322**
乡镇(含办事处、区公所)合计	**16741**	**7328**		**9413**	**21956**	**13634**		**8322**
街道办事处小计								
曹城镇	1231	954		277	2105	1784		321
郑庄乡	489	176		313	710	448		262
倪集乡	1044	149		895	761	435		326
普连集镇	1270	550		720	1444	872		572
古营集镇	834	267		567	1045	519		526
王集乡	448	210		238	618	343		275
侯集镇	690	211		479	886	378		508
苏集镇	688	300		388	1238	788		450
孙老家镇	374	203		171	597	399		198
安才楼镇	479	175		304	799	447		352
青固集镇	791	514		277	1218	897		321
仵楼乡	277	118		159	495	311		184
梁堤头镇	369	188		181	538	328		210
朱红庙乡	299	124		175	437	234		203
邵庄镇	358	228		130	626	475		151
大集乡	323	142		181	515	305		210
阎店楼镇	426	150		276	724	404		320
魏湾镇	365	209		156	637	456		181
楼庄乡	304	132		172	439	240		199
庄寨镇	3136	1171		1965	2330	1385		945
桃元镇	824	517		307	1130	775		355
常乐集乡	349	140		209	483	240		243
韩集镇	468	189		279	754	431		323
砖庙镇	504	121		383	735	292		443
青冈集乡	401	190		211	692	448		244
(三)定陶县	**9274**	**4440**	**1165**	**3669**	**10165**	**5738**	**805**	**3622**
乡镇(含办事处、区公所)合计	**9274**	**4440**	**1165**	**3669**	**10165**	**5738**	**805**	**3622**
街道办事处小计								
定陶镇	1130	649	149	332	1446	1048	57	341
仿山乡	804	397	81	326	996	599	86	311
张湾镇	654	259	90	305	796	408	85	303
马集乡	756	333	113	310	798	463	20	315
南王店乡	470	190	79	201	575	297	81	197
冉固镇	1234	496	162	576	1407	727	111	569
黄店镇	1165	459	129	577	1238	591	78	569
孟海镇	564	233	84	247	650	326	85	239
半堤乡	503	196	74	233	566	243	97	226
陈集镇	1484	1022	138	324	1158	741	92	325

续表 32

地　区	收　入				支　出			
	合计	一般预算	基金预算	预算外	合计	一般预算	基金预算	预算外
杜堂乡	510	206	66	238	535	295	13	227
(四)成武县	**9012**	**5053**		**3959**	**10799**	**6840**		**3959**
乡镇(含办事处、区公所)合计	**9012**	**5053**		**3959**	**10799**	**6840**		**3959**
街道办事处小计								
成武镇	1157	815		342	1669	1327		342
九女集乡	820	440		380	968	588		380
天宫庙镇	690	396		294	875	581		294
孙寺镇	725	345		380	859	479		380
苟村集镇	522	279		243	629	386		243
白浮图镇	647	354		293	801	508		293
张楼乡	448	219		229	518	289		229
大田集镇	1423	909		514	1455	941		514
党集乡	465	234		231	582	351		231
南鲁集镇	621	323		298	735	437		298
汶上集镇	857	431		426	971	545		426
伯乐集镇	637	308		329	737	408		329
(五)单县	**12841**	**5215**	**112**	**7514**	**16854**	**9316**		**7538**
乡镇(含办事处、区公所)合计	**12841**	**5215**	**112**	**7514**	**16854**	**9316**		**7538**
街道办事处小计								
城关镇	1424	1168	4	252	1736	1466		270
莱河镇	500	291	5	204	830	626		204
孙六镇	519	204	3	312	736	424		312
谢集乡	784	248	6	530	1081	551		530
郭村镇	678	173	5	500	1003	503		500
高老家乡	1098	239	5	854	1279	425		854
曹庄乡	178	77	2	99	298	199		99
高韦庄镇	349	126	4	219	462	243		219
黄岗镇	696	396	8	292	871	579		292
浮岗镇	661	167	4	490	877	387		490
蔡堂镇	578	246	6	326	715	383		332
杨楼镇	715	159	6	550	905	355		550
朱集镇	550	125	5	420	653	233		420
龙王庙乡	707	182	7	518	891	373		518
终兴镇	720	431	11	278	906	628		278
张集乡	562	161	7	394	754	360		394
时楼镇	614	129	5	480	805	325		480
李田楼乡	561	172	7	382	767	385		382
徐寨镇	663	405	8	250	821	571		250
李新庄镇	284	116	4	164	464	300		164
(六)巨野县	**11818**	**4684**	**91**	**7043**	**15529**	**10506**		**5023**
乡镇(含办事处、区公所)合计	**11818**	**4684**	**91**	**7043**	**15529**	**10506**		**5023**
街道办事处小计								
巨野镇	1341	721	6	614	1971	1622		349
田庄镇	946	276	6	664	1206	755		451
田桥乡	463	158	4	301	640	421		219
太平镇	676	210	5	461	777	496		281
龙固镇	663	235	6	422	910	663		247
柳林镇	961	222	7	732	1143	573		570
万丰镇	790	243	7	540	971	501		470
营里乡	358	118	5	235	476	317		159
章缝镇	435	183	4	248	541	375		166
董官屯乡	697	233	7	457	866	593		273
大义镇	1501	744	8	749	1945	1528		417

续表33

地区	收入				支出			
	合计	一般预算	基金预算	预算外	合计	一般预算	基金预算	预算外
谢集镇	650	359	6	285	854	608		246
陶庙乡	329	178	4	147	458	325		133
独山镇	567	222	6	339	826	557		269
麒麟镇	888	270	7	611	1189	649		540
核桃园镇	553	312	3	238	756	523		233
（七）郓城县	**17369**	**7357**	**111**	**9901**	**20517**	**13401**	**111**	**7005**
乡镇(含办事处、区公所)合计	**17369**	**7357**	**111**	**9901**	**20517**	**13401**	**111**	**7005**
街道办事处小计								
郓城镇	2206	1357	8	841	2745	2133	8	604
双桥乡	875	383	7	485	956	579	7	370
武安镇	949	333	7	609	1143	687	7	449
黄安镇	915	354	6	555	1059	758	6	295
唐庙乡	771	369	7	395	892	690	7	195
郭屯镇	911	190	5	716	864	402	5	457
南赵楼乡	602	169	4	429	650	286	4	360
随官屯镇	762	500	7	255	845	583	7	255
丁里长镇	638	267	4	367	763	542	4	217
张营镇	987	260	5	722	1181	694	5	482
黄堆集乡	644	275	4	365	796	427	4	365
杨庄集镇	667	302	5	360	944	701	5	238
程屯镇	832	290	6	536	982	538	6	438
泮渡乡	864	367	9	488	1014	514	9	491
侯咽集镇	730	288	6	436	1035	802	6	227
黄集乡	579	280	5	294	575	526	5	44
李集乡	897	379	2	516	916	507	2	407
玉皇庙镇	895	345	6	544	1077	646	6	425
张鲁集乡	940	284	3	653	918	502	3	413
水堡乡	377	172	2	203	487	343	2	142
陈坡乡	328	193	3	132	675	541	3	131
（八）鄄城县	**8152**	**3467**	**73**	**4612**	**9985**	**6864**		**3121**
乡镇(含办事处、区公所)合计	**8152**	**3467**	**73**	**4612**	**9985**	**6864**		**3121**
街道办事处小计								
鄄城镇	736	437	6	293	887	742		145
凤凰乡	381	167	4	210	434	295		139
吉山镇	508	151	5	352	686	495		191
左营乡	617	172	5	440	685	440		245
大堰乡	369	130	4	235	417	224		193
李进士堂镇	251	106	4	141	299	237		62
旧城镇	595	117	8	470	700	514		186
董口镇	535	244	4	287	668	524		144
林卜乡	319	110	1	208	425	278		147
富春乡	493	309	4	180	721	522		199
什集镇	831	282	6	543	923	548		375
彭楼乡	716	401	6	309	884	575		309
阎什镇	577	243	5	329	694	388		306
红船镇	393	203	3	187	482	371		111
引马乡	269	118	3	148	311	222		89
郑营乡	562	277	5	280	769	489		280
（九）东明县	**8281**	**3594**		**4687**	**10940**	**7119**		**3821**
乡镇(含办事处、区公所)合计	**8281**	**3594**		**4687**	**10940**	**7119**		**3821**
街道办事处小计								
城关镇	1169	874		295	1635	1360		275
沙窝乡	773	293		480	1078	758		320

续表 34

地区	收入				支出			
	合计	一般预算	基金预算	预算外	合计	一般预算	基金预算	预算外
刘楼镇	669	189		480	819	446		373
长兴乡	562	188		374	848	505		343
焦园乡	360	138		222	556	346		210
三春镇	505	141		364	571	314		257
小井乡	479	185		294	642	356		286
马头镇	457	173		284	541	331		210
东明集镇	494	194		300	714	444		270
大屯镇	543	263		280	716	436		280
陆圈镇	1187	488		699	1352	851		501
武胜乡	515	265		250	740	499		241
菜园集乡	568	203		365	728	473		255
德州市合计	**144711**	**90518**	**523**	**53670**	**158040**	**100836**	**567**	**56637**
乡镇(含办事处、区公所)合计	**130680**	**77420**	**523**	**52737**	**146091**	**89039**	**567**	**56485**
街道办事处合计	**14031**	**13098**		**933**	**11949**	**11797**		**152**
开发区宋官屯镇	1906	1497		409	1883	1476		407
(一)德城区	**16301**	**14448**		**1853**	**14586**	**13163**		**1423**
二屯镇	2941	2786		155	2618	2428		190
赵虎镇	1701	1093		608	1772	1163		609
黄河涯镇	1543	1222		321	1590	1269		321
袁桥乡	658	547		111	696	585		111
抬头寺乡	734	565		169	745	576		169
天衢街道办事处	1298	1128		170	1075	1070		5
新华街道办事处	1708	1572		136	1245	1237		8
新湖街道办事处	1227	1197		30	795	790		5
运河街道办事处	3536	3385		151	3396	3394		2
东地街道办事处	955	953		2	654	651		3
(二)平原县	**14165**	**9214**		**4951**	**13173**	**8195**	**27**	**4951**
平原镇	2676	1993		683	2276	1588	5	683
王庙镇	741	333		408	918	509	1	408
腰站镇	787	516		271	624	352	1	271
张华镇	841	542		299	637	337	1	299
三唐乡	390	143		247	496	249		247
坊子乡	466	172		294	575	281		294
王凤楼镇	1826	1094		732	1748	1009	7	732
前曹镇	1884	1039		845	1785	938	2	845
恩城镇	1420	884		536	1552	1014	2	536
王打卦乡	1667	1368		299	1366	1067		299
王杲铺镇	1467	1130		337	1196	851	8	337
(三)陵县	**15023**	**7106**		**7917**	**19067**	**10611**		**8456**
城关镇	3317	1775		1542	4244	2579		1665
滋镇	936	385		551	1163	582		581
梅镇	1373	593		780	1715	883		832
神头镇	1426	597		829	1788	919		869
郑寨镇	1267	578		689	1630	906		724
会王镇	1223	557		666	1551	843		708
前孙镇	970	459		511	1159	613		546
义渡乡	941	392		549	1165	581		584
宋家镇	1208	554		654	1519	800		719
边临镇	867	407		460	1168	676		492
丁庄乡	797	444		353	999	616		383
于集乡	698	365		333	966	613		353
(四)夏津县	**8882**	**4879**		**4003**	**9966**	**5661**		**4305**
夏津镇	3327	2108		1219	3336	2117		1219

续表 35

地区	收入				支出			
	合计	一般预算	基金预算	预算外	合计	一般预算	基金预算	预算外
宋楼镇	823	488		335	809	494		315
香赵庄乡	432	242		190	550	290		260
东李镇	444	202		242	490	215		275
雷集镇	420	210		210	729	266		463
苏留庄镇	479	246		233	627	416		211
新盛店镇	612	284		328	813	487		326
田庄乡	415	259		156	543	391		152
双庙乡	733	245		488	793	290		503
渡口驿乡	303	112		191	372	187		185
郑保屯镇	360	172		188	376	198		178
白马湖镇	534	311		223	528	310		218
（五）武城县	**6659**	**3518**	**452**	**2689**	**7619**	**4605**	**452**	**2562**
老城镇	716	210	47	459	947	495	47	405
杨庄乡	367	157	34	176	440	230	34	176
李家户乡	278	146	38	94	360	228	38	94
武城镇	1484	861	76	547	1859	1236	76	547
郝王庄镇	953	411	56	486	1056	514	56	486
滕庄镇	962	499	67	396	1013	550	67	396
鲁权屯镇	1165	892	67	206	1144	944	67	133
甲马营乡	734	342	67	325	800	408	67	325
（六）齐河县	**21661**	**13299**		**8362**	**25473**	**14711**		**10762**
表白寺镇	753	595		158	889	720		169
安头乡	1300	484		816	1383	514		869
大黄乡	1136	695		441	1309	780		529
宣章镇	657	534		123	867	635		232
晏城镇	4264	2901		1363	5645	3210		2435
华店乡	839	576		263	966	613		353
刘桥乡	1547	675		872	1733	675		1058
潘店镇	2305	1342		963	2630	1467		1163
仁里镇	1640	1020		620	1905	1115		790
赵官镇	1058	592		466	1069	559		510
马集乡	987	680		307	1189	812		377
胡官镇	1031	859		172	1338	1078		260
焦庙镇	2025	1195		830	2217	1354		863
祝阿镇	2119	1151		968	2333	1179		1154
（七）禹城市	**11807**	**6186**		**5621**	**12059**	**6520**		**5539**
十里望乡	785	435		350	735	425		310
莒镇乡	619	217		402	636	226		410
李屯乡	419	122		297	524	219		305
安仁镇	703	385		318	849	433		416
伦镇镇	761	294		467	973	381		592
辛寨镇	787	215		572	950	415		535
房寺镇	2296	1018		1278	2016	958		1058
张庄镇	631	145		486	662	243		419
梁家镇	922	295		627	1243	496		747
辛店镇	954	384		570	1143	456		687
市中街道办事处	2399	2273		126	1871	1839		32
禹石街道办事处	531	403		128	457	429		28
（八）临邑县	**9548**	**6190**	**71**	**3287**	**12336**	**8966**	**88**	**3282**
德平镇	1124	671	11	442	1502	1048	13	441
理合乡	419	206	5	208	625	412	5	208
翟家乡	857	635	5	217	776	552	7	217
林子镇	437	250	5	182	606	418	6	182

续表 36

地区	收入				支出			
	合计	一般预算	基金预算	预算外	合计	一般预算	基金预算	预算外
宿安乡	409	215	5	189	570	376	5	189
孟寺镇	663	371	5	287	897	604	7	286
临邑镇	2362	1660	15	687	3142	2436	20	686
临盘镇	1692	1224	9	459	2138	1667	13	458
兴隆镇	686	405	5	276	950	668	6	276
临南镇	899	553	6	340	1130	785	6	339
(九)宁津县	**18051**	**13545**		**4506**	**18487**	**13741**		**4746**
宁津镇	3322	2479		843	3448	2628		820
时集镇	1809	1403		406	1834	1427		407
柴胡店镇	2672	2192		480	2804	2222		582
杜集镇	1652	1260		392	1641	1249		392
长官镇	1314	918		396	1409	905		504
刘营伍乡	791	548		243	767	528		239
大柳镇	1006	769		237	925	792		133
张大庄乡	1163	874		289	1139	850		289
相衙镇镇	1074	771		303	1194	804		390
保店镇	1692	1235		457	1739	1238		501
大曹镇	1556	1096		460	1587	1098		489
(十)乐陵市	**14525**	**8948**		**5577**	**15438**	**9723**		**5715**
西段乡	528	350		178	630	421		209
大孙乡	583	422		161	715	547		168
铁营乡	607	391		216	679	455		224
寨头堡乡	598	424		174	584	400		184
朱集镇	1406	1004		402	1351	880		471
黄夹镇	1856	743		1113	1926	793		1133
丁坞镇	999	486		513	1139	611		528
孔镇镇	952	571		381	1137	758		379
化楼镇	1008	663		345	1035	692		343
杨安镇	1486	696		790	1428	640		788
郑店镇	1440	653		787	1658	773		885
花园镇	685	358		327	700	366		334
市中街道办事处	834	809		25	728	718		10
郭家街道办事处	624	563		61	555	533		22
胡家街道办事处	485	425		60	538	520		18
云红街道办事处	434	390		44	635	616		19
(十一)庆云县	**6183**	**1688**		**4495**	**7953**	**3464**		**4489**
庆云镇	1207	267		940	1751	813		938
尚堂镇	1209	261		948	1618	671		947
常家镇	1188	353		835	1510	680		830
崔口镇	494	187		307	523	218		305
东辛店乡	690	220		470	826	348		478
中丁乡	465	134		331	610	277		333
严务乡	514	126		388	636	235		401
徐园子乡	416	140		276	479	222		257
滨州市合计	**84843**	**46840**	**216**	**37787**	**102888**	**60681**	**437**	**41770**
乡镇(含办事处、区公所)合计	**82209**	**44859**	**216**	**37134**	**101213**	**59434**	**437**	**41342**
街道办事处合计	**2634**	**1981**		**653**	**1675**	**1247**		**428**
(一)滨城区	**8846**	**4463**	**5**	**4378**	**11817**	**7635**	**3**	**4179**
乡镇(含办事处、区公所)合计	**6212**	**2482**	**5**	**3725**	**10142**	**6388**	**3**	**3751**
街道办事处合计	**2634**	**1981**		**653**	**1675**	**1247**		**428**
单寺乡	795	266	1	528	976	457		519
尚集乡	592	382	1	209	1422	1137	1	284
梁才乡	666	189		477	1042	591		451

续表 37

地区	收入				支出			
	合计	一般预算	基金预算	预算外	合计	一般预算	基金预算	预算外
滨北镇	1660	551	1	1108	2401	1398		1003
旧镇镇	383	166		217	786	585		201
小营镇	606	315		291	994	753		241
里则镇	957	299	1	657	1554	727	1	826
堡集镇	553	314	1	238	967	740	1	226
市中街道办事处	289	276		13	95	82		13
市西街道办事处	148	140		8	80	72		8
北镇街道办事处	805	773		32	43	28		15
市东街道办事处	536	296		240	609	497		112
彭李街道办事处	609	349		260	490	295		195
蒲城街道办事处	247	147		100	358	273		85
（二）开发区合计	**983**	**528**	**1**	**454**	**1471**	**1018**	**1**	**452**
乡镇（含办事处、区公所）合计	**983**	**528**	**1**	**454**	**1471**	**1018**	**1**	**452**
街道办事处小计								
杜店镇	983	528	1	454	1471	1018	1	452
（三）无棣县合计	**8880**	**4164**		**4716**	**10345**	**5708**		**4637**
乡镇（含办事处、区公所）合计	**8880**	**4164**		**4716**	**10345**	**5708**		**4637**
街道办事处小计								
无棣镇	1296	819		477	1582	1027		555
信阳乡	505	279		226	693	449		244
车镇乡	765	360		405	1128	640		488
埕口镇	690	386		304	543	362		181
大山镇	598	211		387	680	321		359
小泊头镇	982	344		638	1135	500		635
柳堡乡	727	206		521	835	365		470
佘家巷乡	582	267		315	801	470		331
西小王乡	529	144		385	688	281		407
水湾镇	1058	580		478	1208	756		452
马山子镇	1148	568		580	1052	537		515
（四）阳信县合计	**10638**	**4994**		**5644**	**13721**	**7088**		**6633**
乡镇（含办事处、区公所）合计	**10638**	**4994**		**5644**	**13721**	**7088**		**6633**
街道办事处合计								
阳信镇	1532	1215		317	1853	1374		479
劳店乡	745	266		479	1219	580		639
水落坡乡	1446	532		914	2146	969		1177
商店镇	1247	700		547	1662	979		683
河流镇	1407	964		443	1357	923		434
翟王镇	1103	305		798	1654	518		1136
洋湖乡	1554	417		1137	1881	705		1176
温店镇	676	258		418	961	463		498
流坡坞镇	928	337		591	988	577		411
（五）沾化县合计	**11464**	**6778**		**4686**	**12607**	**7941**		**4666**
乡镇（含办事处、区公所）合计	**11464**	**6778**		**4686**	**12607**	**7941**		**4666**
街道办事处小计								
富国镇	2605	1396		1209	2758	1549		1209
冯家镇	2596	1051		1545	2438	1051		1387
下洼镇	1442	1224		218	1515	1297		218
古城镇	700	504		196	759	563		196
大高乡	834	543		291	1008	717		291
黄升乡	688	470		218	862	644		218
泊头镇	697	570		127	840	713		127
利国乡	444	331		113	705	602		103
下河乡	1032	480		552	1114	544		570

续表 38

地区	收入				支出			
	合计	一般预算	基金预算	预算外	合计	一般预算	基金预算	预算外
滨海乡	398	182		216	559	213		346
海防办事处	28	27		1	49	48		1
(六)邹平县合计	**20497**	**12306**	**142**	**8049**	**23533**	**13449**	**142**	**9942**
乡镇(含办事处、区公所)合计	**20497**	**12306**	**142**	**8049**	**23533**	**13449**	**142**	**9942**
街道办事处小计								
邹平镇	3510	2327	17	1166	4077	2554	17	1506
西董镇	931	481	7	443	1371	682	7	682
临池镇	823	439	5	379	935	528	5	402
好生镇	1216	631	5	580	1505	720	5	780
长山镇	2645	1646	15	984	2966	1635	15	1316
焦桥镇	755	389	11	355	1250	591	11	648
韩店镇	1508	982	9	517	1647	1195	9	443
孙镇镇	840	265	11	564	1414	461	11	942
九户镇	800	432	13	355	1191	606	13	572
青阳镇	1235	673	4	558	917	695	4	218
明集镇	1245	808	9	428	1367	886	9	472
魏桥镇	3167	2627	18	522	2404	1798	18	588
台子镇	647	348	6	293	874	605	6	263
码头乡	1175	258	12	905	1615	493	12	1110
(七)惠民县合计	**13825**	**7931**		**5894**	**17142**	**10365**		**6777**
乡镇(含办事处、区公所)合计	**13825**	**7931**		**5894**	**17142**	**10365**		**6777**
街道办事处小计								
惠民镇	1593	1125		468	2002	1446		556
何坊乡	1312	602		710	1462	761		701
石庙镇	1084	703		381	1357	964		393
桑落墅镇	715	377		338	889	500		389
麻店镇	869	323		546	987	441		546
皂户李乡	1134	425		709	1209	638		571
淄角镇	593	373		220	736	516		220
辛店乡	849	577		272	1022	751		271
胡集镇	1334	805		529	1849	1000		849
魏集镇	567	303		264	571	495		76
清河镇	695	428		267	1184	557		627
李庄镇	967	747		220	1129	909		220
姜楼镇	1342	722		620	1889	880		1009
大年陈乡	771	421		350	856	507		349
(八)博兴县合计	**9710**	**5676**	**68**	**3966**	**12252**	**7477**	**291**	**4484**
乡镇(含办事处、区公所)合计	**9710**	**5676**	**68**	**3966**	**12252**	**7477**	**291**	**4484**
街道办事处小计								
博兴镇	1815	1004	7	804	2180	1192	210	778
湖滨镇	1582	885	14	683	1874	1186	14	674
曹王镇	654	484	5	165	762	617	7	138
兴福镇	1332	1148	7	177	962	773	12	177
店子镇	1150	386	9	755	1528	621	9	898
闫坊镇	673	274	8	391	1011	634	18	359
纯化镇	440	212	4	224	784	460	7	317
乔庄乡	766	244	3	519	1581	708	3	870
庞家镇	316	217	6	93	636	511	6	119
陈户镇	982	822	5	155	934	775	5	154
东营市合计	**42969**	**30533**	**2187**	**10249**	**51586**	**38667**	**2733**	**10186**
乡镇(含办事处、区公所)合计	**42364**	**30533**	**2187**	**9644**	**50146**	**37829**	**2733**	**9584**
街道办事处合计	**605**			**605**	**1440**	**838**		**602**
(一)东营区小计	**7810**	**5195**	**16**	**2599**	**9461**	**6908**	**16**	**2537**

续表 39

地区	收入				支出			
	合计	一般预算	基金预算	预算外	合计	一般预算	基金预算	预算外
乡镇(含办事处、区公所)合计	**7205**	**5195**	**16**	**1994**	**8021**	**6070**	**16**	**1935**
街道办事处小计	**605**			**605**	**1440**	**838**		**602**
辛店镇	3040	2348		692	1755	1063		692
胜利镇	1868	1751	5	112	928	811	5	112
史口镇	601	483	4	114	1473	1366	4	103
牛庄镇	567	281	4	282	1405	1167	4	234
六户镇	811	186	3	622	1259	634	3	622
龙居乡	318	146		172	1201	1029		172
黄河街道办事处	125			125	576	382		194
文汇街道办事处	245			245	430	253		177
东城街道办事处	235			235	434	203		231
（二）河口区小计	**2335**	**965**	**181**	**1189**	**2910**	**1533**	**189**	**1188**
乡镇小计	**2335**	**965**	**181**	**1189**	**2910**	**1533**	**189**	**1188**
街道办事处小计								
四扣乡	505	224	20	261	563	281	21	261
新户乡	517	192	30	295	609	271	43	295
六合乡	555	190	36	329	641	276	36	329
义和镇	314	150	61	103	417	258	56	103
仙河镇	176	72	1	103	231	128		103
孤岛镇	77	70	4	3	129	123	4	2
太平乡	191	67	29	95	320	196	29	95
（三）广饶县小计	**17318**	**13911**	**1258**	**2149**	**19653**	**16246**	**1258**	**2149**
大王镇	9435	8707	204	524	8373	7645	204	524
广饶镇	2053	1550	298	205	2512	2009	298	205
稻庄镇	1477	1193	63	221	1552	1268	63	221
花官乡	1160	728	75	357	1473	1041	75	357
石村镇	719	529	88	102	1165	975	88	102
丁庄镇	562	322	109	131	1093	853	109	131
西刘桥乡	400	260	98	42	794	654	98	42
李鹊镇	476	250	128	98	863	637	128	98
大码头乡	789	211	138	440	1201	623	138	440
陈官乡	247	161	57	29	627	541	57	29
（四）垦利县小计	**7169**	**5816**	**172**	**1181**	**8558**	**6667**	**710**	**1181**
胜坨镇	3227	2581	6	640	3229	2583	6	640
垦利镇	2271	2147	78	46	2522	1860	616	46
黄河口镇	496	298		198	915	717		198
永安镇	407	240	1	166	631	464	1	166
董集乡	313	234	34	45	485	406	34	45
西宋乡	197	166	2	29	374	343	2	29
郝家镇	258	150	51	57	402	294	51	57
（五）利津县小计	**8337**	**4646**	**560**	**3131**	**11004**	**7313**	**560**	**3131**
陈庄镇	1570	1007		563	1983	1420		563
北宋镇	1731	898	128	705	2179	1346	128	705
利津镇	1561	774	75	712	1973	1186	75	712
盐窝镇	955	646	100	209	1282	973	100	209
汀罗镇	581	375	81	125	1005	799	81	125
明集乡	637	263	57	317	840	466	57	317
北岭乡	717	258	61	398	939	480	61	398
虎滩乡	396	253	44	99	625	482	44	99
刁口乡	189	172	14	3	178	161	14	3
威海市合计	**111748**	**83066**	**1602**	**27080**	**95651**	**64688**	**1604**	**29359**
乡镇(含办事处)合计	**111748**	**83066**	**1602**	**27080**	**95651**	**64688**	**1604**	**29359**
（一）环翠区小计	**13307**	**10133**	**104**	**3070**	**14273**	**11319**	**106**	**2848**

续表 40

地区	收入				支出			
	合计	一般预算	基金预算	预算外	合计	一般预算	基金预算	预算外
乡镇小计	**13307**	**10133**	**104**	**3070**	**14273**	**11319**	**106**	**2848**
张村镇	2025	1595	31	399	1808	1378	31	399
羊亭镇	1226	944	10	272	1339	1083	10	246
温泉镇	2179	1808	12	359	1859	1742	12	105
崮山镇	2053	1897	30	126	1467	1320	30	117
孙家疃镇	1729	1486		243	1262	932		330
桥头镇	895	568	6	321	2530	2205	6	319
泊于镇	626	427	6	193	1067	868	6	193
初村镇	883	567	4	312	1131	815	4	312
草庙子镇	1691	841	5	845	1810	976	7	827
(二)乳山市小计	**15793**	**8167**	**1258**	**6368**	**20028**	**12295**	**1258**	**6475**
乡镇(含办事处)合计	**15793**	**8167**	**1258**	**6368**	**20028**	**12295**	**1258**	**6475**
海阳所镇	762	415	40	307	1034	647	40	347
白沙滩镇	1669	802	60	807	1703	942	60	701
大孤山镇	979	514	120	345	1165	750	120	295
徐家镇	577	233	71	273	929	573	71	285
南黄镇	831	464	50	317	1124	757	50	317
冯家镇	966	331	134	501	1328	715	134	479
下初镇	833	406	122	305	1108	681	122	305
午极镇	703	287	90	326	1030	673	90	267
育黎镇	791	286	40	465	1357	756	40	561
崖子镇	1012	623	80	309	1547	957	80	510
诸往镇	1173	570	65	538	1338	835	65	438
乳山寨镇	858	377	125	356	1240	759	125	356
夏村镇	1707	746	60	901	2245	1174	60	1011
乳山口镇	1184	727	121	336	1445	1003	121	321
城区办事处	1748	1386	80	282	1435	1073	80	282
(三)文登市小计	**27025**	**22028**	**120**	**4877**	**15947**	**10631**	**120**	**5196**
乡镇(含办事处)合计	**27025**	**22028**	**120**	**4877**	**15947**	**10631**	**120**	**5196**
文登营镇	1056	844	7	205	822	610	7	205
大水泊镇	1231	967	9	255	1065	801	9	255
张家产镇	1740	1544	8	188	663	467	8	188
高村镇	913	695	10	208	540	322	10	208
泽库镇	2997	2889	5	103	1344	1236	5	103
侯家镇	2006	1681	8	317	1607	1282	8	317
宋村镇	2305	1835	11	459	1474	1004	11	459
泽头镇	1458	1284	10	164	840	666	10	164
小观镇	791	560	8	223	730	499	8	223
葛家镇	1957	1350	14	593	1059	452	14	593
米山镇	894	799	6	89	565	470	6	89
界石镇	1198	924	6	268	1009	735	6	268
汪疃镇	1201	973	8	220	801	573	8	220
苘山镇	3055	1871	7	1177	2060	876	7	1177
龙山路办事处	1802	1688	1	113	708	275	1	432
天福路办事处	1050	904	1	145	353	207	1	145
环山路办事处	1371	1220	1	150	307	156	1	150
(四)荣成市合计	**55623**	**42738**	**120**	**12765**	**45403**	**30443**	**120**	**14840**
乡镇小计	**55623**	**42738**	**120**	**12765**	**45403**	**30443**	**120**	**14840**
崖头镇	8579	7430	19	1130	5717	4569	19	1129
俚岛镇	3729	3358	8	363	2143	1742	8	393
成山镇	7866	6094	6	1766	5111	3339	6	1766
埠柳镇	722	378	7	337	1075	665	7	403
港西镇	1885	577	3	1305	2391	638	3	1750

续表41

地区	收入				支出			
	合计	一般预算	基金预算	预算外	合计	一般预算	基金预算	预算外
夏庄镇	498	303	4	191	654	459	4	191
崖西镇	738	393	6	339	962	596	6	360
葫子镇	310	143	5	162	969	585	5	379
滕家镇	736	470	12	254	1302	906	12	384
大疃镇	616	388	7	221	869	641	7	221
上庄镇	687	403	9	275	1206	652	9	545
虎山镇	8454	7527	8	919	8203	7108	8	1087
人和镇	6218	5066	6	1146	3870	2692	6	1172
石岛镇	12403	8350	15	4038	9602	4844	15	4743
宁津镇	2182	1858	5	319	1329	1007	5	317
日照市合计	**54550**	**32983**	**2513**	**19054**	**58380**	**38370**	**2513**	**17497**
（一）东港区小计	**17380**	**10401**	**2226**	**4753**	**17761**	**11220**	**2226**	**4315**
日照街道	2577	1868	235	474	2271	1730	235	306
河山镇	578	357	85	136	715	494	85	136
两城镇	898	592	126	180	902	596	126	180
秦楼街道	1790	1191	185	414	1630	1036	185	409
石臼街道	2073	1751	112	210	1102	780	112	210
奎山街道	828	376	102	350	1068	664	102	302
涛雒镇	1295	712	192	391	1144	601	192	351
巨峰镇	1183	656	201	326	1450	993	201	256
高兴镇	544	256	96	192	717	465	96	156
后村镇	1061	436	183	442	1234	642	183	409
西湖镇	779	399	100	280	877	492	100	285
陈疃镇	647	375	85	187	769	527	85	157
南湖镇	1169	496	198	475	1529	856	198	475
三庄镇	1052	524	165	363	1278	750	165	363
黄墩镇	906	412	161	333	1075	594	161	320
（二）莒县小计	**23785**	**14319**		**9466**	**24844**	**16648**		**8196**
城阳镇	3060	2439		621	3137	2517		620
招贤镇	1148	687		461	1227	807		420
闫庄镇	679	378		301	606	500		106
夏庄镇	1396	771		625	1441	831		610
刘官庄镇	924	574		350	1084	1006		78
峤山镇	1030	717		313	1087	806		281
小店镇	1256	758		498	1219	802		417
中楼镇	1018	581		437	1266	765		501
龙山镇	964	532		432	1055	660		395
东莞镇	1472	759		713	1671	784		887
浮来镇	1278	736		542	1441	974		467
陵阳镇	953	590		363	1083	751		332
店子集镇	694	502		192	723	531		192
长岭镇	1285	611		674	1097	666		431
安庄镇	714	419		295	852	545		307
寨里乡	848	334		514	922	534		388
棋山乡	1707	1062		645	1855	1088		767
洛河乡	759	516		243	890	589		301
果庄乡	915	576		339	779	636		143
桑园乡	1081	373		708	811	447		364

续表 42

地区	收入				支出			
	合计	一般预算	基金预算	预算外	合计	一般预算	基金预算	预算外
库山乡	604	404		200	598	409		189
(三)五莲县小计	**8950**	**5385**		**3565**	**11836**	**7999**		**3837**
洪凝镇	1977	1548		429	2518	1775		743
街头镇	1412	859		553	1789	1262		527
于里镇	1058	847		211	1160	813		347
许孟镇	795	444		351	1082	745		337
潮河镇	482	164		318	758	458		300
汪湖镇	499	240		259	675	421		254
叩官镇	581	193		388	810	422		388
中至镇	390	144		246	502	350		152
高泽镇	659	443		216	892	676		216
石场乡	370	114		256	531	314		217
户部乡	291	172		119	536	417		119
松柏乡	436	217		219	583	346		237
(四)岚山办事处小计	**4435**	**2878**	**287**	**1270**	**3939**	**2503**	**287**	**1149**
岚山头	2062	1536		526	1136	724		412
安东卫	708	445	127	136	729	554	127	48
碑廓镇	605	305	160	140	963	609	160	194
虎山镇	1060	592		468	1111	616		495
莱芜市合计	**17449**	**11143**	**1457**	**4849**	**25269**	**18649**	**1753**	**4867**
乡镇(含办事处、区公所)合计	**11866**	**7222**	**1200**	**3444**	**18021**	**13114**	**1423**	**3484**
街道办事处合计	**5583**	**3921**	**257**	**1405**	**7248**	**5535**	**330**	**1383**
(一)莱城区小计	**13931**	**8650**	**1227**	**4054**	**20555**	**15062**	**1439**	**4054**
乡镇(含办事处、区公所)合计	**9657**	**5629**	**1060**	**2968**	**14991**	**10811**	**1212**	**2968**
街道办事处合计	**4274**	**3021**	**167**	**1086**	**5564**	**4251**	**227**	**1086**
口镇	974	597	5	372	1297	910	15	372
羊里	1114	712	225	177	1381	951	253	177
方下	1599	1145	148	306	1647	1183	158	306
牛泉	1217	605	95	517	1675	1053	105	517
辛庄	524	268	47	209	1171	870	92	209
苗山	534	225		309	1299	969	21	309
和庄	241	98		143	593	448	2	143
茶业口	450	208	124	118	993	743	132	118
雪野	567	320	111	136	1248	1000	112	136
大王庄	701	441	123	137	1144	867	140	137
寨里	1054	612	100	342	1342	900	100	342
杨庄	682	398	82	202	1201	917	82	202
凤城街道办事处	2288	1806	75	407	2522	2028	87	407
张家洼街道办事处	914	558	52	304	1332	943	85	304
高庄街道办事处	1072	657	40	375	1710	1280	55	375
(二)钢城区小计	**3518**	**2493**	**230**	**795**	**4714**	**3587**	**314**	**813**
乡镇(含办事处、区公所)合计	**2209**	**1593**	**140**	**476**	**3030**	**2303**	**211**	**516**
街道办事处合计	**1309**	**900**	**90**	**319**	**1684**	**1284**	**103**	**297**
颜庄	719	457	80	182	923	659	86	178
里辛	961	759	60	142	1258	997	75	186
黄庄	529	377		152	849	647	50	152
艾山街道办事处	1309	900	90	319	1684	1284	103	297

2001 年乡镇财政收支决算总表

单位：万元

地区	收入					支出				滚存结余
	收入总计	本年收入	结算收入	上年结余	其他	支出总计	本年支出	结算支出	其他	
全省总计	**1919829**	**1408224**	**391245**	**4330**	**116030**	**1912545**	**1533319**	**378800**	**426**	**7284**
乡镇(含办事处、区公所)合计	**1723522**	**1243822**	**363305**	**4245**	**112150**	**1717029**	**1425380**	**291223**	**426**	**6495**
街道办事处合计	**196307**	**164402**	**27940**	**85**	**3880**	**195516**	**107939**	**87577**		**789**
青岛市合计	**247657**	**197842**	**30799**	**6348**	**12668**	**242914**	**180442**	**62472**		**4743**
乡镇(含办事处、区公所)合计	**247657**	**197842**	**30799**	**6348**	**12668**	**242914**	**180442**	**62472**		**4743**
街道办事处合计										
(一) 城阳区	**57969**	**51151**	**2480**	**21**	**4317**	**57948**	**30664**	**27284**		**21**
乡镇(含办事处、区公所)小计	**57969**	**51151**	**2480**	**21**	**4317**	**57948**	**30664**	**27284**		**21**
街道办事处合计										
城阳街道办事处	15903	14734	280	9	880	15894	8416	7478		9
流亭街道办事处	13729	13217	306	6	200	13723	7040	6683		6
夏庄街道办事处	9910	9474	319	2	115	9908	3693	6215		2
惜福镇街道办事处	3809	3179	496	2	132	3807	2554	1253		2
棘洪滩街道办事处	5788	5021	412	2	353	5786	3427	2359		2
上马街道办事处	4130	2607	414		1109	4130	2453	1677		
河套街道办事处	1899	1152	119		628	1899	1353	546		
红岛街道办事处	2801	1767	134		900	2801	1728	1073		
(二) 即墨市	**32265**	**26491**	**5736**	**38**		**32251**	**26652**	**5599**		**14**
乡镇(含办事处、区公所)小计	**32265**	**26491**	**5736**	**38**		**32251**	**26652**	**5599**		**14**
街道办事处小计										
留村镇	1022	757	265			1022	948	74		
龙泉镇	1334	1022	310	2		1334	1271	63		
岙山卫镇	1117	918	197	2		1115	1012	103		2
温泉镇	808	522	286			808	767	41		
王村镇	655	365	290			655	616	39		
田横镇	528	298	228	2		526	501	25		2
丰城镇	911	350	561			911	875	36		
金口镇	952	585	367			952	878	74		
店集镇	956	502	453	1		956	908	48		
华山镇	1719	1497	222			1719	1662	57		
灵山镇	760	502	258			760	695	65		
段泊岚镇	1002	927	75			1002	793	209		
刘家庄镇	831	546	281	4		827	759	68		4
移风店镇	1211	532	676	3		1208	1154	54		3
七级镇	823	684	134	5		823	790	33		
蓝村镇	1993	1819	174			1993	1377	616		
南泉镇	1254	1036	218			1254	880	374		
普东镇	885	765	117	3		882	800	82		3
大信镇	1557	1497	60			1557	957	600		
环秀街道办事处	3308	3220	88			3308	2078	1230		
通济街道办事处	3919	3784	135			3919	2585	1334		
北安街道办事处	1398	1333	49	16		1398	1358	40		
山东即墨经济开发区	3125	2918	207			3125	2796	329		
田横岛省级旅游度假区	197	112	85			197	192	5		
(三) 胶州市	**37093**	**29274**	**4044**	**3615**	**160**	**34859**	**25033**	**9826**		**2234**
乡镇(含办事处、区公所)小计	**37093**	**29274**	**4044**	**3615**	**160**	**34859**	**25033**	**9826**		**2234**

续表 1

地区	收入					支出				滚存结余
	收入总计	本年收入	结算收入	上年结余	其他	支出总计	本年支出	结算支出	其他	
街道办事处合计										
胶东镇	3186	2740	1	445		2853	1996	857		333
李哥庄镇	3481	3032	246	203		3472	2508	964		9
北王珠镇	1417	453	927	37		1259	1221	38		158
马店镇	1214	916	199	99		1173	890	283		41
后屯乡	593	368	197	28		561	524	37		32
胶西镇	1412	894	384	134		1269	1208	61		143
南杜村乡	647	352	211	84		613	579	34		34
张应镇	1860	1736		124		1718	1090	628		142
铺集镇	1448	957	321	170		1408	1236	172		40
里岔镇	758	290	261	47	160	706	685	21		52
洋河镇	1328	577	681	70		1258	1169	89		70
九龙镇	743	375	311	57		707	676	31		36
营海镇	2020	1762	4	254		1700	1172	528		320
阜安街道办事处	4023	3447	1	575		3662	2246	1416		361
中云街道办事处	3025	2857		168		2938	1722	1216		87
北关街道办事处	3764	2965		799		3571	2215	1356		193
南关街道办事处	2210	2069	1	140		2131	1356	775		79
云溪街道办事处	3964	3484	299	181		3860	2540	1320		104
(四)胶南市	**34157**	**25777**	**3315**	**1918**	**3147**	**32209**	**27102**	**5107**		**1948**
乡镇(含办事处、区公所)小计	**34157**	**25777**	**3315**	**1918**	**3147**	**32209**	**27102**	**5107**		**1948**
街道办事处合计										
隐珠镇	4841	3965	4	761	111	4062	2719	1343		779
大珠山镇	1362	1081	96	1	184	1361	1305	56		1
张家楼镇	1309	606	427	16	260	1292	1245	47		17
琅琊镇	963	789	72	1	101	962	890	72		1
藏南镇	1217	801	66	48	302	1169	1111	58		48
泊里镇	1943	1140	432	5	366	1938	1873	65		5
大场镇	1293	628	469	2	194	1291	1244	47		2
海青镇	1061	609	289	3	160	1054	1020	34		7
理务关乡	678	330	186	16	146	661	639	22		17
大村镇	1422	855	384	9	174	1412	1344	68		10
六汪镇	816	464	136	1	215	815	781	34		1
宝山镇	870	624	121	1	124	868	832	36		2
铁山镇	728	434	223	1	70	726	705	21		2
王台镇	3895	3292	214	388	1	3495	2890	605		400
红石崖镇	1813	1594	3	207	9	1575	1221	354		238
灵山卫镇	1312	1272	2	37	1	1248	973	275		64
胶南市经济技术开发区	2413	2065	4	193	151	2219	1352	867		194
省级琅琊台旅游度假区	99	40	59			98	66	32		1
黄山经济区	1059	886	6	70	97	987	932	55		72
胶河经济区	857	637	104	2	114	855	825	30		2
积米崖港区管理委员会	448	385	10	53		394	374	20		54
珠山街道办事处	1395	1132	4	73	186	1394	1040	354		1
珠海街道办事处	2363	2148	4	30	181	2333	1721	612		30
(五)平度市	**31172**	**24003**	**5302**	**681**	**1186**	**30691**	**28536**	**2155**		**481**
乡镇(含办事处、区公所)小计	**31172**	**24003**	**5302**	**681**	**1186**	**30691**	**28536**	**2155**		**481**
街道办事处合计										
南村镇	5448	3644	1030	715	59	4502	4415	87		946
外向型工业加工区	3258	2739	350	166	3	3090	3007	83		168
旧店镇	1245	1072	62	80	31	981	929	52		264
明村镇	1364	998	173	129	64	1036	997	39		328
灰埠镇	1376	808	91	420	57	937	900	37		439

续表 2

地　区	收　入					支　出				滚存结余
	收入总计	本年收入	结算收入	上年结余	其他	支出总计	本年支出	结算支出	其他	
张舍镇	888	788	76	-12	36	828	798	30		60
长乐镇	1309	711	106	464	28	821	774	47		488
大泽山镇	899	675	68	120	36	645	565	80		254
麻兰镇	420	637	77	-331	37	678	582	96		-258
仁兆镇	449	604	103	-323	65	798	740	58		-349
田庄镇	839	585	53	171	30	666	570	96		173
蓼兰镇	737	569	298	-172	42	1105	1002	103		-368
张戈庄镇	584	484	92	-36	44	607	571	36		-23
店子镇	614	440	281	-159	52	857	801	56		-243
兰底镇	487	403	154	-103	33	652	624	28		-165
白埠镇	505	380	218	-144	51	811	772	39		-306
门村镇	473	379	70	-12	36	565	536	29		-92
古岘镇	393	377	113	-142	45	550	513	37		-157
云山镇	349	361	162	-229	55	660	611	49		-311
马戈庄镇	350	348	54	-79	27	445	421	24		-95
郭庄镇	448	338	105	-24	29	494	467	27		-46
新河镇	331	333	85	-111	24	395	379	16		-64
崔家集镇	205	299	158	-297	45	586	557	29		-381
大田镇	310	291	146	-151	24	541	490	51		-231
万家镇	239	277	197	-272	37	722	693	29		-483
崔召镇	305	226	112	-63	30	434	404	30		-129
祝沟镇	122	167	180	-254	29	469	443	26		-347
同和街道办事处	3463	1843	313	1278	29	2185	1769	416		1278
城关街道办事处	1753	1410	146	164	33	1602	1401	201		151
李园街道办事处	1269	1235	136	-153	51	1397	1214	183		-128
香店街道办事处	740	582	93	41	24	632	591	41		108
(六)莱西市	**20805**	**17157**	**2629**	**64**	**955**	**20773**	**14456**	**6317**		**32**
乡镇(含办事处、区公所)小计	**20805**	**17157**	**2629**	**64**	**955**	**20773**	**14456**	**6317**		**32**
街道办事处小计										
李权庄镇	3791	3733	36	22		3667	1568	2099		124
姜山镇	1273	1106	148		19	1353	1115	238		-80
牛溪埠镇	1027	912	99		16	1027	838	189		
河头店镇	924	504	355	3	62	924	906	18		
南墅镇	1031	678	198	11	144	1031	912	119		
店埠镇	843	622	104		117	843	773	70		
院上镇	477	328	89		60	477	457	20		
日庄镇	750	521	149		80	770	742	28		-20
夏格庄镇	635	339	211		85	635	612	23		
马连庄镇	758	305	363	1	89	758	730	28		
武备镇	480	266	118		96	480	447	33		
孙受镇	637	274	267		96	637	621	16		
水集办事处	4392	4267	125			4392	2188	2204		
望城办事处	1075	1016	53		6	1075	736	339		
韶存庄办事处	533	337	177	19		525	517	8		8
周格庄办事处	356	150	127		79	356	336	20		
开发区管委会	1823	1799	10	8	6	1823	958	865		
(七)黄岛区	**15508**	**11199**	**3593**		**716**	**15508**	**9625**	**5883**		
乡镇(含办事处、区公所)小计	**15508**	**11199**	**3593**		**716**	**15508**	**9625**	**5883**		
街道办事处小计										
长江路办事处	3802	3333	411		58	3802	2056	1746		
黄岛办事处	3385	2715	613		57	3385	1559	1826		
薛家岛办事处	3517	2250	1116		151	3517	2146	1371		
辛安办事处	2912	2028	640		244	2912	2232	680		

续表 3

地区	收入					支出				滚存结余
	收入总计	本年收入	结算收入	上年结余	其他	支出总计	本年支出	结算支出	其他	
柳花泊办事处	1892	873	813		206	1892	1632	260		
(八)崂山区	**18688**	**12790**	**3700**	**11**	**2187**	**18675**	**18374**	**301**		**13**
乡镇(含办事处、区公所)小计	**18688**	**12790**	**3700**	**11**	**2187**	**18675**	**18374**	**301**		**13**
街道办事处小计										
中韩街道办事处	4870	4445	423	2		4868	4768	100		2
沙子口街道办事处	6020	5375	640	5		6015	5936	79		5
王哥庄街道办事处	3710	2190	573	1	946	3709	3637	72		1
北宅街道办事处	4088	780	2064	3	1241	4083	4033	50		5
济南市合计	**151780**	**113328**	**35142**	**1983**	**1327**	**149851**	**98519**	**51332**		**1929**
乡镇(含办事处、区公所)合计	**113640**	**81403**	**29053**	**1857**	**1327**	**111837**	**87640**	**24197**		**1803**
街道办事处合计	**38140**	**31925**	**6089**	**126**		**38014**	**10879**	**27135**		**126**
(一)历下区	**16827**	**13290**	**3396**	**141**		**16686**	**3396**	**13290**		**141**
乡镇(含办事处、区公所)小计	**8869**	**6681**	**2128**	**60**		**8809**	**2128**	**6681**		**60**
街道办事处小计	**7958**	**6609**	**1268**	**81**		**7877**	**1268**	**6609**		**81**
姚家镇	8869	6681	2128	60		8809	2128	6681		60
东关街道办事处	1249	1101	140	8		1241	140	1101		8
解放路街道办事处	758	601	156	1		757	156	601		1
泉城路街道办事处	1073	939	105	29		1044	105	939		29
趵突泉街道办事处	602	386	211	5		597	211	386		5
东门街道办事处	355	190	160	5		350	160	190		5
司里街街道办事处	1011	862	137	12		999	137	862		12
文东街道办事处	731	587	139	5		726	139	587		5
和平街道办事处	817	750	64	3		814	64	750		3
建新街道办事处	715	618	91	6		709	91	618		6
甸柳街道办事处	647	575	65	7		640	65	575		7
(二)市中区	**9306**	**6982**	**2131**	**13**	**180**	**9293**	**4661**	**4632**		**13**
乡镇(含办事处、区公所)小计	**6831**	**5018**	**1620**	**13**	**180**	**6818**	**4150**	**2668**		**13**
街道办事处小计	**2475**	**1964**	**511**			**2475**	**511**	**1964**		
七贤镇	2650	1838	799	13		2637	799	1838		13
十六里河镇	2209	1802	407			2209	1800	409		
党家庄镇	1972	1378	414		180	1972	1551	421		
六里山街道办事处	295	255	40			295	40	255		
魏家庄街道办事处	386	337	49			386	49	337		
大观园街道办事处	340	254	86			340	86	254		
王官庄街道办事处	382	369	13			382	13	369		
泺源街道办事处	181	123	58			181	58	123		
二七街道办事处	90	60	30			90	30	60		
舜玉路街道办事处	162	130	32			162	32	130		
七里山街道办事处	120	90	30			120	30	90		
杆石桥街道办事处	332	214	118			332	118	214		
四里村街道办事处	187	132	55			187	55	132		
(三)天桥区	**14667**	**13560**	**1062**	**45**		**14622**	**6507**	**8115**		**45**
乡镇(含办事处、区公所)小计	**2106**	**1044**	**1062**			**2106**	**2106**			
街道办事处小计	**12561**	**12516**		**45**		**12516**	**4401**	**8115**		**45**
大桥镇	1388	689	699			1388	1388			
桑梓店镇	718	355	363			718	718			
北园街道办事处	6286	6241		45		6241	2302	3939		45
泺口街道办事处	1790	1790				1790	571	1219		
天桥东街街道办事处	205	205				205	67	138		
制锦市街道办事处	105	105				105	88	17		
官扎营街道办事处	684	684				684	146	538		
堤口路街道办事处	406	406				406	107	299		
北坦街道办事处	234	234				234	64	170		

续表 4

地区	收入					支出				滚存结余
	收入总计	本年收入	结算收入	上年结余	其他	支出总计	本年支出	结算支出	其他	
工人新村北村街道办事处	252	252				252	92	160		
宝华街街道办事处	219	219				219	53	166		
无影山街道办事处	315	315				315	91	224		
工人新村南村街道办事处	246	246				246	71	175		
纬北路街道办事处	600	600				600	223	377		
药山街道办事处	1219	1219				1219	526	693		
(四)槐荫区	**15797**	**10489**	**5308**			**15797**	**5308**	**10489**		
乡镇(含办事处、区公所)小计	**3800**	**2802**	**998**			**3800**	**998**	**2802**		
街道办事处小计	**11997**	**7687**	**4310**			**11997**	**4310**	**7687**		
段店镇	2749	2153	596			2749	596	2153		
吴家堡镇	1051	649	402			1051	402	649		
中大街道办事处	639	386	253			639	253	386		
西市场街道办事处	862	563	299			862	299	563		
南辛街道办事处	684	393	291			684	291	393		
道德街街道办事处	665	415	250			665	250	415		
营市街街道办事处	660	395	265			660	265	395		
振兴街街道办事处	927	613	314			927	314	613		
五里沟街道办事处	702	391	311			702	311	391		
青年公园街道办事处	717	411	306			717	306	411		
匡山街道办事处	1247	958	289			1247	289	958		
段北街道办事处	1201	878	323			1201	323	878		
张庄街道办事处	881	628	253			881	253	628		
美里湖街道办事处	2812	1656	1156			2812	1156	1656		
(五)历城区	**30961**	**22343**	**8618**			**30961**	**22716**	**8245**		
乡镇(含办事处、区公所)小计	**27812**	**19194**	**8618**			**27812**	**22327**	**5485**		
街道办事处小计	**3149**	**3149**				**3149**	**389**	**2760**		
王舍人镇	5925	4044	1881			5925	3581	2344		
华山镇	3733	3143	590			3733	2547	1186		
仲宫镇	1881	900	981			1881	1881			
高而乡	823	381	442			823	823			
柳埠镇	1343	567	776			1343	1343			
西营镇	761	292	469			761	761			
锦绣川乡	684	330	354			684	684			
港沟镇	1421	1184	237			1421	1421			
孙村镇	2745	1855	890			2745	1298	1447		
彩石乡	845	451	394			845	845			
郭店镇	1981	1463	518			1981	1473	508		
董家镇	1457	1177	280			1457	1457			
唐王镇	1301	757	544			1301	1301			
遥墙镇	2912	2650	262			2912	2912			
洪家楼街道办事处	690	690				690		690		
东风街道办事处	720	720				720	30	690		
山大路街道办事处	958	958				958	268	690		
全福街道办事处	781	781				781	91	690		
(六)章丘市	**25720**	**19017**	**6363**	**54**	**286**	**25666**	**23401**	**2265**		**54**
乡镇(含办事处、区公所)小计	**25720**	**19017**	**6363**	**54**	**286**	**25666**	**23401**	**2265**		**54**
街道办事处小计										
普集镇	1278	1142	136			1278	1278			
文祖镇	974	509	403		62	974	974			
相公镇	1355	1241	114			1355	1305	50		
埠村镇	927	681	113		133	927	733	194		
刁镇镇	2511	2387	109	15		2496	1892	604		15
绣惠镇	1117	938	179			1117	1117			

续表 5

地　　区	收　　入					支　　出				滚存结余
	收入总计	本年收入	结算收入	上年结余	其他	支出总计	本年支出	结算支出	其他	
枣园镇	1584	1443	141			1584	1515	69		
圣井镇	1062	658	404			1062	1062			
宁埠镇	779	462	310	7		772	772			7
曹范镇	826	394	432			826	826			
龙山镇	589	385	183	3	18	586	586			3
党家镇	685	309	376			685	685			
高官寨镇	1017	462	482		73	1017	1017			
辛寨乡	766	403	363			766	766			
白云镇	538	231	306	1		537	537			1
官庄乡	1374	1268	105	1		1373	1301	72		1
水寨镇	713	283	429	1		712	712			1
黄河乡	898	359	539			898	898			
阎家峪乡	605	184	421			605	605			
垛庄镇	707	162	545			707	707			
明水镇	4945	4661	258	26		4919	3650	1269		26
双山镇	470	455	15			470	463	7		
(七)长清区	**11998**	**8503**	**3239**	**253**	**3**	**11745**	**8949**	**2796**		**253**
乡镇(含办事处、区公所)小计	**11998**	**8503**	**3239**	**253**	**3**	**11745**	**8949**	**2796**		**253**
街道办事处小计										
长清镇	2069	1643	384	42		2027	1465	562		42
平安镇	1256	843	387	26		1230	961	269		26
归德镇	1651	1073	526	52		1599	1268	331		52
崮山镇	1143	949	178	16		1127	869	258		16
马山镇	679	448	223	8		671	554	117		8
五峰镇	775	583	192			775	615	160		
双泉乡	614	387	221	3	3	611	490	121		3
张夏镇	1200	915	220	65		1135	742	393		65
万德镇	1208	923	244	41		1167	824	343		41
武庄乡	351	185	166			351	296	55		
孝里镇	1052	554	498			1052	865	187		
(八)平阴县	**6618**	**4103**	**2515**			**6618**	**6143**	**475**		
乡镇(含办事处、区公所)小计	**6618**	**4103**	**2515**			**6618**	**6143**	**475**		
街道办事处小计										
平阴镇	1707	1319	388			1707	1326	381		
东阿镇	718	448	270			718	718			
孝直镇	551	323	228			551	551			
孔村镇	527	308	219			527	527			
刁山坡	729	485	244			729	635	94		
玫瑰镇	403	223	180			403	403			
李沟乡	318	137	181			318	318			
洪范镇	433	255	178			433	433			
安城乡	394	190	204			394	394			
栾湾乡	415	185	230			415	415			
店子乡	423	230	193			423	423			
(九)济阳县	**10697**	**6841**	**2340**	**1458**	**58**	**9293**	**9091**	**202**		**1404**
乡镇(含办事处、区公所)小计	**10697**	**6841**	**2340**	**1458**	**58**	**9293**	**9091**	**202**		**1404**
街道办事处小计										
济阳镇	2716	2249	462	5		2716	2688	28		
崔寨镇	839	565	232	42		715	707	8		124
孙耿镇	2765	1133	277	1355		1490	1471	19		1275
垛石镇	1169	800	313	56		1164	1073	91		5
曲堤镇	1127	685	399		43	1127	1108	19		
仁风镇	812	584	228			812	800	12		

续表6

地区	收入					支出				滚存结余
	收入总计	本年收入	结算收入	上年结余	其他	支出总计	本年支出	结算支出	其他	
太平镇	751	460	276		15	751	743	8		
新市镇	518	365	153			518	501	17		
(十)商河县	**9189**	**8200**	**170**	**19**	**800**	**9170**	**8347**	**823**		**19**
乡镇(含办事处、区公所)小计	**9189**	**8200**	**170**	**19**	**800**	**9170**	**8347**	**823**		**19**
街道办事处小计										
郑路镇	256	251	4	1		255	235	20		1
商河镇	542	538	2	2		540	490	50		2
牛堡乡	222	158	14		50	222	222			
孙集乡	303	213	3	7	80	296	296			7
龙桑寺镇	202	201	1			202	202			
常庄乡	500	437	3		60	500	460	40		
燕家乡	237	146	11		80	237	237			
沙河乡	246	162	14		70	246	246			
韩庙乡	251	188	2	1	60	250	250			1
赵奎元乡	318	216	42		60	318	318			
尹巷镇	522	511	10	1		521	521			1
怀仁镇	326	293	32	1		325	305	20		1
张坊乡	236	154	12		70	236	236			
胡集乡	283	210	2	1	70	282	282			1
贾庄镇	312	310	1	1		311	251	60		1
玉皇庙镇	3246	3241	3	2		3244	2619	625		2
杨庄铺乡	252	199	3		50	252	252			
钱铺乡	232	179	2	1	50	231	231			1
岳桥乡	202	159	3		40	202	202			
白桥乡	290	255	4	1	30	289	289			1
展家乡	211	179	2		30	211	203	8		
淄博市合计	**113187**	**79865**	**32576**	**127**	**619**	**113207**	**78409**	**34798**		**-20**
乡镇(含办事处、区公所)小计	**97435**	**65607**	**30317**	**892**	**619**	**96720**	**69132**	**27588**		**715**
街道办事处小计	**15752**	**14258**	**2259**	**-765**		**16487**	**9277**	**7210**		**-735**
(一)博山区	**11499**	**7770**	**2738**	**991**		**10508**	**5725**	**4783**		**991**
乡镇(含办事处、区公所)小计	**11037**	**7375**	**2720**	**942**		**10095**	**5484**	**4611**		**942**
街道办事处小计	**462**	**395**	**18**	**49**		**413**	**241**	**172**		**49**
白塔镇	1404	980	331	93		1311	840	471		93
经济技术开发区	3915	3358	390	167		3748	1027	2721		167
域城镇	514	412	80	22		492	336	156		22
夏家庄镇	418	301	73	44		374	71	303		44
山头镇	986	782	93	111		875	803	72		111
八陡镇	929	733	90	106		823	243	580		106
崮山镇	534	255	217	62		472	470	2		62
石马镇	411	142	206	63		348	296	52		63
北博山镇	601	124	399	78		523	497	26		78
南博山镇	475	100	302	73		402	335	67		73
源泉镇	384	82	259	43		341	269	72		43
池上镇	466	106	280	80		386	297	89		80
城东街道办事处	181	151	8	22		159	125	34		22
城西街道办事处	281	244	10	27		254	116	138		27
(二)淄川区	**20919**	**17302**	**3600**	**17**		**20906**	**15223**	**5683**		**13**
乡镇(含办事处、区公所)小计	**18907**	**15315**	**3578**	**14**		**18894**	**14770**	**4124**		**13**
街道办事处小计	**2012**	**1987**	**22**	**3**		**2012**	**453**	**1559**		
般阳办事处	459	460	-1			459	156	303		
商城办事处	756	754	2			756	106	650		
松龄办事处	797	773	21	3		797	191	606		
黄家铺镇	594	429	164	1		593	593			1

续表 7

地　区	收　入					支　出				滚存结余
	收入总计	本年收入	结算收入	上年结余	其他	支出总计	本年支出	结算支出	其他	
城南镇	878	860	16	2		876	616	260		2
昆仑镇	904	887	16	1		903	685	218		1
磁村镇	597	570	27			597	597			
岭子镇	1134	1049	85			1134	678	456		
商家镇	710	534	175	1		709	709			1
杨寨镇	1886	1861	24	1		1886	736	1150		
双沟镇	4123	4106	17			4123	2937	1186		
黑旺镇	582	160	420	2		580	580			2
太河乡	693	74	619			693	693			
峨庄乡	688	223	463	2		686	686			2
淄河镇	609	109	500			609	609			
张庄乡	542	159	382	1		541	541			1
东坪镇	593	544	47	2		591	591			2
西河镇	539	227	312			539	539			
龙泉镇	1265	1250	15			1265	784	481		
寨里镇	552	422	130			552	552			
罗村镇	1222	1207	14	1		1221	848	373		1
洪山镇	796	644	152			796	796			
(三) 张店区	**13276**	**10245**	**2959**	**72**		**13201**	**7105**	**6096**		**75**
乡镇(含办事处、区公所)小计	**9535**	**7099**	**2391**	**45**		**9488**	**5774**	**3714**		**47**
街道办事处小计	**3741**	**3146**	**568**	**27**		**3713**	**1331**	**2382**		**28**
沣水镇	1922	1660	241	21		1900	684	1216		22
湖田镇	995	793	200	2		993	595	398		2
傅家镇	1277	1055	219	3		1273	791	482		4
南定镇	2440	2164	259	17		2422	974	1448		18
卫固镇	655	379	281	−5		660	612	48		−5
房镇镇	954	321	619	14		942	916	26		12
中埠镇	445	226	216	3		442	421	21		3
马尚镇	847	501	356	−10		856	781	75		−9
公园街道办事处	484	386	90	8		476	226	250		8
车站街道办事处	885	782	96	7		878	262	616		7
和平街道办事处	505	428	74	3		502	164	338		3
杏园街道办事处	452	345	106	1		451	219	232		1
体育场街道办事处	388	296	88	4		383	222	161		5
科苑街道办事处	1027	909	114	4		1023	238	785		4
(四) 周村区	**5601**	**5842**	**1225**	**−1466**		**7281**	**5229**	**2052**		**−1680**
乡镇(含办事处、区公所)小计	**4152**	**3699**	**1028**	**−575**		**4959**	**4223**	**736**		**−807**
街道办事处小计	**1449**	**2143**	**197**	**−891**		**2322**	**1006**	**1316**		**−873**
南郊镇	993	777	388	−172		1163	1162	1		−170
北郊镇	762	566	431	−235		1134	1134			−372
萌水镇	744	739	83	−78		1007	782	225		−263
王村镇	1653	1617	126	−90		1655	1145	510		−2
城北路街道办事处	460	517	62	−119		561	519	42		−101
青年路街道办事处	−375	337	60	−772		397	180	217		−772
大街街道办事处	483	465	18			483	103	380		
丝绸路街道办事处	513	494	19			513	94	419		
永安街道办事处	368	330	38			368	110	258		
(五) 临淄区	**19616**	**14212**	**5130**	**234**	**40**	**19323**	**16808**	**2515**		**293**
乡镇(含办事处、区公所)小计	**13599**	**8759**	**4612**	**188**	**40**	**13366**	**12401**	**965**		**233**
街道办事处小计	**6017**	**5453**	**518**	**46**		**5957**	**4407**	**1550**		**60**
齐都镇	1355	772	580	3		1352	1301	51		3
辛店街道办事处	2500	2260	214	26		2464	1698	766		36
齐陵镇	1325	806	510	9		1316	1291	25		9

续表 8

地区	收入					支出				滚存结余
	收入总计	本年收入	结算收入	上年结余	其他	支出总计	本年支出	结算支出	其他	
皇城镇	1777	928	816	33		1744	1707	37		33
敬仲镇	1106	497	596	13		1093	1074	19		13
朱台镇	1341	792	471	38	40	1303	1257	46		38
路山镇	913	483	425	5		903	856	47		10
召口乡	1173	1080	75	18		1155	1090	65		18
梧台镇	883	484	396	3		879	857	22		4
稷下街道办事处	1666	1533	113	20		1646	1209	437		20
金岭镇	635	420	203	12		618	585	33		17
边河乡	884	483	371	30		852	828	24		32
南王镇	2207	2014	169	24		2151	1555	596		56
雪宫街道办事处	993	912	81			993	803	190		
闻韶街道办事处	858	748	110			854	697	157		4
（六）桓台县	**24914**	**16469**	**7834**	**193**	**418**	**24712**	**12423**	**12289**		**202**
乡镇（含办事处、区公所）小计	**24914**	**16469**	**7834**	**193**	**418**	**24712**	**12423**	**12289**		**202**
街道办事处小计										
桓台县果里镇	989	727	251	11		977	977			12
桓台县周家镇	1161	689	353	36	83	1124	664	460		37
桓台县新城镇	938	628	264	4	42	934	639	295		4
桓台县陈庄镇	766	559	165	2	40	763	406	357		3
桓台县马桥镇	11352	7677	3651	24		11326	3913	7413		26
桓台县荆家镇	787	302	339	2	144	785	706	79		2
桓台县起风镇	1415	972	401	42		1372	847	525		43
桓台县索镇镇	3368	2476	855	37		3330	1614	1716		38
桓台县唐山镇	2051	1537	488	26		2024	867	1157		27
桓台县田庄镇	1671	670	916	7	78	1663	1398	265		8
桓台县邢家镇	416	232	151	2	31	414	392	22		2
（七）高青县	**5388**	**3426**	**1801**		**161**	**5388**	**4239**	**1149**		
乡镇（含办事处、区公所）小计	**5388**	**3426**	**1801**		**161**	**5388**	**4239**	**1149**		
街道办事处小计										
田镇镇	947	706	241			947	777	170		
青城镇	504	278	155		71	504	423	81		
高城镇	634	322	229		83	634	456	178		
黑里寨镇	518	350	166		2	518	413	105		
唐坊镇	570	353	217			570	419	151		
常家镇	511	332	179			511	423	88		
木李镇	496	316	175		5	496	360	136		
花沟镇	807	504	303			807	638	169		
赵店镇	401	265	136			401	330	71		
（八）沂源县	**9903**	**3465**	**6353**	**85**		**9818**	**9818**			**85**
乡镇（含办事处、区公所）合计	**9903**	**3465**	**6353**	**85**		**9818**	**9818**			**85**
街道办事处合计										
南麻镇	2261	1180	948	133		2128	2128			133
土门镇	555	119	350	86		469	469			86
鲁村镇	841	160	680	1		840	840			1
悦庄镇	823	177	645	1		822	822			1
东里镇	1340	907	494	−61		1401	1401			−61
西里镇	854	259	604	−9		863	863			−9
徐家庄乡	379	41	357	−19		398	398			−19
大张庄乡	600	154	454	−8		608	608			−8
燕崖乡	518	82	446	−10		528	528			−10
中庄乡	529	197	331	1		528	528			1
张家坡乡	438	85	353			438	438			
石桥乡	401	81	335	−15		416	416			−15

续表 9

地区	收入					支出				滚存结余
	收入总计	本年收入	结算收入	上年结余	其他	支出总计	本年支出	结算支出	其他	
三岔乡	364	23	356	-15		379	379			-15
(九)开发区	**2071**	**1134**	**936**	**1**		**2070**	**1839**	**231**		**1**
乡镇(含办事处、区公所)合计										
街道办事处合计	**2071**	**1134**	**936**	**1**		**2070**	**1839**	**231**		**1**
石桥街道办事处	1153	620	533			1153	941	212		
四宝山街道办事处	918	514	403	1		917	898	19		1
枣庄市合计	**68056**	**43572**	**10726**	**643**	**13115**	**67329**	**56188**	**11141**		**727**
乡镇合计	**53124**	**34259**	**8425**	**589**	**9851**	**52515**	**44973**	**7542**		**611**
街道办事处合计	**14932**	**9313**	**2301**	**54**	**3264**	**14814**	**11215**	**3599**		**116**
(一)市中区	**10118**	**6528**	**1351**	**63**	**2176**	**10053**	**8447**	**1606**		**65**
乡镇小计	**7746**	**5422**	**1087**	**59**	**1178**	**7687**	**6460**	**1227**		**60**
街道办事处小计	**2372**	**1106**	**264**	**4**	**998**	**2366**	**1987**	**379**		**5**
永安乡	1282	862	265	8	147	1273	1068	205		9
西王庄乡	1198	932	171	8	87	1190	1056	134		8
齐村镇	1842	1063	218	22	539	1820	1425	395		22
孟庄镇	1873	1385	155	16	317	1857	1545	312		16
税郭镇	1551	1180	278	5	88	1546	1365	181		5
光明路街道办事处	1458	1106	264	1	87	1456	1077	379		2
矿区街道办事处	166			1	165	165	165			1
龙山路街道办事处	206			1	205	205	205			1
中心街街道办事处	197			1	196	196	196			1
文化路街道办事处	207				207	207	207			
各塔埠街道办事处	138				138	138	138			
(二)薛城区	**10481**	**7038**	**2188**	**24**	**1231**	**10457**	**7941**	**2516**		**24**
乡镇小计	**8322**	**5318**	**1820**	**16**	**1168**	**8306**	**6085**	**2221**		**16**
街道办事处小计	**2159**	**1720**	**368**	**8**	**63**	**2151**	**1856**	**295**		**8**
邹坞镇	931	677	216	3	35	928	698	230		3
沙沟镇	1097	418	219		460	1097	1080	17		
周营镇	875	318	113		444	875	858	17		
陶庄镇	2552	1930	568	5	49	2547	1481	1066		5
常庄镇	1338	954	321	3	60	1335	915	420		3
南石镇	1529	1021	383	5	120	1524	1053	471		5
临城街道办事处	1127	863	200	1	63	1126	838	288		1
兴仁街道办事处	1032	857	168	7		1025	1018	7		7
(三)山亭区合计	**8732**	**4550**	**1338**	**250**	**2594**	**8482**	**7032**	**1450**		**250**
乡镇小计	**7627**	**4147**	**1062**	**250**	**2168**	**7377**	**6108**	**1269**		**250**
街道办事处小计	**1105**	**403**	**276**		**426**	**1105**	**924**	**181**		
店子镇	839	489	251	15	84	824	700	124		15
西集镇	1384	836	148	121	279	1263	1051	212		121
徐庄镇	941	523	134	13	271	928	846	82		13
城头镇	707	380	60		267	707	534	173		
桑村镇	573	397	88		88	573	507	66		
北庄镇	1547	744	124	97	582	1450	1176	274		97
水泉镇	831	404	133	1	293	830	652	178		1
冯卯镇	805	374	124	3	304	802	642	160		3
山城街道办事处	1105	403	276		426	1105	924	181		
(四)峄城区	**4061**	**2542**	**365**	**35**	**1119**	**4026**	**3886**	**140**		**35**
乡镇小计	**3039**	**1887**	**295**	**35**	**822**	**3005**	**2955**	**50**		**35**
街道办事处小计	**1022**	**655**	**70**		**297**	**1021**	**931**	**90**		
底阁镇	571	428	30		113	571	551	20		
峨山镇	627	363	91		173	627	627			
榴园镇	609	384	55	33	137	576	576			33
阴平镇	651	308	102		241	651	651			

续表 10

地区	收入					支出				滚存结余
	收入总计	本年收入	结算收入	上年结余	其他	支出总计	本年支出	结算支出	其他	
古邵镇	581	404	17	2	158	579	549	30		2
吴林街道办事处	519	299	56		164	519	519			
坛山街道办事处	503	356	14		133	503	413	90		
（五）台儿庄区小计	**5613**	**3479**	**492**	**18**	**1624**	**5595**	**5595**			**18**
乡镇小计	**4808**	**3028**	**423**	**12**	**1345**	**4796**	**4796**			**12**
街道办事处小计	**805**	**451**	**69**	**6**	**279**	**799**	**799**			**6**
张山子镇	922	597	66	5	254	917	917			5
涧头集镇	1207	792	142	3	270	1204	1204			3
邳庄镇	579	356	32	1	190	578	578			1
泥沟镇	966	636	36	1	293	965	965			1
马兰屯镇	1134	647	147	2	338	1132	1132			2
运河街道办事处	805	451	69	6	279	799	799			6
（六）滕州市	**29051**	**19435**	**4992**	**253**	**4371**	**28716**	**23287**	**5429**		**335**
乡镇小计	**21582**	**14457**	**3738**	**217**	**3170**	**21344**	**18569**	**2775**		**238**
街道办事处小计	**7469**	**4978**	**1254**	**36**	**1201**	**7372**	**4718**	**2654**		**97**
东沙河镇	787	477	81	1	228	786	629	157		1
洪绪镇	1236	927	218	12	79	1224	1065	159		12
南沙河镇	1109	564	218	15	312	1094	799	295		15
大坞镇	1374	819	196	23	336	1352	1188	164		22
滨湖镇	1589	1006	216	11	356	1577	1414	163		12
级索镇	1946	1471	399	26	50	1920	1681	239		26
西岗镇	1935	1448	391	22	74	1913	1707	206		22
姜屯镇	1789	1186	498	11	94	1779	1538	241		10
鲍沟镇	1309	864	216	9	220	1299	1139	160		10
张汪镇	1090	884	141	4	61	1086	1003	83		4
官桥镇	1063	753	201	4	105	1058	823	235		5
柴胡店镇	810	552	108	13	137	798	733	65		12
羊庄镇	844	457	120	1	266	843	778	65		1
木石镇	1326	872	309	37	108	1269	1067	202		57
界河镇	1390	1152	170	20	48	1369	1171	198		21
龙阳镇	741	377	69	1	294	740	682	58		1
东郭镇	1244	648	187	7	402	1237	1152	85		7
北辛街道办事处	2321	1659	290	19	353	2301	1729	572		20
荆河街道办事处	2624	1760	598	8	258	2585	1431	1154		39
龙泉街道办事处	2304	1440	300	9	555	2266	1387	879		38
善南街道办事处	220	119	66		35	220	171	49		
烟台市合计	**181221**	**139332**	**42912**	**-4425**	**3402**	**186144**	**129217**	**56927**		**-4923**
乡镇（含办事处、区公所）小计	**106859**	**76321**	**32381**	**-5181**	**3338**	**112864**	**93454**	**19410**		**-6005**
街道办事处小计	**74362**	**63011**	**10531**	**756**	**64**	**73280**	**35763**	**37517**		**1082**
（一）芝罘区	**25566**	**19868**	**5695**	**3**		**25563**	**9698**	**15865**		**3**
乡镇（含办事处、区公所）合计										
街道办事处小计	**25566**	**19868**	**5695**	**3**		**25563**	**9698**	**15865**		**3**
幸福办事处	3612	3606	5	1		3611	1347	2264		1
只楚办事处	3082	2533	548	1		3081	1114	1967		1
世回尧办事处	3180	2188	992			3180	1265	1915		
黄务办事处	1471	1316	154	1		1470	1012	458		1
奇山办事处	1916	1547	369			1916	496	1420		
凤凰台办事处	2737	2095	642			2737	778	1959		
毓璜顶办事处	2438	1787	651			2438	779	1659		
东山办事处	1907	1422	485			1907	616	1291		
向阳办事处	1335	946	389			1335	478	857		
白石路办事处	1780	1079	701			1780	767	1013		
通伸办事处	1628	1006	622			1628	689	939		

续表 11

地区	收入					支出				滚存结余
	收入总计	本年收入	结算收入	上年结余	其他	支出总计	本年支出	结算支出	其他	
芝罘岛办事处	480	343	137			480	357	123		
（二）福山区	**6922**	**5542**	**1769**	**-389**		**7713**	**6285**	**1428**		**-791**
乡镇(含办事处、区公所)小计	**3706**	**3130**	**1479**	**-903**		**5130**	**4273**	**857**		**-1424**
街道办事处小计	**3216**	**2412**	**290**	**514**		**2583**	**2012**	**571**		**633**
门楼镇	535	870	195	-530		1403	1098	305		-868
回里镇	662	448	214			825	708	117		-163
古现镇	1148	829	371	-52		1197	995	202		-49
高疃镇	961	734	441	-214		1167	988	179		-206
张格庄镇	400	249	258	-107		538	484	54		-138
清洋街道办事处	2360	1870	124	366		1938	1450	488		422
福新街道办事处	856	542	166	148		645	562	83		211
（三）龙口市	**28468**	**24488**	**4365**	**-385**		**28945**	**16736**	**12209**		**-477**
乡镇(含办事处、区公所)小计	**21812**	**18101**	**4125**	**-414**		**22301**	**12446**	**9855**		**-489**
街道办事处小计	**6656**	**6387**	**240**	**29**		**6644**	**4290**	**2354**		**12**
徐福镇	973	661	295	17		956	956			17
加工区	757	358	399			757	757			
黄山馆镇	539	272	267			539	489	50		
北马镇	1693	1392	366	-65		1758	1728	30		-65
芦头镇	929	750	169	10		919	919			10
东江镇	8602	8953	-357	6		8596	1185	7411		6
下丁家镇	556	307	248	1		630	630			-74
七甲镇	934	218	715	1		933	933			1
石良镇	1523	576	1088	-141		1664	1664			-141
兰高镇	1449	520	928	1		1448	1448			1
诸由观镇	3857	4094	7	-244		4101	1737	2364		-244
东莱办事处	2454	2402	46	6		2448	1203	1245		6
新嘉办事处	820	613	206	1		819	819			1
龙港办事处	3382	3372	-12	22		3377	2268	1109		5
（四）莱阳市	**20696**	**15049**	**5647**			**20696**	**13447**	**7249**		
乡镇(含办事处、区公所)小计	**12018**	**6816**	**5202**			**12018**	**10125**	**1893**		
街道办事处小计	**8678**	**8233**	**445**			**8678**	**3322**	**5356**		
开发区管委	811	736	75			811	318	493		
沐浴店镇	1233	620	613			1233	1160	73		
团旺镇	991	459	532			991	912	79		
穴坊镇	827	245	582			827	797	30		
姜疃镇	1713	1700	13			1713	1003	710		
羊郡镇	561	272	289			561	505	56		
万第镇	930	409	521			930	870	60		
谭格庄镇	798	356	442			798	777	21		
柏林庄镇	560	213	347			560	532	28		
吕格庄镇	481	203	278			481	441	40		
大夼镇	506	158	348			506	488	18		
照旺庄镇	990	592	398			990	893	97		
山前店镇	500	309	191			500	459	41		
河洛镇	609	332	277			609	504	105		
高格庄镇	508	212	296			508	466	42		
城厢街道办事处	3463	3268	195			3463	841	2622		
古柳街道办事处	868	868				868	509	359		
龙旺庄街道办事处	3762	3746	16			3762	1464	2298		
冯格庄街道办事处	585	351	234			585	508	77		
（五）蓬莱市	**14943**	**9672**	**6169**	**-898**		**15461**	**13250**	**2211**		**-518**
乡镇(含办事处、区公所)小计	**10788**	**6445**	**5246**	**-903**		**11491**	**10499**	**992**		**-703**
街道办事处小计	**4155**	**3227**	**923**	**5**		**3970**	**2751**	**1219**		**185**

续表 12

地区	收入					支出				滚存结余
	收入总计	本年收入	结算收入	上年结余	其他	支出总计	本年支出	结算支出	其他	
南王镇	645	272	613	-240		831	810	21		-186
刘家沟镇	921	596	501	-176		1097	1021	76		-176
潮水镇	1129	346	753	30		1065	1014	51		64
大季家镇	1089	718	316	55		1032	960	72		57
大柳行镇	834	401	416	17		800	745	55		34
大辛店镇	1880	1234	916	-270		2150	1989	161		-270
小门家镇	1165	545	704	-84		1248	1172	76		-83
村里集镇	1179	217	968	-6		1185	1078	107		-6
北沟镇	1946	2116	59	-229		2083	1710	373		-137
登州街道办事处	1278	1027	10	241		1037	492	545		241
紫荆山街道办事处	1454	1001	433	20		1358	924	434		96
蓬莱阁街道办事处	382	333	45	4		378	187	191		4
外向型工业加工区	1041	866	435	-260		1197	1148	49		-156
（六）招远市	**14705**	**9715**	**3828**	**47**	**1115**	**14705**	**11965**	**2740**		
乡镇(含办事处、区公所)合计	**11371**	**6745**	**3761**	**-250**	**1115**	**11928**	**10803**	**1125**		**-557**
街道办事处合计	**3334**	**2970**	**67**	**297**		**2777**	**1162**	**1615**		**557**
辛庄镇	949	693	219	25	12	924	916	8		25
蚕庄镇	1583	1008	315	-142	402	1793	1100	693		-210
金岭镇	973	781	150	-3	45	976	849	127		-3
齐山镇	1176	242	856	-44	122	1277	1269	8		-101
毕郭镇	930	236	681	13		903	899	4		27
张星镇	1658	1295	271	33	59	1658	1642	16		
玲珑镇	1201	811	175	47	168	1271	1026	245		-70
大秦家镇	830	447	359	24		805	800	5		25
阜山镇	943	717	193	-205	238	1193	1180	13		-250
夏甸镇	1128	515	542	2	69	1128	1122	6		
开发区管委	492	402	9	81		371	264	107		121
罗峰街道办事处	1130	1035	25	70		976	310	666		154
泉山街道办事处	1274	1145	21	108		1059	316	743		215
梦芝街道办事处	438	388	12	38		371	272	99		67
（七）莱州市	**22023**	**20574**	**3654**	**-2205**		**24515**	**20539**	**3976**		**-2492**
乡镇(含办事处、区公所)小计	**14631**	**12815**	**3505**	**-1689**		**16374**	**15182**	**1192**		**-1743**
街道办事处小计	**7392**	**7759**	**149**	**-516**		**8141**	**5357**	**2784**		**-749**
沙河镇	2985	2483	270	232		2754	2754			231
朱桥镇	1323	1240	635	-552		1930	1930			-607
郭家店镇	778	504	840	-566		1341	1341			-563
土山镇	1983	1653	130	200		1781	1415	366		202
虎头崖镇	1043	1121	211	-289		1323	1323			-280
平里店镇	939	908	-86	117		853	773	80		86
驿道镇	748	549	619	-420		1237	1237			-489
柞村镇	941	1046	36	-141		1080	1040	40		-139
程郭镇	791	604	691	-504		1232	1232			-441
夏邱镇	1696	1450	83	163		1514	1202	312		182
金城镇	1404	1257	76	71		1329	935	394		75
文昌路街道办事处	1497	1431	46	20		1452	751	701		45
永安路街道办事处	1050	1069	-40	21		1029	353	676		21
城港路街道办事处	2198	2658	-154	-306		2501	1960	541		-303
三山岛街道办事处	2189	2214	38	-63		2564	1698	866		-375
文峰路街道办事处	458	387	259	-188		595	595			-137
（八）栖霞市	**10644**	**9042**	**193**	**-756**	**2165**	**11532**	**11322**	**210**		**-888**
乡镇(含办事处、区公所)小计	**9006**	**7743**	**81**	**-943**	**2125**	**10082**	**9872**	**210**		**-1076**
街道办事处小计	**1638**	**1299**	**112**	**187**	**40**	**1450**	**1450**			**188**
苏家店镇	460	411	-11	-110	170	566	566			-106

续表 13

地　区	收　入					支　出				滚存结余
	收入总计	本年收入	结算收入	上年结余	其他	支出总计	本年支出	结算支出	其他	
寺口镇	355	271		-46	130	394	394			-39
西城镇	412	343	25	-86	130	497	497			-85
官道镇	302	311	-5	-88	84	493	493			-191
观里镇	512	499	-49	-58	120	569	569			-57
杨础镇	426	480	-67	-81	94	507	507			-81
蛇窝泊镇	960	1006	88	-377	243	1335	1335			-375
唐家泊镇	387	503	-38	-148	70	530	530			-143
桃村镇	1769	1374	-199	78	516	1689	1573	116		80
庙后镇	334	372	-7	-102	71	436	436			-102
亭口镇	318	395	-34	-143	100	559	559			-241
臧家庄镇	1889	1344	177	142	226	1702	1608	94		187
松山镇	882	434	201	76	171	805	805			77
翠屏街道办事处	1160	905	28	187	40	972	972			188
庄园街道办事处	478	394	84			478	478			
（九）海阳市	**13729**	**9160**	**4420**	**149**		**13580**	**10862**	**2718**		**149**
乡镇（含办事处、区公所）小计	**9654**	**5547**	**4122**	**-15**		**9669**	**8814**	**855**		**-15**
街道办事处小计	**4075**	**3613**	**298**	**164**		**3911**	**2048**	**1863**		**164**
风城镇	1230	1005	163	62		1168	958	210		62
留格镇	1069	719	418	-68		1137	1004	133		-68
辛安镇	685	557	331	-203		888	850	38		-203
徐家店镇	971	565	305	101		870	737	133		101
行村镇	730	454	363	-87		817	748	69		-87
发城镇	847	496	313	38		809	709	100		38
小纪镇	947	337	608	2		945	916	29		2
朱吴镇	795	315	436	44		751	734	17		44
郭城镇	677	355	274	48		629	573	56		48
里店镇	606	262	317	27		579	553	26		27
闫家镇	434	241	204	-11		445	422	23		-11
盘石镇	489	221	251	17		472	451	21		17
开发区	174	20	139	15		159	159			15
方圆街道办事处	3075	2811	100	164		2911	1139	1772		164
东村街道办事处	1000	802	198			1000	909	91		
（十）牟平区	**17490**	**10885**	**6474**	**9**	**122**	**17399**	**11683**	**5716**		**91**
乡镇（含办事处、区公所）小计	**10640**	**6351**	**4255**	**-64**	**98**	**10638**	**9115**	**1523**		**2**
街道办事处小计	**6850**	**4534**	**2219**	**73**	**24**	**6761**	**2568**	**4193**		**89**
观水镇	1084	497	521	8	58	1051	1051			33
武宁镇	971	760	368	-157		1098	743	355		-127
大窑镇	1001	677	287	37		965	858	107		36
姜格庄镇	938	563	363	12		925	903	22		13
龙泉镇	646	247	384	15		632	632			14
玉林店镇	805	487	316	2		802	802			3
水道镇	815	476	331	8		807	807			8
莒格庄镇	452	186	264	2		450	450			2
高陵镇	1156	538	577	1	40	1154	1154			2
王格庄镇	434	137	289	8		426	426			8
开发区	2338	1783	555			2328	1289	1039		10
宁海街道办事处	3791	2590	1192	-15	24	3791	761	3030		
文化街道办事处	2493	1607	815	71		2421	1258	1163		72
养马岛街道办事处	566	337	212	17		549	549			17
（十一）长岛县	**1793**	**1793**				**1793**	**925**	**868**		
乡镇（含办事处、区公所）小计	**1793**	**1793**				**1793**	**925**	**868**		
街道办事处小计										
南长山镇	353	353				353	103	250		

续表 14

地区	收入					支出				滚存结余
	收入总计	本年收入	结算收入	上年结余	其他	支出总计	本年支出	结算支出	其他	
北长山乡	168	168				168	104	64		
大黑山乡	103	103				103	89	14		
砣矶镇	625	625				625	326	299		
大钦岛乡	245	245				245	142	103		
北隍城乡	135	135				135	73	62		
小钦岛乡	83	83				83	41	42		
南隍城乡	81	81				81	47	34		
（十二）莱山区	**4242**	**3544**	**698**			**4242**	**2505**	**1737**		
乡镇（含办事处、区公所）小计	**1440**	**835**	**605**			**1440**	**1400**	**40**		
街道办事处小计	**2802**	**2709**	**93**			**2802**	**1105**	**1697**		
莱山镇	750	419	331			750	730	20		
解甲庄镇	690	416	274			690	670	20		
初家街道办事处	1117	1087	30			1117	387	730		
黄海街道办事处	1253	1232	21			1253	330	923		
滨海街道办事处	432	390	42			432	388	44		
潍坊市合计	**158864**	**134229**	**19562**	**−294**	**5367**	**156803**	**138824**	**17979**		**2061**
乡镇（含办事处、区公所）合计	**135472**	**110963**	**16510**	**−55**	**8054**	**133457**	**120407**	**13050**		**2015**
街道办事处合计	**23392**	**23266**	**3052**	**−239**	**−2687**	**23346**	**18417**	**4929**		**46**
（一）潍城区	**5066**	**4195**	**850**	**21**		**5045**	**4539**	**506**		**21**
乡镇（含办事处、区公所）小计	**2709**	**2049**	**650**	**10**		**2699**	**2699**			**10**
街道办事处小计	**2357**	**2146**	**200**	**11**		**2346**	**1840**	**506**		**11**
于河镇	933	639	292	2		931	931			2
符山镇	733	522	205	6		727	727			6
望留镇	504	460	43	1		503	503			1
军埠口镇	539	428	110	1		538	538			1
城关街办	297	259	36	2		295	295			2
北关街办	804	750	50	4		800	624	176		4
西关街办	590	529	57	4		586	472	114		4
南关街办	666	608	57	1		665	449	216		1
（二）坊子区	**6549**	**6060**	**489**			**6549**	**6549**			
乡镇（含办事处、区公所）小计	**6549**	**6060**	**489**			**6549**	**6549**			
街道办事处小计										
荆山洼镇	835	619	216			835	835			
车留庄镇	565	466	99			565	565			
清池镇	1103	1103				1103	1103			
眉村镇	1009	989	20			1009	1009			
穆村镇	612	573	39			612	612			
凤凰镇	606	514	92			606	606			
长宁镇	1487	1479	8			1487	1487			
恒安镇	332	317	15			332	332			
（三）寒亭区	**8814**	**6594**	**548**	**1672**		**7142**	**5459**	**1683**		**1672**
乡镇（含办事处、区公所）小计	**8814**	**6594**	**548**	**1672**		**7142**	**5459**	**1683**		**1672**
街道办事处小计										
固堤镇	1013	630	77	306		707	527	180		306
央子镇	1323	964	7	352		971	285	686		352
高里镇	633	521	67	45		588	493	95		45
双杨镇	583	492	26	65		518	518			65
朱里镇	708	523	59	126		582	475	107		126
泊子乡	778	539	30	209		569	462	107		209
南孙乡	428	576	45	−193		621	621			−193
河滩镇	759	574	44	141		618	491	127		141
寒亭镇	1170	804	86	280		890	722	168		280
开元镇	1419	971	107	341		1078	865	213		341

续表 15

地区	收入					支出				滚存结余
	收入总计	本年收入	结算收入	上年结余	其他	支出总计	本年支出	结算支出	其他	
(四) 昌邑市	**14586**	**11062**	**3765**	**-241**		**14827**	**12639**	**2188**		**-241**
乡镇(含办事处、区公所)小计	**12228**	**9335**	**3143**	**-250**		**12478**	**10290**	**2188**		**-250**
街道办事处小计	**2358**	**1727**	**622**	**9**		**2349**	**2349**			**9**
双台乡	523	246	360	-83		606	606			-83
龙池镇	716	640	71	5		711	578	133		5
柳疃镇	2235	2064	168	3		2232	1175	1057		3
夏店镇	848	625	340	-117		965	965			-117
卜庄镇	592	479	113			592	592			
围子镇	1804	1622	173	9		1795	1169	626		9
宋庄镇	581	370	216	-5		586	586			-5
石埠镇	895	753	149	-7		902	902			-7
饮马镇	1148	1056	90	2		1146	774	372		2
北孟镇	680	432	255	-7		687	687			-7
作山镇	632	457	189	-14		646	646			-14
太保庄乡	545	183	361	1		544	544			1
丈岭镇	1029	408	658	-37		1066	1066			-37
都昌街道办事处	1042	575	462	5		1037	1037			5
奎聚街道办事处	1316	1152	160	4		1312	1312			4
(五) 昌乐县	**12992**	**12067**	**925**			**12992**	**10511**	**2481**		
乡镇(含办事处、区公所)小计	**12992**	**12067**	**925**			**12992**	**10511**	**2481**		
街道办事处小计										
昌乐镇	1608	1562	46			1608	1244	364		
尧沟镇	817	715	102			817	700	117		
朱刘镇	686	651	35			686	570	116		
五图镇	390	354	36			390	279	111		
南郝镇	526	494	32			526	448	78		
北岩镇	696	647	49			696	590	106		
乔官镇	1373	1324	49			1373	912	461		
唐吾镇	1014	973	41			1014	894	120		
高崖镇	505	401	104			505	413	92		
红河镇	2391	2338	53			2391	1847	544		
朱汉镇	716	673	43			716	588	128		
马宋镇	819	753	66			819	693	126		
阿陀镇	743	663	80			743	662	81		
崔家庄镇	470	401	69			470	433	37		
白塔镇	238	118	120			238	238			
(六) 安丘市	**18326**	**16441**	**1498**		**387**	**18326**	**18114**	**212**		
乡镇(含办事处、区公所)小计	**18326**	**16441**	**1498**		**387**	**18326**	**18114**	**212**		
街道办事处小计										
景芝镇	1845	1758	60		27	1845	1845			
黄旗堡镇	838	789	30		19	838	838			
南流镇	730	711	2		17	730	730			
凌河镇	1205	1190			15	1205	1162	43		
官庄镇	506	465	27		14	506	506			
雹泉镇	378	284	84		10	378	378			
红沙沟镇	902	785	98		19	902	902			
大盛镇	542	526			16	542	542			
庵上镇	511	392	103		16	511	511			
石堆镇	642	625	3		14	642	642			
赵戈镇	1117	1033	68		16	1117	1117			
刘家尧镇	757	746			11	757	757			
关王镇	1145	1030	93		22	1145	1145			
王家庄镇	408	265	126		17	408	408			

续表 16

地区	收入					支出				滚存结余
	收入总计	本年收入	结算收入	上年结余	其他	支出总计	本年支出	结算支出	其他	
石埠子镇	647	509	121		17	647	647			
临浯镇	599	565	21		13	599	599			
金家子镇	569	553			16	569	569			
白芬子镇	625	555	58		12	625	625			
管公镇	335	286	37		12	335	335			
辉渠镇	584	410	156		18	584	584			
柘山镇	413	246	152		15	413	413			
吾山镇	634	495	118		21	634	634			
兴安镇	1522	1505			17	1522	1353	169		
贾戈镇	872	718	141		13	872	872			
（七）寿光市	**25708**	**22065**	**1689**	**198**	**1756**	**25520**	**22966**	**2554**		**188**
乡镇小计	**25708**	**22065**	**1689**	**198**	**1756**	**25520**	**22966**	**2554**		**188**
街道办事处小计										
寿光镇	3329	3104	20	150	55	3179	2563	616		150
建桥乡	1730	1394	7	5	324	1725	1575	150		5
文家乡	932	708	176	-20	68	952	948	4		-20
古城乡	498	331	135		32	498	494	4		
化龙镇	920	682	103	-10	145	940	933	7		-20
孙家集镇	902	845	50		7	902	894	8		
北洛镇	648	532	69		47	648	646	2		
营里镇	591	144	299	-20	168	611	610	1		-20
卧铺乡	499	477	16		6	499	492	7		
台头镇	939	911	24	-16	20	955	947	8		-16
道口镇	1463	1421	13		29	1463	1441	22		
田柳镇	525	318	166	-30	71	555	550	5		-30
王高镇	578	507	16	4	51	574	556	18		4
上口镇	1345	1234	121	-20	10	1365	1361	4		-20
侯镇	3209	3052	45	8	104	3201	1797	1404		8
洛城镇	1154	758	133	-20	283	1174	1166	8		-20
纪台镇	921	731	139		51	921	916	5		
稻田镇	1396	1257	31	24	84	1372	1341	31		24
田马镇	834	676	65		93	834	828	6		
留吕镇	667	583	24	10	50	657	655	2		10
羊口镇	2628	2400	37	133	58	2495	2253	242		133
（八）青州市	**18878**	**14631**	**3858**	**40**	**349**	**18838**	**17329**	**1509**		**40**
乡镇（含办事处、区公所）小计	**12542**	**9702**	**2503**	**40**	**297**	**12502**	**11775**	**727**		**40**
街道办事处小计	**6336**	**4929**	**1355**		**52**	**6336**	**5554**	**782**		
东坝镇	1026	855	153	11	7	1015	898	117		11
弥河镇	737	485	233	2	17	735	681	54		2
云河乡	529	200	304	13	12	516	510	6		13
王坟镇	541	386	136		19	541	539	2		
庙子镇	681	482	194		5	681	627	54		
五里镇	470	380	62		28	470	461	9		
邵庄镇	590	455	105	8	22	582	523	59		8
普通镇	453	304	127		22	453	418	35		
东高镇	396	303	68	1	24	395	361	34		1
高柳镇	517	433	67		17	517	503	14		
朱良镇	516	391	100		25	516	512	4		
何官镇	466	385	73		8	466	455	11		
口埠镇	876	761	101		14	876	807	69		
东夏镇	1188	905	261	4	18	1184	1000	184		4
王母宫镇	767	579	177		11	767	721	46		
谭坊镇	1332	1276	43	1	12	1331	1310	21		1

续表 17

地区	收入					支出				滚存结余
	收入总计	本年收入	结算收入	上年结余	其他	支出总计	本年支出	结算支出	其他	
郑母镇	803	650	127		26	803	801	2		
黄楼镇	654	472	172		10	654	648	6		
益都街道办事处	2287	1865	422			2287	2194	93		
王府街道办事处	2069	1551	518			2069	1673	396		
昭德街道办事处	1980	1513	415		52	1980	1687	293		
（九）高密市	**13588**	**11339**	**2142**	**107**		**13478**	**13158**	**320**		**110**
乡镇(含办事处、区公所)小计	**10157**	**8191**	**1825**	**141**		**10013**	**9829**	**184**		**144**
街道办事处小计	**3431**	**3148**	**317**	**-34**		**3465**	**3329**	**136**		**-34**
柏城镇	825	785	10	30		795	759	36		30
姚哥庄镇	662	480	148	34		628	618	10		34
河崖镇	633	476	140	17		615	606	9		18
夏庄镇	665	570	97	-2		666	657	9		-1
姜庄镇	532	546	-10	-4		536	520	16		-4
仁和镇	717	531	168	18		699	690	9		18
大牟家镇	374	310	73	-9		383	375	8		-9
周戈庄镇	349	274	71	4		345	338	7		4
康庄镇	678	540	128	10		668	658	10		10
阚家镇	627	478	143	6		621	611	10		6
双羊镇	612	423	186	3		609	600	9		3
井沟镇	664	489	157	18		646	637	9		18
呼家庄镇	402	278	102	22		380	373	7		22
注沟镇	552	419	126	7		544	536	8		8
柴沟镇	735	707	22	6		729	719	10		6
拒城河镇	606	491	130	-15		621	612	9		-15
李家营镇	524	394	134	-4		528	520	8		-4
朝阳街办	1121	915	206			1121	1093	28		
醴泉街办	933	933				933	889	44		
密水街办	1377	1300	111	-34		1411	1347	64		-34
（十）诸城市	**17011**	**16077**	**1020**	**-2280**	**2194**	**16944**	**12770**	**4174**		**67**
乡镇(含办事处、区公所)小计	**11696**	**8039**	**779**	**-2055**	**4933**	**11689**	**9629**	**2060**		**7**
街道办事处小计	**5315**	**8038**	**241**	**-225**	**-2739**	**5255**	**3141**	**2114**		**60**
吕标镇	524	298	2	-231	455	522	465	57		2
枳沟镇	553	305	32	-174	390	553	513	40		
贾悦镇	528	299	19	-57	267	528	394	134		
孟疃镇	477	180	12	-68	353	477	367	110		
马庄镇	508	194	22	-12	304	508	299	209		
石桥子镇	641	309	53	-201	480	640	550	90		1
程戈庄镇	477	305	13	-20	179	477	344	133		
九台镇	367	190	11	-88	254	367	360	7		
相州镇	586	376	18	-124	316	586	503	83		
郭家屯镇	364	209	12	-112	255	364	313	51		
昌城镇	1622	2181	7	-56	-510	1621	1127	494		1
百尺河镇	665	403	42	-60	280	665	556	109		
辛兴镇	826	661	37	-32	160	826	480	346		
朱解镇	431	269	30	-95	227	431	385	46		
林家村镇	407	308	19	-94	174	405	368	37		2
桃元乡	396	100	110	-100	286	396	396			
瓦店镇	472	277	122	-137	210	472	472			
桃林乡	524	151	170	-180	383	524	524			
郝戈庄镇	362	151	45	-79	245	362	299	63		
皇华镇	966	873	3	-135	225	965	914	51		1
密州街道办事处	2774	2638	67	31	38	2742	1085	1657		32
龙都街道办事处	1364	4029	91	26	-2782	1337	880	457		27

续表 18

地 区	收入					支出				滚存结余
	收入总计	本年收入	结算收入	上年结余	其他	支出总计	本年支出	结算支出	其他	
舜王街道办事处	1177	1371	83	-282	5	1176	1176			1
(十一) 临朐县	**13751**	**10420**	**2461**	**189**	**681**	**13547**	**12586**	**961**		**204**
乡镇(含办事处、区公所)小计	**13751**	**10420**	**2461**	**189**	**681**	**13547**	**12586**	**961**		**204**
街道办事处小计										
临朐镇	2564	2205	180	170	9	2392	1873	519		172
纸坊镇	453	306	112	16	19	437	437			16
五井镇	1058	820	157	41	40	1017	1017			41
杨善镇	728	598	63	32	35	695	646	49		33
冶源镇	1392	1018	169	174	31	1216	1155	61		176
石家河乡	418	281	100	8	29	409	409			9
寺头镇	841	590	197	29	25	812	812			29
九山镇	828	572	237	-5	24	830	830			-2
七贤镇	647	543	51	16	37	631	626	5		16
辛寨镇	1118	850	148	69	51	1049	920	129		69
卧龙镇	569	396	232	-117	58	685	685			-116
蒋峪镇	308	252	136	-138	58	444	444			-136
大关镇	584	324	210	30	20	553	553			31
营子镇	990	671	138	106	75	884	686	198		106
龙岗镇	500	321	100	13	66	486	486			14
柳山镇	420	339	153	-126	54	545	545			-125
上林镇	333	334	78	-129	50	462	462			-129
(十二) 奎文区	**3595**	**3278**	**317**			**3595**	**2204**	**1391**		
乡镇(含办事处、区公所)小计										
街道办事处小计	**3595**	**3278**	**317**			**3595**	**2204**	**1391**		
廿里堡街道办事处	1060	1033	27			1060	565	495		
大虞街道办事处	670	625	45			670	360	310		
梨园街道办事处	400	385	15			400	300	100		
广文街道办事处	364	357	7			364	217	147		
潍州路街道办事处	372	337	35			372	200	172		
东关街道办事处	317	298	19			317	165	152		
北苑街道办事处	185	173	12			185	170	15		
南苑街道办事处	227	70	157			227	227			
济宁市乡镇合计	**132246**	**89915**	**36053**	**397**	**5881**	**131312**	**113363**	**17949**		**934**
市中区乡镇合计	**5296**	**5296**				**5296**	**296**	**5000**		
南苑镇	771	771				771	81	690		
观音阁镇	1272	1272				1272	57	1215		
仙营镇	1478	1478				1478	60	1418		
金城镇	1775	1775				1775	98	1677		
任城区乡镇合计	**11172**	**7518**	**3525**		**129**	**11172**	**9318**	**1854**		
南张镇	1200	978	222			1200	871	329		
唐口镇	1335	1001	334			1335	1148	187		
喻屯镇	1035	259	776			1035	1035			
安居镇	952	518	434			952	952			
廿里铺镇	776	374	323		79	776	776			
接庄镇	904	550	354			904	904			
李营镇	988	789	199			988	836	152		
石桥镇	714	337	327		50	714	714			
长沟镇	978	786	192			978	784	194		
三贾办事处	148	22	126			148	148			
许庄办事处	2142	1904	238			2142	1150	992		
兖州市乡镇合计	**24376**	**20976**	**3184**	**96**	**120**	**24280**	**20386**	**3894**		**96**
新兖镇	11412	10030	1342	40		11372	8524	2848		40
谷村镇	997	845	148	4		993	921	72		4

续表 19

地　区	收　入					支　出				滚存结余
	收入总计	本年收入	结算收入	上年结余	其他	支出总计	本年支出	结算支出	其他	
漕河乡	629	459	165	5		624	601	23		5
大安镇	2225	1903	244	6	72	2219	2022	197		6
小孟乡	947	790	156	1		946	921	25		1
新驿镇	833	611	221	1		832	758	74		1
颜店镇	1670	1317	291	14	48	1656	1591	65		14
黄屯镇	926	713	208	5		921	872	49		5
王因镇	2080	1862	206	12		2068	1808	260		12
兴隆庄镇	2657	2446	203	8		2649	2368	281		8
曲阜市乡镇合计	**16565**	**8298**	**4653**	**304**	**3310**	**16255**	**13636**	**2619**		**310**
王庄乡	1450	722	328	84	316	1366	1194	172		84
董庄乡	802	254	182	5	361	797	657	140		5
吴村镇	761	180	320	-10	271	771	662	109		-10
姚村镇	871	336	314		221	871	768	103		
时庄镇	1160	318	322	1	519	1159	1073	86		1
陵城镇	990	440	282		268	990	886	104		
小雪镇	961	425	411		125	961	872	89		
息陬乡	913	309	440	7	157	906	844	62		7
南辛镇	919	123	330	-19	485	938	779	159		-19
防山乡	1131	343	384	4	400	1127	999	128		4
鲁城办事处	5415	3932	1081	226	176	5183	3895	1288		232
书院办事处	1192	916	259	6	11	1186	1007	179		6
泗水县乡镇合计	**7688**	**4886**	**2905**	**-103**		**7597**	**6521**	**1076**		**91**
泗水镇	847	649	194	4		847	843	4		
金庄镇	3081	2515	387	179		2902	2148	754		179
圣水峪乡	366	155	209	2		362	288	74		4
泗张镇	476	203	261	12		451	392	59		25
苗馆镇	459	211	301	-53		488	484	4		-29
泉林镇	740	380	335	25		687	683	4		53
星村镇	319	140	223	-44		363	360	3		-44
高峪乡	176	94	217	-135		254	251	3		-78
中册镇	213	68	182	-37		251	248	3		-38
柘沟镇	402	164	222	16		337	334	3		65
杨柳镇	409	235	239	-65		459	297	162		-50
黄沟乡	200	72	135	-7		196	193	3		4
邹城市乡镇合计	**18235**	**7832**	**10242**	**50**	**111**	**18185**	**18185**			**50**
峄山镇	889	191	676		22	889	889			
看庄镇	969	242	696	12	19	957	957			12
香城镇	1388	183	1205			1388	1388			
张庄镇	1102	161	941			1102	1102			
城前镇	1434	218	1148	3	65	1431	1431			3
田黄镇	757	135	622			757	757			
大束镇	1390	190	1196	4		1386	1386			4
中心店镇	1423	1005	418			1423	1423			
北宿镇	1396	1086	282	23	5	1373	1373			23
唐村镇	717	274	442	1		716	716			1
太平镇	943	378	559	6		937	937			6
平阳寺镇	966	867	99			966	966			
郭里镇	796	130	666			796	796			
石墙镇	1217	203	1013	1		1216	1216			1
钢山办事处	1217	1085	132			1217	1217			
千泉办事处	971	745	226			971	971			
凫山办事处	660	739	-79			660	660			
微山县乡镇合计	**8647**	**5289**	**2882**	**85**	**391**	**8562**	**7010**	**1552**		**85**

续表 20

地区	收入					支出				滚存结余
	收入总计	本年收入	结算收入	上年结余	其他	支出总计	本年支出	结算支出	其他	
韩庄镇	598	309	222	20	47	579	473	106		19
夏镇	1568	1158	399	11		1556	1354	202		12
付村镇	959	856	93	10		947	750	197		12
欢城镇	1096	1140	-63	3	16	1093	888	205		3
留庄镇	635	377	254	4		631	507	124		4
鲁桥镇	576	172	357	6	41	570	479	91		6
南阳镇	405	68	331	6		401	332	69		4
微山岛乡	296	67	206	2	21	293	248	45		3
两城乡	605	149	343	4	109	601	499	102		4
马坡乡	627	259	235	2	131	626	518	108		1
张楼乡	297	139	155	3		294	239	55		3
高楼乡	345	172	156	4	13	341	276	65		4
西平乡	232	127	90	2	13	229	175	54		3
赵庙乡	408	296	104	8		401	272	129		7
鱼台县乡镇合计	**5200**	**4323**	**781**	**15**	**81**	**5185**	**5185**			**15**
谷亭镇	871	716	138	17		854	854			17
老砦乡	331	230	94	7		324	324			7
唐马乡	301	235	66			301	301			
王鲁镇	1107	986	100	21		1086	1086			21
张黄镇	422	525	-140	37		385	385			37
清河镇	348	296	127	-75		423	423			-75
罗屯乡	371	278	78	15		356	356			15
李阁镇	491	392	98	1		490	490			1
鱼城镇	465	355	109	1		464	464			1
王庙镇	493	310	111	-9	81	502	502			-9
金乡县乡镇合计	**7155**	**5952**	**676**		**527**	**7155**	**7155**			
金乡镇	1228	1006	90	55	77	1173	1173			55
鱼山镇	625	517	8	100		525	525			100
马庙镇	769	676	-9	30	72	739	739			30
吉术镇	688	661	-9		36	688	688			
兴隆乡	403	289	114			403	403			
司马镇	393	247	104	-4	46	397	397			-4
肖云镇	377	332	90	-45		422	422			-45
化雨乡	496	485	4		7	496	496			
王丕镇	371	257	36		78	371	371			
高河乡	314	298	76	-60		374	374			-60
卜集乡	347	384	38	-100	25	447	447			-100
胡集镇	692	404	98	24	166	668	668			24
羊山镇	452	396	36		20	452	452			
嘉祥县乡镇合计	**8331**	**5421**	**2071**	**48**	**791**	**8283**	**7835**	**448**		**48**
嘉祥镇	1173	1020	91	22	40	1151	1128	23		22
马集乡	419	381	37	1		418	399	19		1
金屯镇	423	217	206			423	423			
满硐乡	433	384	47	2		431	416	15		2
纸坊镇	811	757	9	5	40	806	756	50		5
仲山乡	455	204	210	-4	45	459	434	25		-4
卧龙山镇	933	843	84	6		927	834	93		6
孟姑集乡	397	204	134	2	57	395	389	6		2
老僧堂乡	411	117	267	2	25	409	380	29		2
黄垓乡	309	96	206		7	309	298	11		
梁宝寺镇	826	270	188	3	365	823	766	57		3
大张楼镇	410	144	248	3	15	407	381	26		3
马村镇	386	154	103	4	125	382	346	36		4

续表 21

地区	收入					支出				滚存结余
	收入总计	本年收入	结算收入	上年结余	其他	支出总计	本年支出	结算支出	其他	
万张乡	398	324	73	1		397	385	12		1
疃里镇	547	306	168	1	72	546	500	46		1
汶上县乡镇合计	**9357**	**6661**	**1856**	**465**	**375**	**8865**	**8789**	**76**		**492**
汶上镇	1872	1204	314	354		1518	1442	76		354
南站镇	661	530	126	5		656	656			5
义桥乡	649	500	129	5	15	644	644			5
康驿镇	1726	653	62	11		715	715			11
南旺镇	495	350	102	9	34	486	486			9
刘楼乡	433	261	169	3		430	430			3
次邱镇	753	548	104	22	79	731	731			22
寅寺镇	596	442	108	7	39	589	589			7
郭楼镇	618	402	136	10	70	607	607			11
郭仓乡	500	341	95	10	54	466	466			34
杨店乡	467	352	111	4		463	463			4
军屯乡	384	236	108	1	39	383	383			1
白石乡	475	264	166	18	27	456	456			19
苑庄镇	728	578	126	6	18	721	721			7
梁山县乡镇合计	**10224**	**7463**	**3278**	**-563**	**46**	**10477**	**9047**	**1430**		**-253**
梁山镇	2202	1636	573	-7		2204	1772	432		-2
小安山镇	734	495	197	42		692	603	89		42
馆驿镇	552	334	229	-54	43	579	493	86		-27
韩岗镇	705	516	321	-132		770	667	103		-65
韩垓镇	635	438	251	-54		662	576	86		-27
徐集镇	687	547	132	8		679	590	89		8
拳铺镇	1188	1001	204	-17		1196	1071	125		-8
马营乡	340	256	164	-80		380	329	51		-40
杨营镇	1550	1133	417			1550	1413	137		
寿张集乡	316	212	176	-72		352	298	54		-36
大路口乡	241	189	120	-71	3	276	234	42		-35
小路口镇	450	306	240	-96		498	446	52		-48
黑虎庙乡	307	235	102	-30		322	276	46		-15
赵固堆乡	317	165	152			317	279	38		
临沂市合计	155775	116065	35119	26	4565	155749	132659	23090		26
乡镇(含办事处、区公所)合计	155775	116065	35119	26	4565	155749	132659	23090		26
街道办事处合计										
(一)兰山区小计	**21934**	**19684**	**2250**			**21934**	**12742**	**9192**		
乡镇(含办事处、区公所)小计	**21934**	**19684**	**2250**			**21934**	**12742**	**9192**		
街道办事处小计										
南坊镇	1156	832	324			1156	1126	30		
白沙埠镇	691	431	260			691	684	7		
半程镇	4121	4073	48			4121	1953	2168		
枣沟头镇	697	262	435			697	690	7		
李官乡	582	201	381			582	579	3		
义堂镇	1203	1139	64			1203	1025	178		
朱保乡	819	758	61			819	797	22		
马厂湖镇	565	262	303			565	560	5		
兰山办事处	8638	8361	277			8638	3356	5282		
银雀山办事处	1852	1810	42			1852	974	878		
金雀山办事处	1610	1555	55			1610	998	612		
(二)罗庄区小计	**14689**	**12203**	**1757**	**12**	**717**	**14677**	**9956**	**4721**		**12**
乡镇(含办事处、区公所)小计	**14689**	**12203**	**1757**	**12**	**717**	**14677**	**9956**	**4721**		**12**
街道办事处小计										
册山镇	697	360	130		207	697	693	4		

续表 22

地区	收入					支出				滚存结余
	收入总计	本年收入	结算收入	上年结余	其他	支出总计	本年支出	结算支出	其他	
西高都镇	591	325	181		85	591	572	19		
罗西乡	628	261	210		157	628	628			
罗庄办事处	8786	8187	599			8786	5417	3369		
双月办事处	470	339	72		59	470	249	221		
付庄办事处	872	512	208		152	872	587	285		
汤庄办事处	1154	1094	55		5	1154	765	389		
盛庄办事处	1491	1125	302	12	52	1479	1045	434		12
(三)河东区小计	**10572**	**6885**	**2480**		**1207**	**10572**	**7464**	**3108**		
乡镇(含办事处、区公所)小计	**10572**	**6885**	**2480**		**1207**	**10572**	**7464**	**3108**		
街道办事处小计										
九曲镇	1680	1348	151		181	1680	1045	635		
芝麻墩镇	1477	999	89		389	1477	862	615		
梅埠镇	558	281	147		130	558	348	210		
重沟镇	480	201	237		42	480	410	70		
凤凰岭乡	553	212	192		149	553	489	64		
汤河镇	818	541	277			818	691	127		
相公镇	1201	943	258			1201	734	467		
郑旺镇	695	249	288		158	695	552	143		
八湖镇	981	859	122			981	828	153		
太平镇	696	363	270		63	696	538	158		
刘店子乡	412	144	173		95	412	326	86		
汤头镇	1021	745	276			1021	641	380		
(四)郯城县小计	**9854**	**7546**	**2308**			**9854**	**9854**			
乡镇(含办事处、区公所)小计	**9854**	**7546**	**2308**			**9854**	**9854**			
街道办事处小计										
郯城镇	1770	1435	335			1770	1770			
马头镇	1179	951	228			1179	1179			
重坊镇	349	257	92			349	349			
李庄镇	526	447	79			526	526			
褚墩镇	725	595	130			725	725			
胜利乡	359	222	137			359	359			
新村乡	484	397	87			484	484			
港上镇	381	256	125			381	381			
花园乡	315	174	141			315	315			
归昌乡	285	177	108			285	285			
杨集镇	370	279	91			370	370			
红花乡	706	559	147			706	706			
高峰头镇	451	324	127			451	451			
泉源乡	406	253	153			406	406			
庙山镇	429	325	104			429	429			
沙墩镇	449	339	110			449	449			
黄山镇	670	556	114			670	670			
(五)苍山县小计	**12270**	**8892**	**2049**	**3**	**1326**	**12267**	**11854**	**413**		**3**
乡镇(含办事处、区公所)小计	**12270**	**8892**	**2049**	**3**	**1326**	**12267**	**11854**	**413**		**3**
街道办事处小计										
卞庄镇	1984	1479	137		368	1984	1894	90		
贾庄乡	426	184	230		12	426	426			
仲村镇	722	445	196		81	722	722			
矿坑乡	325	186	91	1	47	324	324			1
车辋镇	504	313	145		46	504	504			
下村乡	375	211	160		4	375	375			
鲁城乡	278	232	46			278	278			
尚岩镇	448	331	66		51	448	440	8		

续表 23

地区	收入					支出				滚存结余
	收入总计	本年收入	结算收入	上年结余	其他	支出总计	本年支出	结算支出	其他	
向城镇	684	579	33		72	684	676	8		
新兴镇	387	260	62		65	387	387			
兰陵镇	1092	827	133		132	1092	1064	28		
南桥镇	492	348	71	1	72	491	491			1
兴明乡	387	273	66		48	387	311	76		
三合乡	419	272	60		87	419	419			
长城镇	396	377	19			396	396			
二庙乡	359	286	73			359	359			
庄坞镇	508	424	84			508	508			
层山镇	450	302	72		76	450	450			
磨山镇	550	395	63	1	91	549	472	77		1
神山镇	1041	848	119		74	1041	915	126		
沂堂镇	443	320	123			443	443			
(六)莒南县小计	**14997**	**9959**	**5038**			**14997**	**13242**	**1755**		
乡镇(含办事处、区公所)小计	**14997**	**9959**	**5038**			**14997**	**13242**	**1755**		
街道办事处小计										
十字路镇	2601	1881	720			2601	2283	318		
大店镇	1267	836	431			1267	1109	158		
坪上镇	1145	731	414			1145	1025	120		
板泉镇	1128	744	384			1128	986	142		
汀水镇	512	361	151			512	461	51		
石莲子镇	604	436	168			604	543	61		
道口乡	483	315	168			483	424	59		
岭泉镇	624	398	226			624	548	76		
言边镇	634	425	209			634	554	80		
涝坡镇	1036	626	410			1036	912	124		
文疃镇	705	408	297			705	627	78		
朱芦镇	513	317	196			513	468	45		
团林镇	506	326	180			506	443	63		
壮岗镇	840	621	219			840	763	77		
坊前镇	688	452	236			688	578	110		
相邸镇	614	305	309			614	557	57		
洙边镇	669	476	193			669	585	84		
相沟乡	428	301	127			428	376	52		
(七)沂水县小计	**24476**	**20429**	**4047**			**24476**	**21298**	**3178**		
乡镇(含办事处、区公所)小计	**24476**	**20429**	**4047**			**24476**	**21298**	**3178**		
街道办事处小计										
沂水镇	7984	7649	335			7984	5171	2813		
许家湖镇	1467	1232	235			1467	1443	24		
四十里镇	923	720	203			923	909	14		
道托乡	920	773	147			920	915	5		
高桥镇	881	713	168			881	873	8		
杨庄镇	991	892	99			991	978	13		
富官庄乡	686	429	257			686	679	7		
马站镇	990	874	116			990	965	25		
沙沟镇	1180	872	308			1180	1170	10		
朱戈镇	1356	1019	337			1356	1344	12		
泉庄乡	479	293	186			479	474	5		
高庄镇	890	727	163			890	809	81		
下蔚镇	859	628	231			859	848	11		
崔家峪镇	658	516	142			658	651	7		
黄山镇	1186	891	295			1186	1116	70		
姚店子镇	774	513	261			774	768	6		

续表 24

地区	收入					支出				滚存结余
	收入总计	本年收入	结算收入	上年结余	其他	支出总计	本年支出	结算支出	其他	
院东头乡	539	404	135			539	536	3		
龙家圈乡	1222	958	264			1222	1160	62		
圈里乡	491	326	165			491	489	2		
（八）蒙阴县小计	**8280**	**4746**	**2780**		**754**	**8280**	**8280**			
乡镇（含办事处、区公所）小计	**8280**	**4746**	**2780**		**754**	**8280**	**8280**			
街道办事处小计										
蒙阴镇	2425	1605	790		30	2425	2425			
联城乡	672	327	207		138	672	672			
常路镇	498	203	140		155	498	498			
高都镇	487	297	151		39	487	487			
野店镇	558	371	129		58	558	558			
岱崮镇	688	396	285		7	688	688			
坦埠镇	463	215	217		31	463	463			
旧寨乡	595	246	319		30	595	595			
桃墟镇	564	353	163		48	564	564			
界牌镇	591	275	215		101	591	591			
垛庄镇	739	458	164		117	739	739			
（九）平邑县小计	**9460**	**5659**	**3800**	**1**		**9459**	**9402**	**57**		**1**
乡镇（含办事处、区公所）小计	**9460**	**5659**	**3800**	**1**		**9459**	**9402**	**57**		**1**
街道办事处小计										
平邑镇	1433	1105	328			1433	1394	39		
仲村镇	752	518	234			752	751	1		
武台镇	376	233	143			376	375	1		
保太镇	726	370	356			726	726			
柏林镇	525	287	238			525	523	2		
卞桥镇	648	381	267			648	648			
资邱乡	421	193	227	1		420	420			1
地方镇	941	733	208			941	941			
铜石镇	642	391	251			642	642			
温水镇	419	217	202			419	418	1		
流峪镇	532	232	300			532	532			
郑城镇	392	190	202			392	392			
魏庄乡	290	123	167			290	288	2		
白彦镇	548	283	265			548	548			
临涧镇	461	242	219			461	451	10		
丰阳镇	354	161	193			354	353	1		
（十）费县小计	**10067**	**8239**	**1565**		**263**	**10067**	**10027**	**40**		
乡镇（含办事处、区公所）小计	**10067**	**8239**	**1565**		**263**	**10067**	**10027**	**40**		
街道办事处小计										
费城镇	1949	1829	120			1949	1949			
朱田镇	614	457	157			614	614			
梁邱镇	583	486	97			583	583			
石井镇	286	203	83			286	286			
新庄镇	300	192	108			300	300			
马庄镇	377	228	149			377	377			
刘庄镇	507	455	48		4	507	507			
芍药山乡	198	84	114			198	198			
探沂镇	948	724	137		87	948	948			
新桥镇	483	434	32		17	483	483			
方城镇	539	451	88			539	539			
汪沟镇	516	438	78			516	516			
胡阳镇	290	220	58		12	290	290			
薛庄镇	559	489	70			559	559			

续表 25

地　区	收　入					支　出				滚存结余
	收入总计	本年收入	结算收入	上年结余	其他	支出总计	本年支出	结算支出	其他	
南张庄乡	287	160	82		45	287	287			
上冶镇	1024	1018	6			1024	984	40		
田庄乡	216	85	75		56	216	216			
城北乡	391	286	63		42	391	391			
(十一) 沂南县小计	**10922**	**7635**	**3167**		**120**	**10922**	**10922**			
乡镇(含办事处、区公所)小计	**10922**	**7635**	**3167**		**120**	**10922**	**10922**			
街道办事处小计										
界湖镇	2143	1812	331			2143	2143			
依汶乡	556	298	258			556	556			
马牧池乡	238	94	144			238	238			
岸堤镇	534	323	181		30	534	534			
孙祖镇	602	391	211			602	602			
双堠镇	581	450	131			581	581			
青驼镇	567	422	145			567	567			
张庄镇	492	363	129			492	492			
砖埠镇	445	295	150			445	445			
葛沟镇	474	368	106			474	474			
杨家坡镇	448	296	133		19	448	448			
大庄镇	832	552	280			832	832			
辛集镇	623	394	229			623	623			
蒲汪镇	604	343	212		49	604	604			
湖头镇	389	237	152			389	389			
苏村镇	566	423	143			566	566			
铜井镇	828	574	232		22	828	828			
(十二) 临沭县小计	**8254**	**4188**	**3878**	**10**	**178**	**8244**	**7618**	**626**		**10**
乡镇(含办事处、区公所)小计	**8254**	**4188**	**3878**	**10**	**178**	**8244**	**7618**	**626**		**10**
街道办事处小计										
临沭镇	1762	1336	375	10	41	1752	1265	487		10
青云镇	718	198	510		10	718	716	2		
蛟龙镇	436	128	298		10	436	435	1		
石门镇	587	325	232		30	587	582	5		
曹庄镇	763	322	433		8	763	645	118		
南古镇	675	325	335		15	675	675			
大兴镇	623	335	288			623	620	3		
白旄镇	533	273	260			533	533			
郑山镇	627	465	162			627	627			
店头镇	604	156	420		28	604	600	4		
玉山镇	341	180	161			341	338	3		
朱仓乡	585	145	404		36	585	582	3		
泰安市合计	**126734**	**86551**	**37441**	**761**	**1981**	**125980**	**103728**	**22252**		**754**
乡镇(含办事处、区公所)合计	**122419**	**82922**	**36774**	**760**	**1963**	**121666**	**100757**	**20909**		**753**
街道办事处合计	**4315**	**3629**	**667**	**1**	**18**	**4314**	**2971**	**1343**		**1**
(一) 泰山区	**21124**	**11405**	**9717**	**2**		**21122**	**9717**	**11405**		**2**
乡镇(含办事处、区公所)小计	**21124**	**11405**	**9717**	**2**		**21122**	**9717**	**11405**		**2**
街道办事处小计										
岱庙办事处	4788	2807	1981			4788	1981	2807		
财源办事处	5100	2922	2178			5100	2178	2922		
泰前办事处	2840	1521	1318	1		2839	1318	1521		1
上高乡	2119	1059	1060			2119	1060	1059		
徐家楼乡	1545	787	758			1545	758	787		
大津口乡	474	152	322			474	322	152		
省庄镇	2721	1395	1325	1		2720	1325	1395		1
邱家店镇	1537	762	775			1537	775	762		

续表 26

地区	收入					支出				滚存结余
	收入总计	本年收入	结算收入	上年结余	其他	支出总计	本年支出	结算支出	其他	
(二)岱岳区	**22674**	**19881**	**2784**	**9**		**22672**	**21969**	**703**		**2**
乡镇(含办事处、区公所)小计	**22674**	**19881**	**2784**	**9**		**22672**	**21969**	**703**		**2**
街道办事处合计										
山口镇	3279	3022	252	5		3279	3128	151		
黄前镇	851	693	156	2		851	851			
下港乡	812	668	144			812	801	11		
祝阳镇	1128	948	180			1128	1128			
范镇	1384	1136	248			1384	1354	30		
角峪镇	783	643	140			783	774	9		
化马湾乡	971	793	178			971	971			
北集坡镇	1365	1226	139			1365	1345	20		
徂徕镇	1261	1052	209			1261	1240	21		
良庄镇	966	801	165			966	963	3		
房村镇	975	809	166			975	973	2		
汶口镇	3153	3050	103			3153	2915	238		
马庄镇	1018	905	113			1018	1008	10		
满庄镇	1050	882	167	1		1049	922	127		1
夏张镇	1198	953	245			1198	1196	2		
道朗镇	1182	1079	102	1		1181	1156	25		1
粥店办事处	912	863	49			912	864	48		
天平办事处	386	358	28			386	380	6		
(三)新泰市合计	**28913**	**20948**	**6951**	**27**	**987**	**28886**	**19661**	**9225**		**27**
乡镇(含办事处、区公所)小计	**24598**	**17319**	**6284**	**26**	**969**	**24572**	**16690**	**7882**		**26**
街道办事处小计	**4315**	**3629**	**667**	**1**	**18**	**4314**	**2971**	**1343**		**1**
岳家庄乡	566	249	291		26	566	566			
翟镇	1476	1373	70		33	1476	932	544		
泉沟镇	665	551	92	1	21	664	567	97		1
羊流镇	1415	873	539	3		1412	1412			3
果都镇	641	498	143			641	641			
西张庄镇	1388	1320	68			1388	856	532		
天宝镇	1126	546	579	1		1125	1125			1
楼德镇	1343	671	507	1	164	1342	1342			1
禹村镇	769	501	268			769	769			
宫里镇	1015	678	337			1015	1015			
谷里镇	958	845	82	1	30	957	778	179		1
石莱镇	851	381	469	1		850	850			1
放城镇	510	221	289			510	510			
刘杜镇	549	192	356	1		548	548			1
汶南镇	1366	954	403	9		1357	1357			9
龙廷镇	979	450	528	1		978	978			1
东都镇	1609	1161	345	3	100	1606	613	993		3
小协镇	1655	949	387	4	315	1651	366	1285		4
开发区	312	266	46			312	248	64		
新汶办事处	5405	4640	485		280	5405	1217	4188		
青云街道办事处	4315	3629	667	1	18	4314	2971	1343		1
(四)宁阳县	**13101**	**8787**	**3047**	**365**	**902**	**12736**	**11903**	**833**		**365**
乡镇(含办事处、区公所)合计	**13101**	**8787**	**3047**	**365**	**902**	**12736**	**11903**	**833**		**365**
街道办事处合计										
宁阳镇	2189	1778	285	126		2063	1633	430		126
泗店镇	724	379	265		80	724	724			
东疏镇	930	594	251	11	74	919	919			11
鹤山乡	752	356	312		84	752	745	7		
伏山镇	1066	819	240	6	1	1060	1004	56		6

续表 27

地区	收入					支出				滚存结余
	收入总计	本年收入	结算收入	上年结余	其他	支出总计	本年支出	结算支出	其他	
堽城镇	1059	799	208	30	22	1029	1005	24		30
蒋集镇	663	370	188	8	97	655	655			8
磁窑镇	1394	1091	253	50		1344	1315	29		50
华丰镇	1627	1089	217	125	196	1502	1308	194		125
东庄乡	829	330	329		170	829	829			
葛石镇	1298	973	240	9	76	1289	1196	93		9
乡饮乡	570	209	259		102	570	570			
(五)东平县	**16189**	**11440**	**4435**	**222**	**92**	**15967**	**15881**	**86**		**222**
乡镇(含办事处、区公所)小计	**16189**	**11440**	**4435**	**222**	**92**	**15967**	**15881**	**86**		**222**
街道办事处合计										
州城镇	1414	1082	308	24		1390	1387	3		24
沙河站镇	1070	742	326	2		1068	1064	4		2
彭集镇	1338	1078	244	16		1322	1321	1		16
东平镇	2474	2015	386	73		2401	2357	44		73
接山乡	1287	968	298	21		1266	1261	5		21
大羊乡	1055	687	364	4		1051	1049	2		4
梯门乡	855	494	355	6		849	846	3		6
老湖镇	1335	661	646	28		1307	1302	5		28
新湖乡	1088	775	309	4		1084	1079	5		4
商老庄乡	700	458	215	13	14	687	682	5		13
代庙乡	681	353	328			681	677	4		
银山镇	1303	1050	227	26		1277	1273	4		26
斑鸠店镇	1070	813	175	4	78	1066	1065	1		4
旧县乡	519	264	254	1		518	518			1
(六)肥城市	**24733**	**14090**	**10507**	**136**		**24597**	**24597**			**136**
乡镇(含办事处、区公所)小计	**24733**	**14090**	**10507**	**136**		**24597**	**24597**			**136**
街道办事处小计										
潮泉镇	924	528	392	4		920	920			4
老城镇	1678	877	789	12		1666	1666			12
新城办事处	1971	1507	428	36		1935	1935			36
王瓜店镇	1799	1049	735	15		1784	1784			15
湖屯镇	1681	979	695	7		1674	1674			7
石横镇	1989	1524	454	11		1978	1978			11
桃园镇	1589	953	628	8		1581	1581			8
王庄镇	1407	817	587	3		1404	1404			3
仪阳乡	1411	628	779	4		1407	1407			4
安站镇	1879	862	1009	8		1871	1871			8
孙伯镇	1085	553	528	4		1081	1081			4
安庄镇	2779	1674	1092	13		2766	2766			13
边院镇	2209	1090	1111	8		2201	2201			8
汶阳镇	2132	943	1186	3		2129	2129			3
开发区	200	106	94			200	200			
聊城市合计	**99960**	**62972**	**19151**	**778**	**17059**	**98482**	**91951**	**6513**	**18**	**1478**
乡镇(含办事处、区公所)合计	**99960**	**62972**	**19151**	**778**	**17059**	**98482**	**91951**	**6513**	**18**	**1478**
街道办事处合计										
(一)东昌府区小计	**18098**	**12977**	**2273**	**-31**	**2879**	**17912**	**14986**	**2908**	**18**	**186**
乡镇(含办事处、区公所)小计	**18098**	**12977**	**2273**	**-31**	**2879**	**17912**	**14986**	**2908**	**18**	**186**
街道办事处小计										
朱老庄乡	654	360	104		190	654	616	36	2	
李海务镇	775	582	55		138	775	650	123	2	
于集镇	644	398	34		212	644	603	41		
许营乡	631	325	102		204	631	594	37		
北杨集乡	651	380	82		189	651	601	49	1	

续表 28

地区	收入					支出				滚存结余
	收入总计	本年收入	结算收入	上年结余	其他	支出总计	本年支出	结算支出	其他	
闫寺镇	882	674	130		78	882	725	155	2	
梁水镇	1102	612	196		294	1102	1016	86		
斗虎屯镇	816	439	143		234	816	769	46	1	
堂邑镇	600	463	40		97	600	473	125	2	
道口铺乡	590	376	67		147	590	552	37	1	
张炉集镇	794	555	178		61	794	607	184	3	
郑家镇	767	601	96		70	767	613	152	2	
沙镇	1340	875	91		374	1340	1244	95	1	
侯营镇	697	438	80		179	697	653	44		
湖西办事处	575	351	63		161	575	528	46	1	
古楼办事处	1716	1545	160		11	1716	1219	497		
柳园办事处	1768	1624	131		13	1768	1168	600		
新区办事处	1716	1581	120		15	1716	1161	555		
蒋官屯镇	872	529	315	-97	125	799	799			73
东城办事处	508	269	86	66	87	395	395			113
(二)临清市小计	**14032**	**11149**	**2049**	**2**	**832**	**14032**	**13039**	**993**		
乡镇(含办事处、区公所)小计	**14032**	**11149**	**2049**	**2**	**832**	**14032**	**13039**	**993**		
街道办事处小计										
唐园镇	552	460	90		2	552	537	15		
烟店镇	1056	810	234		12	1056	926	130		
潘庄镇	607	490	83		34	607	592	15		
八岔路镇	539	412	46		81	539	539			
尚店乡	464	358	53		53	464	464			
大辛庄镇	749	612	79		58	749	739	10		
刘垓子镇	548	335	43		170	548	548			
戴湾乡	582	445	87		50	582	582			
魏湾镇	485	310	70		105	485	485			
康庄镇	1037	740	116		181	1037	1002	35		
金郝庄乡	834	591	127		116	834	824	10		
老赵庄镇	972	861	144		-33	972	937	35		
松林镇	558	372	82		104	558	523	35		
新华办事处	2151	1775	407		-31	2151	1791	360		
青年办事处	1247	1123	150		-26	1247	1115	132		
先锋办事处	1651	1455	238	2	-44	1651	1435	216		
(三)阳谷县	**13071**	**6588**	**3508**	**137**	**2838**	**12557**	**12294**	**263**		**514**
乡镇(含办事处、区公所)小计	**13071**	**6588**	**3508**	**137**	**2838**	**12557**	**12294**	**263**		**514**
街道办事处小计										
阳谷镇	1642	908	336	31	367	1611	1550	61		31
阎楼镇	1027	578	192	47	210	887	874	13		140
阿城镇	1107	555	320	8	224	1082	1066	16		25
七级镇	715	355	180		180	715	709	6		
安镇	878	389	311	2	176	878	866	12		
郭屯乡	579	213	219		147	579	576	3		
定水镇	515	268	133		114	498	492	6		17
石佛镇	677	352	208	1	116	676	652	24		1
大布乡	887	437	235		215	886	857	29		1
西湖乡	994	586	219	4	185	994	978	16		
高庙王乡	612	315	170	11	116	603	597	6		9
金斗营乡	530	197	215		118	520	516	4		10
李台镇	534	220	159		155	534	527	7		
寿张镇	956	491	273	4	188	786	767	19		170
十五里元乡	628	318	163	7	140	627	620	7		1
张秋镇	790	406	175	22	187	681	647	34		109

续表 29

地区	收入					支出				滚存结余
	收入总计	本年收入	结算收入	上年结余	其他	支出总计	本年支出	结算支出	其他	
(四)莘县	**16134**	**9516**	**962**		**5656**	**16134**	**16134**			
乡镇(含办事处、区公所)小计	**16134**	**9516**	**962**		**5656**	**16134**	**16134**			
街道办事处小计										
城关镇	1478	1070	148		260	1478	1478			
莘亭镇	756	393	36		327	756	756			
河店乡	611	452	46		113	611	611			
燕店镇	573	343	48		182	573	573			
魏庄乡	690	417	38		235	690	690			
大王寨乡	446	209	12		225	446	446			
王奉乡	661	271	38		352	661	661			
张鲁镇	801	383	23		395	801	801			
俎店乡	389	192	16		181	389	389			
董杜庄镇	499	286	17		196	499	499			
妹冢乡	585	336	23		226	585	585			
张寨乡	628	341	14		273	628	628			
朝城镇	785	474	67		244	785	785			
徐庄乡	442	209	10		223	442	442			
十八里铺镇	1289	1026	115		148	1289	1289			
王庄集乡	715	278	39		398	715	715			
柿子园乡	514	260	9		245	514	514			
观城镇	546	261	17		268	546	546			
大张家镇	634	403	62		169	634	634			
古云镇	1492	1233	124		135	1492	1492			
樱桃园乡	936	386	32		518	936	936			
古城镇	664	293	28		343	664	664			
(五)茌平县	**10829**	**6194**	**4606**	**3**	**26**	**10826**	**9955**	**871**		**3**
乡镇(含办事处、区公所)小计	**10829**	**6194**	**4606**	**3**	**26**	**10826**	**9955**	**871**		**3**
街道办事处小计										
茌平镇	1721	1067	653	1		1720	1666	54		1
杜郎口镇	643	359	284			643	585	58		
乐平铺镇	944	555	388	1		943	857	86		1
韩集乡	434	245	189			434	397	37		
广平乡	519	252	267			519	475	44		
冯屯镇	1324	960	363	1		1323	1229	94		1
胡屯乡	641	374	267			641	586	55		
韩屯乡	650	380	270			650	585	65		
菜屯镇	485	257	228			485	434	51		
寨乡	496	286	184		26	496	450	46		
杨屯乡	393	139	254			393	364	29		
洪屯乡	444	229	215			444	411	33		
肖庄乡	376	172	204			376	334	42		
博平镇	969	528	441			969	874	95		
温陈乡	790	391	399			790	708	82		
(六)东阿县	**6958**	**4374**	**825**	**243**	**1516**	**6580**	**6469**	**111**		**378**
乡镇(含办事处、区公所)小计	**6958**	**4374**	**825**	**243**	**1516**	**6580**	**6469**	**111**		**378**
街道办事处小计										
铜城镇	1355	868	185	90	212	1289	1214	75		66
陈集乡	396	295	50	-50	101	420	415	5		-24
姚寨乡	582	471	72	-128	167	640	635	5		-58
高集镇	718	362	70	176	110	479	479			239
牛角店镇	980	619	111	57	193	951	943	8		29
大桥镇	581	235	39	209	98	337	329	8		244
单庄乡	402	251	59	-20	112	471	471			-69

续表 30

地区	收入					支出				滚存结余
	收入总计	本年收入	结算收入	上年结余	其他	支出总计	本年支出	结算支出	其他	
刘集镇	920	586	135	-44	243	950	945	5		-30
姜楼镇	520	368	56	-24	120	511	506	5		9
古官屯乡	504	319	48	-23	160	532	532			-28
(七)冠县	**10984**	**6459**	**1213**		**3312**	**10950**	**10433**	**517**		**34**
乡镇(含办事处、区公所)小计	**10984**	**6459**	**1213**		**3312**	**10950**	**10433**	**517**		**34**
街道办事处小计										
冠城镇	1576	848	245		483	1576	1504	72		
梁堂乡	599	395	82		122	599	574	25		
桑阿镇	809	542	39		228	809	768	41		
贾镇	615	392	58		165	615	584	31		
定寨乡	442	287	34		121	442	421	21		
辛集乡	674	439	40		195	674	641	33		
范寨乡	449	330	14		105	449	422	27		
柳林镇	736	413	65		258	736	700	36		
甘屯乡	560	358	34		168	560	529	31		
清水镇	469	264	58		147	469	445	24		
北陶镇	541	291	88		162	541	518	23		
东古城镇	997	499	114		384	997	957	40		
斜店乡	456	267	32		157	422	403	19		34
万善乡	432	274	44		114	432	410	22		
店子乡	389	211	36		142	389	372	17		
兰沃乡	531	328	97		106	531	504	27		
烟庄乡	709	321	133		255	709	681	28		
(八)高唐县	**9854**	**5715**	**3715**	**424**		**9491**	**8641**	**850**		**363**
乡镇(含办事处、区公所)小计	**9854**	**5715**	**3715**	**424**		**9491**	**8641**	**850**		**363**
街道办事处小计										
高唐镇	2998	1674	1173	151		2884	2612	272		114
琉寺镇	686	429	219	38		629	579	50		57
固河镇	577	372	193	12		566	513	53		11
尹集镇	801	496	304	1		753	708	45		48
梁村镇	886	490	365	31		819	733	86		67
卅里铺镇	841	446	395			809	729	80		32
清平镇	738	456	233	49		708	658	50		30
赵寨子乡	595	397	198			595	545	50		
杨屯乡	995	504	365	126		991	909	82		4
姜店乡	737	451	270	16		737	655	82		
菏泽市合计	**94060**	**49470**	**32496**	**-189**	**12283**	**93987**	**88128**	**5859**		**73**
乡镇(含办事处、区公所)合计	**94060**	**49470**	**32496**	**-189**	**12283**	**93987**	**88128**	**5859**		**73**
街道办事处合计										
(一)牡丹区	**14929**	**8332**	**4834**	**-314**	**2077**	**14950**	**14710**	**240**		**-21**
乡镇(含办事处、区公所)小计	**14929**	**8332**	**4834**	**-314**	**2077**	**14950**	**14710**	**240**		**-21**
街道办事处小计										
杜庄乡	211	138	148	-118	43	331	331			-120
沙土镇	823	497	283	43		789	749	40		34
安兴镇	343	222	101	11	9	346	346			-3
皇镇乡	313	121	115	33	44	285	285			28
皇罡镇	753	221	243	-47	336	699	699			54
小留镇	446	188	217	-73	114	422	422			24
都司镇	427	265	215	-53		473	473			-46
胡集乡	315	168	154	-7		306	306			9
高庄镇	508	199	217	-7	99	482	482			26
李村镇	467	242	127	-9	107	468	468			-1
吕陵镇	410	326	136	-52		405	405			5

续表 31

地　区	收　入					支　出				滚存结余
	收入总计	本年收入	结算收入	上年结余	其他	支出总计	本年支出	结算支出	其他	
吴店镇	954	632	263	-18	77	787	787			167
王浩屯镇	372	180	160	4	28	362	362			10
大黄集镇	393	228	126	-15	54	398	398			-5
马岭岗镇	970	328	321	-32	353	978	978			-8
何楼镇	546	238	288	-144	164	665	665			-119
东城办事处	1340	897	295	38	110	1417	1217	200		-77
西城办事处	648	285	295	17	51	617	617			31
南城办事处	675	444	222	1	8	690	690			-15
北城办事处	597	382	209	6		631	631			-34
牡丹办事处	956	557	273	2	124	942	942			14
丹阳办事处	1025	727	138	160		1025	1025			
岳程办事处	907	617	114	-54	230	904	904			3
佃户屯办事处	530	230	174		126	528	528			2
(二)曹县	**15292**	**7328**	**5686**		**2278**	**15292**	**13634**	**1658**		
乡镇(含办事处、区公所)小计	**15292**	**7328**	**5686**		**2278**	**15292**	**13634**	**1658**		
街道办事处小计										
曹城镇	1906	954	945		7	1906	1784	122		
郑庄乡	455	176	175		104	455	448	7		
倪集乡	438	149	166		123	438	435	3		
普连集镇	1036	550	486			1036	872	164		
古营集镇	525	267	156		102	525	519	6		
王集乡	376	210	160		6	376	343	33		
侯集镇	412	211	140		61	412	378	34		
苏集镇	793	300	164		329	793	788	5		
孙老家镇	401	203	90		108	401	399	2		
安才楼镇	450	175	124		151	450	447	3		
青固集镇	1007	514	295		198	1007	897	110		
仵楼乡	318	118	107		93	318	311	7		
梁堤头镇	335	188	143		4	335	328	7		
朱红庙乡	240	124	90		26	240	234	6		
邵庄镇	479	228	70		181	479	475	4		
大集乡	309	142	85		82	309	305	4		
阎店楼镇	411	150	167		94	411	404	7		
魏湾镇	460	209	60		191	460	456	4		
楼庄乡	243	132	81		30	243	240	3		
庄寨镇	2194	1171	1023			2194	1385	809		
桃元镇	1047	517	530			1047	775	272		
常乐集乡	243	140	49		54	243	240	3		
韩集镇	464	189	135		140	464	431	33		
砖庙镇	297	121	107		69	297	292	5		
青冈集乡	453	190	138		125	453	448	5		
(三)定陶县	**7022**	**4440**	**2582**			**7022**	**5738**	**1284**		
乡镇(含办事处、区公所)小计	**7022**	**4440**	**2582**			**7022**	**5738**	**1284**		
街道办事处小计										
定陶镇	1119	649	470			1119	1048	71		
仿山乡	649	397	252			649	599	50		
张湾镇	408	259	149			408	408			
马集乡	516	333	183			516	463	53		
南王店乡	297	190	107			297	297			
冉固镇	727	496	231			727	727			
黄店镇	653	459	194			653	591	62		
孟海镇	341	233	108			341	326	15		
半堤乡	276	196	80			276	243	33		

续表 32

地区	收入					支出				滚存结余
	收入总计	本年收入	结算收入	上年结余	其他	支出总计	本年支出	结算支出	其他	
陈集镇	1741	1022	719			1741	741	1000		
杜堂乡	295	206	89			295	295			
（四）成武县	**7495**	**5053**	**2322**	**120**		**7406**	**6840**	**566**		**89**
乡镇（含办事处、区公所）小计	**7495**	**5053**	**2322**	**120**		**7406**	**6840**	**566**		**89**
街道办事处小计										
成武镇	1398	815	562	21		1388	1327	61		10
九女集乡	623	440	165	18		632	588	44		-9
天宫庙镇	618	396	214	8		623	581	42		-5
孙寺镇	497	345	164	-12		513	479	34		-16
苟村集镇	514	279	144	91		415	386	29		99
白浮图镇	529	354	195	-20		549	508	41		-20
张楼乡	325	219	108	-2		312	289	23		13
大田集镇	1065	909	137	19		1052	941	111		13
党集乡	363	234	142	-13		376	351	25		-13
南鲁集镇	533	323	194	16		514	437	77		19
汶上集镇	594	431	156	7		593	545	48		1
伯乐集镇	436	308	141	-13		439	408	31		-3
（五）单县	**9801**	**5215**	**4059**		**527**	**9801**	**9316**	**485**		
乡镇（含办事处、区公所）小计	**9801**	**5215**	**4059**		**527**	**9801**	**9316**	**485**		
街道办事处小计										
城关镇	1710	1168	532		10	1710	1466	244		
莱河镇	638	291	310		37	638	626	12		
孙六镇	440	204	226		10	440	424	16		
谢集乡	567	248	281		38	567	551	16		
郭村镇	515	173	291		51	515	503	12		
高老家乡	436	239	154		43	436	425	11		
曹庄乡	204	77	79		48	204	199	5		
高韦庄镇	246	126	101		19	246	243	3		
黄岗镇	596	396	162		38	596	579	17		
浮岗镇	401	167	204		30	401	387	14		
蔡堂镇	395	246	111		38	395	383	12		
杨楼镇	366	159	200		7	366	355	11		
朱集镇	242	125	93		24	242	233	9		
龙王庙乡	386	182	191		13	386	373	13		
终兴镇	652	431	187		34	652	628	24		
张集乡	373	161	196		16	373	360	13		
时楼镇	335	129	199		7	335	325	10		
李田楼乡	397	172	211		14	397	385	12		
徐寨镇	594	405	161		28	594	571	23		
李新庄镇	308	116	170		22	308	300	8		
（六）巨野县	**10553**	**4684**	**3758**		**2111**	**10553**	**10506**	**47**		
乡镇（含办事处、区公所）小计	**10553**	**4684**	**3758**		**2111**	**10553**	**10506**	**47**		
街道办事处小计										
巨野镇	1624	721	632		271	1624	1622	2		
田庄镇	757	276	262		219	757	755	2		
田桥乡	422	158	177		87	422	421	1		
太平镇	502	210	107		185	502	496	6		
龙固镇	666	235	250		181	666	663	3		
柳林镇	576	222	185		169	576	573	3		
万丰镇	505	243	185		77	505	501	4		
营里乡	318	118	119		81	318	317	1		
章缝镇	377	183	107		87	377	375	2		
董官屯乡	597	233	173		191	597	593	4		

续表 33

地区	收入					支出				滚存结余
	收入总计	本年收入	结算收入	上年结余	其他	支出总计	本年支出	结算支出	其他	
大义镇	1531	744	447		340	1531	1528	3		
谢集镇	610	359	206		45	610	608	2		
陶庙乡	328	178	132		18	328	325	3		
独山镇	559	222	261		76	559	557	2		
麒麟镇	652	270	305		77	652	649	3		
核桃园镇	529	312	210		7	529	523	6		
(七)郓城县	**14327**	**7357**	**4071**		**2899**	**14327**	**13401**	**926**		
乡镇(含办事处、区公所)小计	**14327**	**7357**	**4071**		**2899**	**14327**	**13401**	**926**		
街道办事处小计										
郓城镇	2274	1357	545		372	2274	2133	141		
双桥乡	625	383	157		85	625	579	46		
武安镇	747	333	231		183	747	687	60		
黄安镇	844	354	240		250	844	758	86		
唐庙乡	738	369	195		174	738	690	48		
郭屯镇	426	190	141		95	426	402	24		
南赵楼乡	293	169	124			293	286	7		
随官屯镇	646	500	146			646	583	63		
丁里长镇	570	267	158		145	570	542	28		
张营镇	727	260	239		228	727	694	33		
黄堆集乡	468	275	177		16	468	427	41		
杨庄集镇	748	302	230		216	748	701	47		
程屯镇	577	290	182		105	577	538	39		
泮渡乡	560	367	163		30	560	514	46		
侯咽集镇	830	288	210		332	830	802	28		
黄集乡	570	280	152		138	570	526	44		
李集乡	548	379	146		23	548	507	41		
玉皇庙镇	692	345	211		136	692	646	46		
张鲁集乡	532	284	185		63	532	502	30		
水堡乡	353	172	93		88	353	343	10		
陈坡乡	559	193	146		220	559	541	18		
(八)鄄城县	**7473**	**3467**	**2476**	**5**	**1525**	**7468**	**6864**	**604**		**5**
乡镇(含办事处、区公所)小计	**7473**	**3467**	**2476**	**5**	**1525**	**7468**	**6864**	**604**		**5**
街道办事处小计										
鄄城镇	917	437	319	13	148	904	742	162		13
凤凰乡	328	167	92	−2	71	330	295	35		−2
吉山镇	536	151	164	2	219	534	495	39		2
左营乡	469	172	102	1	194	468	440	28		1
大堰乡	259	130	91	−4	42	263	224	39		−4
李进士堂镇	239	106	54		79	239	237	2		
旧城镇	528	117	134	−7	284	535	514	21		−7
董口镇	541	244	156	−1	142	542	524	18		−1
林卜乡	285	110	115	−2	62	287	278	9		−2
富春乡	546	309	245	−8		554	522	32		−8
什集镇	591	282	173	10	126	581	548	33		10
彭楼乡	580	401	174	5		575	575			5
阎什镇	454	243	184	4	23	450	388	62		4
红船镇	386	203	105	2	76	384	371	13		2
引马乡	268	118	91		59	268	222	46		
郑营乡	546	277	277	−8		554	489	65		−8
(九)东明县	**7168**	**3594**	**2708**		**866**	**7168**	**7119**	**49**		
乡镇(含办事处、区公所)小计	**7168**	**3594**	**2708**		**866**	**7168**	**7119**	**49**		
街道办事处小计										
城关镇	1409	874	515		20	1409	1360	49		

续表 34

地　区	收入					支出				滚存结余
	收入总计	本年收入	结算收入	上年结余	其他	支出总计	本年支出	结算支出	其他	
沙窝乡	758	293	305		160	758	758			
刘楼镇	446	189	150		107	446	446			
长兴乡	505	188	286		31	505	505			
焦园乡	346	138	196		12	346	346			
三春镇	314	141	66		107	314	314			
小井乡	356	185	163		8	356	356			
马头镇	331	173	84		74	331	331			
东明集镇	444	194	220		30	444	444			
大屯镇	436	263	173			436	436			
陆圈镇	851	488	164		199	851	851			
武胜乡	499	265	225		9	499	499			
菜园集乡	473	203	161		109	473	473			
德州市合计	**114759**	**90518**	**13691**	**-1270**	**11820**	**115080**	**100836**	**14200**	**44**	**-321**
乡镇(含办事处、区公所)合计	**98485**	**77420**	**12202**	**-1311**	**10174**	**98847**	**89039**	**9764**	**44**	**-362**
街道办事处合计	**16274**	**13098**	**1489**	**41**	**1646**	**16233**	**11797**	**4436**		**41**
开发区宋官屯镇	1719	1497	165	47	10	1719	1476	243		
(一) 德城区	**17187**	**14448**	**1024**	**94**	**1621**	**17093**	**13163**	**3930**		**94**
二屯镇	3024	2786	163	11	64	3013	2428	585		11
赵虎镇	1272	1093	26	-1	154	1273	1163	110		-1
黄河涯镇	1538	1222	64	16	236	1522	1269	253		16
袁桥乡	665	547	23		95	665	585	80		
抬头寺乡	715	565	22		128	715	576	139		
天衢街道办事处	1333	1128	81	2	122	1331	1070	261		2
新华街道办事处	1900	1572	310	9	9	1891	1237	654		9
新湖街道办事处	1318	1197	86	8	27	1310	790	520		8
运河街道办事处	4359	3385	146	42	786	4317	3394	923		42
东地街道办事处	1063	953	103	7		1056	651	405		7
(二) 平原县	**11955**	**9214**	**1280**	**-53**	**1514**	**12008**	**8195**	**3786**	**27**	**-53**
平原镇	2544	1993	252	3	296	2541	1588	948	5	3
王庙镇	575	333	67	-18	193	593	509	83	1	-18
腰站镇	664	516	36		112	664	352	311	1	
张华镇	645	542	35	-18	86	663	337	325	1	-18
三唐乡	281	143	32	-4	110	285	249	36		-4
坊子乡	321	172	32	-11	128	332	281	51		-11
王凤楼镇	1504	1094	286	6	118	1498	1009	482	7	6
前曹镇	1405	1039	115	-21	272	1426	938	486	2	-21
恩城镇	1138	884	109	6	139	1132	1014	116	2	6
王打卦乡	1565	1368	190	7		1558	1067	491		7
王杲铺镇	1313	1130	126	-3	60	1316	851	457	8	-3
(三) 陵县	**9194**	**7106**	**1930**	**-1504**	**1662**	**10611**	**10611**			**-1417**
城关镇	2411	1775	546	-183	273	2579	2579			-168
滋镇	447	385	90	-135	107	582	582			-135
梅镇	739	593	157	-146	135	883	883			-144
神头镇	780	597	135	-140	188	919	919			-139
郑寨镇	752	578	144	-154	184	906	906			-154
会王镇	717	557	124	-129	165	843	843			-126
前孙镇	520	459	78	-118	101	613	613			-93
义渡乡	498	392	103	-93	96	581	581			-83
宋家镇	666	554	132	-142	122	800	800			-134
边临镇	578	407	159	-100	112	676	676			-98
丁庄乡	544	444	94	-92	98	616	616			-72
于集乡	542	365	168	-72	81	613	613			-71
(四) 夏津县	**7714**	**4879**	**2281**	**464**	**90**	**6362**	**5661**	**701**		**1352**

续表 35

地区	收入					支出				滚存结余
	收入总计	本年收入	结算收入	上年结余	其他	支出总计	本年支出	结算支出	其他	
夏津镇	3750	2108	875	767		2506	2117	389		1244
宋楼镇	659	488	192	-21		518	494	24		141
香赵庄乡	405	242	114	49		306	290	16		99
东李镇	386	202	103	65	16	247	215	32		139
雷集镇	402	210	143	35	14	289	266	23		113
苏留庄镇	178	246	181	-272	23	442	416	26		-264
新盛店镇	337	284	190	-174	37	530	487	43		-193
田庄乡	337	259	107	-29		408	391	17		-71
双庙乡	380	245	101	34		304	290	14		76
渡口驿乡	150	112	59	-21		204	187	17		-54
郑保屯镇	318	172	91	55		224	198	26		94
白马湖镇	412	311	125	-24		384	310	74		28
(五)武城县	**5393**	**3518**	**1141**		**734**	**5393**	**4605**	**788**		
老城镇	495	210	168		117	495	495			
杨庄乡	234	157	62		15	234	230	4		
李家户乡	228	146	27		55	228	228			
武城镇	1236	861	210		165	1236	1236			
郝王庄镇	580	411	112		57	580	514	66		
滕庄镇	686	499	109		78	686	550	136		
鲁权屯镇	1459	892	358		209	1459	944	515		
甲马营乡	475	342	95		38	475	408	67		
(六)齐河县	**16139**	**13299**	**1517**	**-8**	**1331**	**16133**	**14711**	**1422**		**6**
表白寺镇	785	595	103	16	71	784	720	64		1
安头乡	565	484	52	-22	51	565	514	51		
大黄乡	854	695	78	35	46	854	780	74		
宣章镇	692	534	58	54	46	692	635	57		
晏城镇	3525	2901	308	149	167	3524	3210	314		1
华店乡	677	576	62	-13	52	677	613	64		
刘桥乡	749	675	86	-50	38	749	675	74		
潘店镇	1608	1342	147	-37	156	1607	1467	140		1
仁里镇	1225	1020	133	-1	73	1224	1115	109		1
赵官镇	622	592	67	-76	39	622	559	63		
马集乡	882	680	70	-9	141	882	812	70		
胡官镇	1172	859	90	-28	251	1172	1078	94		
焦庙镇	1482	1195	125	36	126	1481	1354	127		1
祝阿镇	1301	1151	138	-62	74	1300	1179	121		1
(七)禹城市	**8308**	**6186**	**814**	**-10**	**1318**	**8318**	**6520**	**1798**		**-10**
十里望乡	525	435	20	1	69	524	425	99		1
莒镇乡	282	217	23	-1	43	283	226	57		-1
李屯乡	222	122	10		90	222	219	3		
安仁镇	479	385	20	-1	75	480	433	47		-1
伦镇镇	396	294	20		82	396	381	15		
辛寨镇	419	215	17		187	419	415	4		
房寺镇	1206	1018	88	-3	103	1209	958	251		-3
张庄镇	245	145	14	-1	87	246	243	3		-1
梁家镇	525	295	30	-1	201	526	496	30		-1
辛店镇	483	384	21	-1	79	484	456	28		-1
市中街道办事处	3036	2273	546	-2	219	3038	1839	1199		-2
禹石街道办事处	490	403	5	-1	83	491	429	62		-1
(八)临邑县	**8983**	**6190**	**1867**		**926**	**8983**	**8966**		**17**	
德平镇	1050	671	273		106	1050	1048		2	
理合乡	412	206	121		85	412	412			
翟家乡	554	635	194		-275	554	552		2	

续表 36

地区	收入					支出				滚存结余
	收入总计	本年收入	结算收入	上年结余	其他	支出总计	本年支出	结算支出	其他	
林子镇	419	250	91		78	419	418		1	
宿安乡	376	215	85		76	376	376			
孟寺镇	605	371	192		42	605	604		1	
临邑镇	2441	1660	374		407	2441	2436		5	
临盘镇	1671	1224	175		272	1671	1667		4	
兴隆镇	669	405	163		101	669	668		1	
临南镇	786	553	199		34	786	785		1	
(九)宁津县	**13741**	**13545**	**903**	**-14**	**-693**	**13741**	**13741**			
宁津镇	2628	2479	178	-2	-27	2628	2628			
时集镇	1427	1403	82	-1	-57	1427	1427			
柴胡店镇	2222	2192	191	-4	-157	2222	2222			
杜集镇	1249	1260	75	-1	-85	1249	1249			
长官镇	905	918	58	-1	-70	905	905			
刘营伍乡	528	548	20		-40	528	528			
大柳镇	792	769	49	-2	-24	792	792			
张大庄乡	850	874	57		-81	850	850			
相衙镇镇	804	771	52		-19	804	804			
保店镇	1238	1235	75	-2	-70	1238	1238			
大曹镇	1098	1096	66	-1	-63	1098	1098			
(十)乐陵市	**10426**	**8948**	**566**	**-295**	**1207**	**10721**	**9723**	**998**		**-295**
西段乡	473	350	24	34	65	439	421	18		34
大孙乡	551	422	36	-18	111	569	547	22		-18
铁营乡	455	391	21	-10	53	465	455	10		-10
寨头堡乡	432	424	10	-7	5	439	400	39		-7
朱集镇	991	1004	13	-32	6	1023	880	143		-32
黄夹镇	819	743	29	-21	68	840	793	47		-21
丁坞镇	585	486	44	-58	113	643	611	32		-58
孔镇镇	742	571	53	-44	162	786	758	28		-44
化楼镇	701	663	21	-15	32	716	692	24		-15
杨安镇	698	696	27	-50	25	748	640	108		-50
郑店镇	819	653	62	-30	134	849	773	76		-30
花园镇	385	358	14	-20	33	405	366	39		-20
市中街道办事处	964	809	91	-1	65	965	718	247		-1
郭家街道办事处	626	563	40	-7	30	633	533	100		-7
胡家街道办事处	532	425	30	-10	87	542	520	22		-10
云红街道办事处	653	390	51	-6	218	659	616	43		-6
(十一)庆云县	**4000**	**1688**	**203**	**9**	**2100**	**3998**	**3464**	**534**		**2**
庆云镇	834	267	33	-38	572	854	813	41		-20
尚堂镇	774	261	78	49	386	804	671	133		-30
常家镇	669	353	21	-110	405	784	680	104		-115
崔口镇	389	187	30	93	79	293	218	75		96
东辛店乡	385	220	18	-48	195	424	348	76		-39
中丁乡	334	134	5	-33	228	311	277	34		23
严务乡	282	126	12	21	123	272	235	37		10
徐园子乡	333	140	6	75	112	256	222	34		77
滨州市合计	**69228**	**46840**	**13146**	**858**	**8384**	**68046**	**60681**	**7365**		**1182**
乡镇(含办事处、区公所)合计	**66628**	**44859**	**12985**	**858**	**7926**	**65446**	**59434**	**6012**		**1182**
街道办事处合计	**2600**	**1981**	**161**		**458**	**2600**	**1247**	**1353**		
(一)滨城区	**9366**	**4463**	**2716**		**2187**	**9366**	**7635**	**1731**		
乡镇(含办事处、区公所)合计	**6766**	**2482**	**2555**		**1729**	**6766**	**6388**	**378**		
街道办事处合计	**2600**	**1981**	**161**		**458**	**2600**	**1247**	**1353**		
单寺乡	491	266	100		125	491	457	34		
尚集乡	1181	382	466		333	1181	1137	44		

续表 37

地　　区	收入					支出				滚存结余
	收入总计	本年收入	结算收入	上年结余	其他	支出总计	本年支出	结算支出	其他	
梁才乡	623	189	292		142	623	591	32		
滨北镇	1508	551	542		415	1508	1398	110		
旧镇镇	614	166	287		161	614	585	29		
小营镇	811	315	321		175	811	753	58		
里则镇	767	299	287		181	767	727	40		
堡集镇	771	314	260		197	771	740	31		
市中街道办事处	296	276	13		7	296	82	214		
市西街道办事处	155	140	7		8	155	72	83		
北镇街道办事处	865	773	15		77	865	28	837		
市东街道办事处	542	296	39		207	542	497	45		
彭李街道办事处	449	349	10		90	449	295	154		
蒲城街道办事处	293	147	77		69	293	273	20		
（二）开发区合计	**1033**	**528**	**405**		**100**	**1018**	**1018**			**15**
乡镇(含办事处、区公所)小计	**1033**	**528**	**405**		**100**	**1018**	**1018**			**15**
街道办事处小计										
杜店镇	1033	528	405		100	1018	1018			15
（三）无棣县合计	**6502**	**4164**	**507**	**520**	**1311**	**5964**	**5708**	**256**		**538**
乡镇(含办事处、区公所)小计	**6502**	**4164**	**507**	**520**	**1311**	**5964**	**5708**	**256**		**538**
街道办事处小计										
无棣镇	1004	819	87	-36	134	1040	1027	13		-36
信阳乡	472	279	55	19	119	453	449	4		19
车镇乡	666	360	43	14	249	652	640	12		14
埕口镇	648	386	22	219	21	429	362	67		219
大山镇	309	211	36	-14	76	323	321	2		-14
小泊头镇	533	344	51	26	112	507	500	7		26
柳堡乡	409	206	39	42	122	367	365	2		42
佘家巷乡	394	267	34	-87	180	481	470	11		-87
西小王乡	306	144	10	23	129	283	281	2		23
水湾镇	734	580	61	-27	120	761	756	5		-27
马山子镇	1027	568	69	341	49	668	537	131		359
（四）阳信县合计	**8662**	**4994**	**1630**	**468**	**1570**	**8186**	**7088**	**1098**		**476**
乡镇(含办事处、区公所)合计	**8662**	**4994**	**1630**	**468**	**1570**	**8186**	**7088**	**1098**		**476**
街道办事处合计										
阳信镇	1909	1215	283	327	84	1580	1374	206		329
劳店乡	467	266	63	-134	272	601	580	21		-134
水落坡乡	988	532	240	-38	254	1026	969	57		-38
商店镇	1528	700	434	319	75	1205	979	226		323
河流镇	1534	964	376	125	69	1407	923	484		127
翟王镇	551	305	47	7	192	544	518	26		7
洋湖乡	684	417	115	-55	207	739	705	34		-55
温店镇	423	258	36	-62	191	485	463	22		-62
流坡坞镇	578	337	36	-21	226	599	577	22		-21
（五）沾化县合计	**8289**	**6778**	**675**		**836**	**8289**	**7941**	**348**		
乡镇(含办事处、区公所)小计	**8289**	**6778**	**675**		**836**	**8289**	**7941**	**348**		
街道办事处小计										
富国镇	1617	1396	184		37	1617	1549	68		
冯家镇	1118	1051	19		48	1118	1051	67		
下洼镇	1347	1224	77		46	1347	1297	50		
古城镇	587	504	39		44	587	563	24		
大高乡	742	543	19		180	742	717	25		
黄升乡	666	470	50		146	666	644	22		
泊头镇	738	570	29		139	738	713	25		
利国乡	617	331	206		80	617	602	15		

续表 38

地　区	收　入					支　出				滚存结余
	收入总计	本年收入	结算收入	上年结余	其他	支出总计	本年支出	结算支出	其他	
下河乡	565	480	29		56	565	544	21		
滨海乡	232	182	18		32	232	213	19		
海防办事处	60	27	5		28	60	48	12		
（六）邹平县合计	**15161**	**12306**	**3531**	**-160**	**-516**	**15319**	**13449**	**1870**		**-158**
乡镇（含办事处、区公所）小计	**15161**	**12306**	**3531**	**-160**	**-516**	**15319**	**13449**	**1870**		**-158**
街道办事处小计										
邹平镇	2980	2327	547	85	21	2894	2554	340		86
西董镇	685	481	203	3	-2	682	682			3
临池镇	628	439	164		25	628	528	100		
好生镇	813	631	153	28	1	785	720	65		28
长山镇	1974	1646	302	69	-43	1905	1635	270		69
焦桥镇	566	389	219	-25	-17	591	591			-25
韩店镇	1147	982	264	-48	-51	1195	1195			-48
孙镇镇	360	265	192	-101	4	461	461			-101
九户镇	567	432	171	-39	3	606	606			-39
青阳镇	774	673	102	48	-49	725	695	30		49
明集镇	932	808	128	1	-5	931	886	45		1
魏桥镇	2833	2627	630	15	-439	2818	1798	1020		15
台子镇	552	348	245	-53	12	605	605			-53
码头乡	350	258	211	-143	24	493	493			-143
（七）惠民县合计	**10859**	**7931**	**901**	**-390**	**2417**	**11007**	**10365**	**642**		**-148**
乡镇（含办事处、区公所）小计	**10859**	**7931**	**901**	**-390**	**2417**	**11007**	**10365**	**642**		**-148**
街道办事处小计										
惠民镇	1570	1125	190	16	239	1554	1446	108		16
何坊乡	839	602	69	-60	228	839	761	78		
石庙镇	1016	703	82	9	222	1007	964	43		9
桑落墅镇	539	377	31	5	126	534	500	34		5
麻店镇	412	323	37	-91	143	473	441	32		-61
皂户李乡	635	425	40	-54	224	659	638	21		-24
淄角镇	549	373	46	2	128	546	516	30		3
辛店乡	713	577	58	-111	189	789	751	38		-76
胡集镇	1054	805	67	1	181	1053	1000	53		1
魏集镇	513	303	37	-15	188	513	495	18		
清河镇	586	428	27	3	128	583	557	26		3
李庄镇	994	747	108	-36	175	990	909	81		4
姜楼镇	904	722	84	-60	158	934	880	54		-30
大年陈乡	535	421	25	1	88	533	507	26		2
（八）博兴县合计	**9356**	**5676**	**2781**	**420**	**479**	**8897**	**7477**	**1420**		**459**
乡镇（含办事处、区公所）小计	**9356**	**5676**	**2781**	**420**	**479**	**8897**	**7477**	**1420**		**459**
街道办事处小计										
博兴镇	1357	1004	311	-1	43	1356	1192	164		-1
湖滨镇	1405	885	361	82	77	1320	1187	133		85
曹王镇	717	484	149	29	55	682	615	67		35
兴福镇	1649	1148	299	177	25	1472	774	698		177
店子镇	662	386	209	20	47	626	620	6		36
闫坊镇	679	274	318	39	48	638	634	4		41
纯化镇	505	212	211	41	41	463	460	3		42
乔庄乡	760	244	427	44	45	713	708	5		47
庞家镇	489	217	252	-34	54	516	510	6		-27
陈户镇	1133	822	244	23	44	1109	775	334		24
东营市合计	**43993**	**30533**	**6621**	**13**	**6826**	**43988**	**38667**	**5321**		**5**
乡镇（含办事处、区公所）合计	**43148**	**30533**	**6218**	**7**	**6390**	**43150**	**37829**	**5321**		**-2**
街道办事处合计	**845**		**403**	**6**	**436**	**838**	**838**			**7**

续表 39

地区	收入					支出				滚存结余
	收入总计	本年收入	结算收入	上年结余	其他	支出总计	本年支出	结算支出	其他	
(一)东营区小计	**9090**	**5195**	**1900**	**29**	**1966**	**9055**	**6908**	**2147**		**35**
乡镇(含办事处、区公所)小计	**8245**	**5195**	**1497**	**23**	**1530**	**8217**	**6070**	**2147**		**28**
街道办事处小计	**845**		**403**	**6**	**436**	**838**	**838**			**7**
辛店镇	2258	2348	30	3	-123	2255	1063	1192		3
胜利镇	1769	1751	37	1	-20	1766	811	955		3
史口镇	637	186	171	3	277	634	634			3
牛庄镇	1170	281	421	1	467	1167	1167			3
六户镇	1375	483	425	10	457	1366	1366			9
龙居乡	1036	146	413	5	472	1029	1029			7
黄河街道办事处	385		161	3	221	382	382			3
文汇街道办事处	253		126	1	126	253	253			
东城街道办事处	207		116	2	89	203	203			4
(二)河口区小计	**1500**	**965**	**554**	**-19**		**1533**	**1533**			**-33**
乡镇小计	**1500**	**965**	**554**	**-19**		**1533**	**1533**			**-33**
街道办事处小计										
四扣乡	281	224	57			281	281			
新户乡	266	192	79	-5		271	271			-5
六合乡	286	190	87	9		276	276			10
义和镇	221	150	108	-37		258	258			-37
仙河镇	128	72	41	15		128	128			
孤岛镇	126	70	53	3		123	123			3
太平乡	192	67	129	-4		196	196			-4
(三)广饶县小计	**18390**	**13911**	**1652**	**3**	**2824**	**18387**	**16246**	**2141**		**3**
大王镇	9574	8707	444		423	9574	7645	1929		
广饶镇	2142	1550	176		416	2142	2009	133		
稻庄镇	1328	1193	22	1	112	1327	1268	59		1
花官乡	1041	728	62		251	1041	1041			
石村镇	996	529	178	1	288	995	975	20		1
丁庄镇	853	322	205		326	853	853			
西刘桥乡	654	260	131		263	654	654			
李鹊镇	638	250	79	1	308	637	637			1
大码头乡	623	211	145		267	623	623			
陈官乡	541	161	210		170	541	541			
(四)垦利县小计	**7602**	**5816**	**1786**			**7602**	**6667**	**935**		
胜坨镇	2916	2581	335			2916	2583	333		
垦利镇	2432	2147	285			2432	1860	572		
黄河口镇	737	298	439			737	717	20		
永安镇	464	240	224			464	464			
董集乡	406	234	172			406	406			
西宋乡	343	166	177			343	343			
郝家镇	304	150	154			304	294	10		
(五)利津县小计	**7411**	**4646**	**1034**		**1731**	**7411**	**7313**	**98**		
陈庄镇	1483	1007	116		360	1483	1420	63		
北宋镇	1345	898	143		304	1345	1345			
利津镇	1186	774	388		24	1186	1186			
盐窝镇	972	646	65		261	972	972			
汀罗镇	800	375	112		313	800	800			
明集乡	466	263	68		135	466	466			
北岭乡	481	258	80		143	481	481			
虎滩乡	481	253	57		171	481	481			
刁口乡	197	172	5		20	197	162	35		
威海市合计	**97089**	**83066**	**12335**	**-1681**	**3369**	**98708**	**64688**	**33656**	**364**	**-1619**
乡镇(含办事处)合计	**97089**	**83066**	**12335**	**-1681**	**3369**	**98708**	**64688**	**33656**	**364**	**-1619**

续表 40

地区	收入					支出				滚存结余
	收入总计	本年收入	结算收入	上年结余	其他	支出总计	本年支出	结算支出	其他	
(一) 环翠区小计	**13950**	**10133**	**3852**	**12**	**-47**	**13933**	**11319**	**2614**		**17**
乡镇小计	**13950**	**10133**	**3852**	**12**	**-47**	**13933**	**11319**	**2614**		**17**
张村镇	1867	1595	262	20	-10	1847	1378	469		20
羊亭镇	1040	944	180	-85	1	1125	1083	42		-85
温泉镇	2290	1808	475	21	-14	2269	1742	527		21
崮山镇	2058	1897	149	27	-15	2030	1320	710		28
孙家疃镇	1735	1486	258	6	-15	1729	932	797		6
桥头镇	2207	568	1632	2	5	2205	2205			2
泊于镇	869	427	439	1	2	868	868			1
初村镇	831	567	244	16	4	815	815			16
草庙子镇	1053	841	213	4	-5	1045	976	69		8
(二) 乳山市小计	**12513**	**8167**	**5781**	**-1824**	**389**	**14282**	**12295**	**1987**		**-1769**
乡镇(含办事处)合计	**12513**	**8167**	**5781**	**-1824**	**389**	**14282**	**12295**	**1987**		**-1769**
海阳所镇	-224	415	202	-871	30	647	647			-871
白沙滩镇	1161	802	297	22	40	1137	942	195		24
大孤山镇	776	514	235	12	15	764	750	14		12
徐家镇	600	233	351	1	15	573	573			27
南黄镇	758	464	288	1	5	757	757			1
冯家镇	667	331	338	-48	46	715	715			-48
下初镇	683	406	281	1	-5	681	681			2
午极镇	331	287	309	-342	77	673	673			-342
育黎镇	275	286	397	-481	73	756	756			-481
崖子镇	884	623	337	-73	-3	957	957			-73
诸往镇	772	570	239	-63	26	835	835			-63
乳山寨镇	522	377	368	-237	14	759	759			-237
夏村镇	1592	746	685	154	7	1438	1174	264		154
乳山口镇	1162	727	318	100	17	1062	1003	59		100
城区办事处	2554	1386	1136		32	2528	1073	1455		26
(三) 文登市小计	**22665**	**22028**	**603**	**34**		**22631**	**10631**	**12000**		**34**
乡镇(含办事处)合计	**22665**	**22028**	**603**	**34**		**22631**	**10631**	**12000**		**34**
文登营镇	877	844	32	1		876	610	266		1
大水泊镇	1016	967	46	3		1013	801	212		3
张家产镇	1565	1544	19	2		1563	467	1096		2
高村镇	697	695		2		695	322	373		2
泽库镇	2940	2889	50	1		2939	1236	1703		1
侯家镇	1733	1681	51	1		1732	1282	450		1
宋村镇	1948	1835	112	1		1947	1004	943		1
泽头镇	1312	1284	25	3		1309	666	643		3
小观镇	629	560	68	1		628	499	129		1
葛家镇	1370	1350	16	4		1366	452	914		4
米山镇	876	799	76	1		875	470	405		1
界石镇	927	924		3		924	735	189		3
汪疃镇	994	973	16	5		989	573	416		5
苘山镇	1889	1871	16	2		1887	876	1011		2
龙山路办事处	1742	1688	50	4		1738	275	1463		4
天福路办事处	905	904	1			905	207	698		
环山路办事处	1245	1220	25			1245	156	1089		
(四) 荣成市合计	**47961**	**42738**	**2099**	**97**	**3027**	**47862**	**30443**	**17055**	**364**	**99**
乡镇小计	**47961**	**42738**	**2099**	**97**	**3027**	**47862**	**30443**	**17055**	**364**	**99**
崖头镇	8048	7430	310	21	287	8027	4569	3458		21

续表 41

地区	收入					支出				滚存结余
	收入总计	本年收入	结算收入	上年结余	其他	支出总计	本年支出	结算支出	其他	
俚岛镇	3536	3358	132	11	35	3525	1742	1783		11
成山镇	6737	6094	608	14	21	6723	3339	3384		14
埠柳镇	738	378	41	3	316	734	665	18	51	4
港西镇	662	577	82		3	662	638	15	9	
夏庄镇	503	303	28	4	168	499	459	8	32	4
崖西镇	659	393	43	2	221	657	596	10	51	2
荫子镇	592	143	77		372	592	585	7		
滕家镇	958	470	35	1	452	957	906	7	44	1
大疃镇	651	388	93	1	169	650	641	9		1
上庄镇	721	403	47	6	265	714	652	8	54	7
虎山镇	7748	7527	78	8	135	7740	7108	632		8
人和镇	5233	5066	145	13	9	5220	2692	2528		13
石岛镇	9253	8350	342	6	555	9247	4844	4280	123	6
宁津镇	1922	1858	38	7	19	1915	1007	908		7
日照合计	**46309**	**32983**	**8901**	**71**	**4354**	**46238**	**38370**	**7868**		**71**
(一)东港区小计	**13754**	**10401**	**2929**		**424**	**13754**	**11220**	**2534**		
日照街道	2335	1868	279		188	2335	1730	605		
河山镇	500	357	143			500	494	6		
两城镇	667	592	75			667	596	71		
秦楼街道	1397	1191	206			1397	1036	361		
石臼街道	1871	1751	120			1871	780	1091		
奎山街道	668	376	237		55	668	664	4		
涛雒镇	929	712	177		40	929	601	328		
巨峰镇	1007	656	274		77	1007	993	14		
高兴镇	468	256	212			468	465	3		
后村镇	645	436	190		19	645	642	3		
西湖镇	500	399	101			500	492	8		
陈疃镇	544	375	169			544	527	17		
南湖镇	868	496	339		33	868	856	12		
三庄镇	756	524	232			756	750	6		
黄墩镇	599	412	175		12	599	594	5		
(二)莒县小计	**19468**	**14319**	**3171**	**71**	**1907**	**19397**	**16648**	**2749**		**71**
城阳镇	3174	2439	557	121	57	3053	2517	536		121
招贤镇	907	687	122	-19	117	926	807	119		-19
闫庄镇	569	378	115	-31	107	600	500	100		-31
夏庄镇	975	771	170	6	28	969	831	138		6
刘官庄镇	1123	574	222	20	307	1103	1006	97		20
峤山镇	876	717	130	-34	63	910	806	104		-34
小店镇	943	758	138		47	943	802	141		
中楼镇	908	581	198	4	125	904	765	139		4
龙山镇	803	532	158	25	88	778	660	118		25
东莞镇	991	759	132	80	20	911	784	127		80
浮来镇	1139	736	190	14	199	1125	974	151		14
陵阳镇	854	590	157	7	100	847	751	96		7
店子集镇	491	502	87	-137	39	628	531	97		-137
长岭镇	773	611	120	19	23	754	666	88		19
安庄镇	630	419	63	1	147	629	545	84		1
寨里乡	596	334	103	3	156	593	534	59		3
棋山乡	1311	1062	188	17	44	1294	1088	206		17
洛河乡	745	516	90	1	138	744	589	155		1

续表 42

地区	收入					支出				滚存结余
	收入总计	本年收入	结算收入	上年结余	其他	支出总计	本年支出	结算支出	其他	
果庄乡	672	576	60	6	30	666	636	30		6
桑园乡	448	373	109	-67	33	515	447	68		-67
库山乡	540	404	62	35	39	505	409	96		35
(三)五莲县小计	**9566**	**5385**	**2395**		**1786**	**9566**	**7999**	**1567**		
洪凝镇	1980	1548	190		242	1980	1775	205		
街头镇	1418	859	361		198	1418	1262	156		
于里镇	1037	847	3		187	1037	813	224		
许孟镇	987	444	301		242	987	745	242		
潮河镇	532	164	259		109	532	458	74		
汪湖镇	575	240	188		147	575	421	154		
叩官镇	499	193	217		89	499	422	77		
中至镇	423	144	176		103	423	350	73		
高泽镇	835	443	196		196	835	676	159		
石场乡	378	114	176		88	378	314	64		
户部乡	500	172	232		96	500	417	83		
松柏乡	402	217	96		89	402	346	56		
(四)岚山办事处小计	**3521**	**2878**	**406**		**237**	**3521**	**2503**	**1018**		
岚山头	1612	1536	26		50	1612	724	888		
安东卫	574	445	77		52	574	554	20		
碑廓镇	616	305	230		81	616	609	7		
虎山镇	719	592	73		54	719	616	103		
莱芜市合计	**18911**	**11143**	**4574**	**184**	**3010**	**18727**	**18649**	**78**		**184**
乡镇(含办事处、区公所)合计	**13216**	**7222**	**3586**	**79**	**2329**	**13137**	**13114**	**23**		**79**
街道办事处合计	**5695**	**3921**	**988**	**105**	**681**	**5590**	**5535**	**55**		**105**
(一)莱城区小计	**15278**	**8650**	**3601**	**138**	**2889**	**15140**	**15062**	**78**		**138**
乡镇(含办事处、区公所)合计	**10885**	**5629**	**2967**	**51**	**2238**	**10834**	**10811**	**23**		**51**
街道办事处合计	**4393**	**3021**	**634**	**87**	**651**	**4306**	**4251**	**55**		**87**
口镇	912	597	128	2	185	910	910			2
羊里	968	712	75	5	176	963	951	12		5
方下	1210	1145	28	16	21	1194	1183	11		16
牛泉	1055	605	273	2	175	1053	1053			2
辛庄	871	268	337	1	265	870	870			1
苗山	971	225	516	2	228	969	969			2
和庄	448	98	178		172	448	448			
茶业口	743	208	349		186	743	743			
雪野	1002	320	462	2	218	1000	1000			2
大王庄	867	441	275		151	867	867			
寨里	910	612	127	10	161	900	900			10
杨庄	928	398	219	11	300	917	917			11
凤城街道办事处	2100	1806	116	17	161	2083	2028	55		17
张家洼街道办事处	956	558	207	13	178	943	943			13
高庄街道办事处	1337	657	311	57	312	1280	1280			57
(二)钢城区小计	**3633**	**2493**	**973**	**46**	**121**	**3587**	**3587**			**46**
乡镇(含办事处、区公所)小计	**2331**	**1593**	**619**	**28**	**91**	**2303**	**2303**			**28**
街道办事处合计	**1302**	**900**	**354**	**18**	**30**	**1284**	**1284**			**18**
颜庄	659	457	168		34	659	659			
里辛	1013	759	212	16	26	997	997			16
黄庄	659	377	239	12	31	647	647			12
艾山街道办事处	1302	900	354	18	30	1284	1284			18

2001 年山东省预算外资金收入分类情况表

单位：万元

项　目	合　计	一、行政事业性收费收入	二、政府性基金(资金、附加)收入	三、主管部门集中收入	四、乡镇自筹、统筹资金	五、乡镇自筹、统筹资金
全省合计	**2912010**	**1976342**	**353006**	**30803**	**476758**	**72727**
省级	961553	653265	290256	14328		3704
市地合计	1950457	1323077	65124	16475	476758	69023
青岛	246943	181859	17661	3474	30475	13474
济南	210169	156434	14292	5484	25532	8427
淄博	104878	73470	3631	3127	22880	1770
枣庄	76762	46579	3857	1161	17472	7693
烟台	171121	132828	1825		35822	646
潍坊	210708	151566	6651	568	45975	5948
济宁	86458	45324	877	206	37135	2916
临沂	157739	95608	3455	404	48277	9995
泰安	113971	95650	962		16049	1310
聊城	66184	50106	3301	306	11555	916
菏泽	102841	50957	732	93	50340	719
德州	61066	9086	771	543	49711	955
滨州	91361	55208	1030	313	29997	4813
东营	56704	39228	2144	80	8518	6734
威海	123233	90391	2784	716	27907	1435
日照	53851	37298	455		15007	1091
莱芜	16468	11485	696		4106	181

2001年山东省行政事业性收费和政府性基金收入情况表

单位：万元

项目	合计	一、行政事业性收费			二、政府性基金（资金、附加）		
		小计	中央批准	省级批准	小计	中央批准	省级批准
全省合计	**3155632**	**2316100**	**1752909**	**557063**	**839532**	**522264**	**316920**
省级	1358891	793887	708146	85741	565004	280583	284421
市地合计	1796741	1522213	1050891	471322	274528	239611	34917
青岛	303458	212131	155138	56993	91327	77098	14229
济南	208585	190269	135406	54863	18316	10850	7466
淄博	89307	83104	37970	45134	6203	5563	640
枣庄	62258	57165	28533	28632	5093	1572	3521
烟台	170630	146262	107621	38641	24368	23918	450
潍坊	199482	168397	124568	43829	31085	30356	729
济宁	65038	59887	44460	15427	5151	5142	9
临沂	136724	110290	82890	27400	26434	26339	95
泰安	116098	104239	68846	35393	11859	11614	245
聊城	62663	57632	38247	19385	5031	4295	736
菏泽	57772	56430	44367	12063	1342	964	378
德州	16181	14174	11507	2667	2007	1067	940
滨州	66193	60408	42253	18155	5785	5617	168
东营	69957	48311	29196	19115	21646	21568	78
威海	105795	97154	62736	34418	8641	8080	561
日照	46782	42945	29627	13318	3837	3668	169
莱芜	19818	13415	7526	5889	6403	1900	4503

2001年山东省乡镇自筹、统筹资金收入情况表

单位：万元

项目	合计	一、乡镇自筹资金					二、乡镇统筹资金
		小计	乡镇办企业收入	乡镇办事业收入	土地征用费收入	其他收入	
全省合计	**476758**	**142727**	**52670**	**18044**	**3611**	**68402**	**334031**
省级							
市地合计	476758	142727	52670	18044	3611	68402	334031
青岛	30475	6123	969	2244	34	2876	24352
济南	25532	12195	2849	936	452	7958	13337
淄博	22880	12729	4749	2761	106	5113	10151
枣庄	17472	9110	5639	299	40	3132	8362
烟台	35822	20384	17097	2370	94	823	15438
潍坊	45975	4595	658	735	127	3075	41380
济宁	37135	7936	1366	598	1020	4952	29199
临沂	48277	9809	3807	1928	197	3877	38468
泰安	16049	6893	4850	230	9	1804	9156
聊城	11555	10869	1941	980	1	7947	686
菏泽	50340	3515	617	1161	85	1652	46825
德州	49711	2653	447	1028	56	1122	47058
滨州	29997	7306	828	182	164	6132	22691
东营	8518	5530	559	1140	372	3459	2988
威海	27907	18900	4178	411	854	13457	9007
日照	15007	3578	1632	1041		905	11429
莱芜	4106	602	484			118	3504

2001年山东省主管部门集中收入分部门情况表

单位：万元

项　目	合　计	工业部门	交通通信部　门	商粮贸部门	农林水部　门	城建部门	科学文化部　门
全省合计	**30803**	**2868**	**141**	**832**	**491**	**2983**	**326**
省级	14328	1832					
市地合计	16475	1036	141	832	491	2983	326
青岛	3474			195	50		
济南	5484	234	106	148	37	573	138
淄博	3127	109				1413	
枣庄	1161	186		164	115	168	21
烟台							
潍坊	568	273		101	21	67	76
济宁	206			73	3	8	
临沂	404	54		72	54		56
泰安							
聊城	306	3	10		136	157	
菏泽	93	2					
德州	543	126	25	79	42		35
滨州	313	49			2		
东营	80						
威海	716				31	597	
日照							
莱芜							

续表

项 目	教育部门	卫生部门	公检法部门	工商部门	海关部门	其他部门
全省合计	**2510**	**142**	**15658**			**4852**
省级			12467			29
市地合计	2510	142	3191			4823
青岛			3092			137
济南	1027	35	41			3145
淄博	953	31	49			572
枣庄	163		9			335
烟台						
潍坊						30
济宁						122
临沂						168
泰安						
聊城						
菏泽						91
德州	166	31				39
滨州	158					104
东营						80
威海	43	45				
日照						
莱芜						

2001年山东省其他预算外资金收入分部门情况表

单位：万元

项目	合计	工业部门	交通通信部门	商粮贸部门	农林水部门	城建部门	科学文化部门
全省合计	**72727**	**1658**	**2071**	**478**	**1412**	**7492**	**2142**
省级	3704	504	879				
市地合计	69023	1154	1192	478	1412	7492	2142
青岛	13474		116		64	701	102
济南	8427	303	27	364	1	4257	37
淄博	1770	64			57	142	360
枣庄	7693	74	3		35	314	189
烟台	646		114		100	15	169
潍坊	5948	13			2	455	188
济宁	2916		19		38	505	214
临沂	9995	118	109	85	354	760	714
泰安	1310	158				43	53
聊城	916				173		12
菏泽	719	6			40	2	27
德州	955	4	112		101	77	31
滨州	4813	45	228		219	62	25
东营	6734	336	464	27	198	6	16
威海	1435	33		2	30	102	5
日照	1091					51	
莱芜	181						

续表

项目	教育部门	卫生部门	公检法部门	工商部门	海关部门	其他部门
全省合计	**25295**	**2819**	**1718**	**1**		**27641**
省级		1622	93			606
市地合计	25295	1197	1625	1		27035
青岛	5953	136	342	1		6059
济南	1504	85	8			1841
淄博	176	4	61			906
枣庄	4258		62			2758
烟台	110					138
潍坊	2701	11	49			2529
济宁	1469	321				350
临沂	3543	365	259			3688
泰安	658					398
聊城	338	14	95			284
菏泽	309		105			230
德州	266	112	77			175
滨州	976	72	145			3041
东营	958	24	422			4283
威海	1087	10				166
日照	989	43				8
莱芜						181

2001年山东省预算外资金支出分类情况表

单位：万元

项目	合计	一、行政事业费支出	二、基本建设支出	三、城市维护支出	四、乡镇统筹、自筹资金支出	五、其他支出
全省合计	**2651902**	**1500688**	**125289**	**84950**	**475872**	**465103**
省级	822548	395450	32985			394113
市地合计	1830925	1106900	91604	84822	475872	71727
青岛	247922	143285	31339	13415	31253	28630
济南	197458	121126	7454	34695	25151	9032
淄博	98353	69181	1560	2374	24113	1125
枣庄	68865	48247	850	1746	17238	784
烟台	162641	103691	4842	11531	35508	7069
潍坊	196603	125898	11785	6330	44990	7600
济宁	78610	33976	3587	1868	37377	1802
临沂	148158	88182	4058	1677	48615	5626
泰安	100017	81568	1518	341	14401	2189
聊城	64454	42197	4446	3416	13805	590
菏泽	89299	41062	509	500	45886	1342
德州	61044	9379	476	340	50387	462
滨州	81049	45301	3192	366	31040	1150
东营	47011	30781	3548	2431	8502	1749
威海	124587	84142	8958	965	29183	1339
日照	50039	29469	3482	1662	14349	1077
莱芜	14815	9415		1165	4074	161

2001年山东省行政事业性收费和政府性基金支出情况表

单位：万元

项　目	合　计	一、行政事业费支出	二、基本建设支出	三、城市维护支出	四、其他支出
全省合计	**2697344**	**1858296**	**215991**	**94250**	**528807**
省级	1096236	585526	63489		447221
市地合计	1601108	1272770	152502	94250	81586
青岛	267120	161120	65693	12999	27308
济南	186894	134125	7511	34357	10901
淄博	79002	72302	3201	2374	1125
枣庄	57767	53451	847	1746	1723
烟台	164239	131736	5365	17133	10005
潍坊	185805	147003	19455	8653	10694
济宁	43607	36251	3623	1921	1812
临沂	123335	105233	9557	1640	6905
泰安	99153	89286	6237	920	2710
聊城	55808	46502	4481	4062	763
菏泽	47166	44040	389	667	2070
德州	12133	11744	90	156	143
滨州	57709	53097	3286	336	990
东营	58327	48542	6092	1997	1696
威海	105478	89519	12147	2140	1672
日照	43442	36275	4278	1981	908
莱芜	14123	12544	250	1168	161

2001 年山东省乡镇自筹、统筹资金支出情况表

单位：万元

项目	合计	一、行政事业费支出	二、基本建设支出			三、乡镇统筹支出		
			小计	生产性支出	非生产性支出	小计	教育经费支出	民兵训练费支出
全省合计	**475872**	**90088**	**17254**	**12603**	**4651**	**317334**	**109217**	**9209**
省级								
市地合计	475872	90088	17254	12603	4651	317334	109217	9209
青岛	31253	4043	756	455	301	22967	14155	323
济南	25151	5453	589	439	150	15107	3470	371
淄博	24113	8504	1353	1137	216	9928	3796	206
枣庄	17238	4293	1133	750	383	9048	2009	304
烟台	35508	12741	1831	1354	477	15508	6023	346
潍坊	44990	3632	628	535	93	39004	19034	1289
济宁	37377	3796	389	19	370	29139	11110	716
临沂	48615	22030	825	639	186	22485	3987	1346
泰安	14401	3037	312	280	32	9243	4040	212
聊城	13805	3908	2808	2097	711	4173	1106	89
菏泽	45886	2067	598	271	327	42819	14563	1725
德州	50387	4534	1713	1140	573	41855	11924	1237
滨州	31040	791	1324	1309	15	23783	5588	456
东营	8502	4662	726	207	519	2941	465	139
威海	29183	4138	1857	1706	151	14642	1436	178
日照	14349	2271	117		117	11185	5039	190
莱芜	4074	188	295	265	30	3507	1472	82

续表

项　目	三、乡镇统筹支出					四、其他支出
	优抚经费支出	五保户、困难户补助支出	社会公益事业建设支出	计划生育支　出	其他支出	
全省合计	**29318**	**8200**	**45045**	**47242**	**69103**	**51196**
省级						
市地合计	29318	8200	45045	47242	69103	51196
青岛	1299	228	3771	1992	1199	3487
济南	1078	477	3348	2321	4042	4002
淄博	1408	211	1032	965	2310	4328
枣庄	876	222	825	1413	3399	2764
烟台	2568	144	1808	2099	2520	5428
潍坊	4203	636	4452	7474	1916	1726
济宁	2760	1030	3014	5730	4779	4053
临沂	3425	1020	7167	2876	2664	3275
泰安	636	167	902	2995	291	1809
聊城	289	136	867	699	987	2916
菏泽	2159	1504	4634	8395	9839	402
德州	2452	1463	4385	3524	16870	2285
滨州	1374	528	5117	2751	7969	5142
东营	427	128	505	1154	123	173
威海	2876	135	806	552	8659	8546
日照	685	130	1625	1982	1534	776
莱芜	803	41	787	320	2	84

山东省地方财政预算执行资料部分

2001年1月份全省地方财政收入完成情况

单位：万元

项　目	年度预算	本月收入			截止本月累计			
		数额	比上月+－	比上年增减%	数额	占预算%	上年同期	比上年增减%
（一）增值税（25%部分）	981232	65245		38.47	65245	6.65	47119	38.47
（二）营业税	1002657	108816		15.12	108816	10.85	94521	15.12
（三）个人所得税	291769	19670		21.26	19670	6.74	16221	21.26
（四）城市维护建设税	332537	38403		84.60	38403	11.55	20803	84.60
（五）企业所得税	895706	38598		-7.50	38598	4.31	41729	-7.50
（六）国有企业计划亏损补贴	-54396	-4382		-27.68	-4382	8.06	-6059	-27.68
（七）农业税	102828	73		-26.26	73	0.07	99	-26.26
（八）农业特产税	198326	1644		159.31	1644	0.83	634	159.31
（九）耕地占用税	26156	497		-81.17	497	1.90	2639	-81.17
（十）专项收入	210596	20927		22.57	20927	9.94	17073	22.57
（十一）其他各项收入	1188442	53712		-20.10	53712	4.52	67222	-20.10
其中：行政性收费收入	410940	8012		55.69	8012	1.95	5146	55.69
全省一般预算收入合计	**5175853**	**343203**		**13.64**	**343203**	**6.63**	**302001**	**13.64**
其中：税收收入	4344158	307251		11.26	307251	7.07	276158	11.26
非税收入	831695	35952		39.12	35952	4.32	25843	39.12
全省政府性基金收入	**480400**	**12175**		**-32.20**	**12175**	**2.53**	**17957**	**-32.20**

2001年1月份全省地方财政支出完成情况

单位：万元

项目	年度预算	本月支出			截止本月累计			
		数额	比上月+-	比上年增减%	数额	占预算%	上年同期	比上年增减%
(一) 基本建设支出	329651	5824		3.54	5824	1.77	5625	3.54
(二) 企业挖潜改造资金	387870	12290		172.08	12290	3.17	4517	172.08
(三) 支农支出及农林水事业费	435405	12950		-7.76	12950	2.97	14039	-7.76
(四) 城市维护费	385377	12855		-18.92	12855	3.34	15855	-18.92
(五) 文体广播、卫生事业费	494216	24429		-3.84	24429	4.94	25404	-3.84
(六) 教育事业费	1335071	93370		0.47	93370	6.99	92937	0.47
(七) 科学事业费和科技三项费用	143973	1320		-54.29	1320	0.92	2888	-54.29
(八) 抚恤和社会福利救济费	355910	19081		-21.16	19081	5.36	24201	-21.16
(九) 行政管理费	653271	44229		-10.43	44229	6.77	49378	-10.43
(十) 公检法司支出	402139	23653		-16.77	23653	5.88	28420	-16.77
(十一) 其他部门事业费	407661	19348		-5.13	19348	4.75	20395	-5.13
(十二) 政策性补贴支出	179396	346		193.22	346	0.19	118	193.22
(十三) 专项支出	193085	2436		-15.48	2436	1.26	2882	-15.48
(十四) 其他各项支出	1076537	31024		43.36	31024	2.88	21640	43.36
全省一般预算支出合计	**6779562**	**303155**		**-1.67**	**303155**	**4.47**	**308299**	**-1.67**
其中：生产建设性支出		36095		16.47	36095		30992	16.47
非生产建设性支出		267060		-3.70	267060		277307	-3.70
全省政府性基金支出	**522130**	**4068**		**-39.10**	**4068**	**0.78**	**6680**	**-39.10**

2001年1月份分级财政收支完成情况

单位：万元

级次	收入					
	年度预算	累计数	占预算%	上年同期	比上年增减%	非税收入比重%
全省合计	**5175853**	**343203**	**6.63**	**302001**	**13.64**	**10.48**
省级	637000	50224	7.88	60062	-16.38	7.25
市地合计	4538853	292979	6.45	241939	21.10	15.75
济南	555925	42133	7.58	28893	45.82	11.54
青岛	864824	64492	7.46	54718	17.86	6.21
淄博	287307	13689	4.76	15807	-13.40	6.74
枣庄	125116	3875	3.10	2990	29.60	1.70
烟台	429680	26672	6.21	22453	18.79	5.97
潍坊	380366	16640	4.37	13582	22.52	7.95
济宁	311168	13751	4.42	9228	49.01	6.73
临沂	251496	12150	4.83	10919	11.27	14.83
泰安	215526	7996	3.71	8167	-2.09	17.96
聊城	139817	7894	5.65	7075	11.58	5.31
菏泽	108089	5446	5.04	4889	11.39	15.74
德州	188191	9369	4.98	8298	12.91	35.92
滨州	128598	5562	4.33	4783	16.29	14.08
东营	154809	44087	28.48	35133	25.49	18.20
威海	257517	12585	4.89	8564	46.95	7.07
日照	93377	3758	4.02	4130	-9.01	22.99
莱芜	47047	2880	6.12	2310	24.68	5.97

续表

级　次	支　出					
	年度预算	累计数	占预算%	上年同期	比上年增减%	生产建设性支出比重%
全省合计	**6805298**	**303155**	**4.45**	**308299**	**-1.67**	**11.91**
省　级	1279025	45749	3.58	44895	1.90	2.90
市地合计	5526273	257406	4.66	263404	-2.28	22.04
济南	595549	27606	4.64	25146	9.78	17.78
青岛	952554	44263	4.65	54611	-18.95	20.62
淄博	320541	13201	4.12	13607	-2.98	9.46
枣庄	170450	9304	5.46	10805	-13.89	7.36
烟台	488986	21568	4.41	23067	-6.50	7.07
潍坊	446709	20210	4.52	20135	0.37	14.82
济宁	385467	22720	5.89	23203	-2.08	16.47
临沂	375204	13679	3.65	12383	10.47	11.29
泰安	274651	10030	3.65	9678	3.64	4.84
聊城	220198	15576	7.07	11780	32.22	16.99
菏泽	201637	13796	6.84	11230	22.85	3.99
德州	250601	11542	4.61	13177	-12.41	9.70
滨州	182842	6924	3.79	8867	-21.91	4.40
东营	183748	6907	3.76	6414	7.69	28.04
威海	293441	12450	4.24	11366	9.54	10.87
日照	115384	4958	4.30	5325	-6.89	4.44
莱芜	68311	2672	3.91	2610	2.38	14.11

2001年2月份全省地方财政收入完成情况

单位：万元

项　目	年度预算	本月收入			截止本月累计			
		数额	比上月+－	比上年增减%	数额	占预算%	上年同期	比上年增减%
(一) 增值税(25%部分)	981232	68382	3137	12.35	133627	13.62	107984	23.75
(二) 营业税	1002657	50980	－57836	15.93	159796	15.94	138497	15.38
(三) 个人所得税	291769	18553	－1117	56.88	38223	13.10	28047	36.28
(四) 城市维护建设税	332537	17422	－20981	－7.84	55825	16.79	39707	40.59
(五) 企业所得税	895706	47819	9221	46.93	86417	9.65	74275	16.35
(六) 国有企业计划亏损补贴	－54396	－1493	2889	－9.41	－5875	10.80	－7707	－23.77
(七) 农业税	102828	0	－73	－100.00	73	0.07	5	1360.00
(八) 农业特产税	198326	1805	161	183.36	3449	1.74	1271	171.36
(九) 耕地占用税	26156	901	404	48.43	1398	5.34	3246	－56.93
(十) 专项收入	210596	7656	－13271	－7.64	28583	13.57	25362	12.70
(十一) 其他各项收入	1188442	43126	－10586	27.54	96838	8.15	101037	－4.16
其中：行政性收费收入	410940	10369	2357	9.83	18381	4.47	14587	26.01
全省一般预算收入合计	**5175853**	**255151**	**－88052**	**21.66**	**598354**	**11.56**	**511724**	**16.93**
其中：税收收入	4344158	226151	－81100	21.34	533402	12.28	462536	15.32
非税收入	831695	29000	－6952	24.22	64952	7.81	49188	32.05
全省政府性基金收入	**480400**	**6528**	**－5647**	**7.97**	**18703**	**3.89**	**24003**	**－22.08**

2001年2月份全省地方财政支出完成情况

单位：万元

项目	年度预算	本月支出 数额	本月支出 比上月+－	本月支出 比上年增减%	截止本月累计 数额	截止本月累计 占预算%	截止本月累计 上年同期	截止本月累计 比上年增减%
(一)基本建设支出	329651	6509	685	-21.04	12333	3.74	13868	-11.07
(二)企业挖潜改造资金	387870	26826	14536	277.19	39116	10.08	11629	236.37
(三)支农支出及农林水事业费	435405	12379	-571	12.87	25329	5.82	25006	1.29
(四)城市维护费	385377	16425	3570	53.06	29280	7.60	26586	10.13
(五)文体广播、卫生事业费	494216	22906	-1523	41.89	47335	9.58	41548	13.93
(六)教育事业费	1335071	69161	-24209	40.02	162531	12.17	142329	14.19
(七)科学事业费和科技三项费用	143973	2187	867	-8.76	3507	2.44	5285	-33.64
(八)抚恤和社会福利救济费	355910	8973	-10108	17.51	28054	7.88	31837	-11.88
(九)行政管理费	653271	40163	-4066	30.04	84392	12.92	80262	5.15
(十)公检法司支出	402139	21411	-2242	63.74	45064	11.21	41496	8.60
(十一)其他部门事业费	407661	17039	-2309	44.28	36387	8.93	32205	12.99
(十二)政策性补贴支出	179396	38190	37844	-0.01	38536	21.48	38313	0.58
(十三)专项支出	193085	3640	1240	86.95	6076	3.15	4829	25.82
(十四)其他各项支出	1076537	33122	2098	75.70	64146	5.96	40491	58.42
全省一般预算支出合计	**6779562**	**318931**	**15776**	**40.26**	**622086**	**9.18**	**535684**	**16.13**
其中：生产建设性支出		56249	20154	83.59	92344		61631	49.83
非生产建设性支出		262682	-4378	33.51	529742		474053	11.75
全省政府性基金支出	**522130**	**2782**	**-1286**	**-25.67**	**6850**	**1.31**	**10423**	**-34.28**

2001年2月份分级财政收支完成情况

单位：万元

级次	收入					
	年度预算	累计数	占预算%	上年同期	比上年增减%	非税收入比重%
全省合计	**5175853**	**598354**	**11.56**	**511724**	**16.93**	**10.86**
省级	637000	81245	12.75	97459	-16.64	5.20
市地合计	4538853	517109	11.39	414265	24.83	14.30
济南	555925	74022	13.32	53435	38.53	10.50
青岛	864824	118708	13.73	99069	19.82	7.57
淄博	287307	29891	10.40	25357	17.88	8.00
枣庄	125116	8341	6.67	6056	37.73	10.68
烟台	429680	49730	11.57	41299	20.41	5.83
潍坊	380366	29747	7.82	25743	15.55	8.23
济宁	311168	25342	8.14	18896	34.11	8.37
临沂	251496	21633	8.60	17186	25.88	15.60
泰安	215526	19060	8.84	15158	25.74	28.54
聊城	139817	14316	10.24	11007	30.06	7.83
菏泽	108089	9449	8.74	7120	32.71	22.86
德州	188191	20611	10.95	17004	21.21	30.92
滨州	128598	9977	7.76	7824	27.52	11.55
东营	154809	49654	32.07	44207	12.32	17.23
威海	257517	23917	9.29	14500	64.94	13.81
日照	93377	7161	7.67	5759	24.34	18.54
莱芜	47047	5550	11.80	4645	19.48	7.60

续表

级 次	支 出					
	年度预算	累计数	占预算%	上年同期	比上年增减%	生产建设性支出比重%
全省合计	**6805298**	**622086**	**9.14**	**535684**	**16.13**	**14.84**
省 级	1279025	113091	8.84	108877	3.87	5.12
市地合计	5526273	508995	9.21	426807	19.26	17.00
济南	595549	51069	8.58	39981	27.73	17.48
青岛	952554	92203	9.68	78696	17.16	25.30
淄博	320541	28609	8.93	23561	21.43	17.30
枣庄	170450	16722	9.81	15993	4.56	9.11
烟台	488986	42946	8.78	34852	23.22	13.71
潍坊	446709	49194	11.01	33977	44.79	30.71
济宁	385467	39149	10.16	36240	8.03	16.28
临沂	375204	26679	7.11	23555	13.26	7.07
泰安	274651	20888	7.61	19546	6.87	9.58
聊城	220198	26067	11.84	19504	33.65	14.36
菏泽	201637	21364	10.60	17258	23.79	3.25
德州	250601	25456	10.16	24553	3.68	14.73
滨州	182842	16594	9.08	15181	9.31	6.35
东营	183748	11645	6.34	9971	16.79	20.52
威海	293441	25080	8.55	20113	24.70	14.89
日照	115384	9499	8.23	8863	7.18	4.98
莱芜	68311	5831	8.54	4963	17.49	12.59

2001年3月份全省地方财政收入完成情况

单位：万元

项　　目	年度预算	本月收入			截止本月累计			
		数额	比上月+−	比上年增减%	数额	占预算%	上年同期	比上年增减%
(一) 增值税(25%部分)	981232	97879	29497	16.27	231506	23.59	192167	20.47
(二) 营业税	1002657	57134	6154	13.56	216930	21.64	188810	14.89
(三) 个人所得税	291769	26224	7671	26.78	64447	22.09	48731	32.25
(四) 城市维护建设税	332537	23494	6072	13.40	79319	23.85	60424	31.27
(五) 企业所得税	895706	82425	34606	35.62	168842	18.85	135050	25.02
(六) 国有企业计划亏损补贴	−54396	−3110	−1617	31.78	−8985	16.52	−10067	−10.75
(七) 农业税	102828	417	417	130.39	490	0.48	186	163.44
(八) 农业特产税	198326	5224	3419	−47.42	8673	4.37	11206	−22.60
(九) 耕地占用税	26156	1872	971	−44.70	3270	12.50	6631	−50.69
(十) 专项收入	210596	15781	8125	11.91	44364	21.07	39464	12.42
(十一) 其他各项收入	1188442	120545	77419	1.29	217383	18.29	220046	−1.21
其中：行政性收费收入	410940	35755	25386	46.69	54136	13.17	38961	38.95
全省一般预算收入合计	**5175853**	**427885**	**172734**	**12.33**	**1026239**	**19.83**	**892648**	**14.97**
其中：税收收入	4344158	398885	172734	26.86	883043	20.33	776972	13.65
非税收入	831695	29000	0	−56.38	143196	17.22	115676	23.79
全省政府性基金收入	**480400**	**16137**	**9609**	**−10.11**	**34840**	**7.25**	**41955**	**−16.96**

2001年3月份全省地方财政支出完成情况

单位：万元

项 目	年度预算	本月支出 数额	本月支出 比上月+－	本月支出 比上年增减%	截止本月累计 数额	截止本月累计 占预算%	截止本月累计 上年同期	截止本月累计 比上年增减%
(一)基本建设支出	329651	14385	7876	－34.52	26718	8.10	35835	－25.44
(二)企业挖潜改造资金	387870	26515	－311	－11.34	65631	16.92	41535	58.01
(三)支农支出及农林水事业费	435405	20099	7720	4.42	45428	10.43	44254	2.65
(四)城市维护费	385377	30870	14445	－12.76	60150	15.61	61971	－2.94
(五)文体广播、卫生事业费	494216	28962	6056	7.12	76297	15.44	68586	11.24
(六)教育事业费	1335071	92942	23781	8.63	255473	19.14	227886	12.11
(七)科学事业费和科技三项费用	143973	3612	1425	0.92	7119	4.94	8864	－19.69
(八)抚恤和社会福利救济费	355910	18057	9084	109.24	46111	12.96	40467	13.95
(九)行政管理费	653271	48385	8222	6.82	132777	20.32	125557	5.75
(十)公检法司支出	402139	29414	8003	19.98	74478	18.52	66012	12.82
(十一)其他部门事业费	407661	19619	2580	28.08	56006	13.74	47523	17.85
(十二)政策性补贴支出	179396	580	－37610	－24.28	39116	21.80	39079	0.09
(十三)专项支出	193085	6003	2363	42.39	12079	6.26	9045	33.54
(十四)其他各项支出	1076537	54068	20946	2.34	118214	10.98	93325	26.67
全省一般预算支出合计	**6779562**	**393511**	**74580**	**5.15**	**1015597**	**14.98**	**909939**	**11.61**
其中：生产建设性支出		85523	29274	－14.10	177867		161193	10.34
非生产建设性支出		307988	45306	12.12	837730		748746	11.88
全省政府性基金支出	**522130**	**17058**	**14276**	**164.92**	**23908**	**4.58**	**16862**	**41.79**

2001 年 3 月份分级财政收支完成情况

单位：万元

级次	收入					
	年度预算	累计数	占预算%	上年同期	比上年增减%	非税收入比重%
全省合计	**5175853**	**1026239**	**19.83**	**892648**	**14.97**	**13.95**
省　级	637000	130038	20.41	130344	-0.23	5.83
市地合计	4538853	896201	19.75	762304	17.56	14.30
济南	555925	113876	20.48	87000	30.89	13.34
青岛	864824	206201	23.84	172886	19.27	6.38
淄博	287307	50511	17.58	40810	23.77	10.05
枣庄	125116	18489	14.78	15321	20.68	17.46
烟台	429680	87397	20.34	71268	22.63	8.20
潍坊	380366	49872	13.11	45762	8.98	10.63
济宁	311168	54495	17.51	53071	2.68	21.59
临沂	251496	34741	13.81	29749	16.78	18.65
泰安	215526	47633	22.10	42639	11.71	41.34
聊城	139817	26078	18.65	21201	23.00	7.31
菏泽	108089	17661	16.34	14065	25.57	24.23
德州	188191	40597	21.57	33780	20.18	37.67
滨州	128598	18537	14.41	14761	25.58	13.30
东营	154809	56839	36.72	62232	-8.67	16.74
威海	257517	51481	19.99	40656	26.63	22.71
日照	93377	12306	13.18	9173	34.15	16.33
莱芜	47047	9487	20.16	7930	19.63	14.88

续表

级 次	支出					
	年度预算	累计数	占预算%	上年同期	比上年增减%	生产建设性支出比重%
全省合计	**6805298**	**1015597**	**14.92**	**909939**	**11.61**	**17.51**
省 级	1279025	149444	11.68	156069	-4.24	4.96
市地合计	5526273	866153	15.67	753870	14.89	19.68
济南	595549	98577	16.55	84062	17.27	21.55
青岛	952554	157174	16.50	130716	20.24	28.06
淄博	320541	45773	14.28	37189	23.08	19.49
枣庄	170450	26847	15.75	26833	0.05	11.07
烟台	488986	78985	16.15	68218	15.78	17.91
潍坊	446709	72729	16.28	54824	32.66	28.09
济宁	385467	66023	17.13	61183	7.91	16.11
临沂	375204	43659	11.64	48171	-9.37	7.49
泰安	274651	42927	15.63	38464	11.60	16.38
聊城	220198	40515	18.40	30604	32.38	16.60
菏泽	201637	34404	17.06	29695	15.86	5.84
德州	250601	41018	16.37	42674	-3.88	16.68
滨州	182842	27305	14.93	24299	12.37	10.73
东营	183748	22734	12.37	17980	26.44	32.68
威海	293441	42918	14.63	37938	13.13	22.18
日照	115384	15475	13.41	12990	19.13	6.92
莱芜	68311	9090	13.31	8030	13.20	12.92

2001年4月份全省地方财政收入完成情况

单位：万元

项目	年度预算	本月收入			截止本月累计			
		数额	比上月+－	比上年增减%	数额	占预算%	上年同期	比上年增减%
（一）增值税(25%部分)	981232	83225	－14654	33.79	314731	32.08	254374	23.73
（二）营业税	1002657	91267	34133	9.10	308197	30.74	272466	13.11
（三）个人所得税	291769	22730	－3494	21.34	87177	29.88	67463	29.22
（四）城市维护建设税	332537	22407	－1087	－32.05	101726	30.59	93398	8.92
（五）企业所得税	895706	85673	3248	51.79	254515	28.42	191493	32.91
（六）国有企业计划亏损补贴	－54396	－2047	1063	－72.16	－11032	20.28	－17419	－36.67
（七）农业税	102828	165	－252	－78.87	655	0.64	967	－32.26
（八）农业特产税	198326	2686	－2538	－5.85	11359	5.73	14059	－19.20
（九）耕地占用税	26156	987	－885	－2.28	4257	16.28	7641	－44.29
（十）专项收入	210596	14242	－1539	4.98	58606	27.83	53031	10.51
（十一）其他各项收入	1188442	106014	－14531	33.16	323397	27.21	299662	7.92
其中：行政性收费收入	410940	24487	－11268	97.11	78623	19.13	51384	53.01
全省一般预算收入合计	**5175853**	**427349**	**－536**	**24.05**	**1453588**	**19.13**	**1237135**	**17.50**
其中：税收收入	4344158	366102	－32783	18.00	1249145	28.75	1087231	14.89
非税收入	831695	61247	32247	78.94	204443	24.58	149904	36.38
全省政府性基金收入	**480400**	**25816**	**9679**	**4.66**	**60656**	**12.63**	**66622**	**－8.95**

2001年4月份全省地方财政支出完成情况

单位：万元

项　目	年度预算	本月支出			截止本月累计			
		数额	比上月+－	比上年增减%	数额	占预算%	上年同期	比上年增减%
（一）基本建设支出	329651	13765	－620	－28.05	40483	12.28	54966	－26.35
（二）企业挖潜改造资金	387870	18001	－8514	－6.27	83632	21.56	60741	37.69
（三）支农支出及农林水事业费	435405	22615	2516	－6.43	68043	15.63	68424	－0.56
（四）城市维护费	385377	36625	5755	38.47	96775	25.11	88420	9.45
（五）文体广播、卫生事业费	494216	30418	1456	－13.84	106715	21.59	103892	2.72
（六）教育事业费	1335071	95140	2198	－6.55	350613	26.26	329698	6.34
（七）科学事业费和科技三项费用	143973	9060	5448	54.03	16179	11.24	14746	9.72
（八）抚恤和社会福利救济费	355910	28466	10409	67.88	74577	20.95	57423	29.87
（九）行政管理费	653271	49407	1022	－9.59	182184	27.89	180203	1.10
（十）公检法司支出	402139	29836	422	－10.31	104314	25.94	99278	5.07
（十一）其他部门事业费	407661	22491	2872	－15.00	78497	19.26	73984	6.10
（十二）政策性补贴支出	179396	1177	597	－36.89	40293	22.46	40944	－1.59
（十三）专项支出	193085	11017	5014	32.27	23096	11.96	17374	32.93
（十四）其他各项支出	1076537	56401	2333	－10.36	174615	16.22	156245	11.76
全省一般预算支出合计	**6779562**	**424419**	**30908**	**－2.75**	**1440016**	**21.24**	**1346338**	**6.96**
其中：生产建设性支出		89476	3953	17.48	267343		237357	12.63
非生产建设性支出		334943	26955	－7.02	1172673		1108981	5.74
全省政府性基金支出	**522130**	**8964**	**－8094**	**－0.83**	**32872**	**6.30**	**25901**	**26.91**

2001年4月份分级财政收支完成情况

单位：万元

级 次	收 入					
	年度预算	累计数	占预算%	上年同期	比上年增减%	非税收入比重%
全省合计	**5175853**	**1453588**	**28.08**	**1237135**	**17.50**	**14.06**
省 级	637000	198517	31.16	182427	8.82	5.76
市地合计	4538853	1255071	27.65	1054708	19.00	15.38
济南	555925	157659	28.36	123575	27.58	13.46
青岛	864824	288924	33.41	236086	22.38	6.53
淄博	287307	79925	27.82	59984	33.24	11.11
枣庄	125116	26090	20.85	21954	18.84	19.97
烟台	429680	120291	28.00	100260	19.98	8.62
潍坊	380366	79742	20.96	68903	15.73	15.21
济宁	311168	78614	25.26	65799	19.48	23.03
临沂	251496	54196	21.55	44996	20.45	20.69
泰安	215526	58246	27.03	51591	12.90	37.63
聊城	139817	35167	25.15	29762	18.16	9.11
菏泽	108089	23356	21.61	19574	19.32	22.69
德州	188191	53413	28.38	45474	17.46	37.09
滨州	128598	26194	20.37	21109	24.09	14.76
东营	154809	67909	43.87	85142	-20.24	15.27
威海	257517	71951	27.94	54089	33.02	23.68
日照	93377	19071	20.42	14555	31.03	18.94
莱芜	47047	14323	30.44	11855	20.82	13.28

续表

级次	支出					
	年度预算	累计数	占预算%	上年同期	比上年增减%	生产建设性支出比重%
全省合计	**6805298**	**1440016**	**21.16**	**1346338**	**6.96**	**18.57**
省级	1279025	189658	14.83	266038	-28.71	4.52
市地合计	5526273	1250358	22.63	1080300	15.74	20.70
济南	595549	149077	25.03	123483	20.73	24.25
青岛	952554	223734	23.49	184339	21.37	29.01
淄博	320541	72626	22.66	57283	26.78	22.82
枣庄	170450	38582	22.64	36489	5.74	14.16
烟台	488986	107315	21.95	96765	10.90	17.28
潍坊	446709	105068	23.52	78603	33.67	26.90
济宁	385467	94302	24.46	82988	13.63	18.61
临沂	375204	66098	17.62	65547	0.84	9.73
泰安	274651	60649	22.08	54009	12.29	15.23
聊城	220198	54901	24.93	44693	22.84	16.83
菏泽	201637	47403	23.51	41741	13.56	5.18
德州	250601	57244	22.84	57284	-0.07	15.61
滨州	182842	36752	20.10	34586	6.26	9.65
东营	183748	36424	19.82	32741	11.25	28.73
威海	293441	65099	22.18	57141	13.93	26.32
日照	115384	21590	18.71	21152	2.07	8.14
莱芜	68311	13494	19.75	11456	17.79	15.64

2001年5月份全省地方财政收入完成情况

单位：万元

项 目	年度预算	本月收入			截止本月累计			
		数额	比上月+－	比上年增减%	数额	占预算%	上年同期	比上年增减%
(一) 增值税(25%部分)	981232	78964	－4261	12.85	393695	40.12	324347	21.38
(二) 营业税	1002657	64721	－26546	22.19	372918	37.19	325434	14.59
(三) 个人所得税	291769	23468	738	19.84	110645	37.92	87046	27.11
(四) 城市维护建设税	332537	22118	－289	10.66	123844	37.24	113386	9.22
(五) 企业所得税	895706	47412	－38261	4.01	301927	33.71	237079	27.35
(六) 国有企业计划亏损补贴	－54396	－5071	－3024	680.15	－16103	29.60	－18069	－10.88
(七) 农业税	102828	6305	6140	26.66	6960	6.77	5945	17.07
(八) 农业特产税	198326	12276	9590	26.23	23635	11.92	23784	－0.63
(九) 耕地占用税	26156	1810	823	－27.83	6067	23.20	10149	－40.22
(十) 专项收入	210596	18261	4019	29.54	76867	36.50	67128	14.51
(十一) 其他各项收入	1188442	87817	－18197	38.39	411214	34.60	361481	13.76
其中：行政性收费收入	410940	28417	3930	60.21	107040	26.05	69121	54.86
全省一般预算收入合计	**5175853**	**358081**	**－69268**	**18.49**	**1811669**	**35.00**	**1537710**	**17.82**
其中：税收收入	4344158	291994	－74108	14.18	1541139	35.48	1342957	14.76
非税收入	831695	66087	4840	42.17	270530	32.53	194753	38.91
全省政府性基金收入	**480400**	**28965**	**3149**	**－38.87**	**89621**	**18.66**	**114003**	**－21.39**

2001年5月份全省地方财政支出完成情况

单位：万元

项目	年度预算	本月支出			截止本月累计			
		数额	比上月+-	比上年增减%	数额	占预算%	上年同期	比上年增减%
(一)基本建设支出	329651	50192	36427	138.57	90675	27.51	76005	19.30
(二)企业挖潜改造资金	387870	15119	-2882	-22.04	98751	25.46	80134	23.23
(三)支农支出及农林水事业费	433405	26051	3436	26.17	94094	21.71	89071	5.64
(四)城市维护费	368377	37005	380	4.65	133780	36.32	123781	8.08
(五)文体广播、卫生事业费	483216	29828	-590	10.55	136543	28.26	130873	4.33
(六)教育事业费	1290071	105572	10432	36.57	456185	35.36	407000	12.08
(七)科学事业费和科技三项费用	143973	6003	-3057	78.55	22182	15.41	18108	22.50
(八)抚恤和社会福利救济费	341910	34389	5923	137.71	108966	31.87	71890	51.57
(九)行政管理费	654271	55967	6560	31.03	238151	36.40	222916	6.83
(十)公检法司支出	400139	33742	3906	42.29	138056	34.50	122992	12.25
(十一)其他部门事业费	400661	35220	12729	163.50	113717	28.38	87350	30.19
(十二)政策性补贴支出	179396	38916	37739	-4.79	79209	44.15	81817	-3.19
(十三)专项支出	193085	10595	-422	47.58	33691	17.45	24553	37.22
(十四)其他各项支出	1071573	63110	6709	38.98	237725	22.18	201655	17.89
全省一般预算支出合计	**6703298**	**541709**	**117290**	**38.26**	**1981725**	**29.56**	**1738145**	**14.01**
其中：生产建设性支出		119992	30516	30.82	387335		329083	17.70
非生产建设性支出		421717	86774	40.53	1594390		1409062	13.15
全省政府性基金支出	**522130**	**6308**	**-2656**	**-76.96**	**39180**	**7.50**	**32872**	**19.19**

2001年5月份分级财政收支完成情况

单位：万元

级次	收入					
	年度预算	累计数	占预算%	上年同期	比上年增减%	非税收入比重%
全省合计	**5175853**	**1811669**	**35.00**	**1537710**	**17.82**	**14.93**
省级	637000	228056	35.80	213314	6.91	5.56
市地合计	4538853	1583613	34.89	1324396	19.57	16.28
济南	555925	199694	35.92	162401	22.96	16.54
青岛	864824	345807	39.99	284020	21.75	6.49
淄博	287307	98346	34.23	75870	29.62	12.01
枣庄	125116	34834	27.84	29527	17.97	21.97
烟台	429680	152699	35.54	123212	23.93	9.54
潍坊	380366	112929	29.69	96377	17.17	14.71
济宁	311168	102153	32.83	80490	26.91	24.87
临沂	251496	74333	29.56	62472	18.99	23.95
泰安	215526	71019	32.95	61860	14.81	37.05
聊城	139817	45216	32.34	37582	20.31	11.96
菏泽	108089	30410	28.13	24751	22.86	22.87
德州	188191	70913	37.68	58800	20.60	33.30
滨州	128598	37063	28.82	30209	22.69	18.81
东营	154809	75560	48.81	91750	-17.65	16.25
威海	257517	88659	34.43	68870	28.73	21.57
日照	93377	25362	27.16	20801	21.93	19.61
莱芜	47047	18616	39.57	15404	20.85	15.66

续表

级　次	支　出					
	年度预算	累计数	占预算%	上年同期	比上年增减%	生产建设性支出比重%
全省合计	**6703298**	**1981725**	**29.56**	**1738145**	**14.01**	**19.55**
省　级	1279025	338205	26.44	328770	2.87	10.44
市地合计	5424273	1643520	30.30	1409375	16.61	21.42
济南	591049	199947	33.83	164203	21.77	23.77
青岛	950454	303184	31.90	252862	19.90	32.57
淄博	316777	93456	29.50	72103	29.61	21.89
枣庄	166301	49402	29.71	44759	10.37	13.10
烟台	480486	141742	29.50	123938	14.37	21.31
潍坊	439409	134645	30.64	102256	31.67	26.07
济宁	375773	122690	32.65	102347	19.88	18.78
临沂	358132	89847	25.09	89444	0.45	9.66
泰安	266151	76281	28.66	69601	9.60	14.53
聊城	212376	71622	33.72	55915	28.09	15.27
菏泽	197752	60115	30.40	56248	6.87	4.71
德州	243763	73862	30.30	71542	3.24	15.29
滨州	175811	49371	28.08	43696	12.99	8.53
东营	181748	47239	25.99	43728	8.03	30.37
威海	291541	84288	28.91	74557	13.05	26.41
日照	110646	28492	25.75	26798	6.32	7.83
莱芜	66104	17337	26.23	15378	12.74	15.16

2001年6月份全省地方财政收入完成情况

单位：万元

项目	年度预算	本月收入			截止本月累计			
		数额	比上月+-	比上年增减%	数额	占预算%	上年同期	比上年增减%
(一) 增值税(25%部分)	981232	104044	25080	48.01	497739	50.73	394644	26.12
(二) 营业税	1002657	101518	36797	16.69	474436	47.32	412430	15.03
(三) 个人所得税	291769	41141	17673	41.75	151786	52.02	116069	30.77
(四) 城市维护建设税	332537	31008	8890	12.18	154852	46.57	141028	9.80
(五) 企业所得税	895706	118299	70887	7.82	420226	46.92	346796	21.17
(六) 国有企业计划亏损补贴	-54396	-4259	812	-19.70	-20362	37.43	-23373	-12.88
(七) 农业税	102828	56833	50528	-0.93	63793	62.04	63312	0.76
(八) 农业特产税	198326	40372	28096	24.30	64007	32.27	56263	13.76
(九) 耕地占用税	26156	5380	3570	18.40	11447	43.76	14693	-22.09
(十) 专项收入	210596	23467	5206	-4.96	100334	47.64	91819	9.27
(十一) 其他各项收入	1188442	191071	103254	23.92	602285	50.68	515421	16.85
其中：行政性收费收入	410940	66213	37796	41.47	173253	42.16	115923	49.46
全省一般预算收入合计	**5175853**	**708874**	**350793**	**19.82**	**2520543**	**48.70**	**2129102**	**18.39**
其中：税收收入	4344158	570229	339482	16.58	2111368	48.60	1832086	15.24
非税收入	831695	138645	11311	35.25	409175	49.20	298899	36.89
全省政府性基金收入	**480400**	**57343**	**2562**	**118.30**	**146964**	**30.59**	**140271**	**4.77**

2001年6月份全省地方财政支出完成情况

单位：万元

项目	年度预算	本月支出			截止本月累计			
		数额	比上月+－	比上年增减%	数额	占预算%	上年同期	比上年增减%
(一)基本建设支出	329651	30866	－19326	－18.95	121541	36.87	114090	6.53
(二)企业挖潜改造资金	387870	47887	32768	2.92	146638	37.81	126664	15.77
(三)支农支出及农林水事业费	433405	46480	20429	6.55	140574	32.43	132692	5.94
(四)城市维护费	368377	41067	4062	8.64	174847	47.46	161583	8.21
(五)文体广播、卫生事业费	483216	45269	15441	7.02	181812	37.63	173173	4.99
(六)教育事业费	1290071	139013	33441	5.83	595198	46.14	538350	10.56
(七)科学事业费和科技三项费用	143973	16015	10012	40.18	38197	26.53	29533	29.34
(八)抚恤和社会福利救济费	341910	67140	32751	10.57	176106	51.51	132611	32.80
(九)行政管理费	654271	71225	15258	32.85	309376	47.29	276530	11.88
(十)公检法司支出	400139	40507	6765	8.32	178563	44.63	160387	11.33
(十一)其他部门事业费	400661	35513	293	9.54	149230	37.25	119770	24.60
(十二)政策性补贴支出	179396	730	－38186	95.19	79939	44.56	82191	－2.74
(十三)专项支出	193085	13100	2505	－24.55	46791	24.23	41915	11.63
(十四)其他各项支出	1071573	106255	43145	37.27	343980	32.10	279062	23.26
全省一般预算支出合计	**6703298**	**701067**	**159358**	**11.21**	**2682792**	**40.02**	**2368551**	**13.27**
其中：生产建设性支出		160742	40750	－2.92	548077		494659	10.80
非生产建设性支出		540325	118608	16.24	2134715		1873892	13.92
全省政府性基金支出	**522130**	**67504**	**61196**	**95.02**	**106684**	**20.43**	**87890**	**21.38**

2001年6月份分级财政收支完成情况

单位：万元

级次	收入					
	年度预算	累计数	占预算%	上年同期	比上年增减%	非税收入比重%
全省合计	**5175853**	**2520543**	**48.70**	**2129102**	**18.39**	**16.23**
省级	637000	290878	45.66	267335	8.81	8.86
市地合计	4538853	2229665	49.12	1861767	19.76	17.19
济南	555925	274928	49.45	233430	17.78	19.16
青岛	864824	441389	51.04	353542	24.85	7.29
淄博	287307	130397	45.39	106149	22.84	12.68
枣庄	125116	62675	50.09	54426	15.16	30.23
烟台	429680	209723	48.81	170664	22.89	9.66
潍坊	380366	173604	45.64	146372	18.60	13.61
济宁	311168	149883	48.17	124077	20.80	24.37
临沂	251496	110530	43.95	93650	18.02	26.45
泰安	215526	106057	49.21	90577	17.09	33.23
聊城	139817	67176	48.05	51862	29.53	12.05
菏泽	108089	42574	39.39	36659	16.14	22.48
德州	188191	100838	53.58	82059	22.88	33.57
滨州	128598	63265	49.20	52414	20.70	20.36
东营	154809	95970	61.99	103639	-7.40	15.49
威海	257517	130773	50.78	103750	26.05	20.47
日照	93377	44028	47.15	36967	19.10	18.16
莱芜	47047	25855	54.96	21530	20.09	15.96

续表

级 次	支出					
	年度预算	累计数	占预算%	上年同期	比上年增减%	生产建设性支出比重%
全省合计	**6703298**	**2682792**	**40.02**	**2368551**	**13.27**	**20.43**
省 级	1279025	501186	39.19	511765	-2.07	10.94
市地合计	5424273	2181606	40.22	1856786	17.49	22.61
济南	591049	269322	45.57	214435	25.60	22.98
青岛	950454	385622	40.57	327302	17.82	35.25
淄博	316777	123295	38.92	96274	28.07	23.37
枣庄	166301	68867	41.41	60213	14.37	14.66
烟台	480486	190516	39.65	159536	19.42	24.08
潍坊	439409	178160	40.55	142993	24.59	26.38
济宁	375773	161508	42.98	139121	16.09	21.67
临沂	358132	126586	35.35	118678	6.66	10.39
泰安	266151	101361	38.08	94649	7.09	17.68
聊城	212376	88359	41.60	70466	25.39	14.36
菏泽	197752	75777	38.32	68244	11.04	5.39
德州	243763	96549	39.61	88899	8.61	15.21
滨州	175811	64678	36.79	58696	10.19	10.48
东营	181748	67937	37.38	59628	13.93	30.19
威海	291541	118360	40.60	98645	19.99	25.95
日照	110646	40363	36.48	37180	8.56	11.86
莱芜	66104	24346	36.83	21827	11.54	13.68

2001年7月份全省地方财政收入完成情况

单位：万元

项目	年度预算	本月收入			截止本月累计			
		数额	比上月+-	比上年增减%	数额	占预算%	上年同期	比上年增减%
(一)增值税(25%部分)	981232	89660	-14384	8.59	587399	59.86	477208	23.09
(二)营业税	1002657	90975	-10543	6.20	565411	56.39	498096	13.51
(三)个人所得税	291769	23944	-17197	49.25	175730	60.23	132112	33.02
(四)城市维护建设税	332537	19958	-11050	9.83	174810	52.57	159200	9.81
(五)企业所得税	895706	96800	-21499	67.89	517026	57.72	404454	27.83
(六)国有企业计划亏损补贴	-54396	-1541	2718	-72.65	-21903	40.27	-29008	-24.49
(七)农业税	102828	20296	-36537	6.85	84089	81.78	82307	2.17
(八)农业特产税	198326	10854	-29518	57.58	74861	37.75	63151	18.54
(九)耕地占用税	26156	931	-4449	-17.76	12378	47.32	15825	-21.78
(十)专项收入	210596	22994	-473	72.86	123328	58.56	105121	17.32
(十一)其他各项收入	1188442	87530	-103541	58.21	689815	58.04	572630	20.46
其中：行政性收费收入	410940	36265	-29948	285.39	209518	50.99	125333	67.17
全省一般预算收入合计	**5175853**	**462401**	**-246473**	**32.07**	**2982944**	**57.63**	**2481096**	**20.23**
其中：税收收入	4344158	390978	-179251	22.76	2502346	57.60	2150567	16.36
非税收入	831695	71423	-67222	125.81	480598	57.79	330529	45.40
全省政府性基金收入	**480400**	**42150**	**-15193**	**-22.40**	**189114**	**39.37**	**194590**	**-2.81**

2001年7月份全省地方财政支出完成情况

单位：万元

项目	年度预算	本月支出			截止本月累计			
		数额	比上月+－	比上年增减%	数额	占预算%	上年同期	比上年增减%
(一)基本建设支出	329651	36660	5794	90.11	158201	47.99	133374	18.61
(二)企业挖潜改造资金	387870	34949	－12938	72.13	181587	46.82	146968	23.56
(三)支农支出及农林水事业费	433405	26685	－19795	－10.58	167259	38.59	162534	2.91
(四)城市维护费	368377	42936	1869	23.93	217783	59.12	196229	10.98
(五)文体广播、卫生事业费	483216	33405	－11864	19.25	215217	44.54	201185	6.97
(六)教育事业费	1290071	99058	－39955	12.71	694256	53.82	626237	10.86
(七)科学事业费和科技三项费用	143973	6624	－9391	－7.14	44821	31.13	36666	22.24
(八)抚恤和社会福利救济费	341910	28991	－38149	60.19	205097	59.99	150709	36.09
(九)行政管理费	654271	54355	－16870	14.33	363731	55.59	324072	12.24
(十)公检法司支出	400139	36151	－4356	46.75	214714	53.66	185021	16.05
(十一)其他部门事业费	400661	42768	7255	90.05	191998	47.92	142273	34.95
(十二)政策性补贴支出	179396	1544	814	12.37	81483	45.42	83565	－2.49
(十三)专项支出	193085	14352	1252	13.66	61143	31.67	54542	12.10
(十四)其他各项支出	1071573	52500	－53755	11.21	396480	37.00	326270	21.52
全省一般预算支出合计	**6703298**	**510978**	**－190089**	**27.40**	**3193770**	**47.64**	**2769645**	**15.31**
其中：生产建设性支出		134316	－26426	32.38	682393		596120	14.47
非生产建设性支出		376662	－163663	25.71	2511377		2173525	15.54
全省政府性基金支出	**522130**	**19440**	**－48064**	**－32.59**	**126124**	**24.16**	**116728**	**8.05**

2001年7月份分级财政收支完成情况

单位：万元

级次	收入					
	年度预算	累计数	占预算%	上年同期	比上年增减%	非税收入比重%
全省合计	**5175853**	**2982944**	**57.63**	**2479164**	**20.32**	**16.11**
省级	637000	405655	63.68	333982	21.46	12.56
市地合计	4538853	2577289	56.78	2145182	20.14	20.04
济南	555925	317323	57.08	268702	18.09	18.61
青岛	864824	527145	60.95	417601	26.23	7.02
淄博	287307	155382	54.08	126682	22.66	13.04
枣庄	125116	68113	54.44	58710	16.02	28.77
烟台	429680	243904	56.76	202725	20.31	9.70
潍坊	380366	195086	51.29	166722	17.01	13.33
济宁	311168	169280	54.40	137773	22.87	23.16
临沂	251496	130315	51.82	109896	18.58	26.84
泰安	215526	120013	55.68	101330	18.44	32.78
聊城	139817	79099	56.57	62906	25.74	13.13
菏泽	108089	58587	54.20	49669	17.95	19.68
德州	188191	111684	59.35	92915	20.20	32.99
滨州	128598	70867	55.11	57710	22.80	19.85
东营	154809	106723	68.94	110286	-3.23	15.46
威海	257517	145882	56.65	115685	26.10	19.11
日照	93377	48708	52.16	41240	18.11	18.25
莱芜	47047	29178	62.02	24630	18.47	15.16

续表

级次	支出					
	年度预算	累计数	占预算%	上年同期	比上年增减%	生产建设性支出比重%
全省合计	**6703298**	**3193770**	**47.64**	**2769645**	**15.31**	**21.37**
省　级	1279025	579527	45.31	552930	4.81	15.43
市地合计	5424273	2614243	48.20	2216715	17.93	22.68
济南	591049	314911	53.28	257122	22.48	23.89
青岛	950454	466416	49.07	387179	20.47	35.33
淄博	316777	145954	46.07	116998	24.75	24.72
枣庄	166301	83212	50.04	72558	14.68	15.31
烟台	480486	231351	48.15	189320	22.20	25.49
潍坊	439409	206986	47.11	172009	20.33	24.78
济宁	375773	190839	50.79	164593	15.95	22.62
临沂	358132	157771	44.05	141114	11.80	9.69
泰安	266151	121834	45.78	109990	10.77	16.94
聊城	212376	104825	49.36	86335	21.42	13.99
菏泽	197752	99017	50.07	85275	16.11	5.62
德州	243763	115671	47.45	103680	11.57	14.88
滨州	175811	77278	43.96	70433	9.72	10.97
东营	181748	80453	44.27	73459	9.52	28.79
威海	291541	139028	47.69	115245	20.64	25.51
日照	110646	49734	44.95	45498	9.31	11.77
莱芜	66104	28963	43.81	25907	11.80	15.17

2001 年 8 月份全省地方财政收入完成情况

单位：万元

项目	年度预算	本月收入			截止本月累计			
		数额	比上月 + -	比上年增减%	数额	占预算%	上年同期	比上年增减%
(一) 增值税(25%部分)	981232	78779	-10881	5.48	666178	67.89	551892	20.71
(二) 营业税	1002657	58670	-32305	2.24	624081	62.24	555480	12.35
(三) 个人所得税	291769	27216	3272	30.36	202946	69.56	152989	32.65
(四) 城市维护建设税	332537	18518	-1440	1.94	193328	58.14	177365	9.00
(五) 企业所得税	895706	72075	-24725	138.24	589101	65.77	434707	35.52
(六) 国有企业计划亏损补贴	-54396	-1762	-221	-12.64	-23665	43.51	-31025	-23.72
(七) 农业税	102828	4761	-15535	167.02	88850	86.41	84090	5.66
(八) 农业特产税	198326	6725	-4129	6.48	81586	41.14	69467	17.45
(九) 耕地占用税	26156	1287	356	65.42	13665	52.24	16603	-17.70
(十) 专项收入	210596	15105	-7889	28.76	138433	65.73	116852	18.47
(十一) 其他各项收入	1188442	104457	16927	82.52	794272	66.83	629859	26.10
其中：行政性收费收入	410940	44012	7747	192.69	253530	61.70	140370	80.62
全省一般预算收入合计	**5175853**	**385831**	**-76570**	**39.20**	**3368775**	**65.09**	**2758279**	**22.13**
其中：税收收入	4344158	293662	-97316	25.51	2796008	64.36	2384537	17.26
非税收入	831695	92169	20746	113.29	572767	68.87	373742	53.25
全省政府性基金收入	**480400**	**27316**	**-14834**	**-16.00**	**216430**	**45.05**	**227109**	**-4.70**

2001年8月份全省地方财政支出完成情况

单位：万元

项目	年度预算	本月支出			截止本月累计			
		数额	比上月+−	比上年增减%	数额	占预算%	上年同期	比上年增减%
(一)基本建设支出	329651	20990	−15670	−41.05	179191	54.36	168982	6.04
(二)企业挖潜改造资金	387870	15418	−19531	11.91	197005	50.79	160745	22.56
(三)支农支出及农林水事业费	433405	27212	527	7.77	194471	44.87	187784	3.56
(四)城市维护费	368377	36166	−6770	30.87	253949	68.94	223865	13.44
(五)文体广播、卫生事业费	483216	37563	4158	−12.04	252780	52.31	243892	3.64
(六)教育事业费	1290071	93137	−5921	9.31	787393	61.03	711444	10.68
(七)科学事业费和科技三项费用	143973	7748	1124	13.59	52569	36.51	43487	20.88
(八)抚恤和社会福利救济费	341910	16149	−12842	−2.17	221246	64.71	167216	32.31
(九)行政管理费	654271	54079	−276	19.16	417810	63.86	369454	13.09
(十)公检法司支出	400139	37655	1504	16.79	252369	63.07	217262	16.16
(十一)其他部门事业费	400661	54507	11739	146.40	246505	61.52	164394	49.95
(十二)政策性补贴支出	179396	2536	992	−94.53	84019	46.83	129938	−35.34
(十三)专项支出	193085	13331	−1021	7.73	74474	38.57	66916	11.29
(十四)其他各项支出	1071573	60596	8096	14.73	457076	42.65	379085	20.57
全省一般预算支出合计	**6703298**	**477087**	**−33891**	**2.64**	**3670857**	**54.76**	**3234464**	**13.49**
其中：生产建设性支出		95326	−38990	−4.31	777719		695738	11.78
非生产建设性支出		381761	5099	4.53	2893138		2538726	13.96
全省政府性基金支出	**522130**	**32080**	**12640**	**1.80**	**158204**	**30.30**	**148240**	**6.72**

2001年8月份分级财政收支完成情况

单位：万元

级 次	收 入					
	年度预算	累计数	占预算%	上年同期	比上年增减%	非税收入比重%
全省合计	**5175853**	**3368775**	**65.09**	**2758279**	**22.13**	**17.00**
省 级	637000	494928	77.70	369611	33.91	14.93
市地合计	4538853	2873847	63.32	2388668	20.31	20.78
济南	555925	349004	62.78	300843	16.01	18.39
青岛	864824	584028	67.53	465839	25.37	7.27
淄博	287307	172255	59.96	142782	20.64	13.85
枣庄	125116	74324	59.40	63714	16.65	28.41
烟台	429680	275485	64.11	225974	21.91	9.82
潍坊	380366	216844	57.01	188479	15.05	14.42
济宁	311168	186619	59.97	150396	24.09	23.91
临沂	251496	151315	60.17	126980	19.16	29.38
泰安	215526	133907	62.13	112552	18.97	33.16
聊城	139817	88157	63.05	70662	24.76	14.43
菏泽	108089	66942	61.93	55002	21.71	21.23
德州	188191	132180	70.24	106753	23.82	36.45
滨州	128598	78214	60.82	62973	24.20	19.70
东营	154809	115076	74.33	116697	-1.39	16.76
威海	257517	162095	62.95	125937	28.71	18.49
日照	93377	54940	58.84	46038	19.34	19.95
莱芜	47047	32462	69.00	27047	20.02	14.52

续表

级次	支出					
	年度预算	累计数	占预算%	上年同期	比上年增减%	生产建设性支出比重%
全省合计	**6703298**	**3670857**	**54.76**	**3234464**	**13.49**	**21.19**
省级	1279025	654883	51.20	671088	-2.41	15.23
市地合计	5424273	3015974	55.60	2563376	17.66	22.48
济南	591049	358198	60.60	291453	22.90	25.19
青岛	950454	542812	57.11	442503	22.67	35.15
淄博	316777	165631	52.29	137330	20.61	23.33
枣庄	166301	95783	57.60	83127	15.22	14.86
烟台	480486	265614	55.28	222015	19.64	25.48
潍坊	439409	235970	53.70	201289	17.23	23.74
济宁	375773	221126	58.85	188555	17.27	21.98
临沂	358132	181008	50.54	165110	9.63	10.14
泰安	266151	142034	53.37	126681	12.12	16.61
聊城	212376	119716	56.37	101233	18.26	13.29
菏泽	197752	117000	59.17	103373	13.18	6.85
德州	243763	136340	55.93	119135	14.44	14.12
滨州	175811	88495	50.34	82085	7.81	10.68
东营	181748	94463	51.97	84171	12.23	27.43
威海	291541	157305	53.96	132340	18.86	24.79
日照	110646	57484	51.95	52157	10.21	10.99
莱芜	66104	36995	55.96	30819	20.04	16.05

2001年9月份全省地方财政收入完成情况

单位：万元

项　　目	年度预算	本月收入			截止本月累计			
		数额	比上月+－	比上年增减%	数额	占预算%	上年同期	比上年增减%
(一) 增值税(25%部分)	981232	82297	3518	28.36	748475	76.28	616006	21.50
(二) 营业税	1002657	65569	6899	13.78	689650	68.78	613110	12.48
(三) 个人所得税	291769	30135	2919	52.66	233081	79.89	172729	34.94
(四) 城市维护建设税	332537	29555	11037	58.92	222883	67.03	195962	13.74
(五) 企业所得税	895706	47419	－24656	25.25	636520	71.06	472642	34.67
(六) 国有企业计划亏损补贴	－54396	－3347	－1585	119.33	－27012	49.66	－32551	－17.02
(七) 农业税	102828	651	－4110	－249.31	89501	87.04	83654	6.99
(八) 农业特产税	198326	11889	5164	31.72	93475	47.13	78493	19.09
(九) 耕地占用税	26156	3346	2059	18.02	17011	65.04	19438	－12.49
(十) 专项收入	210596	17457	2352	39.77	155890	74.02	129342	20.53
(十一) 其他各项收入	1188442	115814	11357	32.72	910086	76.58	717119	26.91
其中：行政性收费收入	410940	45398	1386	45.85	298928	72.74	171497	74.31
全省一般预算收入合计	**5175853**	**400785**	**14954**	**30.30**	**3769560**	**72.83**	**3065868**	**22.95**
其中：税收收入	4344158	303855	107123	26.27	3099863	71.36	2625172	18.08
非税收入	831695	96930	－92169	44.77	669697	80.52	440696	51.96
全省政府性基金收入	**480400**	**72440**	**－27316**	**29.12**	**288870**	**60.13**	**283212**	**2.00**

2001年9月份全省地方财政支出完成情况

单位：万元

项目	年度预算	本月支出			截止本月累计			
		数额	比上月+－	比上年增减%	数额	占预算%	上年同期	比上年增减%
(一)基本建设支出	329651	53002	32012	124.39	232193	70.44	192602	20.56
(二)企业挖潜改造资金	387870	17840	2422	4.10	214845	55.39	177882	20.78
(三)支农支出及农林水事业费	433405	33482	6270	29.01	227953	52.35	213737	6.65
(四)城市维护费	368377	38831	2665	43.81	292780	75.97	250866	16.71
(五)文体广播、卫生事业费	483216	45236	7673	37.94	298016	60.30	276687	7.71
(六)教育事业费	1290071	102240	9103	0.91	889633	66.64	812764	9.46
(七)科学事业费和科技三项费用	143973	9942	2194	47.31	62511	43.42	50236	24.43
(八)抚恤和社会福利救济费	341910	28200	12051	75.68	249446	70.09	183268	36.11
(九)行政管理费	654271	64480	10401	31.32	482290	73.83	418555	15.23
(十)公检法司支出	400139	37115	－540	18.27	289484	71.99	248643	16.43
(十一)其他部门事业费	400661	35969	－18538	72.05	282474	69.29	185300	52.44
(十二)政策性补贴支出	179396	39373	36837	3282.56	123392	68.78	131102	－5.88
(十三)专项支出	193085	15614	2283	45.82	90088	46.66	77624	16.06
(十四)其他各项支出	1071573	70007	9411	10.95	527083	48.96	442183	19.20
全省一般预算支出合计	**6703298**	**591331**	**114244**	**38.49**	**4262188**	**63.58**	**3661449**	**16.41**
其中：生产建设性支出		135413	40087	47.46	913132		787568	15.94
非生产建设性支出		455918	74157	36.03	3349056		2873881	16.53
全省政府性基金支出	**522130**	**49833**	**17753**	**94.51**	**208037**	**39.84**	**173860**	**19.66**

2001年9月份分级财政收支完成情况

单位：万元

级 次	收入					
	年度预算	累计数	占预算%	上年同期	比上年增减%	非税收入比重%
全省合计	**5175853**	**3769560**	**72.83**	**3065868**	**22.95**	**17.77**
省 级	637000	537986	84.46	389722	38.04	16.51
市地合计	4538853	3231574	71.20	2676146	20.75	21.75
济南	555925	388689	69.92	342581	13.46	18.78
青岛	864824	645770	74.67	516933	24.92	7.28
淄博	287307	192303	66.93	153361	25.39	14.26
枣庄	125116	83130	66.44	72329	14.93	27.30
烟台	429680	307964	71.67	247749	24.30	9.83
潍坊	380366	245546	64.56	212392	15.61	16.43
济宁	311168	223254	71.75	180688	23.56	26.77
临沂	251496	179357	71.32	149909	19.64	32.30
泰安	215526	151938	70.50	128710	18.05	34.51
聊城	139817	100390	71.80	81449	23.26	14.74
菏泽	108089	74855	69.25	61498	21.72	21.71
德州	188191	146901	78.06	118031	24.46	34.56
滨州	128598	88804	69.06	70112	26.66	20.04
东营	154809	128371	82.92	121183	5.93	16.48
威海	257517	177725	69.01	136943	29.78	17.72
日照	93377	59816	64.06	51693	15.71	19.56
莱芜	47047	36761	78.14	30585	20.19	16.42

续表

级 次	支 出					
	年度预算	累计数	占预算%	上年同期	比上年增减%	生产建设性支出比重%
全省合计	**6703298**	**4262188**	**63.58**	**3661449**	**16.41**	**21.42**
省 级	1279025	793582	62.05	739721	7.28	18.06
市地合计	5424273	3468606	62.77	2921728	18.72	22.19
济南	591049	403428	67.74	326863	23.42	24.68
青岛	950454	621137	65.21	497078	24.96	34.94
淄博	316777	188015	58.66	154110	22.00	22.68
枣庄	166301	109221	64.08	94389	15.71	14.60
烟台	480486	310046	63.41	256048	21.09	25.03
潍坊	439409	270243	60.50	226531	19.30	22.54
济宁	375773	259805	67.40	217129	19.65	21.22
临沂	358132	214554	57.18	192759	11.31	9.92
泰安	266151	164657	59.95	147022	11.99	17.38
聊城	212376	137729	62.55	119777	14.99	13.16
菏泽	197752	134037	66.47	119336	12.32	6.90
德州	243763	151030	60.27	134492	12.30	14.27
滨州	175811	103648	56.69	93498	10.86	12.29
东营	181748	112085	61.00	97993	14.38	27.08
威海	291541	179106	61.04	149148	20.09	25.33
日照	110646	65593	56.85	59897	9.51	10.78
莱芜	66104	44272	64.81	35658	24.16	15.06

2001年10月份全省地方财政收入完成情况

单位：万元

项　　目	年度预算	本月收入			截止本月累计			
		数额	比上月+－	比上年增减%	数额	占预算%	上年同期	比上年增减%
（一）增值税(25%部分)	981232	87356	5059	2.87	835831	85.18	700926	19.25
（二）营业税	1002657	97157	31588	－1.47	786807	78.47	711718	10.55
（三）个人所得税	291769	27993	－2142	50.80	261074	89.48	191292	36.48
（四）城市维护建设税	332537	23107	－6448	－15.02	245990	73.97	223154	10.23
（五）企业所得税	895706	148422	101003	77.53	784942	87.63	556170	41.13
（六）国有企业计划亏损补贴	－54396	－8709	－5362	35.87	－35721	65.67	－38961	－8.32
（七）农业税	102828	77	－574	－260.42	89578	87.11	83606	7.14
（八）农业特产税	198326	19274	7385	31.58	112749	56.85	93141	21.05
（九）耕地占用税	26156	1743	－1603	32.35	18754	71.70	20755	－9.64
（十）专项收入	210596	14639	－2818	－15.54	170529	80.97	146674	16.26
（十一）其他各项收入	1188442	90941	－24873	14.93	1001027	84.23	796247	25.72
其中：行政性收费收入	410940	26088	－19310	54.63	325016	79.09	188368	72.54
全省一般预算收入合计	**5175853**	**502000**	**101215**	**19.85**	**4271560**	**82.53**	**3484722**	**22.58**
其中：税收收入	4344158	448339	144484	20.95	3548202	81.68	2995865	18.44
非税收入	831695	53661	－43269	11.42	723358	86.97	488857	47.97
全省政府性基金收入	**480400**	**40094**	**－32346**	**84.53**	**328964**	**68.48**	**304940**	**7.88**

2001年10月份全省地方财政支出完成情况

单位：万元

项目	年度预算	本月支出			截止本月累计			
		数额	比上月+-	比上年增减%	数额	占预算%	上年同期	比上年增减%
(一)基本建设支出	329651	22858	-30144	99.22	255051	77.37	204076	24.98
(二)企业挖潜改造资金	387870	24619	6779	-14.02	239464	61.74	206517	15.95
(三)支农支出及农林水事业费	433405	36558	3076	27.01	264511	61.03	242521	9.07
(四)城市维护费	368377	24423	-14408	-15.81	317203	86.11	279875	13.34
(五)文体广播、卫生事业费	483216	34309	-10927	14.92	332325	68.77	306541	8.41
(六)教育事业费	1290071	113755	11515	44.69	1003388	77.78	891385	12.57
(七)科学事业费和科技三项费用	143973	9481	-461	-45.34	71992	50.00	67580	6.53
(八)抚恤和社会福利救济费	341910	21818	-6382	32.59	271264	79.34	199723	35.82
(九)行政管理费	654271	51301	-13179	16.47	533591	81.56	462603	15.35
(十)公检法司支出	400139	34469	-2646	15.03	323953	80.96	278607	16.28
(十一)其他部门事业费	400661	43473	7504	87.13	325947	81.35	208532	56.31
(十二)政策性补贴支出	179396	1097	-38276	-59.45	124489	69.39	133807	-6.96
(十三)专项支出	193085	8462	-7152	-24.21	98550	51.04	88789	10.99
(十四)其他各项支出	1071573	66900	-3107	16.00	593983	55.43	499854	18.83
全省一般预算支出合计	**6703298**	**493523**	**-97808**	**20.68**	**4755711**	**70.95**	**4070410**	**16.84**
其中：生产建设性支出		104109	-31304	-0.25	1017241		891942	14.05
非生产建设性支出		389414	-66504	27.85	3738470		3178468	17.62
全省政府性基金支出	**522130**	**43183**	**-6650**	**323.11**	**251220**	**48.11**	**184066**	**36.48**

2001年10月份分级财政收支完成情况

单位：万元

级　次	收入					
	年度预算	累计数	占预算%	上年同期	比上年增减%	非税收入比重%
全省合计	**5175853**	**4271560**	**82.53**	**3484722**	**22.58**	**16.93**
省　级	637000	641710	100.74	470705	36.33	14.42
市地合计	4538853	3629850	79.97	3014017	20.43	21.15
济南	555925	439902	79.13	383333	14.76	17.50
青岛	864824	731050	84.53	600273	21.79	6.98
淄博	287307	216099	75.22	182250	18.57	14.13
枣庄	125116	92043	73.57	79695	15.49	26.50
烟台	429680	346349	80.61	277140	24.97	9.36
潍坊	380366	276382	72.66	237960	16.15	17.12
济宁	311168	245867	79.01	198509	23.86	25.56
临沂	251496	201028	79.93	166628	20.64	31.78
泰安	215526	171429	79.54	140950	21.62	33.73
聊城	139817	114355	81.79	92485	23.65	15.22
菏泽	108089	83062	76.85	68466	21.32	21.56
德州	188191	164341	87.33	131368	25.10	31.47
滨州	128598	100099	77.84	78240	27.94	19.76
东营	154809	138131	89.23	129310	6.82	15.88
威海	257517	199584	77.50	152065	31.25	17.06
日照	93377	68377	73.23	60842	12.38	20.16
莱芜	47047	41752	88.75	34503	21.01	17.01

续表

级　次	支出					
	年度预算	累计数	占预算%	上年同期	比上年增减%	生产建设性支出比重%
全省合计	**6703298**	**4755711**	**70.95**	**4070410**	**16.84**	**21.39**
省　级	1279025	900731	70.42	782202	15.15	18.34
市地合计	5424273	3854980	71.07	3288208	17.24	22.10
济南	591049	439170	74.30	368524	19.17	24.84
青岛	950454	692575	72.87	567185	22.11	34.60
淄博	316777	211720	66.84	180453	17.33	22.30
枣庄	166301	118499	71.26	105137	12.71	14.12
烟台	480486	343635	71.52	286309	20.02	25.55
潍坊	439409	298620	67.96	251226	18.87	21.80
济宁	375773	284550	75.72	242255	17.46	21.05
临沂	358132	237789	66.40	216475	9.85	10.87
泰安	266151	181689	68.27	161727	12.34	16.97
聊城	212376	155197	73.08	135251	14.75	12.64
菏泽	197752	152401	77.07	134362	13.43	6.55
德州	243763	169454	69.52	150548	12.56	14.23
滨州	175811	117113	66.61	103709	12.92	12.87
东营	181748	123331	67.86	111418	10.69	28.19
威海	291541	207735	71.25	163984	26.68	24.66
日照	110646	72994	65.97	68759	6.16	10.59
莱芜	66104	48508	73.38	40886	18.64	15.44

2001年11月份全省地方财政收入完成情况

单位：万元

项　　目	年度预算	本月收入			截止本月累计			
		数额	比上月+－	比上年增减%	数额	占预算%	上年同期	比上年增减%
(一) 增值税(25%部分)	981232	78139	-9217	-2.29	913970	93.15	780896	17.04
(二) 营业税	1002657	56874	-40283	-12.84	843681	84.14	776969	8.59
(三) 个人所得税	291769	40058	12065	80.58	301132	103.21	213475	41.06
(四) 城市维护建设税	332537	18621	-4486	-11.71	264611	79.57	244245	8.34
(五) 企业所得税	895706	274352	125930	329.12	1059294	118.26	620103	70.83
(六) 国有企业计划亏损补贴	-54396	-7911	798	245.76	-43632	80.21	-41249	5.78
(七) 农业税	102828	2759	2682	-864.27	92337	89.80	83245	10.92
(八) 农业特产税	198326	27739	8465	-1.75	140488	70.84	121375	15.75
(九) 耕地占用税	26156	3923	2180	26.39	22677	86.70	23859	-4.95
(十) 专项收入	210596	2441	-12198	-82.17	172970	82.13	160364	7.86
(十一) 其他各项收入	1188442	77631	-13310	-26.35	1078658	90.76	901650	19.63
其中：行政性收费收入	410940	26856	768	-34.35	351872	85.63	229273	53.47
全省一般预算收入合计	**5175853**	**574626**	**72626**	**43.58**	**4846186**	**93.63**	**3884932**	**24.74**
其中：税收收入	4344158	534935	86596	67.27	4083137	93.99	3315671	23.15
非税收入	831695	39691	-13970	-50.64	763049	91.75	569261	34.04
全省政府性基金收入	**480400**	**65554**	**25460**	**43.88**	**394518**	**82.12**	**350502**	**12.56**

2001年11月份全省地方财政支出完成情况

单位：万元

项　目	年度预算	本月支出			截止本月累计			
		数额	比上月+－	比上年增减%	数额	占预算%	上年同期	比上年增减%
(一)基本建设支出	329651	44984	22126	-7.14	300035	91.02	252520	18.82
(二)企业挖潜改造资金	387870	102276	77657	158.48	341740	88.11	246086	38.87
(三)支农支出及农林水事业费	433405	44798	8240	18.06	309309	71.37	280467	10.28
(四)城市维护费	368377	34543	10120	30.38	351746	95.49	306370	14.81
(五)文体广播、卫生事业费	483216	43144	8835	4.38	375469	77.70	347873	7.93
(六)教育事业费	1290071	122117	8362	23.12	1125505	87.24	990569	13.62
(七)科学事业费和科技三项费用	143973	15835	6354	-22.86	87827	61.00	88108	-0.32
(八)抚恤和社会福利救济费	341910	50159	28341	109.27	321423	94.01	223692	43.69
(九)行政管理费	654271	64460	13159	30.57	598051	91.41	511973	16.81
(十)公检法司支出	400139	40185	5716	20.53	364138	91.00	311947	16.73
(十一)其他部门事业费	400661	39289	-4184	4.05	365236	91.16	246291	48.29
(十二)政策性补贴支出	179396	58631	57534	44.76	183120	102.08	174310	5.05
(十三)专项支出	193085	13379	4917	-24.96	111929	57.97	106619	4.98
(十四)其他各项支出	1071573	96893	29993	21.30	690876	64.47	579734	19.17
全省一般预算支出合计	**6703298**	**770693**	**277170**	**29.28**	**5526404**	**82.44**	**4666559**	**18.43**
其中：生产建设性支出		225148	121039	42.68	1242389		1049741	18.35
非生产建设性支出		545545	156131	24.45	4284015		3616818	18.45
全省政府性基金支出	**522130**	**53504**	**10321**	**46.30**	**304724**	**58.36**	**220637**	**38.11**

2001年11月份分级财政收支完成情况

单位：万元

级 次	收入					
	年度预算	累计数	占预算%	上年同期	比上年增减%	非税收入比重%
全省合计	**5175853**	**4846186**	**93.63**	**3884932**	**24.74**	**15.75**
省 级	637000	736051	115.55	513778	43.26	12.73
市地合计	4538853	4110135	90.55	3371154	21.92	20.37
济南	555925	486725	87.55	425091	14.50	17.13
青岛	864824	817281	94.50	657472	24.31	7.01
淄博	287307	249121	86.71	209838	18.72	16.11
枣庄	125116	104092	83.20	88554	17.55	24.85
烟台	429680	387541	90.19	311787	24.30	8.27
潍坊	380366	319101	83.89	269840	18.26	14.07
济宁	311168	279185	89.72	226919	23.03	23.69
临沂	251496	230867	91.80	189241	22.00	28.79
泰安	215526	189937	88.13	156306	21.52	33.34
聊城	139817	146872	105.05	103723	41.60	11.56
菏泽	108089	97648	90.34	77008	26.80	20.02
德州	188191	183997	97.77	145798	26.20	26.39
滨州	128598	115965	90.18	92953	24.76	17.93
东营	154809	152364	98.42	135759	12.23	16.49
威海	257517	223246	86.69	174353	28.04	16.26
日照	93377	79942	85.61	68265	17.11	18.53
莱芜	47047	46251	98.31	38247	20.93	16.57

续表

级次	支出					
	年度预算	累计数	占预算%	上年同期	比上年增减%	生产建设性支出比重%
全省合计	**6703298**	**5526404**	**82.44**	**4666559**	**18.43**	**22.48**
省级	1279025	1120838	87.63	930391	20.47	22.26
市地合计	5424273	4405566	81.22	3736168	17.92	22.54
济南	591049	503161	85.13	420112	19.77	25.52
青岛	950454	778879	81.95	645306	20.70	35.59
淄博	316777	253758	80.11	214218	18.46	22.28
枣庄	166301	132364	79.59	118137	12.04	14.64
烟台	480486	386039	80.34	329491	17.16	25.12
潍坊	439409	338436	77.02	287696	17.64	22.30
济宁	375773	319053	84.91	272432	17.11	21.22
临沂	358132	279622	78.08	246772	13.31	11.39
泰安	266151	216364	81.29	180370	19.96	17.43
聊城	212376	189921	89.43	150453	26.23	14.28
菏泽	197752	175270	88.63	149311	17.39	6.99
德州	243763	192906	79.14	166949	15.55	16.51
滨州	175811	138549	78.81	118963	16.46	14.05
东营	181748	140136	77.10	125904	11.30	27.87
威海	291541	224226	76.91	186317	20.35	24.40
日照	110646	80987	73.19	76611	5.71	10.44
莱芜	66104	55895	84.56	47126	18.61	15.78

2001 年 12 月份全省地方财政收入完成情况

单位：万元

项　目	年度预算	本月收入			截止本月累计			
		数额	比上月+−	比上年增减%	数额	占预算%	上年同期	比上年增减%
(一) 增值税(25%部分)	981232	88948	10809	−23.32	1002918	102.21	896895	11.82
(二) 营业税	1002657	83240	26366	−16.48	926921	92.45	876638	5.74
(三) 个人所得税	291769	68793	28735	102.23	369925	126.79	247492	49.47
(四) 城市维护建设税	332537	25847	7226	−19.13	290458	87.35	276205	5.16
(五) 企业所得税	895706	431816	157464	117.48	1491110	166.47	818659	82.14
(六) 国有企业计划亏损补贴	−54396	−44671	−36760	103.72	−88303	162.33	−63177	39.77
(七) 农业税	102828	4736	1977	−166.14	97073	94.40	76084	27.59
(八) 农业特产税	198326	41102	13363	−24.96	181590	91.56	176148	3.09
(九) 耕地占用税	26156	7792	3869	5083.00	30469	116.49	31222	−2.41
(十) 专项收入	210596	43792	41351	25.42	216762	102.93	195281	11.00
(十一) 其他各项收入	1188442	134212	56581	−34.11	1212870	102.06	1105341	9.73
其中：行政性收费收入	410940	51416	24560	−32.68	403288	98.14	305651	31.94
全省一般预算收入合计	**5175853**	**885607**	**310981**	**17.79**	**5731793**	**110.74**	**4636788**	**23.62**
其中：税收收入	4344158	800285	265350	30.48	4883422	112.41	3929022	24.29
非税收入	831695	85322	45631	−38.40	848371	102.01	707766	19.87
全省政府性基金收入	**480400**	**183969**	**118415**	**10.22**	**578487**	**120.42**	**517414**	**11.80**

2001年12月份全省地方财政支出完成情况

单位：万元

项目	年度预算	本月支出			截止本月累计			
		数额	比上月+－	比上年增减%	数额	占预算%	上年同期	比上年增减%
（一）基本建设支出	329651	109573	64589	157.53	409608	124.26	295068	38.82
（二）企业挖潜改造资金	387870	182201	79925	22.05	523941	135.08	395370	32.52
（三）支农支出及农林水事业费	433405	169624	124826	29.04	478933	110.50	411914	16.27
（四）城市维护费	368377	134024	99481	62.59	485770	131.87	388802	24.94
（五）文体广播、卫生事业费	483216	137620	94476	24.58	513089	106.18	458343	11.94
（六）教育事业费	1290071	252381	130264	32.50	1377886	106.81	1181042	16.67
（七）科学事业费和科技三项费用	143973	72858	57023	69.86	160685	111.61	131002	22.66
（八）抚恤和社会福利救济费	341910	157076	106917	70.17	478499	139.95	315996	51.43
（九）行政管理费	654271	145093	80633	31.80	743144	113.58	622058	19.47
（十）公检法司支出	400139	77244	37059	14.26	441382	110.31	379550	16.29
（十一）其他部门事业费	400661	124219	84930	31.48	489455	122.16	340765	43.63
（十二）政策性补贴支出	179396	29179	－29452	101.32	212299	118.34	188804	12.44
（十三）专项支出	193085	81469	68090	9.30	193398	100.16	181155	6.76
（十四）其他各项支出	1071573	339173	242280	29.87	1030049	96.12	840905	22.49
全省一般预算支出合计	**6703298**	**2011734**	**1241041**	**37.39**	**7538138**	**112.45**	**6130774**	**22.96**
其中：生产建设性支出		648922	423774	50.01	1891311		1482323	27.59
非生产建设性支出		1362812	817267	32.10	5646827		4648451	21.48
全省政府性基金支出	**522130**	**239455**	**185951**	**4.55**	**544179**	**104.22**	**449669**	**21.02**

2001年12月份分级财政收支完成情况

单位：万元

级 次	收入					
	年度预算	累计数	占预算%	上年同期	比上年增减%	非税收入比重%
全省合计	**5175853**	**5731793**	**110.74**	**4636788**	**23.62**	**14.80**
省 级	637000	754616	118.46	613543	22.99	18.53
市地合计	4538853	4977177	109.66	4023245	23.71	14.24
济南	555925	596061	107.22	490485	21.52	17.85
青岛	864824	942893	109.03	749888	25.74	5.22
淄博	287307	313326	109.06	256524	22.14	16.59
枣庄	125116	130898	104.62	112703	16.14	22.46
烟台	429680	466063	108.47	376909	23.65	7.38
潍坊	380366	408091	107.29	342771	19.06	12.47
济宁	311168	340622	109.47	277829	22.60	24.03
临沂	251496	278456	110.72	226222	23.09	19.49
泰安	215526	230197	106.81	190685	20.72	30.16
聊城	139817	174112	124.53	124277	40.10	-5.73
菏泽	108089	118439	109.58	98582	20.14	16.40
德州	188191	210804	112.02	164616	28.06	22.27
滨州	128598	140509	109.26	110667	26.97	16.12
东营	154809	178727	115.45	148117	20.67	14.48
威海	257517	300116	116.54	226634	32.42	18.45
日照	93377	97027	103.91	84329	15.06	16.41
莱芜	47047	50836	108.05	42007	21.02	8.90

续表

级次	支出					
	年度预算	累计数	占预算%	上年同期	比上年增减%	生产建设性支出比重%
全省合计	**6703298**	**7538138**	**112.45**	**6130774**	**22.96**	**25.09**
省级	1279025	1386956	108.44	1123701	23.43	22.94
市地合计	5424273	6151182	113.40	5007073	22.85	25.57
济南	591049	703720	119.06	547210	28.60	26.25
青岛	950454	1040027	109.42	826364	25.86	38.81
淄博	316777	337786	106.63	288570	17.06	23.16
枣庄	166301	218991	131.68	160742	36.24	15.01
烟台	480486	534224	111.18	444077	20.30	26.74
潍坊	439409	468251	106.56	398848	17.40	27.86
济宁	375773	429490	114.30	365701	17.44	23.97
临沂	358132	398034	111.14	339581	17.21	18.13
泰安	266151	294003	110.46	247872	18.61	21.01
聊城	212376	263585	124.11	197025	33.78	15.70
菏泽	197752	243947	123.36	200316	21.78	10.59
德州	243763	274424	112.58	222076	23.57	23.70
滨州	175811	197087	112.10	157855	24.85	19.19
东营	181748	210464	115.80	173680	21.18	24.57
威海	291541	340447	116.77	263299	29.30	31.20
日照	110646	127824	115.53	113016	13.10	18.99
莱芜	66104	68878	104.20	60841	13.21	16.15

政府采购
信息统计部分

2001 年全省政府采购信息统计总表

单位：万元

项　　目	合　　计	货　　物	工　　程	服　　务
一、预算情况	416623	204921	148779	62922
预算内	239374	116590	80795	41989
预算外	78391	46317	19763	12311
自筹资金	98858	42014	48222	8622
二、执行情况				
1. 采购金额	350331	175527	120339	54465
预算内	202565	99089	66373	37102
预算外	63404	38957	14070	10378
自筹资金	84363	37481	39896	6986
2. 节约资金	66291	29394	28441	8457
预算内	36810	17500.66	14422	4886
预算外	14987	7360.30	5693	1933
自筹资金	14495	4532.72	8326	1637
3. 节约率%	16	14	19	13
预算内	15	15	18	12
预算外	19	16	29	16
自筹资金	15	11	18	19
三、采购组织形式	350331	175527	120339	54465
1. 集中采购	324710	159695	114610	50405
政府集中采购	261296	136210	80565	44521
部门集中采购	63415	23485	34045	5884
2. 分散采购	25621	15832	5729	4061
四、采购方式	350331	175527	120339	54465
公开招标	190941	61437	92407	37097
邀请招标	58150	33234	15097	9819
竞争性谈判	40598	26208	9015	5375
询价	44038	38889	3819	1330
单一来源	16604	15759	0	845
五、财政直接支付金额	115651	54694	41534	19423

全国财政

经济资料部分

2001年各省、自治区、直辖市行政区划基本情况表

单位：个

地　　区	地　级区划数	其中：地级市	县　级区划数	其中：县级市	地县级市个数	市辖区数	乡镇数
全国合计	**332**	**265**	**2053**	**393**	**658**	**808**	**40370**
北京			2			16	170
天津			3			15	140
河北	11	11	138.00	23	34	35.00	1974
山西	11	10	97	12	22	22	1772
内蒙古	12	7	82	13	20	19	1227
辽宁	14	14	44	17	31	56	1143
吉林	9	8	41	20	28	19	806
黑龙江	13	12	66	19	31	64	933
上海			1			18	147
江苏	13	13	58	28	41	50	1348
浙江	11	11	59	22	33	29	1399
安徽	17	17	61	5	22	44	1776
福建	9	9	60	14	23	25	987
江西	11	11	80	10	21	19	1528
山东	17	17	91	31	48	48	1554
河南	17	17	110	21	38	48	2135
湖北	13	12	64	24	36	38	963
湖南	14	13	88	16	29	34	2362
广东	21	21	76	31	52	48	1543
广西	14	9	81	10	19	28	1347
海南	2	2	17	7	9	3	297
重庆			25	4	4	15	1348
四川	21	18	139	14	32	41	5053
贵州	9	4	78	9	13	9	1460
云南	16	5	119	10	15	9	1546
西藏	7	1	72	1	2	1	685
陕西	10	10	86	3	13	21	1614
甘肃	14	6	75	8	14	11	1544
青海	8	1	39	2	3	4	399
宁夏	4	4	16	2	6	8	313
新疆	14	2	85	17	19	11	857

2001 年各省、自治区、直辖市人口基本情况表

单位：万人

地区	总人口	非农业人口		农业人口	
		人数	占总人口%	人数	占总人口%
全国合计	**127627.0**	**34244.1**	**26.83**	**93382.9**	**73.17**
北京	1383.0	1021.4	73.85	361.6	26.15
天津	1004.0	616.8	61.43	387.2	38.57
河北	6699.0	1313.4	19.61	5385.6	80.39
山西	3272.0	948.0	28.97	2324.0	71.03
内蒙古	2377.0	1004.1	42.24	1372.9	57.76
辽宁	4194.0	1875.4	44.72	2318.6	55.28
吉林	2691.0	1258.0	46.75	1433.0	53.25
黑龙江	3811.0	1933.4	50.73	1877.6	49.27
上海	1614.0	1250.3	77.47	363.7	22.53
江苏	7355.0	2097.3	28.52	5257.7	71.48
浙江	4613.0	981.7	21.28	3631.3	78.72
安徽	6328.0	1221.8	19.31	5106.2	80.69
福建	3440.0	747.4	21.73	2692.6	78.27
江西	4186.0	978.6	23.38	3207.4	76.62
山东	9041.0	2007.9	22.21	7033.1	77.79
河南	9555.0	1689.4	17.68	7865.6	82.32
湖北	5975.0	2035.7	34.07	3939.3	65.93
湖南	6596.0	1182.2	17.92	5413.8	82.08
广东	7783.0	1598.0	20.53	6185.0	79.47
广西	4788.0	753.2	15.73	4034.8	84.27
海南	796.0	291.4	36.61	504.6	63.39
重庆	3097.0	658.2	21.25	2438.8	78.75
四川	8640.0	1714.1	19.84	6925.9	80.16
贵州	3799.0	638.4	16.80	3160.6	83.20
云南	4287.0	823.3	19.20	3463.7	80.80
西藏	263.0	44.4	16.88	218.6	83.12
陕西	3659.0	887.7	24.26	2771.3	75.74
甘肃	2575.0	535.5	20.80	2039.5	79.20
青海	523.0	183.5	35.09	339.5	64.91
宁夏	563.0	165.5	29.40	397.5	70.60
新疆	1876.0	944.0	50.32	932.0	49.68

2001年各省、自治区、直辖市国民经济主要指标

单位：亿元

地　区	总人口（万人）	工业总产值	农业总产值	国内生产总值	固定资产投资额	社会消费品零售总额
全国合计	**127627**	**95449.0**	**26179.6**		**36898.4**	**37595.2**
北京	1383	2908.8	214.1	2817.6	1410.3	1593.5
天津	1004	2940.4	169.5	1826.7	612.5	832.7
河北	6699	3766.9	1680.5	5577.7	1085.4	1778.3
山西	3272	1396.7	301.5	1774.6	549.8	679.9
内蒙古	2377	830.3	555.9	1545.5	418.3	537.3
辽宁	4194	4480.3	1045.7	5033.1	1166.6	2034.9
吉林	2691	1876.7	659.3	2032.5	580.2	909.1
黑龙江	3811	2365.4	711.0	3561.0	845.5	1198.9
上海	1614	7003.9	227.6	4950.8	1793.6	1861.3
江苏	7355	11747.8	1956.1	9514.6	1837.0	2869.0
浙江	4613	7882.5	1108.0	6700.0	1879.1	2555.5
安徽	6328	1824.6	1258.1	3290.1	659.4	1142.8
福建	3440	2945.0	1061.6	4258.4	881.7	1499.5
江西	4186	1016.0	790.3	2173.8	415.4	763.3
山东	9041	9377.4	2454.0	9438.3	1801.0	2834.9
河南	9555	3843.2	2102.8	5645.0	977.3	1979.8
湖北	5975	3239.5	1172.8	4662.3	1108.4	1975.2
湖南	6596	1811.2	1283.1	3983.0	762.1	1511.1
广东	7783	14035.4	1688.0	10556.5	2786.0	4515.3
广西	4788	1059.2	872.9	2231.2	458.4	935.9
海南	796	219.5	325.1	545.3	171.9	187.5
重庆	3097	1072.8	431.2	1749.8	568.5	699.3
四川	8640	2304.5	1466.8	4421.8	1169.4	1680.4
贵州	3799	696.6	418.6	1082.2	413.4	378.0
云南	4287	1157.4	703.5	2077.5	513.6	655.4
西藏	263	17.9	52.8		85.0	49.0
陕西	3659	1338.2	478.8	1841.2	632.3	665.1
甘肃	2575	951.2	344.6	1074.9	383.6	395.4
青海	523	194.2	63.3	300.8	178.0	90.4
宁夏	563	268.8	85.3	298.1	151.9	98.9
新疆	1876	876.6	496.8	1483.5	608.6	406.3

续表

地　　区	进出口总值(亿美元)	出口总值(亿美元)	实际利用外资(万美元)	一般预算收入	一般预算支出	职工平均工资(元)	农民人均纯收入(元)
全国合计	**5097.8**	**2661.6**	**4687759**	**7803.3**	**13134.6**	**10870**	**2366.4**
北京	276.4	79.1	176818	454.2	559.1	19155	5025.5
天津	182.7	88.7	213348	163.6	234.7	14308	3947.7
河北	58.2	34.7	66989	283.5	514.6	8730	2603.6
山西	32.7	25.9	23393	132.8	289.5	8122	1956.1
内蒙古	21.9	9.0	10703	99.4	319.3	8250	1973.4
辽宁	210.4	107.5	251612	370.4	634.4	10145	2557.9
吉林	35.0	15.3	33766	121.1	326.4	8771	2182.2
黑龙江	41.0	21.8	34114	213.6	478.3	8910	2280.3
上海	607.1	268.6	429159	609.5	708.1	21781	5870.9
江苏	544.8	293.9	691482	572.2	729.6	11842	3784.7
浙江	369.1	242.6	221162	500.7	597.3	16385	4582.3
安徽	36.5	21.7	33672	192.2	403.8	7908	2020.0
福建	243.9	147.9	391804	274.3	374.3	12013	3380.7
江西	18.0	10.9	39575	132.0	283.7	8026	2231.6
山东	323.3	184.8	362093	573.2	753.8	10007	2804.5
河南	34.2	18.4	45729	267.8	508.6	7916	2097.9
湖北	41.6	18.0	118860	231.9	484.4	8619	2352.2
湖南	29.2	17.4	81011	205.4	431.7	9623	2299.5
广东	1800.1	958.3	1193203	1160.5	1321.3	15682	3769.8
广西	20.8	13.5	38416	178.7	351.7	9075	1944.3
海南	16.3	6.4	46691	43.8	78.0	8321	2226.5
重庆	21.4	11.7	25649	106.1	237.6	9523	1971.2
四川	33.6	16.8	58188	271.1	594.1	9934	1987.0
贵州	8.7	5.1	2829	99.8	275.2	8991	1411.7
云南	21.5	11.5	6457	191.3	496.4	10537	1533.7
西藏	1.1	0.8		6.1	104.6	19144	1404.0
陕西	26.5	14.2	35174	135.8	350.1	9120	1490.8
甘肃	9.1	4.8	7439	70.0	235.9	9949	1508.6
青海	2.5	1.7	3649	19.8	101.3	12906	1557.3
宁夏	6.3	3.9	1680	27.6	93.6	10442	1823.1
新疆	23.7	6.7	2035	95.1	263.3	10278	1710.4

2001 年各省、自治区、直辖市国内生产总值情况表

单位：亿元

地　区	国内生产总值				
	合计	第一产业	第二产业		
			小计	工业	建筑业
全国合计	**95933.3**	**14609.9**	**49069.1**	**42607.1**	**6462.0**
北京	2817.6	93.0	1063.7	845.7	218.1
天津	1826.7	78.6	891.5	807.3	84.2
河北	5577.7	914.1	2744.3	2415.4	328.9
山西	1774.6	160.4	917.2	779.0	138.2
内蒙古	1545.5	361.3	624.4	507.0	117.4
辽宁	5033.1	545.0	2444.2	2188.9	255.3
吉林	2032.5	409.6	880.8	711.8	169.1
黑龙江	3561.0	408.9	1998.7	1767.8	231.0
上海	4950.8	85.5	2355.5	2128.3	227.3
江苏	9514.6	1088.4	4913.7	4269.1	644.6
浙江	6700.0	690.0	3440.0	3105.0	335.0
安徽	3290.1	754.2	1415.2	1191.6	223.7
福建	4258.4	652.4	1904.2	1645.3	258.9
江西	2173.8	506.0	784.8	595.0	189.8
山东	9438.3	1359.5	4654.5	4092.2	562.3
河南	5645.0	1234.0	2662.3	2287.6	374.7
湖北	4662.3	692.2	2313.7	2066.5	247.2
湖南	3983.0	826.0	1570.0	1309.5	260.5
广东	10556.5	1008.5	5301.9	4716.9	585.0
广西	2231.2	556.2	816.9	671.2	145.7
海南	545.3	200.3	110.4	70.3	40.1
重庆	1749.8	293.0	726.6	576.6	150.1
四川	4421.8	981.7	1756.9	1407.8	349.0
贵州	1082.2	274.3	421.6	335.0	86.6
云南	2077.5	450.5	880.5	722.1	158.4
西藏	138.7	37.5	32.2	10.8	21.3
陕西	1841.2	280.5	815.7	604.9	210.8
甘肃	1074.9	207.0	482.5	356.3	126.2
青海	300.8	41.1	132.6	89.2	43.4
宁夏	298.1	49.5	134.8	102.0	32.8
新疆	1483.5	287.4	638.8	450.0	188.8

续表

地区	国内生产总值			国内生产总值比上年增长%	人均国内生产总值(元/人)
	第三产业				
	小计	其中：交通运输仓储邮电通信业	其中：批发和零售贸易餐饮业		
全国合计	**32254.3**	**5222.1**	**7823.5**		**7543**
北京	1660.9	218.6	237.83	11	25300
天津	856.6	205.3	178.25	12	19986
河北	1919.3	504.1	501.66	8.7	8337
山西	697	162.2	146	8.3	5444
内蒙古	559.7	163.7	148.18	9.6	6458
辽宁	2043.8	398.3	696.51	9	12070
吉林	742	128.5	267.37	9.3	7640
黑龙江	1153.4	239.2	350.2	9.3	9349
上海	2509.8	343.2	550.35	10.2	37382
江苏	3512.6	633.9	955.07	10.2	12925
浙江	2570	495.6	908.83	10.5	14550
安徽	1120.7	195.3	340.8	8.6	5221
福建	1701.8	468.5	411.51	9	12375
江西	883	199.9	192.06	8.8	5217
山东	3424.3	668.5	891.34	10.1	10465
河南	1748.7	451.1	422.14	9.1	5929
湖北	1656.5	282.5	473.35	9.1	7813
湖南	1587	294.9	382.4	9	6054
广东	4246.1	1028.5	1044.4	9.5	13612
广西	858.1	178	295.15	8.2	4697
海南	234.6	51.3	72.58	8.9	7110
重庆	730.1	109.7	167.84	9	5655
四川	1683.2	313.8	474.79	9.2	5250
贵州	386.3	70.1	84.08	8.8	2865
云南	746.4	136.8	202.22	6.5	4872
西藏	69.08	4.79	16.59		5307
陕西	745	183.5	124.73	9.1	5015
甘肃	385.3	56.6	123.04	9.4	4173
青海	127.1	22.8	23.06	12	5732
宁夏	113.8	21	23.45	10.1	5338
新疆	557.4	131.3	128.16	8	7898

2001 年各省、自治区、直辖市国内生产总值构成情况表

单位：%

地区	第一产业	第二产业			第三产业		
		小计	工业	建筑业	小计	其中：交通运通仓储邮电通信业	其中：批发和零售贸易餐饮业
全国合计							
北京	3.3	37.8	30.0	7.7	58.9	7.8	8.2
天津	4.3	48.8	44.2	4.6	46.9	11.2	9.7
河北	16.4	49.2	43.3	5.9	34.4	9.0	9.0
山西	9.0	51.7	43.9	7.8	39.3	9.1	8.2
内蒙古	23.4	40.4	32.8	7.6	36.2	10.6	9.6
辽宁	10.8	48.6	43.5	5.1	40.6	7.9	13.9
吉林	20.2	43.3	35.0	8.3	36.5	6.3	13.1
黑龙江	11.5	56.1	49.6	6.5	32.4	6.7	9.8
上海	1.7	47.6	43.0	4.6	50.7	6.9	10.6
江苏	11.4	51.6	44.9	6.8	36.9	6.7	9.9
浙江	10.3	51.3	46.3	5.0	38.4	7.4	14.2
安徽	22.9	43.0	36.2	6.8	34.1	5.9	10.4
福建	15.3	44.7	38.6	6.1	40.0	11.0	9.7
江西	23.3	36.1	27.4	8.7	40.6	9.2	8.9
山东	14.4	49.3	43.4	5.9	36.3	7.1	9.4
河南	21.9	47.2	40.5	6.6	31.0	8.0	7.5
湖北	14.8	49.6	44.3	5.3	35.5	6.1	10.2
湖南	20.7	39.4	32.9	6.5	39.8	7.4	9.6
广东	9.6	50.2	44.7	5.5	40.2	9.7	10.1
广西	24.9	36.6	30.1	6.5	38.5	8.0	13.5
海南	36.7	20.2	12.9	7.4	43.0	9.4	13.4
重庆	16.7	41.5	33.0	8.6	41.7	6.3	9.6
四川	22.2	39.7	31.8	7.9	38.1	7.1	10.7
贵州	25.3	39.0	31.0	8.0	35.7	6.5	7.6
云南	21.7	42.4	34.8	7.6	35.9	6.6	10.3
西藏							
陕西	15.2	44.3	32.9	11.4	40.5	10.0	6.8
甘肃	19.3	44.9	33.2	11.7	35.8	5.3	11.4
青海	13.7	44.1	29.7	14.4	42.3	7.6	7.7
宁夏	16.6	45.2	34.2	11.0	38.2	7.0	7.9
新疆	19.4	43.1	30.3	12.7	37.6	8.9	8.6

2001 年各省、自治区、直辖市财政收入完成预算情况表

单位：亿元

地　区	预算数	决算数	超、短收(+、-)	决算数为预算数%
地方合计	**6956.51**	**7803.30**	**846.79**	**112.17**
北京市	383.66	454.17	70.51	118.38
天津市	150.25	163.64	13.39	108.91
河北省	254.08	283.50	29.42	111.58
山西省	125.14	132.76	7.62	106.09
内蒙古自治区	103.55	99.43	-4.12	96.02
辽宁省	321.40	370.44	49.04	115.26
其中：大连市	82.26	95.16	12.90	115.68
吉林省	111.64	121.10	9.46	108.47
黑龙江省	190.78	213.64	22.86	111.98
上海市	545.30	609.47	64.17	111.77
江苏省	482.18	572.15	89.97	118.66
浙江省	380.50	500.69	120.19	131.59
其中：宁波市	70.56	99.11	28.55	140.46
安徽省	185.16	192.18	7.02	103.79
福建省	258.21	274.28	16.07	106.22
其中：厦门市	57.51	63.59	6.08	110.57
江西省	118.11	131.98	13.87	111.74
山东省	517.40	573.18	55.78	110.78
其中：青岛市	86.48	94.29	7.81	109.03
河南省	258.12	267.75	9.63	103.73
湖北省	229.03	231.94	2.91	101.27
湖南省	191.91	205.41	13.50	107.03
广东省	997.98	1160.51	162.53	116.29
其中：深圳市	219.53	262.49	42.96	119.57
广西壮族自治区	162.29	178.67	16.38	110.09
海南省	41.86	43.77	1.91	104.56
重庆市	94.72	106.12	11.40	112.04
四川省	250.20	271.12	20.92	108.36
贵州省	92.42	99.75	7.33	107.93
云南省	187.00	191.28	4.28	102.29
西藏自治区	5.30	6.11	0.81	115.28
陕西省	124.06	135.81	11.75	109.47
甘肃省	65.23	69.95	4.72	107.24
青海省	18.92	19.82	0.90	104.76
宁夏回族自治区	22.23	27.57	5.34	124.02
新疆维吾尔自治区	87.90	95.09	7.19	108.18

2001年各省、自治区、直辖市财政收入分类情况表

单位：亿元

地区	合计	一、增值税	二、营业税	三、企业所得税	四、企业所得税退税	五、个人所得税
地方合计	**78032999**	**13416584**	**18490998**	**16361250**	**-77597**	**7160144**
北京市	4541676	589957	1813472	899075	-38354	795167
天津市	1636350	348737	429946	393829	-66	165772
河北省	2835023	488480	500222	541367	-26	233082
山西省	1327618	308705	261131	221608	-2143	90615
内蒙古自治区	994313	148386	196127	151985	-123	66710
辽宁省	3704387	665132	878545	636167	-1159	294413
其中：大连市	951615	180977	263020	194745	-153	95835
吉林省	1211015	242028	280301	206802	-709	87726
黑龙江省	2136398	525551	363088	219392	-75	126150
上海市	6094719	1119511	1911225	1498156	-678	784443
江苏省	5721473	1319931	1094859	1408127		445417
浙江省	5006948	1024086	1248934	1756406	-3618	516942
其中：宁波市	991092	226994	230545	399262	-7	115043
安徽省	1921813	282788	326479	382527	-1602	113132
福建省	2742846	407776	614212	563513	-2815	364544
其中：厦门市	635864	113253	167156	151047		77475
江西省	1319790	172324	266187	226096	-10	79102
山东省	5731793	1002918	926921	1491110		369925
其中：青岛市	942893	180770	237181	241133		72420
河南省	2677459	443548	528903	608462	-70	192469
湖北省	2319410	371308	446806	365089	-51	166625
湖南省	2054078	293807	364410	227791	-2831	186663
广东省	11605126	1724793	3181606	2678119	-9	1178630
其中：深圳市	2624944	293835	893731	646174		359851
广西壮族自治区	1786706	238650	328720	373009	-106	167500
海南省	437656	35186	127383	43037		43721
重庆市	1061243	177603	278403	118737	-601	106138
四川省	2711245	380085	628085	457425	-15	159951
贵州省	997494	142622	220764	123437	-2775	66684
云南省	1912799	336212	366782	262891	-5815	114532
西藏自治区	61108	8493	22617	13011	-5	4626
陕西省	1358109	233318	334989	207586	-540	73119
甘肃省	699485	133758	173483	104045	-417	38788
青海省	198241	38500	48664	28928	-10400	9387
宁夏回族自治区	275745	38530	75194	60084	-852	19764
新疆维吾尔自治区	950933	173861	252540	93439	-1732	98407

续表 1

地　区	六、资源税	七、固定资产投资方向调节税	八、城市维护建设税	九、房产税	十、印花税	十一、城镇土地使用税	十二、土地增值税
地方合计	**671084**	**155715**	**3806212**	**2284249**	**711235**	**661542**	**103296**
北京市	2431	11745	205316	214340	67447	30975	1874
天津市	3851	2451	76875	50835	13325	6096	
河北省	49876	4380	122231	70590	13591	31928	884
山西省	59428	4302	75565	44549	10685	19888	161
内蒙古自治区	20247	1452	48921	42363	7731	25587	1208
辽宁省	87004	9250	192641	157925	34533	65468	5767
其中：大连市	2055	874	38401	47524	11914	7320	688
吉林省	10198	2996	73527	45424	7872	8018	3730
黑龙江省	129349	1590	161031	66157	8322	31546	1371
上海市		409	247477	146551	158268	20465	1516
江苏省	9645	2950	304506	142038	43558	25955	2806
浙江省	2769	602	284890	113013	30295	10649	5512
其中：宁波市	125	234	65084	24611	7233	2594	366
安徽省	19327	546	98111	48121	10267	30709	3779
福建省	7140	2929	97509	98498	19935	14797	5265
其中：厦门市	98		22934	31194	5716	4143	
江西省	8674	3501	57160	28788	5959	12131	1987
山东省	64405	36530	290458	165321	26963	89095	10656
其中：青岛市	1742	6805	51683	37849	7995	14994	4374
河南省	24343	2140	137300	70309	11436	19098	938
湖北省	15010	4039	114028	58800	15688	38042	682
湖南省	6663	1201	118145	44161	13521	20684	860
广东省	9603	6737	354286	287375	147806	42154	40398
其中：深圳市			17771	67162	90413		
广西壮族自治区	8041	3605	64830	43449	4817	18693	2218
海南省	4173		17113	24356	3587	2803	1211
重庆市	10944	2674	54482	28870	6758	8467	981
四川省	31185	8121	136019	78044	12405	18727	5673
贵州省	7291	1721	63307	30002	3644	12100	1545
云南省	9390	28966	190847	56863	12338	26303	655
西藏自治区	1906		2410		396		108
陕西省	13592	4391	80401	50512	7994	18609	1040
甘肃省	8448	655	48963	27210	3617	4433	55
青海省	4273	1389	12490	6330	878	694	1
宁夏回族自治区	740	226	14399	9314	1603	2947	86
新疆维吾尔自治区	41138	4217	60974	34141	5996	4481	329

续表2

地　　区	十三、车船使用和牌照税	十四、屠宰税	十五、筵席税	十六、农业税	十七、农业特产税	十八、牧业税	十九、耕地占用税	二十、契税
地方合计	**246069**	**246681**	**1134**	**1639218**	**1219725**	**3943**	**383340**	**1570772**
北京市	17423	462		5880	2222		4271	126297
天津市	4121	63		3227	482		3487	34989
河北省	6904	2963		64057	24857		14891	27813
山西省	3206	1229		29677	5538		4653	7587
内蒙古自治区	4555	7794	748	44169	28209	12	4935	10728
辽宁省	10680	5439		36809	29705		8073	83131
其中：大连市	3563	549		4383	12202		1065	25317
吉林省	3243	1488		29219	19843		13041	24500
黑龙江省	7353	2878		102353	31627		4808	35848
上海市	11388	532		16746	1692		12824	189180
江苏省	17317	1094		239778	14220		28670	137505
浙江省	9833	6888		49784	18688		66038	181319
其中：宁波市	1848	830		6981	1691		11324	32883
安徽省	7456	－17		256903	28703		8764	25655
福建省	5888	4079		11878	70102		15997	65058
其中：厦门市	930	249		513	1121		1654	20384
江西省	2382	26438		47011	58868		3686	20739
山东省	36376	12189		97073	181590		30469	51423
其中：青岛市	3930	632		5571	5139		5908	15530
河南省	5982	19452		67304	93672		11687	30070
湖北省	6580	27249		78291	83428		14682	33488
湖南省	4111	22573		77836	51579		16968	21302
广东省	49730	17639		70604	33333		41558	282855
其中：深圳市	6420			760	566		629	32886
广西壮族自治区	3441	8818		41849	56017		11665	19149
海南省	2436	1806		4890	25676		3440	10036
重庆市	1375	6337		36811	12073		4833	19029
四川省	5651	48658		85858	47599	22	13682	64276
贵州省	1801	6048		30313	41132		12900	8995
云南省	9002	7527		34519	150541		12681	20964
西藏自治区							25	
陕西省	4595	813	386	25010	71794	2	8809	13538
甘肃省	1319	2633		15621	22593	3505	3285	7801
青海省	283	776		3313	2734	180	592	1701
宁夏回族自治区	461	43		9381	397	125	957	3932
新疆维吾尔自治区	1177	2790		23054	10811	97	969	11864

续表3

地　　区	二十一、国有资产经营收益	二十二、国有企业计划亏损补贴	二十三、行政性收费收入	二十四、罚没收入	二十五、海域场地矿区使用费收入	二十六、专项收入	二十七、其他收入
地方合计	**572086**	**-2617594**	**3711483**	**3566920**	**35340**	**2510648**	**1198522**
北京市	174	-532229	84182	86547	10973	136227	5802
天津市		-40000	43444	49850	1561	39989	3486
河北省	18787	-35354	263414	215931	4266	126067	43822
山西省	7030	-48418	59683	81490	57	59673	21719
内蒙古自治区	19489	-14436	82459	47363		33623	14071
辽宁省	35497	-47195	185029	165620	5875	141908	18130
其中：大连市	6305	-22150	16572	26855	1667	28135	3952
吉林省	14292	-62176	60550	74412	318	51123	13249
黑龙江省	9924	-24646	96518	85150	373	123281	27459
上海市		-362320	84653	121974		128095	2612
江苏省	9817	-75366	54587	275463	1005	179664	37927
浙江省	84	-766221	75757	185879	693	177034	10692
其中：宁波市		-212589	11842	27477		34438	2283
安徽省	8666	-68275	180850	76109		55147	27668
福建省	28295	-4260	101136	114645	819	66175	69731
其中：厦门市	1559		10202	11534	172	12986	1544
江西省	21317	-2286	123165	88035		34891	33645
山东省	54847	-88303	403697	200800	4493	216762	56075
其中：青岛市	5577	-11967	4439	22173	1225	26846	944
河南省	41078	-114599	140060	199806	501	106848	36722
湖北省	8825	-47861	179925	192236	1263	56474	88764
湖南省	27669	-59121	215082	212715	431	71671	116187
广东省	70637	-52048	488865	474892	1027	257016	217520
其中：深圳市	12961		35213	97755		43734	25083
广西壮族自治区	40878	-17988	148998	103231	110	51845	65267
海南省	13727	-3129	43688	19282	814	9580	2840
重庆市	15587	-27670	85956	67969	500	36678	8309
四川省	54693	-27937	239235	143421	67	70976	49339
贵州省	19896	-5242	76754	48793		36019	49743
云南省	5632	-28677	40262	74567		76120	109697
西藏自治区	822	-9703	4908	2405	38	1833	7218
陕西省	12913	-21169	48210	70609	91	69084	28413
甘肃省	6169	-11942	24837	25602	2	37178	17844
青海省	14155	-121	11040	6180	35	8786	7453
宁夏回族自治区	5039	-557	14005	8785		9680	1462
新疆维吾尔自治区	6147	-18345	50534	47159	28	41201	5656

2001 年各省、自治区、直辖市财政收入明细表

单位：万元

地区	总计	一、增值税					
		合计	国有企业增值税	集体企业增值税	股份制企业增值税	联营企业增值税	港澳台和外商投资企业增值税
地方合计	**78032999**	**13416584**	**3759696**	**1280885**	**3838945**	**105881**	**2843153**
北京市	4541676	589957	158072	41958	174594	3700	171962
天津市	1636350	348737	62844	32527	71701	1570	140522
河北省	2835023	488480	169120	56883	145230	1372	67560
山西省	1327618	308705	110876	39401	104792	828	17591
内蒙古自治区	994313	148386	56308	5252	67791	335	8734
辽宁省	3704387	665132	185963	73165	195378	2499	142342
其中：大连市	951615	180977	26558	13813	31504	696	83232
吉林省	1211015	242028	67760	15867	79997	1899	59153
黑龙江省	2136398	525551	88127	21374	368978	144	26621
上海市	6094719	1119511	188325	97972	239123	20015	396529
江苏省	5721473	1319931	233475	209669	348848	12470	396379
浙江省	5006948	1024086	152412	164464	363396	5500	164287
其中：宁波市	991092	226994	24080	23863	87688	1649	39331
安徽省	1921813	282788	106880	26948	82473	1936	31956
福建省	2742846	407776	85549	32252	65459	3602	141426
其中：厦门市	635864	113253	17327	2929	4658	579	54698
江西省	1319790	172324	70751	9604	46846	198	21409
山东省	5731793	1002918	280206	94858	350115	7957	194659
其中：青岛市	942893	180770	41313	14430	46028	562	63647
河南省	2677459	443548	175972	41517	141128	544	47038
湖北省	2319410	371308	136512	20369	118544	4209	62751
湖南省	2054078	293807	147802	20434	59849	584	21754
广东省	11605126	1724793	406250	131390	225805	28850	585131
其中：深圳市	2624944	293835	97628	3982	32958	20682	75532
广西壮族自治区	1786706	238650	98406	21935	47602	333	25582
海南省	437656	35186	8481	743	16651	376	2758
重庆市	1061243	177603	53650	13576	46320	1589	32693
四川省	2711245	380085	121990	31738	159826	2142	34807
贵州省	997494	142622	81336	8735	40141	658	3510
云南省	1912799	336212	213431	27576	74231	989	11404
西藏自治区	61108	8493	2586	759	3475	47	9
陕西省	1358109	233318	125810	18271	52476	678	23967
甘肃省	699485	133758	75457	8920	35739	220	4570
青海省	198241	38500	23259	1318	9498	18	549
宁夏回族自治区	275745	38530	16336	2366	14780	240	1868
新疆维吾尔自治区	950933	173861	55750	9044	88159	379	3632

续表 1

地　　区	一、增值税						
	私营企业增值税	其　　他增值税	增值税税款滞纳金罚款收入	福利企业增值税退税	软件集成电路增值税退税	废旧物资回收增值税退税	三线搬迁增值税退税
地方合计	**967900**	**779632**	**51524**	**-282967**	**-34736**	**-35972**	**-26494**
北京市	20340	16001	1684	-6024	-25735	-264	
天津市	16116	5430	862	-7342	-136	-148	
河北省	33926	32569	1456	-7465	-152	-2163	-5647
山西省	18670	21827	2950	-5732		-338	-33
内蒙古自治区	2972	9744	548	-1684		-218	
辽宁省	36148	31553	2962	-15751	-550	-1246	-104
其中：大连市	10599	4826	610	-2786	-284	-155	
吉林省	7549	12442	429	-2828	-12	-118	
黑龙江省	6444	18595	860	-3218		-247	
上海市	134003	9615	2178	-32110	-220	-797	-58
江苏省	161781	46332	4650	-75392	-310	-10121	-33
浙江省	162982	63163	5980	-59197	-457	-7710	-37
其中：宁波市	42719	13848	907	-14725		-561	-37
安徽省	14984	20967	2703	-1613	-376	-1359	
福建省	29899	35470	1052	-3874	-13	-292	-4
其中：厦门市	4191	10366	238	-184		-12	-4
江西省	5444	21080	821	-1038	-6	-286	-153
山东省	70579	29198	4036	-17719	-3571	-2309	-29
其中：青岛市	13091	3320	614	-2498	-89	-403	
河南省	7553	36850	3194	-9273	-193	-1503	-992
湖北省	12566	23365	1185	-2368	-18	-389	-1823
湖南省	15754	33679	326	-2082	-26	-207	-1094
广东省	140083	147393	7072	-3553	-876	-4273	-25
其中：深圳市	24263	578	574	-20	-33		
广西壮族自治区	15375	33854	1374	-1425	-79	-112	-8
海南省	695	5657	547	-5		-47	
重庆市	10398	22862	687	-3520	-55	-289	-2101
四川省	15630	33913	1328	-4272	-1760	-523	-4785
贵州省	5011	10638	354	-1200		-140	-4662
云南省	6884	15275	624	-9979	-20	-197	-2034
西藏自治区	183	1517	27	-107			
陕西省	2631	13458	525	-2368	-153	-108	-1872
甘肃省	2619	8601	300	-503	-4	-215	-893
青海省	380	5234	111	-125	-14	-43	-32
宁夏回族自治区	2403	2211	204	-370		-137	
新疆维吾尔自治区	7898	11139	495	-830		-173	-75

续表2

地　区	一、增值税					二、营业税		
	民贸企业增值税退税	宣传文化单位增值税退税	森工综合利用增值税退税	其他增值税退税	免抵调增值税	合计	金融保险业营业税（地方）	一般营业税
地方合计	**-1512**	**-36777**	**-13164**	**-115831**	**336421**	**18490998**	**3168495**	**15289949**
北京市		-10521	-390	-896	45476	1813472	195269	1620060
天津市		-304		-341	25436	429946	67005	364626
河北省	-55	-1258	-602	-2294		500222	123622	375878
山西省		-430	-35	-1662		261131	58590	201598
内蒙古自治区	-82	-530	-641	-642	499	196127	33096	162312
辽宁省	-59	-1037	-214	-7470	21553	878545	141834	734755
其中：大连市				-3143	15507	263020	21920	240349
吉林省	-67	-492	-1197	-839	2485	280301	66886	213334
黑龙江省		-511	-1429	-2126	1939	363088	80059	282489
上海市		-774	-12	-3668	69390	1911225	296516	1612388
江苏省	-59	-2192	-682	-4884		1094859	201400	891173
浙江省	-73	-1117	-1185	-5980	17658	1248934	222252	1023133
其中：宁波市		-133		-620	8985	230545	32488	196893
安徽省		-1396	-447	-2387	1519	326479	65928	258962
福建省	-8	-358	-610	-2475	20701	614212	104443	506711
其中：厦门市		-8		-85	18560	167156	16976	149356
江西省		-1394	-681	-1488	1217	266187	45453	219926
山东省		-1107	-1315	-6236	3596	926921	202023	722352
其中：青岛市		-167		-995	1917	237181	35049	201468
河南省		-2282	-352	-6669	11016	528903	130006	397113
湖北省	-13	-1590	-483	-2099	590	446806	95629	350796
湖南省	-14	-1636	-447	-1762	893	364410	75683	288103
广东省	-5	-1368	-368	-29450	92737	3181606	471400	2703274
其中：深圳市				-8892	46583	893731	155008	735725
广西壮族自治区	-23	-1291	-859	-2138	124	328720	48240	278901
海南省	-1	-101	-6	-583	21	127383	15666	111649
重庆市	-38	-955	-10	-827	3623	278403	50584	227747
四川省	-32	-1443	-54	-15616	7196	628085	120028	506898
贵州省	-80	-465	-84	-1130		220764	30139	189774
云南省	-325	-311	-888	-3156	2708	366782	65254	302024
西藏自治区		-3				22617	1588	20888
陕西省		-707	-75	-1907	2692	334989	67352	266950
甘肃省	-55	-176	-83	-851	112	173483	21344	151551
青海省	-36	-51		-1566		48664	9710	38907
宁夏回族自治区	-3	-124		-1244		75194	14599	60359
新疆维吾尔自治区	-484	-853	-15	-3445	3240	252540	46897	205318

续表 3

地　　区	二、营业税					三、企业所得税	四、企业所得税退　税	五、个人所得税
	营业税税款滞纳金罚款收入	校办企业营业税退税	福利企业营业税退税	港澳台外商投资企业营业税退税	其他营业税退税			
地方合计	**45637**	**-842**	**-580**	**-5729**	**-5932**	**16361250**	**-77597**	**7160144**
北京市	2955	-51	-41	-4543	-177	899075	-38354	795167
天津市	451				-2136	393829	-66	165772
河北省	1100	-1	-79		-298	541367	-26	233082
山西省	964		-21			221608	-2143	90615
内蒙古自治区	930		-2		-209	151985	-123	66710
辽宁省	3426	-154	-52	-1093	-171	636167	-1159	294413
其中：大连市	771	-18	-2			194745	-153	95835
吉林省	260	-175	-4			206802	-709	87726
黑龙江省	551		-11			219392	-75	126150
上海市	2465	-1	-133		-10	1498156	-678	784443
江苏省	2286					1408127		445417
浙江省	3728	-21	-8		-150	1756406	-3618	516942
其中：宁波市	1164					399262	-7	115043
安徽省	1589					382527	-1602	113132
福建省	3176	-93	-17	-6	-2	563513	-2815	364544
其中：厦门市	934	-93	-17			151047		77475
江西省	820		-4	-8		226096	-10	79102
山东省	2669	-85	-38			1491110		369925
其中：青岛市	786	-85	-37			241133		72420
河南省	1834				-50	608462	-70	192469
湖北省	572	-122	-69			365089	-51	166625
湖南省	639				-15	227791	-2831	186663
广东省	6941				-9	2678119	-9	1178630
其中：深圳市	2998					646174		359851
广西壮族自治区	1589		-10			373009	-106	167500
海南省	88				-20	43037		43721
重庆市	235				-163	118737	-601	106138
四川省	1264	-67	-38			457425	-15	159951
贵州省	961		-30	-74	-6	123437	-2775	66684
云南省	1071		-1		-1566	262891	-5815	114532
西藏自治区	141					13011	-5	4626
陕西省	783		-14	-4	-78	207586	-540	73119
甘肃省	816				-228	104045	-417	38788
青海省	79			-1	-31	28928	-10400	9387
宁夏回族自治区	242	-5	-1			60084	-852	19764
新疆维吾尔自治区	1012	-67	-7		-613	93439	-1732	98407

续表 4

地　区	六、资源税	七、固定资产投资方向调节税	八、城市维护建设税	九、房产税	十、印花税			
					合　计	证券交易印花税	其　他印花税	印花税税款滞纳金罚款收入
地方合计	**671084**	**155715**	**3806212**	**2284249**	**711235**	**170342**	**532481**	**8412**
北京市	2431	11745	205316	214340	67447		66622	825
天津市	3851	2451	76875	50835	13325		13325	
河北省	49876	4380	122231	70590	13591		13163	428
山西省	59428	4302	75565	44549	10685		10127	558
内蒙古自治区	20247	1452	48921	42363	7731		7413	318
辽宁省	87004	9250	192641	157925	34533		33633	900
其中：大连市	2055	874	38401	47524	11914		11844	70
吉林省	10198	2996	73527	45424	7872		7833	39
黑龙江省	129349	1590	161031	66157	8322		8073	249
上海市		409	247477	146551	158268	100416	57433	419
江苏省	9645	2950	304506	142038	43558		42807	751
浙江省	2769	602	284890	113013	30295		29985	310
其中：宁波市	125	234	65084	24611	7233		7233	
安徽省	19327	546	98111	48121	10267		10094	173
福建省	7140	2929	97509	98498	19935	625	18892	418
其中：厦门市	98		22934	31194	5716		5550	166
江西省	8674	3501	57160	28788	5959		5901	58
山东省	64405	36530	290458	165321	26963		25822	1141
其中：青岛市	1742	6805	51683	37849	7995		7857	138
河南省	24343	2140	137300	70309	11436		11094	342
湖北省	15010	4039	114028	58800	15688		15671	17
湖南省	6663	1201	118145	44161	13521		13452	69
广东省	9603	6737	354286	287375	147806	69301	78265	240
其中：深圳市			17771	67162	90413	69301	20963	149
广西壮族自治区	8041	3605	64830	43449	4817		4602	215
海南省	4173		17113	24356	3587		3540	47
重庆市	10944	2674	54482	28870	6758		6705	53
四川省	31185	8121	136019	78044	12405		12198	207
贵州省	7291	1721	63307	30002	3644		3607	37
云南省	9390	28966	190847	56863	12338		12129	209
西藏自治区	1906		2410		396		369	27
陕西省	13592	4391	80401	50512	7994		7916	78
甘肃省	8448	655	48963	27210	3617		3534	83
青海省	4273	1389	12490	6330	878		866	12
宁夏回族自治区	740	226	14399	9314	1603		1553	50
新疆维吾尔自治区	41138	4217	60974	34141	5996		5857	139

续表 5

地　区	十一、城镇土地使用税	十二、土地增值税	十三、车船使用和牌照税	十四、屠宰税	十五、筵席税	十六、农业税	十七、农业特产税	十八、牧业税	十九、耕地占用税
地方合计	**661542**	**103296**	**246069**	**246681**	**1134**	**1639218**	**1219725**	**3943**	**383340**
北京市	30975	1874	17423	462		5880	2222		4271
天津市	6096		4121	63		3227	482		3487
河北省	31928	884	6904	2963		64057	24857		14891
山西省	19888	161	3206	1229		29677	5538		4653
内蒙古自治区	25587	1208	4555	7794	748	44169	28209	12	4935
辽宁省	65468	5767	10680	5439		36809	29705		8073
其中：大连市	7320	688	3563	549		4383	12202		1065
吉林省	8018	3730	3243	1488		29219	19843		13041
黑龙江省	31546	1371	7353	2878		102353	31627		4808
上海市	20465	1516	11388	532		16746	1692		12824
江苏省	25955	2806	17317	1094		239778	14220		28670
浙江省	10649	5512	9833	6888		49784	18688		66038
其中：宁波市	2594	366	1848	830		6981	1691		11324
安徽省	30709	3779	7456	－17		256903	28703		8764
福建省	14797	5265	5888	4079		11878	70102		15997
其中：厦门市	4143		930	249		513	1121		1654
江西省	12131	1987	2382	26438		47011	58868		3686
山东省	89095	10656	36376	12189		97073	181590		30469
其中：青岛市	14994	4374	3930	632		5571	5139		5908
河南省	19098	938	5982	19452		67304	93672		11687
湖北省	38042	682	6580	27249		78291	83428		14682
湖南省	20684	860	4111	22573		77836	51579		16968
广东省	42154	40398	49730	17639		70604	33333		41558
其中：深圳市			6420			760	566		629
广西壮族自治区	18693	2218	3441	8818		41849	56017		11665
海南省	2803	1211	2436	1806		4890	25676		3440
重庆市	8467	981	1375	6337		36811	12073		4833
四川省	18727	5673	5651	48658		85858	47599	22	13682
贵州省	12100	1545	1801	6048		30313	41132		12900
云南省	26303	655	9002	7527		34519	150541		12681
西藏自治区		108							25
陕西省	18609	1040	4595	813	386	25010	71794	2	8809
甘肃省	4433	55	1319	2633		15621	22593	3505	3285
青海省	694	1	283	776		3313	2734	180	592
宁夏回族自治区	2947	86	461	43		9381	397	125	957
新疆维吾尔自治区	4481	329	1177	2790		23054	10811	97	969

续表6

地　　区	二十、契税	二十一、国有资产经营收益	二十二、国有企业计划亏损补贴	二十三、行政性收费收入				
				合　计	对外贸经行政性收费收入	公安行政性收费收入	民政行政性收费收入	海关行政性收费收入
地方合计	**1570772**	**572086**	**－2617594**	**3711483**	**410**	**642920**	**16311**	
北京市	126297	174	－532229	84182		17781	1044	
天津市	34989		－40000	43444		14622	35	
河北省	27813	18787	－35354	263414	23	62944	964	
山西省	7587	7030	－48418	59683		14423	156	
内蒙古自治区	10728	19489	－14436	82459		1742	115	
辽宁省	83131	35497	－47195	185029		11408	128	
其中：大连市	25317	6305	－22150	16572		2483		
吉林省	24500	14292	－62176	60550	110	10069	82	
黑龙江省	35848	9924	－24646	96518		8628	454	
上海市	189180		－362320	84653	6	26943	5070	
江苏省	137505	9817	－75366	54587		7328	110	
浙江省	181319	84	－766221	75757		50833	170	
其中：宁波市	32883		－212589	11842		6100		
安徽省	25655	8666	－68275	180850		21286	582	
福建省	65058	28295	－4260	101136	2	12303	190	
其中：厦门市	20384	1559		10202		880	14	
江西省	20739	21317	－2286	123165	1	27394	222	
山东省	51423	54847	－88303	403697	10	51004	1038	
其中：青岛市	15530	5577	－11967	4439		1077	14	
河南省	30070	41078	－114599	140060		28054	1482	
湖北省	33488	8825	－47861	179925	2	12565	728	
湖南省	21302	27669	－59121	215082	28	20238	745	
广东省	282855	70637	－52048	488865	160	77326	448	
其中：深圳市	32886	12961		35213		8500		
广西壮族自治区	19149	40878	－17988	148998		48060	594	
海南省	10036	13727	－3129	43688	7	4913	16	
重庆市	19029	15587	－27670	85956		7206	341	
四川省	64276	54693	－27937	239235	61	48565	628	
贵州省	8995	19896	－5242	76754		19898	183	
云南省	20964	5632	－28677	40262		4126	170	
西藏自治区		822	－9703	4908		267	1	
陕西省	13538	12913	－21169	48210		6125	82	
甘肃省	7801	6169	－11942	24837		9287	78	
青海省	1701	14155	－121	11040		2021	8	
宁夏回族自治区	3932	5039	－557	14005		2999	8	
新疆维吾尔自治区	11864	6147	－18345	50534		12562	439	

续表 7

地区	二十三、行政性收费收入			二十四、罚没收入					
	劳动保障行政性收费收入	工商行政性收费收入	其他行政性收费收入	合计	铁道罚没收入	交通罚没收入	质量技术监督罚没收入	物价罚没收入	公安罚没收入
地方合计	**14836**	**1073886**	**1963120**	**3566920**	**734**	**171997**	**178213**	**122204**	**1224439**
北京市	128	34983	30246	86547		4826	3731	4498	30274
天津市	2076	1041	25670	49850	8	4438	1818	831	24736
河北省	102	74674	124707	215931	3	7285	14092	5534	78852
山西省	70	21143	23891	81490		6164	3844	3046	37770
内蒙古自治区	45	24760	55797	47363		1565	1838	1369	17383
辽宁省	255	70953	102285	165620	18	7492	11924	4854	41416
其中：大连市	30	2494	11560	26855		1444	914	506	4461
吉林省	1528	1488	47273	74412	249	4794	4268	3043	21630
黑龙江省	54	56885	30497	85150	9	3643	5368	4312	26053
上海市	959	25751	25924	121974	211	4326	3316	2254	44383
江苏省	40	14335	32774	275463	190	15753	18205	13096	74514
浙江省	3	5716	19035	185879		7324	6498	5804	67658
其中：宁波市		1542	4200	27477		1842	950	959	10903
安徽省	241	51959	106782	76109	6	3380	4643	2428	31052
福建省	1	40028	48612	114645		7647	2450	4168	46397
其中：厦门市		1086	8222	11534		622	216	857	2054
江西省	144	41571	53833	88035	27	1700	1634	3739	34757
山东省	1623	63183	286839	200800		20783	9953	6177	64527
其中：青岛市	20		3328	22173		4267	599	344	5032
河南省	117	5876	104531	199806		6760	27052	6605	65646
湖北省	1137	16942	148551	192236	1	5842	6458	5613	49441
湖南省	226	14719	179126	212715		5702	8393	4048	71768
广东省	5394	226953	178584	474892		16288	13932	17515	164283
其中：深圳市	4500	6000	16213	97755		3440	1238	3934	25768
广西壮族自治区	120	55854	44370	103231		7347	2318	2435	34738
海南省	23	12746	25983	19282		1947	196	146	7305
重庆市	46	30426	47937	67969		3890	2513	2821	28707
四川省	76	85461	104444	143421	12	11940	6052	4697	49119
贵州省	17	23379	33277	48793		1314	1608	1591	23664
云南省	1	27234	8731	74567		2322	4881	3536	33873
西藏自治区		2287	2353	2405		623	8	16	452
陕西省	367	4196	37440	70609		1910	4420	3750	27874
甘肃省	26	1780	13666	25602		1208	1272	1397	6843
青海省	1	5868	3142	6180		511	136	97	2897
宁夏回族自治区	13	5324	5661	8785		786	185	284	3859
新疆维吾尔自治区	3	26371	11159	47159		2487	5207	2500	12568

续表 8

地　　区	二十四、罚没收入									
	检察院罚没收入	法院罚没收入	卫生罚没收入	工商罚没收入	海关罚没收入	烟草罚没收入	新疆棉罚没收入	税务部门其他罚没收入	其他罚没收入	罚没收入退库
地方合计	**218417**	**66766**	**13559**	**378697**	**42068**	**30621**	**71**	**21189**	**1097339**	**606**
北京市	225	2869	575	13171	1610	1167		728	22873	
天津市	2054	1171	97	4956	900	103			8738	
河北省	10922	2771	734	16844	227	2275		380	76012	
山西省	1638	1144	181	2269	263	158		98	24915	
内蒙古自治区	1296	595	185	6066	506	286		300	15974	
辽宁省	6460	5623	665	27931	1250	1690	71	696	55530	
其中：大连市	431	380	147	5993	698	192		244	11445	
吉林省	4066	1900	550	5365	1761	412		109	26265	
黑龙江省	9989	1591	282	5711	137	1210		144	26701	
上海市	1071	3532	1142	36916	3182	1200		1266	19252	－77
江苏省	22861	6031	687	49410	5783	944			68112	－123
浙江省	5848	3045	1239	18888	3015	2396		2842	61624	－302
其中：宁波市	975	584	133	2712	693	549		383	6832	－38
安徽省	5180	2152	274	5432	402	1759		189	19212	
福建省	3989	2710	542	11065	1696	683		1810	31393	95
其中：厦门市	880	152	108	1262	1431	193		210	3549	
江西省	8985	2364	575	805	216	126		326	32781	
山东省	12319	3788	424	29499	2178	693		372	50087	
其中：青岛市	223	382	95	3381	1551	68		237	5994	
河南省	13232	2418	833	16127	200	1545		436	58952	
湖北省	13952	2100	766	10085	1408	776		219	95580	－5
湖南省	23777	2641	573	15678	200	297		143	78188	1307
广东省	26256	7951	854	70453	14408	2868		8880	131330	－126
其中：深圳市	6697	1645	121	15826	6718			3441	28927	
广西壮族自治区	7570	2399	264	4012	453	1621		604	39519	－49
海南省	866	278	34	886	835	454		150	6185	
重庆市	6099	1378	428	2824	214	1029		506	17560	
四川省	16145	1873	437	10140	255	2057		178	40518	－2
贵州省	2658	564	150	3440	40	753		71	12940	
云南省	3752	2186	310	1472	360	2412		71	19398	－6
西藏自治区	22	69	6	9	97	36		97	970	
陕西省	2057	669	122	3194	53	740		248	25572	
甘肃省	1469	283	183	1509	10	501		6	10925	－4
青海省	421	124	23	353	404	68		4	1142	
宁夏回族自治区	319	167	44	829		210		7	2095	
新疆维吾尔自治区	2919	380	380	3358	5	152		309	16996	－102

续表 9

地区	二十五、海域场地矿区使用费收入	二十六、专项收入					二十七、其他收入	
		合计	排污费收入	城市水资源费收入	教育费附加收入	矿产资源补偿费收入	合计	利息收入
地方合计	**35340**	**2510648**	**619098**	**154930**	**1646156**	**90464**	**1198522**	**46638**
北京市	10973	136227	15234	26974	93714	305	5802	458
天津市	1561	39989	7852	774	30366	997	3486	103
河北省	4266	126067	35651	22300	61558	6558	43822	1264
山西省	57	59673	17796	4878	31683	5316	21719	45
内蒙古自治区		33623	5606	2942	23575	1500	14071	474
辽宁省	5875	141908	46181	2632	87348	5747	18130	3865
其中：大连市	1667	28135	11656	799	15614	66	3952	2517
吉林省	318	51123	12551	3647	34091	834	13249	472
黑龙江省	373	123281	16495	6985	74919	24882	27459	3040
上海市		128095	14869		113056	170	2612	
江苏省	1005	179664	63502	9601	105002	1559	37927	4143
浙江省	693	177034	47951		128503	580	10692	916
其中：宁波市		34438	4018		30369	51	2283	
安徽省		55147	11639	1728	40053	1727	27668	1531
福建省	819	66175	21019	399	43861	896	69731	529
其中：厦门市	172	12986	4128		8679	179	1544	361
江西省		34891	8507	238	24108	2038	33645	935
山东省	4493	216762	51910	32148	118660	14044	56075	389
其中：青岛市	1225	26846	8242	970	17587	47	944	
河南省	501	106848	31543	9413	62149	3743	36722	1062
湖北省	1263	56474	18949	52	36634	839	88764	1074
湖南省	431	71671	20008	178	50835	650	116187	580
广东省	1027	257016	63520	56	192805	635	217520	14119
其中：深圳市		43734	10570		33110	54	25083	9151
广西壮族自治区	110	51845	18492	1476	30749	1128	65267	639
海南省	814	9580	993		8533	54	2840	4
重庆市	500	36678	12928	107	22612	1031	8309	1127
四川省	67	70976	15393	1370	52658	1555	49339	917
贵州省		36019	9468	635	25232	684	49743	573
云南省		76120	11964	1351	61797	1008	109697	5402
西藏自治区	38	1833	234		1504	95	7218	197
陕西省	91	69084	15867	20777	31166	1274	28413	920
甘肃省	2	37178	10811	1136	23489	1742	17844	454
青海省	35	8786	843	1092	6102	749	7453	558
宁夏回族自治区		9680	2714	710	5932	324	1462	334
新疆维吾尔自治区	28	41201	8608	1331	23462	7800	5656	514

续表 10

地区	二十七、其他收入							
	基本建设贷款归还收入	基本建设收入	港澳台外商投资企业中方职工补贴收入	捐赠收入	外事服务收入	“两金”清欠收入	动用国家储备粮油上交差价收入	其他收入
地方合计	**203**	**4059**	**10196**	**1878**	**10**	**7**	**148**	**1135383**
北京市			504					4840
天津市			1803					1580
河北省			837					41721
山西省	7		239					21428
内蒙古自治区		1		305				13291
辽宁省		5	2261	45				11954
其中：大连市			335					1100
吉林省	7		169					12601
黑龙江省								24419
上海市								2612
江苏省			109	2				33673
浙江省			324					9452
其中：宁波市			－107					2390
安徽省			148	1040				24949
福建省			27	36				69139
其中：厦门市								1183
江西省								32710
山东省			615					55071
其中：青岛市			463					481
河南省	20	10						35630
湖北省			236					87454
湖南省		2272	50	150				113135
广东省			1974					201427
其中：深圳市								15932
广西壮族自治区			38			7		64583
海南省			6	57	10			2763
重庆市								7182
四川省	111	92	344	205				47670
贵州省	58	1440	1					47671
云南省		202	454				148	103491
西藏自治区								7021
陕西省		2	52	35				27404
甘肃省			5					17385
青海省								6895
宁夏回族自治区								1128
新疆维吾尔自治区		35		3				5104

2001年各省、自治区、直辖市财政支出分类情况表

单位：万元

地　区	合　计	一、基本建设支出	二、企业挖潜改造资金	三、地质勘探费	四、科技三项费用	五、流动资金
地方合计	**131345584**	**16475614**	**6020346**	**692722**	**1424832**	**92130**
北京市	5591063	929621	354651	5655	48664	11903
天津市	2346673	374269	282510	9720	60570	
河北省	5141754	381937	193931	15140	56248	
山西省	2895027	254447	22943	13710	23617	25586
内蒙古自治区	3192570	513916	97638	29985	23568	
辽宁省	6354295	656019	263525	32492	117582	
其中：大连市	1147012	311454	62871		39616	
吉林省	3264343	298628	115681	26723	30641	610
黑龙江省	4782724	475613	175765	32854	53186	
上海市	7081382	1443460	952702	1082	12850	
江苏省	7296421	609976	605365	15999	93892	1788
浙江省	5972991	446356	434321	21237	124034	
其中：宁波市	1162797	154353	169874		22387	
安徽省	4037988	435524	233515	27104	20769	34
福建省	3731855	395452	125658	10995	48189	541
其中：厦门市	715924	81464	64423		18136	
江西省	2837144	279192	116647	48387	12096	
山东省	7537781	409608	523941	16791	115257	2970
其中：青岛市	1040027	201995	81126	100	23277	
河南省	5085795	332591	201082	28106	41388	1935
湖北省	4844034	770397	101111	17548	46217	29111
湖南省	4316953	394040	97654	46502	51541	
广东省	13213314	1924571	209739	22376	236139	2659
其中：深圳市	2537019	864816	55846		85500	
广西壮族自治区	3516498	418730	135480	24323	19102	1000
海南省	789426	101717	1416	2505	2028	
重庆市	2375486	406801	48466	5212	24158	
四川省	5940981	783327	303298	45688	46290	11390
贵州省	2751975	431347	44494	26865	14869	600
云南省	4964302	830696	123494	27287	40526	40
西藏自治区	1045690	348096	3261	11134	2616	
陕西省	3500506	503090	82158	39993	22773	1505
甘肃省	2354643	391787	85429	35304	11963	158
青海省	1012951	262317	11252	10894	4985	
宁夏回族自治区	935787	242952	45265	9963	7079	300
新疆维吾尔自治区	2633232	429137	27954	31148	11995	

续表1

地　区	六、支援农村生产支出	七、农业综合开发支　出	八、农林水利气象等部门的事业费	九、工业交通等部门的事业费	十、流通部门事业费	十一、文体广播事业费
地方合计	**2491153**	**1094537**	**4603047**	**1174768**	**217324**	**3200439**
北京市	117269	28924	49621	28369	2598	114758
天津市	23658	15117	18584	12910	224	52892
河北省	72459	39113	137557	72971	8886	128254
山西省	63476	28721	108627	27714	4164	82401
内蒙古自治区	60815	35087	252747	24555	5286	79883
辽宁省	140001	61578	128146	45135	12462	114068
其中：大连市	26487	12882	8247	3544	1011	16121
吉林省	25817	24891	170492	38460	9950	71078
黑龙江省	78026	42179	337399	59836	17069	103141
上海市	101364	30216	51102	38057	1216	132593
江苏省	212622	62588	157771	48688	7781	189299
浙江省	130794	65687	205713	105887	3878	174502
其中：宁波市	28192	12920	26552	7749	90	24759
安徽省	64385	44339	116685	24240	4140	94125
福建省	91059	32730	117722	42293	8927	111986
其中：厦门市	18726	3370	6985	23440	822	25576
江西省	48401	42759	82951	28198	8229	66674
山东省	146001	86253	246679	79048	10225	206502
其中：青岛市	10428	13513	20658	7677	1314	19522
河南省	86490	46223	158427	51123	5457	134691
湖北省	74223	34712	134230	41455	11592	112788
湖南省	65467	41131	148858	48570	12902	107482
广东省	281956	48075	365486	64833	19219	334967
其中：深圳市	20030	9755	12773	8468	233	48860
广西壮族自治区	84841	32178	119189	20867	3396	95446
海南省	18985	11659	24709	3041	1070	19195
重庆市	30195	25368	71396	4823	3178	46779
四川省	81710	66857	346587	44312	11654	130951
贵州省	49582	18684	131595	27334	6515	78148
云南省	165281	31848	255464	61707	20109	118315
西藏自治区	12663	8557	41952	26948	907	22775
陕西省	69432	28685	247371	51524	10440	92392
甘肃省	38791	15031	142652	16404	1740	67527
青海省	16645	9857	47579	9821	375	21812
宁夏回族自治区	14177	12652	47982	7542	1979	22720
新疆维吾尔自治区	24568	22838	137774	18103	1756	72295

续表 2

地　区	十二、教育事业费	十三、科学事业费	十四、卫生经费	十五、税务等部门的事业费	十六、抚恤和社会福利救济费	十七、行政事业单位离退休经费
地方合计	**20357188**	**876273**	**5575361**	**6221063**	**2647610**	**5691262**
北京市	722553	72723	330792	215650	143878	228974
天津市	362565	14171	100050	56028	36034	8520
河北省	895642	23647	216635	411521	119193	265491
山西省	503801	12371	134067	147682	64974	204139
内蒙古自治区	397389	14025	112207	175175	54268	206464
辽宁省	749956	33031	175897	345806	183113	287507
其中：大连市	96575	3501	30587	39712	34715	63207
吉林省	442732	20690	110660	149321	66976	228199
黑龙江省	649654	34646	162514	313225	83448	63822
上海市	997392	84740	345677	223031	96650	56364
江苏省	1446083	50603	374021	223608	161603	263378
浙江省	1082977	51223	327563	373691	97112	51092
其中：宁波市	154172	3834	48681	77562	14492	466
安徽省	666783	16136	127771	151343	98785	239604
福建省	724402	30692	169361	204863	65305	209439
其中：厦门市	93092	3856	26722	36687	7591	32589
江西省	484329	14891	117642	159303	56558	107184
山东省	1377529	45428	306587	400182	175993	312186
其中：青岛市	180387	1697	32660	50319	23347	2852
河南省	960043	24464	194296	261678	112879	317948
湖北省	704577	16902	215028	191577	134987	175653
湖南省	650949	22641	135138	193434	100905	243306
广东省	1802758	116525	539932	682427	178904	546047
其中：深圳市	273612	13190	100016	102277	13309	35439
广西壮族自治区	620103	23844	156254	240504	59385	131989
海南省	111541	4106	29414	66356	15354	37617
重庆市	332065	8306	87254	70395	69191	166297
四川省	852367	32088	248216	191158	130249	312709
贵州省	444172	17406	135517	106913	47842	22398
云南省	762797	34435	251483	236861	102327	313455
西藏自治区	89461	2263	39037	13316	12787	15784
陕西省	523579	16892	114542	174329	71961	152091
甘肃省	359811	14319	98830	80559	38727	132162
青海省	101814	3581	41538	33370	16770	106144
宁夏回族自治区	108879	5263	39445	29515	13726	34662
新疆维吾尔自治区	428485	14221	137993	98242	37726	250637

续表3

地 区	十八、社会保障补助支出	十九、国防支出	二十、行 政管理费	二十一、外交外事支 出	二十二、武装警察部队支出	二十三、公检法司支 出	二十四、城市维护 费
地方合计	**7473369**	**118448**	**11792891**	**94786**	**177402**	**8661536**	**5680437**
北京市	63285	819	273574	1260		391025	273217
天津市	192219	664	111505	2350	1361	155234	160929
河北省	376836	5603	462856	6023	2872	394963	151459
山西省	269267	3342	333116	854	2051	194311	84896
内蒙古自治区	161678	2717	317590	792	8210	173835	112129
辽宁省	1045161	9745	458555	16594	5057	373558	390133
其中：大连市	65765	992	49671	2299	406	50422	74998
吉林省	289193	2417	223773	3389	6940	188337	94261
黑龙江省	514944	5048	344676	2247	13093	277902	194422
上海市	99019	2026	287628	8150		433698	277483
江苏省	171506	6626	681694	5393	8993	476774	645405
浙江省	91514	4157	598098	3232	8865	477851	438197
其中：宁波市	20004	1053	74633	760	1350	78848	142845
安徽省	318657	3818	424417	3610	2675	220834	123004
福建省	73789	9723	296860	2213	12243	240233	125436
其中：厦门市	11874	1782	35037	1013		35912	27972
江西省	212844	1557	259773	485	3396	189316	95860
山东省	302506	3152	743144	4994	4023	441382	485770
其中：青岛市	43054	60	101240	1269		66057	61365
河南省	328837	1650	582800	941		356665	166034
湖北省	314381	2246	446871	1096	6123	282802	135336
湖南省	387483	3821	414152	1239	4299	312577	170653
广东省	299266	13012	1203021	6820	37016	1169570	638734
其中：深圳市	11957	763	137592	1208		209439	118564
广西壮族自治区	112846	5752	353041	6791	4891	259057	101776
海南省	53479	876	78448	1554	1438	53616	25167
重庆市	214719	2109	247521	693	11572	167409	114276
四川省	441005	8545	677156	3276	7800	369351	167466
贵州省	162362	2006	321894	1574	1852	182523	79706
云南省	262138	7989	447596	2867	12826	287628	158702
西藏自治区	14824	931	143065	275	1706	44277	4837
陕西省	314003	1326	353754	2514	2419	184370	115985
甘肃省	100840	1129	258060	1791	1216	115808	49999
青海省	86538	584	92096	381	815	48754	9127
宁夏回族自治区	73194	570	60773	941	474	38218	19018
新疆维吾尔自治区	125036	4488	295384	447	3176	159658	71020

续表 4

地 区	二十五、政策性补贴支出	二十六、支援不发达地区支出	二十七、海域开发建设和场地使用费支出	二十八、专项支出	二十九、其他支出	三十、总预备费
地方合计	**4431050**	**1335069**	**11045**	**2282466**	**10431416**	
北京市	68509	138	148	114910	997575	
天津市	66099	39	1621	38992	187838	
河北省	252425	45880	851	119337	284024	
山西省	90276	33492	50	54708	106224	
内蒙古自治区	178737	55007	10	31904	66953	
辽宁省	274884	26668	667	117527	289428	
其中：大连市	10121	475	114	27734	113485	
吉林省	478561	22386	59	46094	77384	
黑龙江省	473188	28476		113010	133341	
上海市	65396			126180	1213306	
江苏省	115694	4987	827	151716	501741	
浙江省	72790	20164	150	166181	395725	
其中：宁波市	4353	163	80	34820	57805	
安徽省	242335	41793	23	48434	243106	
福建省	82982	27498	96	61272	409896	
其中：厦门市	5858	6723		12140	134134	
江西省	186548	38574	87	34025	141238	
山东省	212299	12492	3410	193398	670031	
其中：青岛市	5537	2400	950	22794	64429	
河南省	247330	64202	368	105914	272233	
湖北省	190273	40389	1277	56197	554935	
湖南省	205900	51379	81	74347	330502	
广东省	187703	51159	440	237762	1992198	
其中：深圳市	13165	11576	87	40858	347686	
广西壮族自治区	72732	75850	101	48164	288866	
海南省	12305	18332	269	7961	85268	
重庆市	60966	34479	10	36780	85068	
四川省	208969	99322	62	65979	253199	
贵州省	50967	96380	8	34026	214396	
云南省	58005	140124	220	54424	155658	
西藏自治区	13782	22131		1760	146545	
陕西省	78456	84455	29	57633	102805	
甘肃省	76945	78194	20	35689	103758	
青海省	13701	36953	60	6189	18999	
宁夏回族自治区	21747	26153		8086	42512	
新疆维吾尔自治区	70546	57973	101	33867	66664	

2001 年各省、自治区、直辖市人均财政收支情况

地区	人口（万人）	收入					支出			
		数额（亿元）	位次	人均收入（元）	位次	占 GDP 比重（%）	数额（亿元）	位次	人均支出（元）	位次
地方合计	**127627**	**7803.3**		**611.4**		**8.13**	**13134.6**		**1029.1**	
北京	1383	454.2	6	3283.9	2	16.12	559.1	8	4042.7	2
天津	1004	163.6	18	1629.8	3	8.96	234.7	27	2337.3	4
河北	6699	283.5	8	423.2	16	5.08	514.2	9	767.5	23
山西	3272	132.8	20	405.8	18	7.48	289.5	21	884.8	20
内蒙古	2377	99.4	25	418.3	17	6.43	319.3	20	1343.1	10
辽宁	4194	370.4	7	883.3	6	7.36	635.4	5	1515.1	8
吉林	2691	121.1	22	450.0	14	5.96	326.4	19	1213.1	13
黑龙江	3811	213.6	13	560.6	10	6.00	478.3	13	1255.0	12
上海	1614	609.5	2	3776.2	1	12.31	708.1	4	4387.5	1
江苏	7355	572.1	4	777.9	8	6.01	729.6	3	992.0	16
浙江	4613	500.7	5	1085.4	5	7.47	597.3	6	1294.8	11
安徽	6328	192.2	15	303.7	27	5.84	403.8	15	638.1	30
福建	3440	274.3	9	797.3	7	6.44	373.2	16	1084.8	15
江西	4186	132.0	21	315.3	24	6.07	283.7	22	677.8	28
山东	9041	573.2	3	634.0	9	6.07	753.8	2	833.7	21
河南	9555	267.7	11	280.2	28	4.74	508.6	10	532.3	31
湖北	5975	231.9	12	388.2	19	4.97	484.4	12	810.7	22
湖南	6596	205.4	14	311.4	26	5.16	431.7	14	654.5	29
广东	7783	1160.5	1	1491.1	4	10.99	1321.3	1	1697.7	6
广西	4788	178.7	17	373.2	21	8.01	351.6	17	734.4	25
海南	796	43.8	28	549.8	11	8.03	78.9	31	991.7	17
重庆	3097	106.1	23	342.7	23	6.06	237.5	25	767.0	24
四川	8640	271.1	10	313.8	25	6.13	594.1	7	687.6	27
贵州	3799	99.7	24	262.6	30	9.22	275.2	23	724.4	26
云南	4287	191.3	16	446.2	15	9.21	496.4	11	1158.0	14
西藏	263	6.1	31	232.3	31	4.40	104.6	28	3976.0	3
陕西	3659	135.8	19	371.2	22	7.38	350.1	18	956.7	18
甘肃	2575	69.9	27	271.6	29	6.51	235.5	26	914.4	19
青海	523	19.8	30	379.0	20	6.59	101.3	29	1936.8	5
宁夏	563	27.6	29	489.8	13	9.25	93.6	30	1662.1	7
新疆	1876	95.1	26	506.9	12	6.41	263.3	24	1403.6	9

2001年各省、自治区、直辖市上划中央两税情况

单位：亿元

地区	上划中央两税				财政收入+上划中央两税			
	完成数	位次	人均完成（元/人）	人均位次	数额	位次	人均完成（元/人）	人均位次
地方合计	**4955.45**		**388.28**		**12758.75**		**999.69**	
北京	194.02	8	1402.92	2	648.19	6	4686.85	2
天津	115.77	17	1153.09	3	279.40	17	2782.92	3
河北	164.94	11	246.22	16	448.44	8	669.42	17
山西	96.78	19	295.78	14	229.54	19	701.53	16
内蒙古	50.38	27	211.93	22	149.81	26	630.24	18
辽宁	242.82	6	578.96	7	613.25	7	1462.22	6
吉林	97.24	18	361.35	12	218.34	21	811.38	13
黑龙江	181.59	9	476.48	9	395.23	13	1037.06	9
上海	409.18	3	2535.18	1	1018.65	2	6311.34	1
江苏	444.59	2	604.48	6	1016.74	3	1382.38	7
浙江	355.13	4	769.84	4	855.82	5	1855.24	5
安徽	117.37	16	185.48	24	309.55	16	489.18	25
福建	154.10	13	447.97	10	428.39	11	1245.31	8
江西	68.18	24	162.89	30	200.16	22	478.17	28
山东	346.66	5	383.43	11	919.84	4	1017.41	10
河南	169.20	10	177.08	26	436.95	9	457.30	29
湖北	142.21	15	238.01	18	374.15	14	626.20	19
湖南	156.30	12	236.96	19	361.71	15	548.37	24
广东	592.05	1	760.70	5	1752.57	1	2251.79	4
广西	84.37	21	176.22	27	263.04	18	549.38	23
海南	13.59	28	170.75	28	57.36	28	720.57	15
重庆	69.77	22	225.27	21	175.89	23	567.94	22
四川	144.54	14	167.29	29	415.66	12	481.09	27
贵州	68.25	23	179.66	25	168.00	24	442.23	30
云南	241.33	7	562.93	8	432.61	10	1009.12	11
西藏	2.53	31	96.18	31	8.64	31	328.53	31
陕西	90.17	20	246.44	15	225.98	20	617.61	21
甘肃	54.19	26	210.45	23	124.14	27	482.10	26
青海	12.74	30	243.52	17	32.56	30	622.57	20
宁夏	13.13	29	233.22	20	40.70	29	723.00	14
新疆	62.33	25	332.24	13	157.42	25	839.13	12

注：上划中央两税为增值税75%部分和消费税。

2001年各省、自治区、直辖市财政体制上解、补助情况表

单位：亿元

地　区	本年收入	税收返还收入	原体制上解	原体制定额补助	转移支付补助
地方合计	**7803.30**	**2308.86**	**538.38**	**122.14**	**220.52**
北京市	454.17	86.78	36.63		
天津市	163.64	55.74	28.56		
河北省	283.50	87.84	20.66		8.73
山西省	132.76	46.16	7.03		6.99
内蒙古自治区	99.43	33.21		18.42	20.05
辽宁省(不含单列市)	275.28	103.84	34.87		0.07
大连市	95.16	27.87	19.27		
吉林省	121.10	51.38		1.07	7.36
黑龙江省	213.64	63.69	7.61		8.86
上海市	609.47	188.84	120.00		
江苏省	572.15	183.21	80.72		
浙江省(不含单列市)	401.58	113.79	34.92		
宁波市	99.11	27.07	10.56		
安徽省	192.18	57.21	9.36		10.11
福建省(不含单列市)	210.69	51.68		5.42	0.14
厦门市	63.59	15.25	5.42		
江西省	131.98	37.44		0.45	9.28
山东省(不含单列市)	478.89	100.01	2.89	1.59	0.26
青岛市	94.29	30.88	22.14		
河南省	267.75	89.97	15.22		15.75
湖北省	231.94	79.03	26.92		11.09
湖南省	205.41	82.17	12.14		11.85
广东省(不含单列市)	898.02	187.62	23.91		
深圳市	262.49	34.36	2.92		
广西壮族自治区	178.67	54.95		6.08	15.30
海南省	43.77	7.32		1.71	1.78
重庆市	106.12	37.08	16.41		3.97
四川省	271.12	81.61		3.43	13.89
贵州省	99.75	38.50		7.42	17.47
云南省	191.28	129.23		6.73	4.91
西藏自治区	6.11	2.53	0.24	32.80	6.19
陕西省	135.81	43.76		1.20	8.08
甘肃省	69.95	41.98		1.26	6.12
青海省	19.82	7.26		9.86	8.45
宁夏回族自治区	27.57	6.70		5.33	7.01
新疆维吾尔自治区	95.09	22.93		19.37	16.79

2001 年各省、自治区、直辖市各部门基本数字表(行政部分)

单位：人

部门	年末机构数(个)	年末人数			
		国家职工	离休职工	退休职工	长休人员
地方合计	**230248**	**7433938**	**241607**	**1350902**	**10415**
北京市	1166	118710	6834	40773	161
天津市	1117	75224	4478	21111	208
河北省	9720	354531	10684	31089	196
山西省	7623	257828	8798	23347	19
内蒙古自治区	7099	227490	1554	16365	220
辽宁省	7931	305152	23373	79804	61
其中：大连市	651	29745	2791	8784	7
吉林省	4871	172640	6488	21930	91
黑龙江省	7789	232569	14506	61659	61
上海市	1047	99447	2581	15280	85
江苏省	8565	338527	9147	34669	59
浙江省	5934	216081	8678	48534	84
其中：宁波市	622	25165	763	5544	17
安徽省	12878	285067	13674	65469	212
福建省	7929	173246	5564	43841	20
其中：厦门市	518	10536	399	3038	2
江西省	8790	235331	2250	20037	118
山东省	8997	440752	16574	46302	169
其中：青岛市	829	36529	1935	5653	18
河南省	13147	487279	22635	98580	128
湖北省	9782	414521	9993	76230	99
湖南省	12696	359722	7606	74285	209
广东省	11565	508541	16122	105170	148
其中：深圳市	299	25779	45	555	15
广西壮族自治区	8512	306649	3548	28642	134
海南省	1601	47720	1352	8035	50
重庆市	4562	122809	3145	47038	64
四川省	19343	417494	7939	112949	212
贵州省	8066	195953	7962	59913	5274
云南省	11399	289247	3728	22293	134
西藏自治区	2806	47940	216	12337	92
陕西省	9631	263811	8220	35519	174
甘肃省	6887	170363	4644	30959	1678
青海省	2238	51279	2170	15473	31
宁夏回族自治区	1387	40128	1073	6205	187
新疆维吾尔自治区	5170	177887	6071	47064	37

续表

部门	其中							
	财政预算拨款开支人数				自收自支单位年末人数			
	国家职工	离休	退休	长休人员	国家职工	离休	退休	长休人员
地方合计	**7332465**	**239875**	**1339139**	**10190**	**101473**	**1732**	**11763**	**225**
北京市	117874	6834	40772	108	836		1	53
天津市	74671	4473	21034	208	553	5	77	
河北省	354531	10684	31089	196				
山西省	254644	8792	22671	18	3184	6	676	1
内蒙古自治区	223860	1541	16229	218	3630	13	136	2
辽宁省	301916	23361	79671	58	3236	12	133	3
其中：大连市	29674	2789	8781	7	71	2	3	
吉林省	169451	6476	21782	84	3189	12	148	7
黑龙江省	228739	14455	61213	29	3830	51	446	32
上海市	99127	2566	15144	85	320	15	136	
江苏省	324004	8683	31697	33	14523	464	2972	26
浙江省	212712	8247	46045	78	3369	431	2489	6
其中：宁波市	25165	763	5544	17				
安徽省	280655	13634	65004	206	4412	40	465	6
福建省	172095	5548	43559	20	1151	16	282	
其中：厦门市	10448	394	3026	2	88	5	12	
江西省	232266	2186	19734	113	3065	64	303	5
山东省	440752	16574	46302	169				
其中：青岛市	36529	1935	5653	18				
河南省	469821	22579	98236	78	17458	56	344	50
湖北省	411379	9975	75909	94	3142	18	321	5
湖南省	355688	7602	73874	198	4034	4	411	11
广东省	487011	15935	103582	148	21530	187	1588	
其中：深圳市	24781	45	554	15	998		1	
广西壮族自治区	304300	3543	28312	134	2349	5	330	
海南省	47606	1351	7988	50	114	1	47	
重庆市	122077	3132	47012	59	732	13	26	5
四川省	414397	7934	112707	203	3097	5	242	9
贵州省	195953	7962	59913	5274				
云南省	288586	3727	22277	134	661	1	16	
西藏自治区	47852	216	12337	92	88			
陕西省	262579	7911	35381	172	1232	309	138	2
甘肃省	169726	4640	30924	1678	637	4	35	
青海省	51254	2170	15472	31	25		1	
宁夏回族自治区	39785	1073	6205	187	343			
新疆维吾尔自治区	177154	6071	47064	35	733			2

2001年各省、自治区、直辖市各部门基本数字表(事业部分)

单位:人

地区	年末机构数(个)		年末人数				
	国有单位	集体单位	国家职工	集体职工	离休职工	退休职工	长休人员
地方合计	**906396**	**49531**	**27071447**	**1759847**	**527444**	**6934664**	**36581**
北京市	5422	167	388214	6002	10102	135462	1844
天津市	5502	111	306440	2415	4973	105545	2972
河北省	47512	3440	1474944	57376	49118	311699	2708
山西省	43928	1839	801523	80761	32069	186207	495
内蒙古自治区	15712	733	782800	33143	22388	293279	718
辽宁省	30133	783	1000043	65844	32429	332866	2151
其中:大连市	2669	96	116818	4990	5056	45033	160
吉林省	20798	440	842754	37861	22202	204737	858
黑龙江省	27395	235	919553	13279	23627	259484	2480
上海市	5577	871	413732	23209	8806	196555	2910
江苏省	32569	3821	1385550	129203	37310	433679	1730
浙江省	18129	2682	815540	50215	11230	229709	1113
其中:宁波市	2063	290	93343	7825	869	26259	143
安徽省	46975	1907	996230	68795	17935	247291	964
福建省	27384	1249	726454	43028	9025	192951	365
其中:厦门市	1371	77	39293	1684	597	11194	36
江西省	35083	1073	951504	56728	11682	244624	1262
山东省	43140	1895	1937103	114848	64046	391334	1808
其中:青岛市	3350	101	154183	3349	5475	42165	461
河南省	69068	743	2103052	25630	35847	357976	939
湖北省	41515	8122	1285855	115622	14136	262295	1515
湖南省	55950	1268	1540415	62994	15119	385536	3588
广东省	37671	983	1406007	63603	17152	365857	1018
其中:深圳市	988	8	59642	10	86	5268	43
广西壮族自治区	39176	2592	1184939	102376	8306	219329	706
海南省	5206	174	158772	8624	1441	38110	197
重庆市	15429	1392	470941	29706	3117	162021	384
四川省	69250	6577	1313351	82948	9192	421919	1177
贵州省	27875	480	613949	270923	5392	145022	467
云南省	38758	429	835930	100893	26954	292228	477
西藏自治区	2606	705	63361	13696	751	14917	24
陕西省	45331	3665	897090	49434	15258	182703	845
甘肃省	28393	925	557255	35184	6851	112598	385
青海省	5487	105	138723	3487	3519	43433	35
宁夏回族自治区	4910	5	181482	3425	3329	38302	203
新疆维吾尔自治区	14512	120	577941	8595	4138	126996	243

续表1

地 区	其 中				
	财政预算拨款开支人数				
	国家职工	集体职工	离休	退休	长休人员
地方合计	**25184410**	**1504414**	**494488**	**6491691**	**27393**
北京市	359657	5564	9758	126652	1260
天津市	296316	1775	4870	103166	2842
河北省	1326512	42116	46412	295574	2004
山西省	756229	76256	31252	176491	356
内蒙古自治区	741764	29385	21972	289109	587
辽宁省	927601	52770	31402	319825	1268
其中：大连市	112141	4159	5008	43941	127
吉林省	782647	32751	21872	197692	759
黑龙江省	859798	10200	22416	247715	1595
上海市	381775	18766	4515	153474	2512
江苏省	1223253	95360	34756	380293	741
浙江省	720128	32898	9921	204429	817
其中：宁波市	83038	5282	455	19867	111
安徽省	955668	59540	17056	240969	906
福建省	672464	36746	8668	185661	311
其中：厦门市	35789	1444	552	10305	36
江西省	879548	47443	11231	230507	826
山东省	1750261	102227	58449	355240	1233
其中：青岛市	131406	2757	4756	37568	342
河南省	1902864	17467	34547	337052	469
湖北省	1201600	88207	13286	248598	929
湖南省	1429411	49853	14626	360573	3314
广东省	1296854	43785	16379	339702	723
其中：深圳市	58408		85	5248	43
广西壮族自治区	1126046	89899	8108	210793	480
海南省	148515	5965	1429	34120	171
重庆市	447805	23138	2971	155816	208
四川省	1262916	68461	8729	407593	1059
贵州省	608722	270101	5384	143848	456
云南省	817862	100082	21546	241131	444
西藏自治区	63321	13696	751	14917	24
陕西省	864460	47150	14622	177164	450
甘肃省	530698	32875	6732	110422	294
青海省	135346	3281	3493	42889	26
宁夏回族自治区	168021	2363	3236	35640	162
新疆维吾尔自治区	546348	4294	4099	124636	167

续表 2

部门	其中					年末学生人数
	自收自支单位年末人数					
	国家职工	集体职工	离休	退休	长休人员	
地方合计	**1887037**	**255433**	**32956**	**442973**	**9188**	**50600054**
北京市	28557	438	344	8810	584	499293
天津市	10124	640	103	2379	130	683190
河北省	148432	15260	2706	16125	704	1284555
山西省	45294	4505	817	9716	139	1358846
内蒙古自治区	41036	3758	416	4170	131	1309122
辽宁省	72442	13074	1027	13041	883	1330582
其中：大连市	4677	831	48	1092	33	41063
吉林省	60107	5110	330	7045	99	731804
黑龙江省	59755	3079	1211	11769	885	835043
上海市	31957	4443	4291	43081	398	644026
江苏省	162297	33843	2554	53386	989	407391
浙江省	95412	17317	1309	25280	296	1886006
其中：宁波市	10305	2543	414	6392	32	160093
安徽省	40562	9255	879	6322	58	901353
福建省	53990	6282	357	7290	54	1928281
其中：厦门市	3504	240	45	889		106666
江西省	71956	9285	451	14117	436	645524
山东省	186842	12621	5597	36094	575	1945259
其中：青岛市	22777	592	719	4597	119	1022410
河南省	200188	8163	1300	20924	470	3602205
湖北省	84255	27415	850	13697	586	2164387
湖南省	111004	13141	493	24963	274	2374353
广东省	109153	19818	773	26155	295	15035993
其中：深圳市	1234	10	1	20		191480
广西壮族自治区	58893	12477	198	8536	226	359231
海南省	10257	2659	12	3990	26	67305
重庆市	23136	6568	146	6205	176	221204
四川省	50435	14487	463	14326	118	5735037
贵州省	5227	822	8	1174	11	709741
云南省	18068	811	5408	51097	33	1074893
西藏自治区	40					43536
陕西省	32630	2284	636	5539	395	1758669
甘肃省	26557	2309	119	2176	91	591477
青海省	3377	206	26	544	9	190622
宁夏回族自治区	13461	1062	93	2662	41	72885
新疆维吾尔自治区	31593	4301	39	2360	76	208241